浙江师范大学马克思主义理论研究文库

当代中国伦理学

李建华 周谨平 袁超 ○ 著

中国社会科学出版社

图书在版编目（CIP）数据

当代中国伦理学 / 李建华，周谨平，袁超著 . —北京：中国社会科学出版社，2019.12

（浙江师范大学马克思主义理论研究文库）

ISBN 978 - 7 - 5203 - 5739 - 5

Ⅰ.①当… Ⅱ.①李…②周…③袁… Ⅲ.①伦理学—研究—中国 Ⅳ.①B82 - 092

中国版本图书馆 CIP 数据核字（2019）第 269826 号

出 版 人	赵剑英
责任编辑	喻 苗
责任校对	李 沫
责任印制	王 超

出　　版	中国社会科学出版社
社　　址	北京鼓楼西大街甲 158 号
邮　　编	100720
网　　址	http://www.csspw.cn
发 行 部	010 - 84083685
门 市 部	010 - 84029450
经　　销	新华书店及其他书店
印　　刷	北京明恒达印务有限公司
装　　订	廊坊市广阳区广增装订厂
版　　次	2019 年 12 月第 1 版
印　　次	2019 年 12 月第 1 次印刷
开　　本	710 × 1000 1/16
印　　张	28
插　　页	2
字　　数	445 千字
定　　价	129.00 元

凡购买中国社会科学出版社图书，如有质量问题请与本社营销中心联系调换
电话：010 - 84083683
版权所有　侵权必究

总　　序

自《共产党宣言》发表以来，马克思主义在世界上得到了广泛传播。在人类思想史上，没有一种思想理论像马克思主义那样对人类产生了如此广泛而深刻的影响。这种影响不但是世界的，更是中国的；不但是过去的，更是未来的；不但是思想意识的，更是社会实践的。

马克思主义是科学的世界观和方法论，创造性地揭示了人类社会发展的规律，第一次创立了人民实现自身解放的思想理论体系，指引着人民认识世界和改造世界的行动，并始终具有巨大的开放性和包容性，具有无比强大的生命力。

一百年前，十月革命一声炮响，给中国送来了马克思主义。中国先进分子从马克思主义的科学真理中看到了解决中国问题的出路，找到了建设强大中国的根本方法。在近代以后中国社会的剧烈变化中，在中国人民反抗封建统治和外来侵略的激烈斗争中，在马克思主义同中国工人运动的结合过程中，一九二一年中国共产党应运而生。从此，中国人民谋求民族独立、人民解放和国家富强、人民幸福的斗争就有了主心骨，中国人民就从精神上由被动转为主动，有了照亮前行的灯塔。

无数事实证明，马克思主义的命运早已同中国共产党的命运、中国人民的命运、中华民族的命运紧紧连在一起，它的科学性和真理性在中国得到了充分检验，它的人民性和实践性在中国得到了充分贯彻，它的开放性和时代性在中国得到了充分彰显。马克思主义为中国革命、建设、改革提供了强大思想武器，使中国这个古老的东方大国创造了人类历史上前所未有的发展奇迹。"历史和人民选择马克思主义是完全正确的，中国共产党把马克思主义写在自己的旗帜上是完全正确的,坚持马克思主义基本原理同中国具体实际相结合、不断推进马克思主义中国化时代化是完全正确的"。

理论的生命力在于不断创新,推动马克思主义不断发展是中国共产党人的神圣职责。我们要坚持用马克思主义观察时代、解读时代、引领时代,用鲜活丰富的当代中国实践来推动马克思主义发展,用宽广视野吸收人类创造的一切优秀文明成果,坚持在改革中守正出新、不断超越自己,在开放中博采众长、不断完善自己,不断深化对共产党执政规律、社会主义建设规律、人类社会发展规律的认识,不断开辟当代中国马克思主义新境界,这是习近平新时代中国特色社会主义思想。习近平新时代中国特色社会主义思想,是对马克思列宁主义、毛泽东思想、邓小平理论、"三个代表"重要思想、科学发展观的继承和发展,是马克思主义中国化最新成果,是党和人民实践经验和集体智慧的结晶,是中国特色社会主义理论体系的重要组成部分,是全党全国人民为实现中华民族伟大复兴而奋斗的行动指南,我们必须长期坚持并不断发展。

研究马克思主义理论,就是要坚持马克思主义指导地位,不断推进实践基础上的理论创新。改革开放40年的实践启示我们,创新是改革开放的生命。实践发展永无止境,解放思想永无止境。我们坚持理论联系实际,及时回答时代之问、人民之问,廓清困扰和束缚实践发展的思想迷雾,不断推进马克思主义中国化时代化大众化,不断开辟马克思主义发展新境界。

研究马克思主义理论,就是要坚持与中国特色社会主义事业相结合,解决好中国问题。我们要强化问题意识、时代意识、战略意识,用深邃的历史眼光、宽广的国际视野把握事物发展的本质和内在联系,反映时代精神、回答时代课题、引领时代潮流、推动时代发展,把握好中国特色社会主义伟大实践的基本规律,把握当代中国的基本国情,把握好中国在世界格局中的地位,把握好实现民族复兴强国梦的根本目标,让马克思主义在中国放射出更加灿烂的真理光芒。

研究马克思主义理论,就是学精悟透用好马克思主义,解决好学什么、如何学的问题。学习马克思主义不是仅仅学习马克思的思想,而必须整体性地学习、历史性地学习。立足新时代中国特色社会主义实践，要更加突出地学习习近平新时代中国特色社会主义思想。同时，要坚持自觉学、深入学、持久学、刻苦学，把读马克思主义经典、悟马克思主义原理当作一种生活习惯、当作一种精神追求，用经典涵养正气、淬炼思想、升华境界、指导实践。

浙江师范大学马克思主义理论学科历史悠久，特色明显，成果突出，影响广泛。1963年成立的马克思主义理论教研室，1977年创办政史系，1987年成立马克思主义理论教研部，1999年成立社会科学教研部，2011年在整合原有资源基础上，学校组建马克思主义学院，2017年被确定为省重点建设高校马克思主义学院，2018年与金华市委宣传部共建马克思主义学院。目前马克思主义理论学科为省一流A类学科、浙江省重点高校重点建设学科、浙江师范大学高峰学科，已形成马克思主义基本原理、马克思主义中国化研究、思想政治教育、国外马克思主义研究、中国近现代史五个研究方向，在2012年教育部学科评估中，马克思主义理论学科综合实力位居浙江省属高校第1，其中科学研究水平位居全国第5。在艾瑞森中国校友会网2016年中国大学学科排行榜上获评五星级学科，在全国该学科中排名为14/332，在2017年全国第四轮学科评估中获B，位列省属高校第一。

组织出版《浙江师范大学马克思主义理论研究文库》，旨在整体呈现浙江师范大学长期以来特别是党的十八大以来马克思主义理论研究的成果，分"马克思主义基本理论"、"马克思主义中国化在浙江"、"伦理学与思想政治教育"、"国外马克思主义"、"中国近代史基本问题"等研究系列，体现原创性与时代性，体现学科特色与地方特色，体现科研与教学的高度融合，以实现"引人以大道、启人以大智、育人以大才"之目标。

"夫学术者，天下之公器"。《浙江师范大学马克思主义理论研究文库》的出版，期待来自理论界的关注与关心、来自学术界的批评与讨论！

是为序！

李建华
2019年2月16日

目 录

导论　新时代的中国伦理学使命 …………………………………… （1）
　第一节　新时代的伦理意蕴 ……………………………………… （1）
　第二节　新时代的伦理挑战 ……………………………………… （6）
　第三节　新时代的伦理学使命 …………………………………… （11）

第一章　当代中国伦理学的基本构想 ……………………………… （18）
　第一节　当代中国伦理学构建的意义 …………………………… （19）
　第二节　当代中国伦理学的基本内涵 …………………………… （23）
　第三节　当代中国伦理学的理论逻辑 …………………………… （26）
　第四节　当代中国伦理学的话语构建 …………………………… （36）

第二章　当代中国伦理学的传统资源 ……………………………… （50）
　第一节　中国传统伦理的基本镜像 ……………………………… （50）
　第二节　中国传统伦理的思想精华 ……………………………… （64）
　第三节　中国传统伦理的当代运用 ……………………………… （70）

第三章　当代中国伦理学的西方参照 ……………………………… （79）
　第一节　西方伦理学的历史演进 ………………………………… （79）
　第二节　西方伦理学的基本理念 ………………………………… （87）
　第三节　西方伦理学的中国应用 ………………………………… （94）

第四章　当代中国伦理学的基本原则 …………………… （103）
第一节　一切以人民为中心 …………………………………… （103）
第二节　集体主义原则 ………………………………………… （113）

第五章　发展：中国经验的伦理表达 …………………… （123）
第一节　当代中国发展观的演变过程 ………………………… （123）
第二节　发展是当代中国的核心价值 ………………………… （130）
第三节　"五大发展理念"的伦理价值 ………………………… （142）

第六章　公正：中国模式的伦理秩序 …………………… （153）
第一节　中国模式的伦理意义 ………………………………… （153）
第二节　中国崛起的伦理失序 ………………………………… （158）
第三节　既要效率、更要公平 ………………………………… （165）
第四节　在发展中实现公平正义 ……………………………… （172）

第七章　和谐：中国道路的伦理目标 …………………… （179）
第一节　和谐是中华民族的独特伦理文化 …………………… （179）
第二节　和谐社会的伦理关系及基本规制 …………………… （188）
第三节　人类命运共同体是通往和谐世界之路 ……………… （198）

第八章　当代中国的基本伦理道德规范 ………………… （208）
第一节　爱国 …………………………………………………… （209）
第二节　敬业 …………………………………………………… （214）
第三节　诚信 …………………………………………………… （220）
第四节　友善 …………………………………………………… （227）

第九章　当代中国政治伦理建设 ………………………… （235）
第一节　政治伦理研究的问题转向 …………………………… （235）
第二节　当代中国政治发展及伦理问题 ……………………… （242）

第三节　习近平新时代中国特色社会主义思想的政治
　　　　　　伦理维度 ……………………………………………（250）
　　第四节　构建中国特色政治伦理学体系 ………………………（263）

第十章　当代中国的经济伦理建设 ……………………………………（270）
　　第一节　中国经济高速增长的伦理意义 ………………………（270）
　　第二节　经济发展中的道德问题 ………………………………（277）
　　第三节　经济秩序与伦理秩序 …………………………………（287）

第十一章　当代中国的文化伦理建设 …………………………………（295）
　　第一节　文化强国战略的伦理意义 ……………………………（295）
　　第二节　文化自信的道德心理机制 ……………………………（302）
　　第三节　文化多元与核心价值观建设 …………………………（314）

第十二章　当代中国的社会伦理建设 …………………………………（322）
　　第一节　社会治理中的伦理道德问题 …………………………（322）
　　第二节　有效社会治理与善治 …………………………………（329）

第十三章　当代中国的生态伦理建设 …………………………………（338）
　　第一节　生态文明与生态伦理 …………………………………（338）
　　第二节　生态伦理建设的制度化 ………………………………（348）
　　第三节　生态文明建设的日常生活化 …………………………（354）

第十四章　当代中国的网络伦理建设 …………………………………（368）
　　第一节　虚拟世界与现实世界 …………………………………（369）
　　第二节　网络化时代的道德问题 ………………………………（377）
　　第三节　网络社会的伦理规制 …………………………………（384）

第十五章　构建中国特色社会主义伦理学 ……………………………（394）
　　第一节　理论命题：何谓中国特色社会主义伦理学 …………（395）

第二节　发展逻辑：马克思主义伦理学中国化的历史进程 …… (402)
第三节　价值坚守：中国特色社会主义伦理学的价值关切 …… (409)
第四节　建设路径：中国特色社会主义伦理学构建的
　　　　立体推进 ………………………………………………… (424)

后　记 ……………………………………………………………… (438)

导论　新时代的中国伦理学使命

伴随着党的十九大的胜利召开，中国特色社会主义建设的伟大事业进入到了一个"新时代"。新时代不但预示着中国的社会发展面临着新任务、新使命、新矛盾、新要求，同时也包含了对未来中国的价值预期以及由此而产生的新姿态和新格局，这就是我们即将迈入的中国道路，而"道路问题，归根到底，就是伦理问题"[①]。中国伦理学不但要为建设中国特色社会主义新时代提供可靠的伦理资源，而且要担当起面向新时代新要求的谋求自身新发展的历史使命。

第一节　新时代的伦理意蕴

"新时代"是党的十九大之后的一个高频词，如果要对2017年的流行语进行排名的话，"新时代"肯定排名第一。但是，生活的经验告诉我们，往往是人们使用最多、习以为常的词，对其内涵与外延的把握反而不太讲究。要科学把握"新时代"的真实内涵，可以从四个维度去理解。

第一，从时间性概念来理解。从时间性上讲，新时代是指时间的一维性上的某个点，或者说是在过去、现在和未来的延伸中的某个时段，具体就是承前启后、继往开来，在新的历史条件下继续夺取中国特色社会主义伟大胜利的时代。这就要求对新时代的把握不能做时间上的简单

---

① ［法］埃德加·莫兰：《伦理》，于硕译，学林出版社2017年版，第2页。

机械地切割，因为中国特色社会主义伟大事业是一个过程，只是不同时期有不同任务罢了。决胜全面建成小康社会、进而全面建成社会主义现代化强国，就是新时代的具体任务。从时间上来理解新时代就应该注重其历史性、过程性和连续性，使其真正成为"历史方位"中的"方位历史"，从而避免新的历史虚无主义。

第二，从描述性概念来理解。从描述性来讲，新时代就是党的十九大报告本身所理解"新矛盾、新思想、新使命、新征程、新要求"等，直接等同于"习近平新时代"，具体就是"三个意味着"："中国特色社会主义进入新时代，意味着近代以来久经磨难的中华民族迎来了从站起来、富起来到强起来的伟大飞跃，迎来了实现中华民族伟大复兴的光明前景；意味着科学社会主义在二十一世纪的中国焕发出强大生机活力，在世界上高高举起了中国特色社会主义伟大旗帜；意味着中国特色社会主义道路、理论、制度、文化不断发展，拓展了发展中国家走向现代化的途径，给世界上那些既希望加快发展又希望保持自身独立性的国家和民族提供了全新选择，为解决人类问题贡献了中国智慧和中国方案。"[1]进而可以描述为"这个新时代，是承前启后、继往开来、在新的历史条件下继续夺取中国特色社会主义伟大胜利的时代，是决胜全面建成小康社会、进而全面建设社会主义现代化强国的时代，是全国各族人民团结奋斗、不断创造美好生活、逐步实现全体人民共同富裕的时代；是全体中华儿女勠力同心、奋力实现中华民族伟大复兴中国梦的时代，是我国日益走近世界舞台中央、不断为人类做出更大贡献的时代。"[2]

第三，从分析性概念来理解。从分析性来讲，新时代不是一种实体性概念，它不是指向某些具体，而是作为把握当代中国社会总特征的一个抽象概念，是一种对具体现象世界的理论抽象。在此意义上讲，新时代并非是把过去、现在、未来分离成几个互不相干的独立存在，而是指中国社会发展整体性过程中的阶段性。作为理论抽象的新时代概念，是我们把握当代中国现实的基本范畴，也是分析中国社会发展和历史变迁

---

[1] 习近平：《决胜全面建成小康社会 夺取新时代中国特色社会主义伟大胜利》，人民出版社2017年版，第10页。

[2] 同上书，第10—11页。

新情况的工具。

第四，从价值性概念来理解。新时代虽然描述的是当代中国社会的新变化，但真正体现的是一种理想追求、一种长远目标，是一种"应然"状态。新时代不是被建构的一个概念，而是对当代中国的发展姿态、历史方位、未来走向的提炼和概括，形成了一个"价值系统"，如民族复兴、美丽中国、以人民为中心、新发展理念、人与自然和谐共生、合宪性审查、共享共赢、构建人类命运共同体等等。正是因为新时代的价值指引，才具有如此大的吸引力和感召力。

如果我们继续遵循价值论的视角，我们就会发现新时代更多地包含了伦理价值意蕴，构建了一种全新的社会伦理秩序，呈现了丰富多彩的伦理生活画卷，具体可以概括为：民族复兴时代的强国伦理、追求美好生活时代的民本伦理、全面自信时代的进取伦理、引领世界发展时代的责任伦理、共商共建共赢时代的共享伦理。

民族复兴是新时代的根本标志，建设社会主义现代化强国彰显强国伦理。建设富强民主文明和谐美丽的社会主义现代化强国是我们的奋斗目标，"到那时，我国物质文明、政治文明、精神文明、社会文明、生态文明将全面提升，实现国家治理体系和治理能力现代化，成为综合国力和国际影响力领先的国家，全体人民共同富裕基本实现，我国人民将享有更加幸福安康的生活，中华民族将以更加昂扬的姿态屹立于世界民族之林"。[①] 可见，强国伦理是全面强大的伦理，而不仅仅是经济的强大，特别是要加强生态文明建设，避免重蹈西方以牺牲环境生态为代价的现代化之覆辙，同时在文化上也要强大起来，从而结束以西方价值观宰制世界的历史；强国伦理是现代化的伦理，坚持走民主法治之路，坚持改革开放之路，坚持走自己的现代化道路，彰显中国道路的现代化之魅力；强国伦理是谋求人民利益的伦理，只有民富才能国强，只有人民幸福安康国家才能长治久安；强国伦理还是世界正义伦理，我们坚持走和平发展道路，坚持共建共享原则，致力于构建人类命运共同体；强国伦理归根结底是一种"人类"伦理，终要打破国家、政党、社会、种

---

① 习近平：《决胜全面建成小康社会 夺取新时代中国特色社会主义伟大胜利》，人民出版社2017年版，第29页。

族、地区等自我伦理局限,追求与创造人类生存与发展的"类伦理"。

"中国特色社会主义进入新时代,我国社会主要矛盾已经转化为人民日益增长的美好生活需要和不平衡不充分的发展之间的矛盾"[①]。这种社会主要矛盾新的变化是建立在"一切以人民为中心"这个永恒不变的中国共产党执政伦理的基础之上,民本伦理是新时代伦理的核心。中国共产党代表了人民的根本利益,始终坚持以人民利益为中心、坚持人民利益高于一切。习近平同志反复强调"人民对美好生活的向往就是我们的奋斗目标"。从我们党诞生之日,"全心全意为人民服务"就成为党的宗旨,成为每位党员的行动指南。人民所向往的美好生活就是生活富足、身心健康、国安家宁,获得感、幸福感、安全感全面概括了人民美好生活的基本内容。获得感意味着人民可以得到充足的社会资源,为自由全面发展创造良好的物质基础。同时,获得感还意味着获得社会认同,得到社会的尊重。幸福感意味着人民身心愉悦,不但能享有良好的生活状态,还对社会怀有积极的道德态度,情绪饱满。安全感则意味着人民应该生活在秩序井然的社会环境之中,面对社会风险能够得到社会的有效支持。人民的利益是我们所有行动的出发点和评价的最高标准,也是最高的伦理标准。

如果从伦理道德的规范功能性质进行划分,可以分为协调性和进取性两类。新时代的到来意味全面自信时代的到来,我们的伦理道德也真正由内敛式的协调性伦理道德转向发散式的进取性伦理道德,新时代蕴含进取性伦理。如果说,当代中国处于稳定与发展双重价值的选择与权衡之中,或者谋求二者的一致性,那么就价值而言,协调性伦理道德有利于稳定,而进取性伦理道德有利于发展,我们是在发展中求稳定,所以进取性伦理道德的凸显理所当然。进取精神是人们在认识世界与改造世界的实践中表现出来的积极奋进的意识,是人的自觉能动性得以发挥的精神状态。无论对人类的整体,还是对单独的个人,这种精神具有重要的意义。伴随着中国经济奇迹般地发展,中国进而进入到了全面自信的时代,这种自信的伦理意义在于不仅仅是靠

[①] 习近平:《决胜全面建成小康社会 夺取新时代中国特色社会主义伟大胜利》,人民出版社2017年版,第11页。

协调性道德来维系社会的平衡与稳定,而是要谋求更大程度上的发展与进步,成为世界伦理秩序的设计者和维护者。

"责任伦理作为一种新的道德思维,'新'就新在它是一种他者思维,因而不同于传统伦理的以'己'为本位的道德思维;它是一种复杂思维,因而不同于传统伦理的简单道德思维;它是一种境遇思维,因而不同于传统伦理的律法主义思维。正是因为责任伦理学突破了传统道德思维的局限,才为解决当代人类社会所面临的道德难题提供了根本前提。"① 在新时代,中国不仅对物质文化生活提出了更高要求,而且对民主、法治、公平、正义、安全、环境等方面的要求也都在日益提高。中国人民不仅珍惜和平、稳定与安全,也将尽最大努力维护和保卫和平、稳定与安全。中国将是未来长期可依靠、可信赖、可预期的一支和平力量。中国将坚持改革开放的基本国策,以开放包容的态度与国际社会合作,谋求互利共赢。一个珍爱和平、开放包容、持续发展、精诚合作的中国将是世界的机遇,也是引领世界发展的主力,体现的是一种高度的责任伦理精神。

新时代就是共商共建共赢时代,由此而生出共享伦理。2017年5月习近平同志在"一带一路"国际合作高峰论坛圆桌峰会上的开幕辞中指出:"各方秉持共商、共建、共享原则,携手应对世界经济面临的挑战,开创发展新机遇,谋求发展新动力,拓展发展新空间,实现优势互补、互利共赢,不断朝着人类命运共同体方向迈进"②。构建人类命运共同体的提出,是当代中国为解决世界问题、引领世界发展所提出的中国方案,是中国智慧的体现,也是新时代国际伦理的根本要求。共享的理想一直以来都流淌在人类文明的河流之中。在某种意义上,人类社会化的历史就是共享的历史。早在原始社会,人类就以共享的方式生活。由于个人力量薄弱,单个的人难以应对自然环境的挑战,没有能力独自生活。为了和他人建立联系,共同为生存而组织在一起,开始诉诸分享生活资料的方式。广义的平均分配成为那一历史阶段最重要的共享模

---

① 曹刚:《责任伦理:一种新的道德思维》,《中国人民大学学报》2013年第2期,第70页。
② 习近平:《开辟合作新起点 谋求发展新动力——在"一带一路"国际合作高峰论坛圆桌峰会上的开幕辞》,《人民日报》2017年5月16日第3版。

式。在新的社会历史条件下，社会生产和生活方式的新变化让共享成为必然选择，同时，在社会前进的脚步中也产生了与共享理念相违背的诸多现象，从而共享问题日益受到人们的普遍关切[1]。随着国际形势的深刻变化，建立国际机制、遵守国际规则、追求国际正义等正在成为多数国家的共识。顺应全球治理体制变革的新要求，中国倡导共商共建共赢的全球治理观。"共商"就是各国之间加强互信，共同协商解决国际政治纷争与经济矛盾；"共建"就是共同参与、协同合作，形成互利共赢的利益共同体；"共赢"就是在世界经济发展中实现互惠互赢而非互害互灭。在实践上我们树立"共同、综合、合作、可持续"的新安全观，共同维护和平稳定的国际环境、支持建立开放、透明、包容、非歧视性的多边贸易体制和公正合理的国际新秩序、以平等为基础、以开放为导向、以合作为动力、以共享为目标，完善全球经济治理等治理举措。"共商、共建、共赢"的全球共享治理理念，为构建人类命运共同体注入了新动力，为构建国际伦理新秩序提供了新理念[2]。

第二节　新时代的伦理挑战

新时代是一种向往，也是一种追求，但不是空中楼阁，新时代与现时代之间存在千丝万缕的联系，要实现新时代的目标，必须正视现时代的各种问题。从人们的伦理生活而言，真正的现代性伦理危机或者困境已然降临到我们头上，这绝不是危言耸听，我们必须保持清醒的头脑。新时代要有新目标，同时也伴随着新挑战和新机遇，我们只有正视挑战，才能有备无患，化不利为有利，构建好新时代的伦理秩序。新时代面临的主要伦理挑战有四个方面：

第一，伦理主体日益被解构。当现实世界被虚拟世界完全摹写，海量的数据引爆了信息化质变的时候，人工智能成为信息革命的加速引擎，数据资源成为重构未来的基础与关键。2016 年，以色列青年历史学

---

[1] 李建华：《从共生到共享：人类的意义性攀越》，《湖南师范大学社会科学学报》2017 年第 5 期，第 89 页。

[2] 刘遗伦：《不断夯实构建人类命运共同体的实践基础》，《贵州日报》2017 年 12 月 24 日第 4 版。

家赫拉利出版了风靡全球的《未来简史：从智人到神人》，在对人类发展历程与科技创新进行一番考证与整理之后，提出"我是谁"这样的人文科学经典命题也会彻底瓦解，因为"所谓唯一真正的自我，其实和永恒的灵魂、圣诞老人和复活节兔子一样并不存在。如果我真的深深地去探究自我，就会发现自己一向认为理所当然的单一被分解成各种互相冲突的声音，没有哪个是'真正的自我'"。[①] 并且，赫拉利提出了一个大胆的推测：基因工程、大数据与人工智能正在解构人类，人不再是一个不可分割的、拥有内心自由的个体，他与其它动物一样，只是生化算法的组合，这些算法是可以被认知的，外部算法有可能比个体更了解自己；文艺复兴以来盛行的个人主义即将崩溃，数据主义将主宰这个时代，服从数据比服从内心将让绝大多数人的决策更加完美有效；大数据会使人分解为一堆"他者"的数据使自己无处躲藏，会从根本上支解人的实体性存在，消解人的价值观，消解人的社会性。赫拉利认为，99%的人类特性及能力是多余的，但有些人仍然会不可或缺，形成一个人数极少的精英阶层，拥有前所未有的能力及创造力，为算法系统执行关键的服务；人类想要不被淘汰只有一条路，一辈子不断学习，不断打造全新的、无法被算法摹写的自己，否则，我们都沦为"无用阶级"，不再具有任何价值。

第二，伦理关系日益复杂化。新时代科学技术的疯狂发展带来了复杂的伦理关系。有效调节伦理关系是伦理学的主要功能。但是，21世纪以来，以生物技术、人工智能、互联网为代表的现代"黑"科技，使人伦关系就变得十分复杂且难以把握，如基因技术不但可以改变人的容貌，还可改变人的心灵；人工智能带来的无人化趋势挑战人的存在价值等等。伦理关系变得日益复杂主要是两个方面：一是从伦理主体性而言，由人与自然、个人与社会、个人与个人、个人与自我四种基本的伦理关系变化为自然人与机器人、机器人与机器人、单机人与组机人等多种伦理关系，这使现实的人伦世界及伦理实体发生颠覆性的改变。赫拉利认为，"人"这个黑箱将被彻底破解，人类社会将面临全面重构，人

---

① ［以］尤瓦尔·赫拉利：《未来简史：从智人到神人》，林俊宏译，中信出版集团2017年版，第261页。

与物的关系、人与人的关系、人与组织的关系以及建立在人之上的人类文化规范将在新的技术条件下重新形成。一切似乎要推倒重来，这听起来让人感到不寒而栗，人工智能真的会取代人吗？未来社会的行为规则真的与现在完全不同吗？虽然赫拉利提到的很多改变还在进行之中，人工智能是否能演化出创造力尚且不知，但有一点是可以肯定的，我们又面临着一个"数千年未曾有过的大变局"，信息化进入关键时期，它已经从局部走向整合，从旁支变成根基，从工具化变为核心。它不甘于只是帮我们改进服务、提升效率，它正在向人类、向组织、向行为规则发起挑战，它试图让一切都按照它的逻辑来行动，它代表着大多数人对美好与幸福的追求，也就拥有无穷的力量。二是从人的存在状态而言，由于网络社会的来临，我们已经不是单一性存在，有现实世界的伦理关系、虚拟世界的伦理关系、现实世界与虚拟世界切换状态的伦理关系。现实世界是我们已经厌倦的世界，因为我们看到的都是趋名逐利，尔虞我诈，所以我们尽可能在现实世界中过虚假的生活。虚拟世界往往是我们理想的生活世界，这里没有真实身份，也便没有了规范压力，于是就可以自由交往和自由表现，就可以展现真实的自我。这很容易导致人自身的分裂、人格的扭曲，如在现实世界中讲假话，在虚拟世界中讲真话，在切换层面就真假共存或真假难辩。

第三，伦理整合日益困难。中国社会进入到了由单一的经济驱动发展型社会到全面发展型社会，社会的全面发展意味着速度慢、协同性强、整体性风险大，这对社会的伦理整合提出了更高的要求。如果说政治、经济、文化、社会、生态五大建设可以协调发展，是否也意味着，政治伦理、经济伦理、文化伦理、社会伦理、生态伦理也会自发地协调发展。而事实上，在五位一体建设协调的同时，由于发展引擎不明确，全面使力而显无力，使五大伦理建设时常又是冲突的，甚至是相悖的，这就需要有种超越于五大伦理之上的伦理大思路，这种大伦理是什么？我们至今不得而知。伦理现代性的最大"成果"就是伦理在个体——社会——种属中的拆解和大断裂。法国大思想家埃德加·莫兰在他的《伦理》一书中认为，在专门化和区隔化的现时代，一切伦理之源的责任与互助精神被破碎和消解，我们这个时代的伦理危机也就是自我伦理、社会伦理、类伦理连接的危机。"它迫使我们必须再兴伦理：使责任——互助的源泉再生，这同时也意味着个体——种属——社会循环的再生，这种再生是在每个个体的各自再生中实现的。"① 我们应该承认，对每一领域的伦理要求和作用机制是清晰的，但是在各大伦理之间是常常不协调的，有时甚至是冲突的，所以当代伦理建设的主要任务是加强条块伦理之间的连接。其实，马基雅维利、霍布斯、尼布尔等思想家都提醒过我们，尤其是美国著名社会伦理学家尼布尔在他的《道德的人与不道德的社会》中就提出过个体道德与社会道德的冲突问题，对传统美德理论和基督教伦理学提出了批评，认为个体美德不能逻辑地导致道德社会的形成，相反，二者经常是矛盾的。因为"如果一种道德见识一开始就自鸣得意地假定自私冲动和社会冲动处于良好的平衡状态，并且认为两者同样是正当的，那么，实际上它们之间甚至连最低限度的平衡也不可能达到"②。黑格尔曾经用人的自由意志的辩证运动来解决抽象法、道德与伦理的连接问题。我国伦理学家樊和平教授曾提出当代伦理与道德的冲突问题，实际已经看到了条块型伦理建设的局限。

伦理整合的困难已经是一个不容争辩的事实，就是我们倡导的职业道德、社会公德、家庭美德、个人品德之间是否是一致的关系，有无矛盾冲突之处，都需要我们认真研究。还比喻说，我们认为做事先学做人，所以伦理学有了某种优先性，其实学会了做人就能做好事吗？不一定，大多数落马的贪官，大都是能干之人，政绩显赫。这个社会到底是求成人，还是求成事，一定是成人优先于成事吗？是否存在一种与伦理学平行的事理学？这种事理学是否可以成为解决伦理整合问题的一种思路，所以通过伦理连接实现伦理整合成为新时代伦理建设的主题。因为"一切伦理行为事实上都是一种连接行为，与他人连接，与自己亲朋连接，与共同体连接，与人类连接，最后是置身宇宙之中的连接"，"我们越是自主就越要担当不确定性和不安宁，也就越需要连接"③。

---

① ［法］埃德加·莫兰：《伦理》，于硕译，学林出版社 2017 年版，第 47 页。
② ［美］莱茵霍尔德·尼布尔：《道德的人与不道德的社会》，蒋庆等译，贵州人民出版社 1998 年版，第 263 页。
③ ［法］埃德加·莫兰：《伦理》，于硕译，学林出版社 2017 年版，第 57 页。

第四，伦理预期日益模糊。传统伦理学的合法性前提都是有某种价值预期的，如为了至善、为了幸福、为了利他、为了社会和谐等等。如果我们认定新时代社会的主要矛盾是日益增长的美好生活需要与发展不平衡、不充分之间的矛盾，你就会发现这对矛盾的两极都是源自于主体自身。过去的社会主要矛盾是落后的生产力与人们日益增长的物质文化需求之间的矛盾，是属于生产力与生产关系之间的矛盾，而现在的社会主要矛盾则是生产关系内部的矛盾，是人自身及其内在关系的矛盾，因为发展不平衡、不充分还是人自身的问题，特别是发展不充分是人自身潜力、人的积极性的挖掘问题，就变成了人的需求与人的潜能之间的矛盾。

在美好生活需要与不平衡、不充分发展之间并不构成直接二元对立的矛盾，不同于落后的生产力水平与日益增长的物质文化需要之间的矛盾，因为发展本身只是手段，发展平衡了、充分了，能否带来美好生活，需要太多的中间环节，其中会呈现多种不确定性和复杂性，甚至会有社会伦理风险。从需要满足的过程来看，低层次需要容易满足，比较单一，对应满足的条件也单一，而高层次需要的满足，大都属于精神与自我实现的领域，内容复杂，且对应满足的条件更复杂。同时从需要的内生规律看，低层次需要满足后可能催生高级需要，也可能催生低级需要，但高层次需要满足后，只会产生更高级的需要。"美好"是无止境的，美好生活也是无止境的，而任何形式的平衡充分的发展都是相对的、有限度的，所以，这对矛盾的存在也可能是无止境的。由于人的欲望的无止境性、个体差异性和人的潜能的不可知性，决定了我们的伦理预期具有不可知性和不确定性，如什么样的生活才是美好生活，尽管有许多幸福指数的指标，但是对于伦理主体而言，只会是差异化的，目标是不清晰的。也许伦理的目标主要不再是调节个人利益与整体利益的关系，而是自我伦理关系，也就是欲望与能力的关系，这是伦理？还是道德？这些都需要我们做出精深的研究。正因为人性、人的欲望具有不确定性，所以未来的伦理预期都是难以确定的，用莫兰的话讲，未来就是打赌，当然，他认为善是我们最值得打赌的。如时下从江歌案的讨论到对电影《芳华》的不同评价，都表现出社会伦理标准的差异甚至模糊，甚至出现了"社会的堕落就是从善良教育开始"、"拒绝善良泛滥"的论调，实在令人忧虑。

当然，有困惑，意味着有反思；有挑战，意味着有机遇；有危机，意味着有希望。中国伦理学，面对危机与变迁，要饱含责任伦理和"思想的伦理"，担当时代和社会的良知，去消解大众的焦虑，阐释好生命的意义和价值，以展示善的可能性。

第三节 新时代的伦理学使命

新时代的伦理要求与现时代所面临的种种伦理困境交织在一起，构成了当代中国伦理道德生活的多彩画面，同时也暗含了某种伦理的基础性危机，这就迫使中国伦理学要做出选择、展现姿态、承担使命。

第一，要有适应社会全面整体转型的复合型伦理大思路。当代中国正处在大改革、大发展、大提升的历史关键期，此所谓"关键"的背后是社会的整体大转型。从政治、经济、文化、社会、生态"五位一体"建设，到"四个全面"的整体战略推进，再到"四个自信"的全面展开，标志着我们虽时有感触但未曾从理论层面高度关注的社会全面转型时代已经悄然来临，它迫使我们在经济社会发展和思想文化建设诸领域要全面创新理念和方法，形成适应社会全面整体转型的复合型伦理大思路，以此来适应由单一经济社会转型向社会全面转型所发生的深刻而往往鲜为人知的变化。这种复合型伦理大思路的特点就在于超越个体、超越单一性，进而在复杂中求明晰，在不确定中求选择，在选择中求再生，在再生中求蜕变，建立基于"人类"思维的共同体伦理，从而避免伦理道德的区隔化、碎片化。

一般而论，社会转型有两种：一种是单一性社会转型，即由单一性社会因素转型而带动的社会转型；一种是社会各因素的整体全面转型。我国改革开放所推动的社会转型是一种以经济转型带动社会转型的单一性方式。在单一性经济社会转型模式中，伦理道德话语也总是围绕着经济要素而构建，我们的伦理道德标准总是向市场经济倾斜，不但肯定个人价值、经济利益，而且把经济价值的实现作为道德评价的主要尺度。

正因如此,一种被极大简化的功利主义道德开始出现并蔓延。从单一社会转型的现实来看,偏重某一价值的伦理道德体系是无法有效统领全面的社会建设的,只会导致社会伦理道德的狭隘与偏差,甚至带来道德内在价值的强烈冲突,如使好人得不到好报成为常态。党的十八大之后,中国社会进入全面转型期,即经济、政治、文化、社会、生态等诸要素的协调发展期。在社会全面转型的伦理秩序中,社会、经济、文化、生态、政治等诸领域的价值目标都应受到同等尊重和认同,没有任何价值目标处于绝对的优先地位而排斥其他价值。当然,我们承认社会各域的价值诉求的同等重要并不是要否认价值共识,相反,对于社会生活而言,价值共识是不可或缺的,唯如此,我们才能期待超越个人差别形成一致的伦理行动。

问题在于,促成社会合作的价值目标要具有广泛的包容性,要能够兼容社会各个领域的价值标准,这就需要复杂性伦理思维和统合性伦理思维,只有这样才能建立复合型的价值目标体系并由此构建适应社会全面转型的伦理秩序。如果说单一经济社会转型以经济理性为基础,那么社会全面转型则需建立在公共理性之上。与经济理性关于人性的自利假设不同,公共理性从公民角度理解人的本质和人际关系,前者是对人性的简化,把人性中与市场机制相符的部分单独提取出来,作为市场运行的逻辑原点;后者则是对人性的丰富,帮助人们在复杂的社会情景中认识定位自我角色、认识自己所担负的道德责任。公共理性本身具有"共同意识"的意义,在它的牵引下,人们才能本着对于社会"善"的追求、通过重叠共识达成基本的、一致性的伦理认同,借以消除因个人差异所形成的道德张力,使公共伦理生活成为可能。正如罗尔斯所言,"公共理性总是允许人们对特殊问题提出多重合理的答案"。① 这将为我们综合地、均衡地考虑社会诸领域的多元道德需求提供理性支持。

第二,要建立以核心价值观为主干的伦理道德规范体系。改革开放以来,社会主义道德规范体系的建立是基于社会主义市场体制的,这对

---

① [美]约翰·罗尔斯:《公共理性的观念》,陈家刚等译,收录于协商民主《论理性与政治》,中央编译出版社 2006 年版,第 88 页。

于当时社会主义市场经济的建立起到了非常好的辩护作用和规范作用。但是，随着社会由单一的经济转型向社会的全面转型，建立社会主义道德规范体系的基本参照发生了深刻变化，不但要适应市场经济的要求，还要适应社会主义法治化的要求；不但要继承中国共产党长期形成的革命道德的传统，还要承续中华民族几千年传承下来的优秀道德传统；不但要反映中国特色社会主义的本质要求，而且要充分吸纳西方现代伦理文化的优秀成果。因此，如何在新时代完善好社会主义道德规范体系，是当前重大的理论问题和实践课题，我们所要做的工作主要是四个方面：一是选择好中国特色社会主义道德规范体系的基本参照，克服社会主义市场经济体制的单一参照；二是理顺好社会主义核心价值观与社会主义道德规范体系的关系；三是建立好适应新时代的中国特色社会主义道德规范体系；四是连接好社会主义道德规范体系的不同层次和不同部分，使之成为一个有机的、有效的整体，而非断裂的零散体，在此，我仅就第三个工作谈点认识。社会主义道德规范体系应该是一个动态开放，不断完善的系统，在新的历史条件下，必须在社会主义核心价值观的指导下，对整个伦理道德规范体系要做出相应的调整，现提供一个不太成熟的思路，仅作参考。

新时代中国特色社会主义伦理道德规范体系的初步构想是：以"人道主义"和"集体主义"为根本原则；以"发展、公正、共享、和谐"为核心伦理理念；以经济伦理建设、政治伦理建设、文化伦理建设、社会伦理建设、生态伦理建设为基本领域；以"爱国、敬业、诚信、友善"为个人基本道德规范；以"职业道德、社会公德、家庭美德、个人品德"为基本道德建设要求。这是一种伦理道德规范体系的宏大构想[①]，还需要另文仔细展开论证，这时只简要说明几点。一是为什么要增加人道主义作为道德原则。在以往的社会主义道德规范体系中，集体主义是唯一的原则，它强调人的社会性本质，强调社会利益本位，这有利于人们超越私人利益的计较，关心他人和社会，并积极为社会利益的实现做出贡献，但它无法周全所有伦理关系，如人与自然的关系。而人道主义

---

① 李建华：《社会主义核心价值观与道德规范体系关系之探索》，《道德与文明》2017年第2期，第6页。

是以个人权利为基调的道德规范，可以成为集体主义的有益补充，满足核心价值观的人本需要。人道主义是人们对抗宗教权力和王权的产物，旨在恢复人的独立自主，肯定世俗世界的价值。人道主义不但要保护人们的合法权利，更要求从人性关怀的角度处理社会关系、考虑社会问题。将"人道主义"与"集体主义"并立为社会主义道德规范的原则有利于我们在道德情景中兼顾个人利益与集体利益，认识两者的界限，有效避免相互的矛盾和冲突、以增量方式促进两者的协调统一。二是为什么要增加"五大伦理建设"。新时代是"五位一体建设"全面推进的时代，可以说"五位一体"是新时代社会发展的核心，我们的伦理道德规范体系不能漠然置之，相反必须正面解决五大发展的伦理基础、伦理规范及其相互协同的问题，没有五大伦理建设，就没有体现新时代的伦理精神，或者说会在社会重大战略上出现"伦理缺位"，伦理学就没有用武之地。三是为什么要用社会主义核心价值观的个人层面要求取代原有的"五爱"要求。"爱祖国、爱人民、爱劳动、爱科学、爱社会主义"的"五爱规范"是公民道德的基本要求，与社会主义核心价值观的"爱国、敬业、诚信、友善"有重叠交叉之处。如果我们要强调社会主义核心价值观对社会主义伦理道德规范体系建设的统领作用，要统分体现中国特色社会主义新时代的价值观要求，以"爱国、敬业、诚信、友善"取代"五爱规范"是稳妥的、可行的。

第三，要鼓足以构筑中国伦理精神为指引的道德力量。中国特色社会主义建设已进入新时代，新时代需要有新的精神生活，新的精神生活需要有伦理精神价值的指引。党的十九大报告明确指出："必须坚持马克思主义，牢固树立共产主义远大理想和中国特色社会主义共同理想，培育和践行社会主义核心价值观，不断增强意识形态领域主导权和话语权，推动中华优秀传统文化创造性转化、创新性发展，继承革命文化，发展社会主义先进文化，不忘本来、吸收外来、面向未来，更好构筑中国精神、中国价值、中国力量，为人民提供精神指引"。[①] 精神生活一方面深刻反映着社会的发展与时代的变迁，同时精神生活也会汇聚巨大的

[①] 习近平：《决胜全面建成小康社会　夺取新时代中国特色社会主义伟大胜利》，人民出版社2017年版，第23页。

精神能量去影响社会历史发展的速度和质量。我们只有清晰认识我国社会主要矛盾的新变化，倡导文明互鉴、超越文明冲突的新主张，开拓人类命运共同体建设的新思路，为广大人民提供精神生活指引，才能真正实现强国梦。那么，我们的伦理学就是要构筑好中国伦理精神和中国伦理价值，为人们的道德生活提供指引，从而彰显中国道德力量。

这里，实际上有两个重大问题需要思考：一是当代中国伦理精神是什么，实际上就是中国特色社会主义为核心的思想精神、以爱国主义为核心的民族精神和以改革创新为核心的时代精神。新时代中国特色社会主义思想是"自己时代精神的精华"，是在当代中国的历史性实践中生成的，具有典型的内生性特质和鲜明的时代色彩，继承了中华优秀传统文化的基因、血脉，以古鉴今、古为今用，反对简单复古，反对全盘否定，既实现了马克思主义基本原理与中国文化的有机结合，也实现了中国传统文化的创造性转换和创新性发展，关系到现实社会主义亲切感、感召力与凝聚力的实现；爱国主义作为民族精神的核心，是古往今来显现于中华民族历史的重要标识，中华民族精神的内涵也是以此为基础而发展起来的。在中华民族源远流长的历史长河中，爱国主义始终是维护国家统一、民族团结的时代最强音；改革创新为核心的时代精神是适应我国社会发展进程和"中国梦"实现的精神力量支持。历史无数次证明，一个因循守旧、固步自封的民族是不可能日新月异、蓬勃发展的。在当前中国社会，改革创新是我国人民精神风貌的真实写照，是协同社会价值观，实现个体价值塑造的重要载体。二是如何彰显好中国道德力量。中国道德力量就是人民的力量、团结的力量、战胜困难的力量、为世界担当的力量，这些都源于中国的道路、制度、理论、文化全面自信的力量，是一种精神上的自信力。道路自信的力量来自中国特色的社会主义道路的正确性，体现了中国社会发展的规律性与中国共产党对道路选择的科学性；制度自信力量来自中国特色社会主义制度优越性以及被实践证明了的"中国崛起"、"中国道路"的成功；理论自信的力量来自中国特色社会主义理论体系的科学性、真理性、正确性；文化自信的力量来自中国传统优秀文化、革命文化和中国特色社会主义文化有机统一而形成的文化先进性。四者有机联系形成中国的整体自信。所以，我们要增加中国伦理学自信，主动关注道德生活，大力扬善抑恶，主动发声，主动介入，要有作为，要有大作为，真正使伦理学成为新时代之显学。

　　第四，要构建具有中国特色、中国风格、中国气派的伦理学。我国现有的伦理学基本上是用历史唯物主义原理解释道德现象的一种理论体系，为我国的伦理学建设和社会主义道德建设做出了重要贡献，但不可回避的是，这种理论体系已经明显地滞后于世界伦理理论的前沿和现实的中国道德生活，其主要原因是传统伦理未实现现代转型以及以苏联马克思主义伦理学为基础的伦理学体系与中国话语之间存在间隙，原有伦理学表现出时代的滞后性、没有体现中国特色、缺乏中国态度，构建适应新时代的中国特色社会主义伦理学迫在眉睫。"中国特色社会主义伦理学"是具有中国特色、问题导向和中国经验的当代伦理学新范式，它有别于传统的"马克思主义伦理学"，也不是中国传统伦理学的当代延续，更不是西方伦理学的中国化，而是中国伦理学发展在新的历史条件下提出的全新的理论命题①。我国现有伦理学理论体系为中国社会的当代转型和社会主义道德建设做出了重要的贡献，但是不容回避的是，国际形势和社会主义建设已经发生了日新月异的巨变，由于未能完成传统伦理现代转型以及以苏联马克思主义伦理学为基础的伦理学体系与中国话语之间存在间隙，该理论体系已经明显地滞后于世界伦理理论的前沿和现实的中国道德生活。这种滞后性的主要表现是，现有伦理学理论建设依然未能完全实现传统伦理的转型、继承和创新，显示了伦理学理论建设的"先天不足"。同时，在马克思主义伦理学中国化过程中我们热衷于套用苏联马克思主义伦理学的基本理念、学术框架和学术方法，对马克思主义的深层思想重视不够、在马克思主义思想中提炼马克思主义伦理观念"火候不足"，显示了伦理学理论建设的"消化不良"。造成的不良后果就是：一方面，囿于苏联模式的伦理学框架而不加批判的搬用，导致中国伦理学呈现出知识内容和研究范式上的滞后性；另一方面，由于缺乏深层反思与检验，我们对伦理学的认知偏离了辩证唯物主

---

① 李建华：《中国伦理学：意义、内涵与构建》，《中州学刊》2016年第3期，第2页。

义方法论原则，从而"误读"或窄化了伦理学的研究对象和方法。

中国特色社会主义伦理学建设的要义在于坚持以习近平新时代中国特色社会主义思想为引导、充分吸收人类道德文明成果、建设富有中国特质的学术体系、学科体系和话语体系。坚持以马克思主义为指导，是当代中国哲学社会科学区别于其他哲学社会科学的根本标志，必须旗帜鲜明加以坚持。习近平新时代中国特色社会主义作为马克思主义的新形态，是中国特色社会主义伦理学的理论导向。与以往从建立在苏联模式的马克思伦理学不同，中国特色社会主义伦理学不应简单套用任何既有的马克思主义伦理学范式，而是返回马克思主义思想的本质，在正确理解马克思道德思想的基础上系统构建马克思主义伦理系统。中国特色社会主义伦理学以传统伦理和西方伦理为基本参照。中国特色社会主义伦理学需要保持开放的学术话语，广泛吸收、借鉴传统伦理与西方伦理体系的营养，使自己站在世界伦理学发展潮流的前沿。传统伦理和西方伦理都构建了各自的理论图式，反映出在一定时期、一定社会环境下的道德镜像，积累了丰富的理论成果和研究经验，以之为参照可以更为完整地把握人类道德生活脉络和规律，增强中国特色社会主义伦理学的传承性、合理性和科学性。中国特色社会主义伦理学的话语表达也一定要是"中国的"，从基本理论到原则规范都要是讲"中国话"，中国传统伦理的言说方式和现代中国的道德生活语言，都应是中国特色社会主义伦理学的学术语言，都应该能回应中国道德实践，能提升中国道德建设经验，能讲好中国道德故事，唱响中国道德"好声音"。

第一章　当代中国伦理学的基本构想

无论从确立中国特色社会主义理论自信，还是从建构中国社会发展的伦理秩序、抑或是从推进伦理学自身发展的需要而言，建设中国特色社会主义伦理学已然成为一个紧迫的问题。对我们身处其中的社会生活领域和面临的社会文化问题做出理论审视或判断，不仅是学人对学术研究责任担当的表现，亦是对生活世界积极反思的努力，这种责任和反思正是社会主义文化建设与繁荣的助推力。波澜壮阔的中国特色社会主义建设实践为我们提供了伦理思想和道德生活的场域，我们需要何种伦理理论指导、佐证和推进中国特色社会主义建设？尤其"在21世纪的文献中，中国崛起已成为一个公理性观点"[1]、中国特色社会主义道路已经初步展现具有世界意义的发展价值的当今时代，我们应该怎样建设中国特色社会主义伦理文化以彰显文化价值自信？从理论内涵、发展逻辑、理论方法等方面对中国特色社会主义伦理学建设路向的思考，即是基于这样的理论努力。尤其在2017年5月中共中央印发《关于加快构建中国特色哲学社会科学的意见》并强调"坚持和发展中国特色社会主义，必须加快构建中国特色哲学社会科学"的新形势下，这种理论努力更显必要和紧迫。

在全球化和社会转型背景下，思想价值观念日趋多元、主流与非主

---

[1] David Scott, *"The Chinese Century"? The Challenge to Global Order*, Hampshire: Palgrave Macmillan, 2008, p. 14.

流并存、社会思潮纷繁激荡，产生了新的社会现象，也暴露出新的社会问题。旧有的哲学社会科学知识体系已经不足以解释、应对新的问题。而且，全球化以及信息技术的发展让文化交往更为频繁，文化话语权的构建也成为哲学社会科学面临的重大课题。如果我们不能有效形成自己的文化核心竞争力，将在文化交往中处于被动地位，甚至导致文化交往的失语。因此，习近平总书记明确提出要"着力构建中国特色哲学社会科学"，体现"中国特色、中国风格、中国气派"。伦理学是哲学社会科学的重要组成部分，在国家政治、经济、文化、社会、生态建设中发挥着价值引导与道德规范功能。建设"中国伦理学"无疑是我国当代伦理学者们所担负的历史使命。

第一节 当代中国伦理学构建的意义

"中国伦理学"是一个基于中国特色、问题导向和中国经验的新的伦理学范式，它有别于传统的"马克思主义伦理学"，也不是中国传统伦理学的当代显现，更不是西方伦理学的中国化。在此提出建设中国伦理学，首先是基于原有伦理学理论已经表现出时代的滞后性这一客观事实。

我国现有的伦理学基本上是用历史唯物主义原理解释道德现象的一种理论体系，为我国的伦理学建设和社会主义道德建设做出了重要贡献，但不可回避的是，这种理论体系已经明显地滞后于世界伦理理论的前沿和现实的中国道德生活，其主要原因是传统伦理未实现现代转型以及以苏联马克思主义伦理学为基础的伦理学体系与中国话语之间存在间隙。就传统伦理学而言，作为文明古国，我国有着丰富的传统伦理资源，也对世界文明做出了突出贡献。我国传统文化在历史长河中连绵不绝，本身就是世界文化的奇迹——曾与中华文明同时期的其他文明都出现了历史的断裂，有的甚至淹没在历史的尘沙之中。但是我们的传统伦理也有着自身的问题。我国传统伦理文化长期处于独自发展的状态，缺乏与其他伦理文化的交际，表现出鲜明的同质化特征。虽然我国传统伦理思想流派众多，但基本属于"同质异构性的内部文化"。[①] 这使得我国的传统伦理显现出封闭的倾向，最终走向了一元化的道路——儒家伦理由此走向传统伦理的中心地位。虽然儒家学说也在历史的沿革中形成了不同的理论流派，但一元化的知识结构让其缺乏完备的自我批判能力，无论"我注六经"还是"六经注我"，都以儒家伦理原典的真理性作为前提，致使传统伦理体系的固化。传统伦理建立在以宗法关系为基础的社会结构之上，强调人们对于宗法伦理的服从，并将道德生活与政治生活紧密结合。这种特质产生的后果在于：人的主体精神受到压制、伦理更多变成外在的规范；道德不但成为人们参与政治的资格，也成为政治人格的衡量标准，而且将家庭内部的伦理要求泛化为政治伦理规范，形成"家长制"的伦理秩序。这与现代社会宣扬人性，倡导自由、平等的伦理理念相距甚远。因此，传统伦理学难以适应开放的新的现代伦理结构，也很难对当下出现的伦理诉求做出回应。

当我们打开通向世界的大门，未完成现代性转型的传统伦理受到了严峻挑战。由于我们无法从中获得与现代文明对话的给养，我们在国际文化对话中始终处于被动的地位，也产生了对传统伦理的质疑与批判。打破旧道德、树立新道德成为当时急切的呼声。随着我国社会主义革命的胜利，马克思主义成为我国的指导思想，构建以之为内核的社会主义道德体系成为伦理学建设的中心工作。但是，为了满足从旧道德向新道德的紧迫需求，我们的道德建设一度过于粗放、一定程度上缺乏学术的从容。这种仓促表现在，其一，我们对于传统文化采取了简单否定的态度。我们没有系统分析中西伦理的差别，站在现代性的视角谋求传统伦理的转型，而是把传统伦理完全置于现代伦理的反面。其二，我们没有深入马克思主义思想之中提炼马克思主义伦理观念，而是套用了苏联马克思主义伦理学的基本理念、学术框架和学术方法。这种不加批判的搬用偏离了马克思辩证唯物主义的方法论原则。其三，由于缺乏深层的反思与检验，我们对于伦理学的认知出现了误解。如万俊人教授所言，受

[①] 万俊人：《论中国伦理学之重建》，《北京大学学报》（哲学社会科学版）1990 年第 1 期，第 73 页。

到苏联伦理学影响，我们将伦理学的研究对象定义为"道德现象"和"道德关系"，而道德则被理解为"调整人们相互关系的行为原则和规范的总和"。这种理解显然带有片面性，并缩小了伦理学的研究领域，让伦理学成为了规范性的学科。事实上，规范性研究只是伦理学的一部分，所有与价值相关的问题都在伦理学的视野之内。[①] 由于我们没有找到传统伦理与现代性的结合点，囿于苏联模式的伦理学框架又限制了伦理学的研究对象和方法，导致我们原有的伦理学不能及时跟上社会发展的脚步，表现出在知识内容和研究范式上的滞后。

第二，提出建设中国伦理学，是因为现行的伦理学没有体现中国特色。如前所述，我国主流伦理学带有明显的苏式风格，具有舶来特点。这就造成我国伦理学的言说方式和建设路径没有完全融入中华民族的特殊语境。原有伦理学中国特色的缺失主要表现在以下方面：其一，伦理理论缺乏民族维度。由于近代以来对于传统文化的排斥，动摇了我们的道德自信。当我们站在现代性视角批判传统伦理的时候，我们也否定了其合理性，忽视了传统伦理的形成与民族历史的必然联系。我们的伦理观念和道德机制源自独特的民族生活方式和历史境遇，包含在民族对于自我、他人以及社会的认知之中，是民族文化的有机组成部分。但原有伦理学消极地看待传统伦理，没有充分发掘其中的道德资源，一些优秀的道德元素没有融入伦理学体系之内。即便我们现在开始正视自己的道德文化，为汲取传统道德营养做出了积极努力，但在宏观层面依然没有建立系统化的民族伦理理论。其二，伦理范式缺乏中国特质。任何哲学学术范式既具有普遍性，又具有特殊性。普遍性在于，所有哲学学科都有其自身的知识获取方式和发展规律；特殊性在于，哲学学科的学术范式都依系于所处的人文环境而生成、存在。这就是为什么即便我们可以就某些价值和道德原则达成共识，但在不同的社会情景中，价值的内涵、道德原则的践行方式都存在着显著的差异。原有伦理学无论是学科的划分、知识的提炼、分析工具的采用还是学术评价，都更多借用国外的既有成果。在全球化背景下，我们更为频繁地与其他地区的文明接

---

① 万俊人：《论中国伦理学之重建》，《北京大学学报》（哲学社会科学版）1990 年第 1 期，第 76—77 页。

触、交往。在这一过程中,由于西方文化的强势,我们更多地扮演倾听者的角色。伦理学界出现了大量引入、介绍西方理论的现象,也倾向于借助西方的学术方法研究中国问题。而我们却不同程度忽略了从中国的道德脉络和道德叙事中形成属于自己的伦理范式。其三,伦理立场缺乏中国态度。伦理学关照价值世界,而价值既处于构建之中,又在特定时期呈现出客观性。客观性表现在,处于道德共同体的人们总是会就基本价值理念达成共识,这种共识为大家提供了对话的基础,也决定了人们的道德倾向。作为中华民族的一员,我们生而在道德共同体之内。如何将共同体的道德立场表达于伦理学之中,成为学界亟待解决的重大课题。回溯已有的伦理理论,每一流派都呈现出鲜明的道德态度,比如自由主义将个人自由置于伦理话语的中心位置、社群主义关照共同体的利益等等。我国以集体主义作为基本的伦理原则,但尚未形成独特的学术流派。

第三,提出建设中国伦理学,是因为现行伦理学难以形成世界对话权。在信息高度发达的今天,文化在全球各个角落交汇聚集,不同文化的对话已成常态。在全球化趋势中,如何通过对话伸张本国、本民族的道德诉求,增进其他国家、民族对自己的道德理解和道德认同,是摆在伦理学人面前的时代挑战。国际对话不是简单意义上的语言交流,而是赋予自己权力的方式。陈正良等学者援引福柯对于话语权的阐释指出,"话语不仅仅是思维符号和交际工具,而且是人们斗争的手段和目的。"[①]伦理学的国际对话除了向世界传递我们的价值观念、道德内涵,更要以我们的道德理论影响,甚至引导其他文化群体对于道德的理解和价值判断。这就要求我们不但要形成自己的道德话语,更要在道德的言说中形成比较优势,成为道德价值的引领者。原有伦理学过多沉浸在其他文明的道德话语之中,从理论内容到表达方式都根据他人(主要是前苏联和西方)的规范与标准。以并不属于我们,或者我们不擅长的方式参与交往,让我们难以完成对于既有理论的超越而处于被动地位。这就不难理解,为何在国际伦理学的舞台上,我们很少听见中国的声音。当然,很

[①] 陈正良等:《国际话语权本质析论——兼论中国在提升国际话语权上的应有作为》,《浙江社会科学》2014 年第 7 期,第 78 页。

多学者进行了有益的尝试，也在国际有影响力的论坛和期刊发表了自己的成果。但其中更多发出的是个人层面的声音，如何通过学术整合发出中国伦理学集体的声音，依然任重而道远。

第二节 当代中国伦理学的基本内涵

要让我国的伦理学散发民族文化的光彩，具备国际道德话语的对话、引领能力，就必须开创新的学术体系，建设中国伦理学。中国伦理学有别于中国传统伦理、前苏联模式的马克思主义伦理学和西方伦理学，是立足于我国社会主义探索与实践，与民族文化高度融合的产物。

第一，中国伦理学植根于中国道德土壤。如习近平总书记指出："中华民族有着深厚文化传统，形成了富有特色的思想体系，体现了中国人几千年来积累的知识智慧和理性思辨。这是我国的独特优势。"唯有植根于我国道德文化，中国伦理学才能形成独特的气质与风骨。当然，中国伦理学不是要将现代社会置于传统伦理的规导之下，也不是将后者作为前者的道德解释体系或者道德解决方案。一度有学者试图将传统伦理"合理化"，即谋求将之作为现代道德体系的可行性。这种脱离时代背景的文化移植势必造成传统文明与现代文明的冲突。中国伦理学则是基于当代中国的道德共识，以我们所熟悉的道德话语表达伦理诉求，以我们的道德思维对现代生活进行伦理反思，以我们普遍认同的道德生活方式促进伦理价值的实现。在马克思主义道德的牵引和传统道德的滋养中，我国道德文化蕴涵着强烈的使命感与责任感，既强调个人私德的完满，又强调对于为国家、社会做出贡献。这是我国道德与西方道德的分野。西方近代受自由主义的影响，道德文化呈现出"消极"的态势。贡斯当和柏林都认识到了这一问题，指出目前西方在道德生活中过分关注个人权利，追求"消极"的自由。对于个人权利的维护也成为西方伦理学的核心话语。个人自由、权利的绝对性造成了个人与社会的紧张，这种紧张广泛见诸西方伦理学研究之中。中国伦理学倡导人际与社会的和谐共生，兼顾个人主体性与社会实在性，从相互依存的视角看到社会道德生活。这就决定了中国伦理学具有与西方伦理学殊为不同的理论维度。

第二，中国伦理学立足于当代中国实践。实践是伦理学的基本向度。从亚里士多德提出"伦理学"的概念开始，伦理学就致力于构建"善"的城邦，为公共生活提供"善"的指引。如亚里士多德所言"每种技艺与研究，同样地，人的每种实践与选择，都以某种善为目的"。[①] 这就决定了伦理学与道德实践有着不可分割的内在联系。实践知识既是伦理学的主要知识类别，伦理学知识又有着强烈的实践指向。亚里士多德区分了理智德性与道德德性，明确指出伦理学研究与其他研究的本质区别在于这种研究"不是思辨的，而有一种实践的目的"。[②] 自然赋予了我们道德能力，而此能力需要在实践中体现和完善。中国伦理学的生成与发展显然必须立足于中国实践。我国有着与其他民族、社会殊为不同的道德实践环境。其一，我国积淀了独特的道德传统。千百年来，道德一直处于我国社会话语的中心地位。道德生活与政治生活、社会生活密不可分，道德价值发挥着统合性作用。这种传统延续至今，人们在生活中仍旧予以道德以更多的关注。其二，我国社会保留着熟人社会的诸多特征。虽然我们开始从熟人社会向陌生人社会转换，但社会行为和心理还是受到熟人社会的影响，延续着熟人社会的道德习惯。"血缘"是熟人社会联结人与人关系的纽带，以此为基础的道德关注于人们的伦理身份、强调伦理秩序。其三，我国正处于社会转型之中，社会流动性增强、社会分群趋势明显。群体间的道德关系日趋复杂，也衍生出新的道德诉求。独特的社会条件既为伦理学带来了挑战，也让中国伦理学的重塑成为可能。一方面，社会转型过程中传统与现代的交织催生出新的道德话语和道德元素，为伦理学提供了更为广阔的知识来源。另一方面，当我们面对中国特有的社会现象和文化语境，我们必须寻找与之相适的伦理学研究方法，探寻有效实现主流价值引领、达成道德共识的伦理机制。伦理学的中国气象恰恰需要在上述学术努力中得以塑造和展现。中华人民共和国成立以来，从树立社会主义新风、社会主义道德培育到改革开放之初的"四有新人"培养、公民道德建设，再到当前的社会主义

---

① ［古希腊］亚里士多德：《尼各马可伦理学》，廖申白译，商务印书馆2013年版，第3页。
② 同上书，第37页。

核心价值观培育，我们结合自己的社会、文化特点进行了一系列的道德实践，积累了丰富的经验，也逐渐构筑了具有中国特色的伦理建设道路。①

第三，中国伦理学着眼于中国重大问题。关照现实、服务国家是中国伦理学应有的情怀与担当。对于国家重大问题的回应也是伦理学形成中国特色、保持学术活力的主要途径。当代中国的重大问题主要源自以下方面：其一是世界格局的变化内生对于新型国际正义秩序的吁求。在全球化背景下，我们不得不应对诸如气候变暖、消除贫困等人类面临的共同挑战。在共同而有差别的责任面前，只有准确定位国家的伦理角色，才能在充分保障国家权益的基础上履行我们的应尽义务。同时，一些原本属于国家内部的问题也被上升到国际层面，需要为国家的主权伸张提供正当性支持。其二是社会生活的变革引发了道德话语的改变。改革开放以来，我国社会结构、运行机制都发生了深刻变化。近年来，社会组织日渐成熟、社会权力发展壮大，社会完成了从国家权力支配向多元权力共治的现代转型。要在多元权力结构中维护党的政治权威、保持各种权力间的界限、达成权力主体间的协同合作，就必须对社会道德关系进行调整。中国特色社会主义市场经济模式主导社会资源的整合、分配和财富创造。市场经济在推动我国经济高速发展的同时也凸显出效率与公平、自由与平等间的价值张力，有待权利理论与正义理论的关切。公共领域的形成与扩展则期待公共道德的支撑，社会成员不但要做一个好人，更要成为一位好公民。其三是新技术的出现与推广产生了新的道德难题。比如网络技术，特别是移动信息技术的普及，深刻改变了人的交往方式，并形成了虚拟化社会。生物技术在提高人们生命质量的同时也改变了人类的繁衍方式，打破了自然伦理关系——特别是克隆技术的诞生。要让我们免于陷入新技术的道德困境，就必须进行伦理观念和思维模式的革新。着眼于中国重大问题不但能帮助我们深化对于国家现实的认识，更能为伦理学提供新的增长点。中国伦理学以对接中国重大需求、解决中国重大问题作为内驱动力。

---

① 葛晨虹：《回顾与展望：伦理学理论与实践六十年》，《道德与文明》2010 年第 1 期。

第三节　当代中国伦理学的理论逻辑

作为哲学社会科学的重要组成部分，伦理学肩负着提供符合人类发展需要和社会发展现实需求的道德价值规范和伦理价值系统的历史使命。然而随着经济全球化的发展，中国进入社会转型的关键阶段，面对新时期层出不穷的社会道德问题中国伦理学解释力出现不足，甚至有时处于一种缺席和失语的状态，现有的伦理学体系无法充分发挥其社会功能。突破中国伦理学所面临的"瓶颈"，我们需要对现有的伦理体系进行反思，根据社会发展实际确定中国特色伦理学的理论出发点、基本定位以及核心内容。

一　中国现有伦理学体系的理论反思

构建中国特色伦理学体系，首先就要对中国现有伦理学体系进行反思，改革开放以来我国伦理学取得了显著的成就，但同时也不得不承认其存在诸多不足，成为阻碍中国特色伦理学构建面临的重大"瓶颈"。

其一，现有伦理学体系的理论出发点有失偏颇。道德与经济基础的关系长期以来我们作为伦理学思考的出发点，诚然这种致思方式的存在具有一定的合理性，也在伦理学发展之初发挥了重要的作用。将道德与经济基础的关系作为伦理学思考的出发点，指出了道德既是作为意识形态又是上层建筑的特性，更有力解释了道德与经济之间的关系，但是其忽视了道德的主体性特征。作为道德主体的"人"被忽视，道德的规范性更为突出而其主体性和引导性则被忽视。道德被当作是单纯的行为规范，其更多扮演的是一种维护角色，是人类对世界的把握方式，而其与社会之间的互动及其对社会所扮演的批判性角色则被忽视，其更多时候应当是人把握自身的特有方式这一特点亦是被掩盖。伦理和道德在这一理论发出点之下变成一种政治化、非人性的存在，其与政治、法律的区别更是无从谈起，甚至于三者之间经常出现"角色混乱"。构建中国特色伦理学体系要重视道德的主体性，表达其区别于政治和法律的特性，因为其理论出发点应当是——"人"。

其二，现有伦理学体系的学科性质与学科定位有待调整。国内对伦理学的学科性质和定位向来都有争论，并没有统一的说法。有的主张伦理学研究的是道德现象，因此它是道德哲学，是关于道德的本质和规律的"科学"；有的认为伦理学研究的是善恶价值，因此它是"善恶价值论"；有的认为伦理学研究的是幸福生活，因此它是以幸福为目的的"价值学科"；也有的认为伦理学研究的是成人成圣，是"人学价值论"。[1] 其实伦理学应当是一门价值性与事实性、规范性与应用性相统一的科学。伦理学首先是一门价值科学，其研究的是道德伦理的生成根源及其发展规律，并提供符合人类发展需要和社会发展现实需求的道德价值规范和伦理价值系统。而道德价值规范和伦理价值系统都是基于人类现实生活中出现的"道德事实矛盾"和"伦理现实困境"而产生的，因此伦理学又具有事实性。规范性和应用性是伦理学的又一重要性质。伦理学需要解决的问题不仅仅是让人认识到什么是道德，更为重要的是让人们知道遵循何种规范去践行道德。伦理学为人们所提供的道德价值原则和伦理价值规范用于指导人们实践，归根结底还是需要实行某种道德规范。伦理学的规范性也就决定其拥有应用性。"任何理论知识归根到底都有实践意义"[2]，伦理学具有应用性首先是因为其具备事实性，是与社会生活实践及社会道德实践紧密相联系的，伦理学为人类生活提供道德价值原则和伦理价值规范都是基于现实的必要，直接服务于社会现实。而伦理学的价值性与事实性、规范性与应用性又决定中国特色伦理学体系应当是一门历史性、现实性和前瞻性的统一，是普遍性与现实性的统一的综合性学科，其要尊重历史、依照现实、展望未来。

其三，现有伦理学体系的研究方法与研究内容亟待创新。研究方法和研究内容是中国特色伦理学体系构建过程中的核心，直接决定了中国伦理学未来的发展。就研究方法而言，我国现有伦理学体系在研究方法上仍旧较为单一，缺乏符合实际的研究方法。就目前而言，部分学者对于伦理学的研究更多的是套用传统的伦理学研究方法或者说是直接借用

---

[1] 曾建平：《关于伦理学的学科性质与学科建设的几个问题》，《江西师范大学学报》（哲学社会科学版）2009年第6期。

[2] ［苏联］伊·谢·康：《伦理学词典》，甘肃人民出版社1983年版，第471页。

西方伦理学的研究方法，而忽视了这些方法是否与中国伦理学发展实际相适应。面对日益复杂的社会道德问题，特别是新出现的道德现象我们应当以问题为导向，通过问题意识法来开展伦理学研究，推动伦理学服务于现实。同时我们需要一种合理的价值结构法，正确处理伦理与道德的关系。更为重要的是与西方国家相比我们正处于共时性和历时性结构交错的节点之上，通过时空结构法，充分吸收传统伦理文化资源以及西方优秀价值理念才能够推动伦理学的科学发展。研究方法是伦理学研究的重要工具，研究内容则是伦理学发展的核心所在。我国现有伦理学体系存在厚古薄今、厚西薄中、重梳理轻创新的共性问题，无论是对历史资料的考证还是对西方伦理思想的研究，部分学者更多的是注重梳理和翻译，而没有形成理论的创新和构建。同时理论与应用的结合存在较大间隙。虽然理论联系实际是学界一直倡导的研究方法，但是在实际研究中理论研究与实际应用的隔阂仍旧存在，"两张皮"的情况没有得到根本性的解决。一些研究停留在对表象的描述，或者直接是一种"理论+应用"的拼盘式对接。中国特色伦理学体系的构建一定要以道德本质、道德现实以及道德建构为核心，把握"道德"这一核心，确定研究的基本范畴。

二 中国特色伦理学体系的理论出发点

中国特色伦理学的理论出发点应当是——"人"，具体说来应当是"现实的人""社会的人""实践的人"。我们的出发点是现实的、有生命的人，人是社会的存在物，只有通过社会人才能够获得真正的存在。伦理学的存在要促进人的全面自由发展，只有参与社会活动人才能实现自我的合理性的存在。任何一个理论体系都是其理论出发点开始展开逻辑思考的，道德与经济基础的关系长期以来我们作为伦理学思考的出发点，将道德解释为社会经济基础的反映，是一种意识形态的存在。[①]这种观点固然有其存在的合理性，但是其没能充分表达道德不同于政治的特殊性，更为重要的是其忽视了"人"的价值，将"人"当成道德的

---

① 龚天平：《实践的人：中国当代伦理学的逻辑起点》，《郑州大学学报》（哲学社会科学版）2002年第2期。

附属而存在。"人"似乎是为了道德而存在,而并非道德是为了"人"而存在,作为道德主体的"人"的主体性也就被忽视了。

构建中国特色伦理学体系的理论出发点是"现实的人"。"现实的人"是"有生命的人"、"从事实际活动的人"。中国特色伦理学体系毫无疑问是为"人"服务的,"人"的现实存在是明确服务主体的前提条件。"人"的现实存在首先就是保证"现实的人"是"有生命的人",人只有生存下来才能够去从事到道德活动。人的生存又必须依靠实际活动,"从事实际活动的"是保证人生存的基本手段。因此"现实的人"受到物质条件的制约,物质条件是"现实"的人存在的必要条件。"现实的人"是道德主体确定的根本,"人"只有现实存在才能作为道德的主体。

构建中国特色伦理学体系的理论出发点是"社会的人。"人"具有群体性和社会性特征,只有在社会中人才能够获得真正的存在,"不是单个人所固有的抽象物,在其现实性上,它是一切社会关系的总和"[①]。社会的个人并非是仅仅作为单个的个体而存在的,为了进行物质生产社会个体之间必然会发生联系和关系。独立存在的个人与其他社会个体紧密联系在一起的,其一方面具有独立性,个人的独立性使自己与他人区分开来;同时又具有社会性,个人只有在社会中成为一定的社会成员才能够得以存在。其具有自然属性的同时也具有社会属性,这样的"社会的人"是从事道德活动的重要主体,也是构建中国特色伦理学体系的理论基础和起点。

构建中国特色伦理学体系的理论出发点是"实践的人"。"实践的人"是构建中国特色伦理学体系最为重要的理论出发点,因为个人首先是"现实的人",而后是"社会的人",最后才是"实践的人"。"实践的人"是具有道德需要,追求全面发展的人。"现实的人"的存在具有二重性也就意味着人的利益需要同样具有二重性,作为"个人存在"的人有着个人利益需要;而作为"社会存在"的人有着社会共同利益的需要。道德就是在个人与社会之间发挥调节作用,道德需要也就成为人的

---

① 《马克思恩格斯选集》第1卷,人民出版社1995年版,第56页。

本质需要。"实践的人"不仅具有道德需要，更追求全面发展，成为能够充分展示自己真正人性的人。这是"实践的人"作为人的根本目的，"实践的人"将道德需要作为人的本质需要其目的就是要追求人的全面发展，因为道德是人全面发展的必要条件，只有道德的发展和完善才能保证人的其他方面的全面发展。

将"现实的人""社会的人""实践的人"作为构建中国特色伦理学体系的理论出发点是中国伦理学发展的需要，其判定了中国伦理学的发展要以人与社会的辩证统一为基础，立足中国社会主义发展现实来规范人的行为，同时更注重从关注当代社会的道德问题出发，展现具有时代性的道德生活的矛盾。作为一种特殊的人学，伦理学是对人类生存和发展的理论反思，以此对当代社会个人的生存和发展提供道德价值标准和行为选择规范，为整个社会提供终极价值理想和评价尺度。

三 中国特色伦理学体系的重新定位

在多元文化思潮交错复杂的今天，面对社会主义市场经济发展过程中出现的日益复杂化的伦理问题，中国伦理学似乎处于一种失语的状态。特别是面对现代社会出现的诸多新的道德问题，伦理学被边缘化，甚至处于一种缺席和不在场的状态，话语权也在逐步丧失。这并不意味着现代社会的复杂性已经不再需要伦理学的调节，恰恰相反，没有什么时候同当今社会一般需要伦理学，也没有哪一个现象能如同道德一般引发全社会的思考。然而中国现有的伦理学体系带有浓厚的计划体制色彩，面对日益复杂的社会生活没有办法发挥其应有的作用，无法很好地承担起调节社会道德生活的重任。构建中国特色伦理学体系要对现有的伦理学体系进行反思，对其进行重新定位。

中国特色伦理学应当是历史性、现实性和前瞻性的统一，其相对应的就是构建过程中需要注意的三个维度：前现代性、现代性以及后现代性。社会转型是中国目前面临的最大现实，社会性状正处于由"前现代性——现代性——后现代性"的转变过程当中，更为关键的是经济全球化以及世界性文化冲突给我们带来了更为复杂的情况——共时性与历时性的并存。与西方国家相比较而言，我们所面临的情况更为复杂，前现代性、现代性以及后现代性三者并非按照循序渐进的模式进行转变的，我们目前的现实生活所面对的并非单一的前现代性、现代性或者后现代性而是三者社会性状的交错。由此，构建中国特色伦理学应当正视这一现实情况，从前现代性、现代性以及后现代性三个维度出发，体现历史性、现实性和前瞻性的统一，不仅仅是共时态的概括更是历时态的透视，努力做到普遍性与现实性的统一。

中国特色伦理学体系应当具有历史性。中国特色伦理学体系的历史性要求我们要充分吸收前现代性伦理资源的精髓，以社会发展历程为基础进行历时态的透视，特别是注重中国传统文化当中的优质资源，充分表达中华民族独有的价值理念，体现出中国特色。任何一个时代的伦理道德都具有其对应的经济基础和社会基础，在农业经济时代的伦理道德是与家庭关系、血缘关系、宗教影响以及政治权利密不可分的。虽然说这一时期所建立的伦理学体系已经不能与中国现实完全契合，但是我们同时也不得不承认其中还有一部分思想对现代社会的道德生活具有重要的指导意义，例如基督教的人文关怀、墨家的兼爱思想、儒家的中庸之道、道家的生态思想，这些对当代中国建设特色社会主义都具有极强的指导作用。构建中国特色伦理学体系要充分吸收这些资源的精华，概括其中具有普遍意义的伦理观念和伦理价值，为己所用，做到古为今用、西为中用，融合多方优势，打造中国特色。

中国特色伦理学体系应当具有现实性。中国特色伦理学体系的现实性要求我们要充分研究现代伦理思想，结合现代伦理实践，以经济全球化和文化多元化为大背景进行共时态的概括，反思现有伦理学体系存在的不足。中国正处于建立和完善社会主义市场经济的关键时期，现代性的关注是尤为关键的，现代社会转型对中国社会伦理生活带来的变化是我们不可回避的问题。作为现代社会的重要特征，自由、民主、平等、法治等等观念都是随着市场经济的快速发展而建立起来的，其为人类社会的进步做出了不可磨灭的贡献。但是我们也应当看到与市场经济相适应的伦理模型是具有片面性的，契约伦理等理论都是建立在等价交换的原则基础之上并且服务于等价交换活动，其具有极强的操作层面的意义却由于过度工具化而缺乏生活层面、信仰层面的意义。"我们的道德生活是一个整体"①，人类的社会生活是一个立体的存在，生产、生活以及交往都是其中必不可少的部分，而现代性伦理体系当中过于注重操作层面的伦理模型，自由、民主、平等、法治等诸多理念被工具化、功利化，忽视了生活层面和信仰层面而最终陷入了片面化的泥淖。中国特色伦理学体系的构建要努力克服现代伦理模型的片面性，注重人们生活层面以及信仰层面伦理范型的构建。

中国特色伦理学体系应当具有前瞻性。面对日益复杂的社会生活，中国特色伦理学体系要对未来中国道德生活中可能面临的难题进行科学的预判，做到体系具备前瞻性。当今中国出现对于"道德滑坡""社会失范"现象的惊叹就是因为现有的伦理学体系缺乏前瞻性，在社会急剧转型时期人们的伦理思维方式无法与社会现实发展状况相适应。构建中国特色伦理学体系要在进行共时态的概括以及历时态的透视的基础之上，找到其中的普遍性，结合社会发展现实和发展趋势，做到普遍性与现实性的统一并找出其中的发展规律，弘扬与时代精神相契合的伦理精神，对时代的发展做出科学的评估，在坚持普遍意义的价值原则和伦理观念的基础上根据时代发展需求动态调整伦理原则和道德规范。后现代社会最典型的特征就是"信仰活动世俗化、生活内容片面化、需要结构平面化、精神需要边缘化、伦理尺度隐匿化"②，后现代是对现代性的批判与反思，中国特色伦理学体系要充分考虑后现代社会的特征，保证伦理体系与社会发展、时代要求相适应。

中国特色伦理学体系是历史性、现实性和前瞻性的统一，这其实也意味着其是普遍性与现实性的统一。从历史优秀伦理资源中吸收具有普遍意义的价值理念，以中国社会发展现实为基础，对未来中国社会道德状况做出科学的预判，从而实现普遍性与现实性的统一。"现代性——后现代性"的转变其实也是人们的伦理生活从操作层面的伦理范型与信仰层面的伦理范型的"原始合——分离——历史统一"的转变过程。③

---

① ［美］查尔斯·L. 坎墨：《基督教伦理学》，中国社会科学出版社1994年版，第10页。
② ［美］麦金泰尔：《德性之后》，中国社会科学出版社1995年版，第25—50页。
③ 晏辉：《论一种可能的伦理致思方式》，《北京师范大学学报》（人文社会科学版）2002年第2期。

构建中国特色伦理学体系，我们要牢牢把握操作层面的伦理范型与信仰层面的伦理范型的历史统一，充分吸收古今中外的优秀伦理思想和伦理文化，结合现代社会经济全球化和价值多元化的现实，充分考虑后现代社会的特征。

四　中国特色伦理学体系的基本原则

中国特色伦理学体系的建构应以伦理正义论为最基本原则；以问题导向法、时空结构法为基本研究方法；以道德本质、道德现实、道德建构为重要研究核心。

伦理正义论是中国特色伦理学体系的基本原则。伦理学的存在离不开价值追求与价值选择，古今中外对于社会价值的核心的争论从未停止，义利之辨、福德之争成为伦理学发展历史上最为重要的组成部分，功利与责任、价值与义务等矛盾对立的概念也成为伦理学的核心所在。"义"与"利"是伦理学中相对的两极，"道义论"与"功利论"也一直都是争锋相对，但其实就双方的实质内容而言，其都是伦理学必不可少的环节。"道义论"强调行为正当性优于善，行为善恶取决于动机；"功利论"强调个人行为道德判断的依据是行为的效果。从表面上来看，"道义论"（义）与"功利论"（利）两者是对立的存在，其实两者是彼此互补、相辅相成的存在。缺少道义维度的功利价值的合法性是不足的，而缺乏功利维度的道义原则同样是无法立足的[①]，中国特色伦理学体系的构建应当要超越"义利之辨"，摆脱"福德之争"，建立"义"与"利"相结合、"道义"与"功利"并重的伦理正义观，公平分配社会的权利和义务。这不仅仅是理论上的需求，同时也是中国社会现实的要求。中国目前出现社会道德问题的重要原因就是缺乏一种公平合理的伦理规范用以调节人们之间的权益关系。随着社会主义市场经济的快速发展，社会权利与责任的分配结构发生改变，人与人、阶层与阶层、集体与集体之间的利益差别日益明显，权利——义务结构的变化使得社会分配结构调整、人们价值行为的规范成为中国伦理学面临的重大课题。

---

① 余达淮、周晓桂：《新中国 60 年来伦理学学科体系的发展与展望》，《江苏社会科学》2009 年第 5 期。

因此构建超越"义利之辨",摆脱"福德之争"伦理正义论成为中国特色伦理学体系构建的基本原则。

问题意识法、时空结构法是中国特色伦理学的基本研究方法。中国特色伦理学体系的构建同时要以社会道德问题导向,正确处理道德与伦理的关系,坚持时间结构和空间结构的统一。中国特色伦理学体系的构建要坚持问题意识的研究方法,以社会道德问题为导向,从社会问题出发而不是从原则出发。问题就是道德矛盾、道德悖论、道德冲突等,这些都是存在于社会现实生活中的,同时也存在于历史发展的进程当中。作为一门关于人之为人的学问,伦理学首要关注的就是人的问题,关注人的生存与发展的问题。人具有双重属性,自然属性和社会属性两者的统一同时也体现了"道义论"与"功利论"的融合与统一,体现的是人之为人的伦理生活,伦理学的研究就是要以中国社会发展过程中人的双重属性的现实矛盾关系为导向展开。道德与伦理关系的研究是伦理学体系构建的根本问题,更是中国特色伦理学体系的基础环节,以往的伦理与道德的同一化理解带来了理论界的诸多分歧和争论。结合中国传统伦理思想范式,中国特色伦理学体系当中"道德"应当是一种人之为人的根本之道,而"伦理"是正确处理人与人之间交往关系的社会价值规范[①],也就是说"道德"是为人之道的根本宗旨,"伦理"则是实现道德价值的现实方式,"道德"是目的,"伦理"是手段,这也就构成了伦理学的根本问题。

中国特色伦理学体系的构建要正确处理这两者的关系,支撑起中国伦理学新的结构框架。坚持时间结构和空间结构的统一是构建中国特色伦理学体系的基本方法,坚持时空结构的研究方法,实现历时性和共时性的统一。伦理学研究坚持历时性的方式就是要考虑中国传统伦理文化能够为现代伦理学的发展提供何种支撑,不同时期思想家的思想以及历史发展过程中人们实际道德生活中形成的伦理观念对现代伦理学的发展以及现实道德问题的解决有何借鉴意义。而共时性的研究方法则需要在现代伦理学体系构建过程中不仅仅要吸收本民族的优秀文化资源,同时

[①] 崔秋锁:《伦理学创新发展的几个基础理论问题》,《湖北大学学报》(哲学社会科学版) 2010年第4期。

也要关注其他地区和民族的伦理资源。市场经济首先从西方国家兴起，中国与西方国家相比正经历着共时性和历时性结构交错的节点之上，我们必须要结合中国社会发展的实际，不断吸收西方优秀的文化资源，吸取总结西方社会发展过程中的经验和教训，只有这样才能够构建出中国特色伦理学体系。

　　道德本质、道德现实、道德建构是中国特色伦理学研究的核心问题。中国特色伦理学体系的构建更要深入研究道德本质、道德现实以及道德建构等问题，这是中国特色伦理学研究的重要内容。道德本质的研究解决的是伦理学得以存在的合理性基础问题，要指出道德是什么，更要说明道德怎么样。道德是什么研究的是道德是意识结构还是行为方式，其是以何种方式、何种规律运行的，与法律等其他社会意识相比的其具有何种特殊性，这些都是现代伦理学首先要解决的问题。而道德怎么样的问题则是说明道德具有何种作用和功能，解决道德何以存在的问题。整体而言道德具有认知、调节、激励以及批判功能，道德的认知功能为人们提供正确的道德选择；道德调节功能合理解决人们之间的价值冲突；道德激励功能激发人们的积极性和创造性；道德批判功能对不符实际的价值观念和行为方式进行批判。道德实现主要是道德如何发挥其功能问题的研究，随着道德生活的复杂化与立体化，道德实现的研究领域也进一步得到拓展。从道德主体的基础上来看有个人道德和国家道德之分；从社会活动领域上来看有意识形态化道德和非意识形态化道德之分，从人与自然关系上来看有技术伦理、网络伦理以及环境伦理之分；而从道德实现形式来看，道德选择和道德评价是我们伦理学研究不可回避的课题，道德选择是道德主体依据一定的道德准则在多种道德可能性中进行抉择的过程，道德评价是对自己和他人的行为进行肯定和否定的过程；新时期中国伦理学研究当中后现代伦理的研究同样是一个重要的焦点问题。道德建构应当可以说是中国特色伦理学体系研究的核心之核心问题，转型时期的中国需要何种伦理价值体系，包括了社会主义精神和社会主义道德规范体系两个方面；中国传统文化、计划体制下的共产主义道德、西方理性主义精神能为新时期中国伦理学构建提供何种借鉴，这种借鉴不是移植，而是把这种伦理意识根植于现实生活并建立相应的伦理意识；如何在追求效率的市场经济时代构建社会精神共同体，如何为发展的经济、政治以及文化提供必需的伦理基础和意义解释，这些问题都是当代中国道德构建不可回避的现实问题，是构建中国特色伦理学体系过程中必须解决的。

第四节　当代中国伦理学的话语构建

伦理学是哲学社会科学的重要分支，关照着人们的价值世界和道德生活。在数千年的道德历史中，我国积累了丰富的道德经验、厚重的道德文化，创造了灿烂的道德文明，也形成了独特的道德话语。以自己的言说方式进行道德叙事、声张道德诉求、开展道德对话、达成道德共识，成为当代中国伦理学的时代要求。构建有中国特色的伦理学话语体系是当代伦理学建设的重要环节。

一　话语体系的本质及与伦理学的关系

话语体系是规范化的言说系统，既生成于特定的历史文化传统，又保持着动态的开放性。话语有别于一般的语言，如福柯所论述的，语言可以自由随意，而话语则有着基本的规则和禁忌。不是任何对象都可被纳入话语的范畴，话语的表达与环境和主体权力密切相关。有效性是话语体系的重要特征。福柯举了疯人自说自话的例子，指出如果某种言说方式违反常人认同的理性标准、或者不能被赋予确切的意义，则被认为是无效的。话语体系的有效性还与"真理意志"相关，在福柯看来，真理与谬误之分构成了话语的又一种排斥系统。真实的话语建立在"真理意志"之上，这种意志为我们提供了获取知识的普遍形式。[1] 话语体系内生着对话语进行分类、排序、分配的机制，以保持话语的连贯性和一致性。因此，话语体系表现出多层次的结构，低层级的话语可能转瞬即逝、高层级的话语则不断被重复、诠释、评论。[2] 话语体系与伦理学之

---

[1] ［法］福柯：《话语的秩序》，肖涛译，收录于《语言与翻译的政治》，中央编译出版社2001年版，第3—8页。

[2] 同上书，第8—11页。

间具有紧密的内在关联。

话语体系为伦理学提供基本语境。伽达默尔指出：伦理学的基本问题在于追寻"人类的善"（Humanly Good）或者善的行为。而人们对于善的认识总是基于特定的环境。① 只有在具体的情景中，我们才能获得道德知识，或者知道何种行为是道德的。美国学者摩尔援引福柯的论述认为伦理学关注于我们应该与自我建立何种关系，其中主要包括四个方面的问题。一是需要追问我们或者我们的哪一部分需要道德引导？二是我们如何确认自己的道德义务？三是我们通过何种方式让自己成为道德主体？四是当我们遵照道德行事时我们成为怎样的存在？要回答这四个问题，我们唯有进入当下的话语之中。话语体系隐藏在指导我们实践的规则和信息之后，通过它，我们才能掌握相关的道德知识。摩尔认为，个人可能发生的行为是构成道德知识的偶然事件，促成这些行为的根源在于围绕某种善所建立的话语体系。② 在某种意义上，伦理学需要通过话语体系维系其概念的清晰和理论的连贯。事实上，对于任何伦理概念的理解和观念的澄明，在不同的话语体系中都表现出不同的内涵。比如自由主义和新自由主义虽然都将自由作为核心价值，但对于自由的理解却存在着明显的差别。如果我们不能构建话语体系，那么伦理理论就会因为研究主体和受众的差异而显现截然不同的面貌。只有将伦理知识置于话语体系中，我们才能保证从同一维度对之进行解析，伦理理论方得以保持原来面目。

话语体系为伦理学提供交往基础。在多元社会背景下，个体的道德认识呈现出多样化趋势，人们有着殊为不同的道德价值倾向和道德表现方式。那么，在多样化的道德生活中如何实现道德交往，进而达成道德共识就成为伦理学面对的重要问题。要进行道德交往，我们必须形成自己的道德态度，为自己的伦理思想提供畅通的表达渠道。伦理学的概念、理论只有在话语体系之中才能拥有确定性的意义，得到完整的表达。借助话语体系，我们方可体现自己的道德姿态并为所提出的伦理诉

---

① Mary Candace Moore, "Ethical discourse and Foucault's conception of ethics", Human Studies Vol 10, 1987. pp. 81 – 82.

② Ibid., pp. 82 – 84.

求和理论提供合法性依据。否则，我们的伦理观念就有可能沦为空泛的概念。如我国学者吴晓明所言，有的学者套用西方理论定义传统概念，导致了概念本义的弱化和歪曲。他说道："当有的学者把中国传统哲学的'天'定义为'超越的、形而上学的实体'时，这样的定义也开始变得非常可疑了；因为除非中国传统哲学同样依循于范畴论性质的理智区分，并从而依循所谓超越和内在、形而上学和形而下学、实体和属性等等二元对立的话语体系，否则，上述的定义就是根本不可能的。"① 要避免伦理学语言的滥用和误解，就必须将其限定在特有的话语体系之中。伦理交往还需要有效的沟通，这种沟通意味着处于不同道德体系中的人们可以彼此理解、谋求共识。这必须诉诸交往各方共同接受的程序、方式传递信息。否则，交往过程将充斥着互不干涉的嘈杂语言。话语的限制原则中包含对于话语条件的设置，决定了话语的应用规范。福柯发现了话语体系中仪规的作用，它以"话语的姿态、行为、环境，以及一整套符号"界定了话语个体的资格。② 对话语资格的认定确立了伦理交往的基本范式，从而把个体联结起来，组成更为广泛的伦理共同体。

话语体系为伦理学提供权力支撑。话语权是全球化浪潮中不可回避的话题。在全球化进程中，知识、思想、观念早已突破了时空的限制而相互汇聚交织。我国伦理学建设显然不能闭门造车、固步自封。要让中国伦理学立足于世界道德文化之林，就必须掌握伦理话语权。话语往往与欲望和权力之间有着必然联系。这种联系大都隐含在话语的诉说语言之中。菲尔克劳（Fairclough）指出，话语体系不可能保持价值中立，而必定具有某种价值倾向，而且具有为这种倾向的辩护功能。用奥洛夫斯基（Orlowski）的话来说，话语体系要么维持一种权力，要么挑战权力。他列举种族主义者对于白人至上论的论证诠释话语是如何通过让人们构建一种与其权力目的一致的意识形态的方式让人们确认其权力主张。遵循同样的逻辑，呼吁种族平等的话语则让种族主义话语失效。马丁·路德·金基于消除种族歧视的著名演说"我有一个梦想"让基因优先主义

---

① 吴晓明：《论当代中国学术话语体系的自主建构》，《中国社会科学》2011 年第 2 期。
② ［法］福柯：《话语的秩序》，肖涛译，收录于《语言与翻译的政治》，中央编译出版社 2001 年版，第 15—16 页。

话语在二十世纪逐渐被边缘化。[①] 话语体系的权力源自话语的意识形态功能。话语体系的程式化形式促使置于其中的人们接受它的权威。如霍尔（Hall）所言，不是说话语中的单一要素含有政治或者意识形态的意义，而是话语体系通过对一系列要素的组合形成了新的话语结构，这种结构传递着意识形态的信息。[②] 对于学科而言，话语体系将相关知识有机整合，并形成特有的知识组织模式。只有掌握或者跟随这一模式，才具有进入此话语系统的机会。所以话语系统既表现出开放性，又表现出封闭性和排斥性。那些违背话语体系原则的知识或者话语将被拒之门外。所以话语体系也在不同学科之间划定了清晰的边界，学科据此辨识自我的归属。在某种意义上，边界的划分有效维护了学科的自我空间。这对中国伦理学建设显得尤为必要。如果不能形成话语体系，我们的伦理学就会出现身份的含混，难以有效防止其他伦理元素的渗入。中国的伦理主张无论站在国内还是国际的角度，都需要凭借话语体系掌握话语的主导权，形成达成伦理认同的牵引力量。因为上述原因，构建中国伦理学的话语体系对于建设富有中国特色的伦理学具有至关重要的意义，成为当代伦理学界的重大任务。

二 构建中国当代伦理学的要义

构建中国伦理学的要义在于坚持中国特色社会主义引导，充分吸收人类道德文明成果，建设富有中国特质的学术体系、学科体系和话语体系。

其一，中国伦理学要以中国特色社会主义为指导。习近平总书记指出，"坚持以马克思主义为指导，是当代中国哲学社会科学区别于其他哲学社会科学的根本标志，必须旗帜鲜明加以坚持"。中国特色社会主义作为马克思主义的现代形式，是中国伦理学的理论导向。与以往从建立在苏联模式的马克思伦理学不同，中国伦理学不应简单套用任何既有的马克思主义伦理学范式，而是返回马克思主义思想的本质，在正确理

[①] Paul Orlowski, *Teaching About Hegemony*, London New York: Springer Dordrecht Heidelberg, 2011, p. 37.

[②] Ibid., p. 40.

解马克思道德思想的基础上系统构建马克思主义伦理系统。马克思主义最重要的指导意义在于，它为我们提供了基本的道德立场和解析道德问题的方法。既有马克思主义伦理学存在的主要问题在于，没有从动态、发展的视角看待马克思主义，而是僵化理解马克思经典著作中关于道德的论述与观点，严重削弱了理论体系的反思和创新能力。而且在原有伦理学中，马克思主义伦理的内容大量沿用了苏联的研究成果，以之取代了我们独立的思考。马克思主义是一个不断发展的动态理论体系，在不同的时代被赋予了新的内涵和新的表达方式。正因如此，马克思主义始终保持着旺盛的生命力。

中国特色社会主义是已成为我国文化有机组成部分的马克思主义，而不是空洞的理论教条。中国从新民主主义革命到社会主义建设的历程，是马克思主义中国实践的历程，更是马克思主义中国化的历程。从毛泽东思想到习近平总书记系列讲话精神，我们基于中国现实、顺应时代要求，充实、创新马克思主义理论，使之有机融入了民族文化谱系之中。中国伦理学建设必然将中国特色社会主义贯穿始终。这意味着，首先，中国伦理学必然坚持中国特色社会主义立场，从社会主义关于人与社会关系定位解读道德生活的价值与意义，提炼适合当前社会状态的伦理原则与规范体系。其次，中国伦理学必然以马克思主义世界观和方法论作为解释、解决道德问题的基本进路。再次，中国伦理学保持学术开放性，以批判继承的方式对待传统道德文化和为人类共享的道德资源。如习近平总书记指出的，兼容并包、博采众长是中华民族的鲜明品格。任何学术成果都是人类文明的共有财富。关键在于我们要坚守马克思主义的道德标准，在尊重、吸纳传统和西方道德文明的过程中取其精华、去其糟粕，实现多元道德文化的有效整合，使之成为学术创新的推动力量。

其二，中国伦理学权以传统伦理和西方伦理为基本参照。中国伦理学需要保持开放的学术话语，广泛吸收、借鉴传统伦理与西方伦理体系的营养，使自己站在世界伦理学发展潮流的前沿。习近平总书记敏锐洞见了学术民族性与世界性的统一，指出"强调民族性并不是要排斥其他国家的学术研究成果，而是要在比较、对照、批判、吸收、升华的基础上，使民族性更加符合当代中国和当今世界的发展要求，越是民族的越是世界的。"传统伦理和西方伦理都构建了各自的理论图式，反映出在一定时期、一定社会环境下的道德镜像，积累了丰富的理论成果和研究经验。以之为参照可以更为完整地把握人类道德生活脉络和规律，增强中国伦理学的传承性、合理性和科学性。闭门造车只会造成道德文化的断裂和滞后，我们也曾为此付出了高昂的代价。

对于中国伦理学而言，一方面，我们要怀着文化自信回溯自己的道德历史，充分挖掘传统伦理的精华。传统伦理蕴含的对于高尚人格的追求、对于生命的关怀、对于自然的敬畏依然是我们宝贵的道德财富，为我们解释当前伦理现象、规避伦理困境提供道德智慧。值得注意的是，以往的传统伦理研究过多停留在理论批判或理念的现代性诠释层面，甚至出现了较为普遍的过度阐释现象、完全剥离历史语境强行为其注入现代意义。这些工作还是未能从根本上解决传统与现代割裂的问题。系统引领传统伦理的现代转型才是中国伦理学应该承担的学术任务。另一方面，我们要秉持尊重、包容、平等的姿态从西方伦理中汲取养分。毋庸讳言，伦理学作为一门学科发端于西方。在长达千年的学术探究中，西方建立了成熟、规范的伦理学体系。由于西方率先开启了现代文明的大门，更早体验现代道德生活，西方伦理的视野也更为开阔，形成了众多富有创建性的理论。参照西方伦理有助于我们加速中国伦理学的现代化进程，预判社会发展中可能发生的道德问题。关键在于，我们不能仅仅成为西方伦理的学习者和传递者，而应与西方伦理一道成为世界道德文明的建设者。

其三，中国伦理学要以学术、学科、话语三体系为主要抓手。就学术体系而言，我们要形成科学的学术规范和评价标准，促进伦理学的健康发展。要建设中国伦理学，除了杜绝学术不端行为，还要凝练学术形式、内容的基本要求。当然，我们允许伦理学研究形式和内容的多样性，但也要防止学术边界的含混，以致非学术性的语言、成果也混迹于学术体系之中。此外，建设中国伦理学还需诉诸客观、合理的评价体系。伦理学有着自身的学术逻辑与规律，优秀伦理学成果的产生通常需要深厚的道德知识与经验积累，是在对人生、对社会生活长期思考基础上形成的,所以不能以单纯的量化指标或者经济价值对之进行评价。我们的学术评价体系既要激励伦理学者全身心投入伦理事业,又要避免学术浮躁,为学者从容执着于学术理想创造空间。

就学科体系而言,其一要厘定学科门类、划定学科之间的清晰边界。当前的伦理学科分类过于宽泛且缺乏明确的标准,对于学科归属的确认通常采取约定俗成的方式,造成门类混乱。一些新兴学术方向的兴起导致学科从属关系的混乱。实现学科分类的规范化是构建中国伦理学的重要基础。其二要推进学科的交叉与联结。伦理学的特点在于,道德存在于广泛社会领域之中,要思考、解答相关领域的道德问题,不仅需要道德知识,还需要专业知识的融合。目前,伦理学虽然形成了很多交叉学科,但道德知识与专业知识之间存在着明显的鸿沟,导致很多时候伦理学的交叉研究沦为伦理学者的自说自话,难以融入专业领域。实现专业知识与道德知识的统一是伦理学科建设的重要方面。其三要确立学科优势。随着人们对于道德生活的关切,伦理学研究队伍不断壮大,越来越多的高校和科研机构开展了伦理学研究。但是学科同质化倾向明显,如何凝练本专业的学术特色、确立学科优势,成为伦理学界面对的普遍性问题。这就要求各伦理学科要结合人才队伍,研究传统准确定位学科主攻方向、建设目标,建立符合自身学术条件的培养体系和研究机制。

就话语体系而言,构建伦理学流派是把握学术话语权的中心环节。学术流派意味着学术共同体成员有着相近的学术主题、相似的学术方法、相一致的学术立场,并且获得为学术界公认的代表性成果。伦理学过去基本延续着作坊式的学术研究模式,学者个人是研究的主体。这种方式不能有效整合学术资源、形成学术合力,导致学术话语的薄弱和分散。现代知识的庞杂与分类的细致加深了个人能力的局限。即便再优秀的学者,也不可能如亚里士多德一样成为百科全书式的人物,而只能掌握知识领域的细小分支。因此,学术的团队合作显得尤为必要。只有组织稳定的学术团队,才能获得丰厚的学术积累、实现学术传承,从而形成厚重的学术话语。同时,中国伦理学的话语表达一定要是"中国的",从基本理论到原则规范都要是讲"中国话",中国传统伦理的言说方式和现代中国的道德生活语言，都应是中国伦理学的学术语言，都应该能回应中国道德实践，能提升中国道德建设经验，能唱响中国道德"好声音"。

三 当前我国伦理学话语体系的尴尬

在我国伦理学的建设过程中，我们也形成了伦理学话语体系。但这一体系在当代道德生活和学科发展中却处于尴尬的境地。

我国现有伦理学话语没有融入民族话语体系之中。我国现有的伦理学话语有着显著的植入痕迹。这主要源于两个方面的原因，其一是传统道德文化与现代道德文明的断裂；其二是缺乏对马克思主义伦理学的本土化转换。我国有着悠久而璀璨的道德文明，积淀了深厚的道德文化传统。由于受到时代与地缘的限制，传统道德文化基本在自己的语言谱系中生长，但在近代却被突如其来的现代文明所打断。毫无疑问，我国的现代性转型在一定程度上是外界力量强制的结果，而不完全是自发的过程——鸦片战争通过极端暴力的方式将西方工业文明输入我国。在当时的背景下，人们普遍产生了对于民族文化的质疑，甚至采取了否定和排斥的态度。传统道德未能幸免于民族的灾难，一时间也成为人们诟病的对象。产生的后果是，传统文化没有沿着现代文明的轨迹丰富话语系统，仍然停留在原有的道德言说之中。传统道德文化与现代道德文明的冲突暴露无遗。发端于权威社会的传统伦理话语体系难以满足契约社会的道德要求，导致在当代社会的失语。面对新的道德诉求，苏联的马克思主义伦理学成为传统伦理的替代方案。不可否认，对于苏联伦理学的借用帮助我们在短期内建立了现代意义的伦理学科。但是，我们在套用其学科体系时并没有将之与民族道德文化相结合，而是完全进入前苏联的伦理话语中进行言说。话语不仅是对于语言的组织，更承载着话语群体的思维方式。话语体系的移植抑制了我们独立的思考，阻碍我们植根于民族道德语言的土壤对马克思主义伦理进行分析和认识。万俊人教授曾指出，将我们的道德理解限定在苏联的框架之中使我们难以"将马克思主义的一般原则与中国的道德实际内化地统一起来"①。对于话语的理解需要揭示其本真的意义，所以在话语体系中存在着评论原则，凭借将话语与作者结合的方式论证话语的合法性、增强其可信度。福柯发现，中世纪非常强调文本的作者归属，文本的话语基本都是从作者处获得意义。当然，学科与一般的话语体系存在差别，"学科是由一个对象领域、一套方法、一组所谓的真实命题、一套规则、定义、技术和工具加以界定的：所有这些构成一无名的系统，有谁需要或者能够使用它，则尽可使用。而无需将其意义或有效性与碰巧发明它的人联系起来"②。学科以独有的程式在言说者与言说对象之间建立了联系，保持言说的连贯性和内容的同一性。以此看来，前苏联的伦理话语取代了马克思主义经典著作的作者，成为了马克思主义伦理的言说者，致使这套话语的受众潜移默化地接受其前提预设，从而产生对于马克思主义伦理原初意义的曲解。在此过程中，民族道德文化不但没有找到与我国伦理学话语的对接点，反而在一段时期被边缘化。带有舶来性质的伦理学成为独立于民族道德的话语体系，两者没有实现有效融合。

我国现有伦理学话语显现出解释力的薄弱。这是伦理学未能完成本土化的必然后果。现有伦理学话语缺乏解释力的主要原因有以下几方面。

其一，由于民族道德话语与伦理学本身的隔阂，导致传统伦理未能在现代道德语境下完成现代转型，所以难以对现代性问题进行回应。现代社会的道德要求与传统伦理大相径庭。特别是传统伦理中缺乏公共道德的维度，不能对社会生活进行道德指引和规制。公共生活的形成和扩展是现代社会的基本特征。公共生活呼求在维护私人权利基础上的共同参与，谋求平等的话语权。所以公共生活内涵着对于道德权威的解构，承认道德语言的多样性。而传统伦理则表现出一元化特点。公共生活期待以重叠共识的方式寻求道德公约数，为道德原则提供合法性证明，传统伦理则诉之于权威话语以确立道德规范。道德内容和践行方式的巨大

---

① 万俊人：《论中国伦理学之重建》，《北京大学学报》（哲学社会科学版）1990 年第 1 期。
② ［法］福柯：《话语的秩序》，肖涛译，收录于《语言与翻译的政治》，中央编译出版社 2001 年版，第 15 页。

差异让传统伦理缺乏对于现代生活的解释能力。

其二，如上文所述，我们的伦理学话语不是内生于中国的道德生活，所以无法表达我们的道德逻辑。照搬外来的伦理话语在一定程度上引发了伦理理论与道德实践的断裂。我们曾经单向度地以固化的道德语言指导、评判社会生活，而忽略了从生活中提炼、丰富我们的话语体系。伦理话语与中国伦理实践之间缺少双向互动，造成了话语体系的僵化和封闭。随着社会的发展，我们产生了多元的道德诉求，这些诉求无法在原有的话语体系中得到满足。

其三，我国正处于加速转型阶段，社会结构和生活方式发生了深刻变革，衍生出新的伦理问题。政治民主的深化让政治正当性问题走入了人们的视野，中国特色社会主义市场经济主导社会财富创造和资源分配则让社会正义问题成为人们关注的焦点，现代生产方式对于自然环境的影响让生态伦理问题日趋显著，新技术的革新也深刻挑战着人们业已形成的道德观念。我们需要时间思考、消化这些问题，进而将之置于伦理话语之内。值得一提的是，社会生活的改变也产生出新的伦理元素，这些元素短期内还无法为伦理话语体系所接受。福柯曾经举遗传学家孟德尔理论的正确性无法得到19世纪生物学者与植物学者承认的例子进行论证，一旦新的研究对象、研究方法完全相异于既有话语体系，将势必遭受拒斥和否定。新伦理语言与现有伦理学话语的差异也削弱了后者的解释力。

其四，现有伦理学话语缺乏国际对话权。在全球化背景下，文化交往已成常态，没有任何话语体系可以与其他话语相互隔绝，伦理话语体系也是如此。虽然我们认为任何话语都具有存在的合理性，应该以尊重和包容的态度对待所有国家、民族的道德文化，但在文化交往中的强弱之别却是不容回避的事实。在当前条件下，西方伦理话语无疑处于优势地位。这既与西方作为现代文明先行者的地位，以及它们在文化科技领域的发达程度有关，也与其伦理话语的丰富与灵敏相关。全球化是国际对话的时代背景。全球化的进程是在西方的主导下开展的，所以国际对话从符合到规则，都是在西方话语的支配下制定的。福柯以古希腊的吟游诗人为例指出，话语社团原则通过严格的规则分配话语权力。只有把握其规则的人才可能参与权力分配。西方在对话规则层面的先天优势让他们分享了更多的话语权力。我们当前的伦理话语整体而言依然跟随在西方伦理话语身后而没有实现对它的超越，因而在国际对话中尚处弱势地位。

四 中国伦理学话语体系的构建

要改变我们当前伦理学话语体系面临的困境，增强它的解释力和国际对话能力，根本途径在于构建中国伦理学话语体系。

基于民族继承塑造伦理话语体系的中国气质。在长达数千年的道德生活中，中华民族形成了独特的道德观念、道德理论、道德标准，也结成了有别于其他社会的道德关系，构成了富有民族特质的道德知识体系。民族道德文化早已融入所有民族成员的血液之中，深层影响着人们的道德行为和道德心理，存在于我们的道德语言之中。民族道德文化的主要源流在于传统道德的灌溉和民族道德实践。对于传统道德，我们不能将之作为孤立的话语体系搁置于民族历史之中，而应通过现代性的牵引激发唤醒它生命的活力。传统道德是动态的系统，谓之传统，是因为它承载了我们的道德历史，融汇了民族的道德智慧。传统道德无疑是中国伦理学的重要民族标志。继承传统道德的要义在于搭建传统伦理话语与现代道德诉求的桥梁。一方面，以内生于我国道德历史的道德思维方式、言说方式对当代道德生活进行审视和评论；另一方面，又通过当代道德生活丰富传统道德话语的内容，促进言说系统的自我调整。

对于民族道德实践，中国伦理学必须面向中国问题，着眼于当代中国的重大道德需求。中国问题的解答需要中国智慧。我们社会所产生的道德现象，即便可能也曾在其他社会出现，但它们所处的社会条件和伦理语境存在着差别。我们不能寄希望套用外来的理论为中国问题提供完备的答案。只有立足于中国道德情景、综合考虑我国的道德要素，才能探寻解答中国问题的方法。以中国问题为导向也是形成中国特色的内在要求。对中国问题的探究可以帮助我们更深刻地认识我们的道德现实，更全面地把握道德环境，更系统地发现道德机制，从而推动伦理学研究思路和研究方法的创新。源自中国问题探索而构建的话语体系定然有别于基于思考其他社会道德现象所形成的伦理话语，使我们的伦理言说富有中国气质。

基于学术整合坚定伦理话语体系的中国立场。伦理学话语体系有别于一般话语体系，内涵着特定的价值取向和价值标准，持有鲜明的道德立场。中国伦理学话语体系的道德立场主要来自两个方面：一是马克思主义理论；二是我国合理的权利主张。马克思主义是开放的系统，是马克思主义基本理论与中国现实不断结合的结晶。所以在不同的时代都形成了新的马克思主义理论形式。当前，社会主义核心价值观是马克思主义的高度凝练和集中反映，是我国伦理学话语体系的内核。由于我国长期采取韬光养晦、和平发展的策略，力争通过双边商谈的方式解决争议问题，但有的国家不顾及我国的正当权利诉求，试图侵犯我国的主权利益，在国际社会频繁施加舆论压力。他们要么基于自己的道德话语对我国内政横加指责，甚至有意"抹黑"中国；要么采取双重价值标准诟病我国的主权诉求，试图动摇我国捍卫主权行为的合法性基础。在可以预见的未来，随着我国综合国力的提升，我们将有更为丰富和有效的手段表达、维护我们的权利，我们与国际霸权的矛盾也势必更加尖锐。我们当前承担的主要舆论压力源自西方自由主义话语，他们企图通过对个人权利的绝对优先削弱国家主权，并为他们的国际干涉提供道德理由。伦理层面的价值博弈也已成为国家竞争的主要形式。这就要求我们必须围绕国家利益构建系统化的伦理话语，为我国所声张的权利，以及采取的维权方式提供有力的合法性证明。

在我国伦理学 60 多年的发展历程中，我们的学科门类不断拓展、完善，研究领域也日渐开阔，取得了丰硕成果。但整体看来，伦理学界虽然涌现了许多优秀的伦理学家，但尚未形成有国际影响力的伦理学系统理论。这就为我们坚持、表达自己的道德立场带来了困难。当然，由于伦理学结构的多维，以及伦理学涉及领域的广泛，我们允许不同伦理观念的共存，这也是伦理学研究的必然结果。但是作为道德共同体，我们又必须就最基本的伦理价值达成共识，以此勾勒清晰的共同体身份轮廓。唯如此，我们才能划定中国伦理学话语体系与其他话语体系的界限。以社会主义核心价值观引领伦理学的学科建设和学术研究，通过团队建设凝练学科特色、学术传统，发出维护国家道德主张的合声，是坚定中国伦理学话语道德立场的本质要求。

　　基于全球视野搭建伦理话语体系的中国平台。全球化是我们所处时代的突出特征，在网络信息技术助推下，全球化进程更为快速。全球化既为多元文化提供了广阔的交流平台，又表现出强烈的平整化趋势。在道德文化的交织中，不同道德话语之间相互作用、相互影响。如上文谈到伦理学话语的国际对话权，处于优势地位的道德话语内涵着对其他话语的解构力量，模糊了道德话语的民族身份界限。要抵御道德文化的平整化，除了在我们的伦理学话语体系中建立坚韧的民族道德内核，还要搭建国际文化交往的中国平台。

　　一方面，中国伦理学话语体系要以中国平台包容和解析多元道德文化。我们只有对其他话语体系予以充分了解，我们才能吸纳有益的道德元素，并以为他们所接受的方式参与对话。保持开放的姿态是保持话语体系活力的必要条件。在道德话语的交流中，我们不仅能接触、吸纳前沿理论和范式，以此促进自我话语体系的发展，还能迸发思想火花、启迪新的道德研究思路。但是，我们对于多元文化不是无原则、无底线的包容，而是以中国伦理学话语体系为坐标，对之进行审视和借鉴。更为重要的是，中国伦理学要让别人聆听我们的道德话语。过去我们总是处于道德对话的被动地位，以消极的方式应对其他道德文化的输入。事实证明，无论是屏蔽外来道德话语，还是跟随其后亦步亦趋，都无法有效应对道德文化输入的挑战。只有积极参与，在把握国际话语规则的前提下成为道德文化交往的主导者，才能从根本上改变我们在国际道德对话中的态势。要从道德文化的输入者成为输出者，就必须将多元文化的交流纳入我们的话语平台，以我们的话语规则确保交往的有效性，以此消除误解和偏见，引导持有不同道德语言的人们准确了解我们的道德理念，进而认同我们的道德文化。

　　另一方面，中国伦理学话语体系要勇于面对全球共同道德难题的挑战。要铺筑我们伦理话语的交往平台，就必须让我们的伦理话语具有对于现实道德生活的引导、诠释能力以及对国际道德问题的解决能力。全球化在诸多领域为我们带来了国际社会的共同挑战。比如如何维护人类的可持续发展、如何缩小发达国家与发展中国家的贫富差异、如何构建符合正义原则的国际新秩序？应对这些问题，不仅需要利益层面的考量，还需要伦理的规导。而且，全球化程度的深化衍生出新的道德生活方式，亟待新的伦理话语为之提供合法性依据，或者道德规范。以往公共道德生活的开展通常建立在公民身份之上，阈于国家和民族之内。但在全球化进程中则产生了世界公民的概念，无论这一概念是否得以证成，超越国家、民族的道德共同体之形成无疑逐渐成为既定的事实。对于这些问题的探究无疑可以为我国伦理学提供新的发展契机，让我们找到新的学术和学科增长点。关键在于，我们需要通过中国伦理学话语为解决上述问题提供有效方案，使我们的话语站在世界伦理领域的前沿。

第二章 当代中国伦理学的传统资源

伦理学是哲学社会科学的重要组成部分，在国家政治、经济、文化、社会、生态建设中发挥着价值引导与道德规范功能。建设"中国伦理学"无疑是我国当代伦理学者们所担负的历史使命。当代中国伦理学的发展需要植根于中国道德土壤、立足于当代中国实践、着眼于中国重大问题，以中国特色社会主义为指导、以传统伦理和西方伦理为基本参照，其中特别需要从传统伦理思想当中寻找优质资源。

第一节 中国传统伦理的基本镜像

中国传统伦理思想是对中华民族几千年以来道德实践经验的概括和总结，是中华民族传统文化的核心组成部分和重要的思想资源，其地位与作用举足轻重。根植于中华民族历史实践的中国传统伦理思想集中体现了本民族独有的思想文化、理论特征和发展轨迹，对社会发展产生过深远的影响。

一 中国传统伦理思想的历史嬗变

中华五千年文明发展的历史长河绵延至今，未曾断绝或湮灭，承载着中国政治、经济以及文化的时代变迁与更迭，是各民族共同创造的精神财富，也是全体人民实践生活中集体智慧的结晶。中国传统伦理思想起源于农业生产劳动和治水，诞生于殷周时期，萌芽于先秦时期，不断在中华大地上生长、蔓延、灿烂，源远流长、博大精深的中国传统伦理思想，是中国优秀传统文化的瑰宝，也是世界文明史上的重要组成部分，中国以"文明古国"和"礼仪之邦"的美称享誉世界。中国传统伦理思想发端于殷周时期，历经3000多年，提出了一系列的概念范畴，涉及伦理学的诸多方面。整体来看中国传统伦理思想大致经历了三个发展阶段：

其一，先秦时期。

先秦时期是中国传统伦理思想的奠基时期，从夏朝开始中国进入奴隶社会，殷商时期中国已经出现了初具伦理色彩的概念和范畴，周公提出了以"敬德保民"为核心的伦理思想，提出"孝""敬""恭""信"等一系列维护封建宗法等级关系的道德规范。春秋战国时期中国开始从奴隶社会向封建社会过渡，随着社会生产力的不断提升，社会制度发生了深刻的变革，当时社会动荡，王纲解纽，礼崩乐坏，大国争霸，群雄并起，社会矛盾尖锐，社会分化严重，在各国战乱纷纷而起的政治格局下，对现实的忧患和危机意识，思想家们重新思考人与人、人与天的关系，提出各具特色的理论和观点。中国哲学思想史上出现了百家争鸣的新局面，整体来看当时影响比较大的主要有四大流派：以"仁"为核心的儒家、以"道"为核心的道家、以"法"为核心的法家以及以"兼爱"为核心的墨家。四大流派对于道德准则、道德修养、道德本源等一系列问题做出了深刻的探讨，形成了不同的思想体系。百家之争发端于春秋末期，鼎盛于战国初、中期，终结于战国末期。

孔子，儒家伦理思想的创始人。孔子的核心思想是"仁"与"礼"，"仁"是"礼"的内容，"礼"是"仁"的外在显现，据此形成了独具特色的仁学思想体系。首先，在孔子看来，"仁"是"至德""全德之称"，包括孝悌、忠信、智勇等德目。其次，孔子强调"仁者爱人"，指涉的是一种伦理关系和人际关系，要像爱自己的亲人一样对待他人，但这种爱并非无差别，因血缘关系的变化而有所不同，具有先后、远近、亲疏之别。再次，孔子主张"忠恕之道"，"己欲立而立人，己欲达而达人"为"忠"，"己所不欲，勿施于人"为"恕"，用"推己及人"的方法行仁，自己想要的，要想到别人；自己不想要的，不应当强加给别人，这就是"仁"。最后，孔子提倡"克己复礼为仁"，所谓"克己"，就是"为己之学""克去己私""为仁由己""胜己者强"，靠自己的独立意志，不为外物所惑，提高个人的道德修养。孔子之"礼"，是要恢复周礼，将"礼"作为人们的基本道德规范，主张"君君、臣臣、父父、子子"①，"君事臣以礼，臣事君以忠"②，君臣、父子的关系是双向的。孟子学习和继承了孔子以仁为核心的道德思想体系，提出了"性善论"的思想主张。孟子指出"恻隐之心，善恶之心，恭敬之心，是非之心"，人皆有之，并由"仁义礼智"与之相对，"四心"又名"四端"，是人为之人的最本质根据。"性自命出，命自天降。道始于情，情生于性"，人人固有良知良能，所以人人固有良心本心，心善所以性善，而这一切都是人所固有的，归诸于天。但是人与人的品性是有差距的，仍然存在着恶人，这是因他们没有"反求诸己"，将"初生之质"完全发挥出来。荀子对孔子思想的继承偏重于礼学，在人性论上与孟子相反，主张"人性本恶"，强调"化性起伪"。荀子认为"人之性恶，其善者伪也"，人之本性满足生理和感官的快乐，重私欲，是恶的，但是受礼法的约束和人为的教化，促使人性化恶为善，人之善性是后天教化的结果，"故圣人化性而起伪，伪起而生礼仪，礼仪生而制法度"。③

墨家伦理思想的创始人是墨子，是从儒家分化出来的反对派，其特点是讲兼爱，重功利，提出了尚贤、尚同、兼爱、非攻等一系列的思想主张，反映的是小私有劳动者和平民的利益要求和社会理想，被称为"显学"。墨子认为"天下之大害"在于"不相爱"，主张无差等的爱人，"视人之国若视其国，视人之家若视其家，视人之身若视其身"④，"兼以易别"，人与人、家与家、国与国之间没有差别，彼此相爱，战争自然就不复存在，达到天下太平。面对义利问题，墨子倡导要"重义"，强调"义以为上"，但同时又认为"交相义"，将义与利有机联系起来，

---

① 《颜渊》。
② 《八佾》。
③ 《性恶》。
④ 《兼爱（中）》。

义必有其用,必有其利,并非高不可攀,具有较强的功利性的倾向。

老子和庄子是道家学派的两个重要代表人物,道家伦理思想把"道"作为最高的伦理原则,以"道"和"德"为基本范畴,从形而上的层面对"道"进行了系统的论证,强调顺应事物自身的发展规律运行,开辟了中国哲学的一个全新境界。老子认为道是天地万物之本原、本根,道化生万物,无名无形,是一种纯粹的存在,主张"道法自然",强调"无为""贵柔""任自然""知足不争"等思想,"无为而无不为",不仅是道的大德大用,亦是自觉遵守"道"的基本规律,是个人安身立命的根本法则。庄子继承了老子"道法自然"的哲学思想,认为人之本性是自然、自在的,追求个人的自由是无条件的、绝对的,而人之不自由则是受外物所累,是"有所待",只有"与道合一",通过"心斋""坐忘",保守心的虚静空灵,才能维持心的自由自在,真正做到"游心"。庄子倡导"齐物论"的伦理思想,注重泯灭差别,超越是非,齐物我,齐是非,同生死,达到"天地与我并生,而万物与我为一"① 的最高境界。

法家主张以严刑峻法维护社会秩序,实现富国强兵,以地域划分为晋法家和齐法家,齐法家注重礼仪廉耻,强调"德刑并重""以德使民";晋法家则"不务德而修法""重刑轻罪"。齐法家的先驱是管仲,晋法家的鼻祖是李悝、吴起,主要代表人物是商鞅(法)、慎到(势)、申不害(术),集前期法家之大成者是韩非子。韩非子继承了他的老师荀子的性恶论,并推向极端,认为人人都为利益而生,人际之间是一种赤裸裸的利害计算关系,"人人皆挟自为心",所以才需要刑法来维系社会稳定。韩非子"薄礼重法""尊君卑臣",强调君主要娴熟运用法、术、势三大法宝进行综合治理,把法律与规章制度视为治国之本,构建了较为完备的法家思想体系。法家思想具备极强的操作性,且立竿见影,在战国时期取得了其他学派所无法相比的成就,对人性与法治的探讨,蕴含十分重要的理论意义。

其二,秦汉至清中叶时期的伦理思想。

---

① 《齐物论》。

自秦汉至明清时期，国家经历了分裂与统一的多次震荡，中央集权和文化专制愈加紧迫，民族矛盾和阶级矛盾逐渐尖锐，儒家思想、佛教思想和道教思想在不同时期占据着统治地位，儒释道的对立、纷争和融合，见证了2000多年的封建传统伦理思想从发展、成熟、鼎盛走向衰亡的发展脉络。

秦汉时期的伦理思想经历了由法家、黄老道家及至儒家的思想转向。儒学大师董仲舒总结了秦朝专任法家和汉初无为而治的弊端，为新兴中央集权制国家的长治久安出谋划策，同时提出"罢黜百家，独尊儒术"，儒家思想上升到意识形态的正统地位。汉初时期，秦朝的灭亡意味着法家的一套理论和实践不能适用，需要新的学说和治国方略来赢得民众的拥护和认同，巩固政权，黄老之学应运而生。黄老之学，尊黄帝、老聃为学派创始人，形成于战国时期，流行于稷下学宫，以"黄老之言"为理据，故名黄老学派。黄老之学，以"道"为源，"执道""循理""审时""守度"，在国家治理上，强调德、刑并用，以德为主，讲究无为而治，休养生息。汉武帝时期，董仲舒建立了以"三纲五常"为基本内容的伦理思想体系，提出了"人副天数""天人感应"的神学目的论，迎合了中央集权和文化专制的要求，标志着伦理与政治的合一。董仲舒在人性论上主张"性三品说"，把人性区分为上、中、下三品，认为"圣人之性"，是天生的"过善"之性；"斗筲之性"，生来即恶，无"善质"，教化无用；"中民之性"，"有善质而未能善"，可以通过后天的教化使之为善。

魏晋南北朝时期至隋唐时期，汉代经学的僵化逐渐显露，受玄学、道教以及佛教的伦理道德冲击，儒学的衰落不可挽回，在冲突与斗争之中，儒释道逐渐走向融合。为了重振纲常名教，"儒道兼综"的魏晋玄学，利用道家思想补正儒家继而上位。魏晋时期，有无之辩，名教与自然之辩，言意之辩盛起，何晏、王弼援道入儒，提出"贵无"论，天下万物皆以"无"为本，由此开创"正始玄风"。裴頠则否定"以无为本"，提出"崇有论"，认为只有"有"才能生有。郭象的"独化"论，指出万物独生而无所资借，其生成在于自身的"性分"，进一步将玄学推向了高峰。在名教与自然之辩上，以何晏、王弼为代表的主张"名教出于自然";以阮籍、嵇康为代表的强调"越名教而任自然";以向秀、郭象为代表的则要调和名教与自然的关系,主张名教与自然一体,名教即自然。魏晋南北朝时期,受战乱和分裂的迫害,佛教的出现对人们的心灵予以抚慰,也有利于稳定社会秩序,同时,它易与玄学结合起来,利于人们的接受和传播。佛教作为外来宗教,与中国传统伦理思想相较,差别较大,为儒家所斥。佛教积极寻求并调和儒、佛关系,其灵魂不死,三世轮回,因果报应的理论为儒家的纲常伦理提供了有力的支持和辅助。隋唐时期,结束了数百年来社会动乱、南北对峙的局面,重新归于统一,在思想领域上,儒、道、佛三家从纷争走向相互吸收,相互融合,出现了三教并立的局面。唐朝中期,韩愈的"道统说"和李翱的"复性说"都在儒家的立场上,排道反佛,自觉从思想理论上将儒家与佛、道划清界限,但又吸收了佛教思想中心性学说和有关人的自我修养方面的内容,以充实儒家伦理思想,为儒学的复兴奠定了基础。

宋元明清时期,是中国封建制度的后期,明代中央集权的君主专制制度达到顶峰,中国封建社会由繁荣走向衰亡的历史转折。传统伦理思想受到文化专制和思想禁锢的影响,极端主义色彩愈加浓郁,呈现出过分绝对化的发展趋势。北宋时期,伦理思想上最引人注目的变化是理学的崛起,理学的兴起是儒家对佛、道冲击的回应和反击,儒学经历过魏晋南北朝以来的相对衰微,重新确立了统治地位。理学的建立以儒学为基础,提取玄学的方法,吸收和融合佛、道两家思想中的成分并加以改造,进而形成系统完善的理论体系。理学发轫于宋初三先生(胡瑗、孙复、石介),奠基于周敦颐、小程,至南宋朱熹而集大成,主要历经"关学""洛学""理学"和"心学"的发展过程,程朱理学和陆王心学的对立是理学内部论争的主旋律。张载认为万物的生灭是由"气"的聚散而形成的,程颐和朱熹则在此基础上提出"理",主张"天地之间,有理有气。理也者,形而上之道也,生物之本也;气也者,形而下之器也,生物之具也"①。陆九渊、王阳明则强调"心即理","心外无物,心外无理",总而言之,从宏观层面来看,基本的伦理道德观都具有一

---

① 《答黄道夫之书》卷五十八《文集》。

致性，把"理"置于至高的地位；在道德精神的修养上，与佛教引人成佛不同，其最终目的是引人成圣，对于如何成圣，则强调要"主静""无欲"，以仁义礼智作为根本道德原则，以"存天理，灭人欲"为道德实践的基本原则，奉行"格物""致知"的修养模式，实现个人道德修养的自我完善。

明代中叶以后，时局骤变，阶级矛盾和民族矛盾日益激化，商品经济和手工业空前发展，资本主义萌芽开始出现，涌现了一批代表普通中小地主和市民阶层利益的思想家，对宋明理学中的"存天理，灭人欲""三纲五常"的伦理教条予以批判，与纲常名教展开了多次论争，并积极鼓吹社会功利主义思想。明代后期，出现了李贽、黄宗羲、顾炎武、王夫之、颜元、戴震等一批揭露和反对封建礼教的伦理思想家。这一时期的思想家否定"理在气先"，注重器、物，强调实用，倡导"经世致用"。在人性论方面，阐述了"天理寓于人欲之中"，反对禁欲主义，"人欲之各得，即天理之大同"，人人共同的欲望就是天理之所在。此外，功利主义思想盛行，主张"正谊便谋利，明道便计功"，讲究义与利、道与功的完全统一。总体上来看，明中叶以后的思想内容虽各有侧重，但大体上都围绕着理气观、人性论、理欲论、知行观等方面加以论述和考量，并与理学伦理思想相对立，反映出了底层人民对封建专制的不满，是人们在"名教""义理"为借口的严刑峻法压迫下的抗争，在中国伦理思想上有一定的进步意义。

其三，鸦片战争至五四运动前的伦理思想。

自1840年鸦片战争迄至五四运动前夕，受帝国主义的入侵和西学东渐的影响，封建君主专制社会急剧解体，中国社会经历了"数千年未有之变局"，传统伦理思想受到了冲击，造就了中国近代伦理思想形态的肇始。一些先进的爱国知识分子和忧国忧民的思想家们积极寻求救亡图存的路径，倡导改革和变法，在强烈的情感驱使下，推动道德革命的开展，促进时代思潮的演变。

严复的"天演论"对中国思想界产生重大影响，提出"物竞天择，适者生存"，将西方与中国思想文明做出比较，在价值观念、思维方式和道德情感上开启了重要的讨论。以谭嗣同、康有为、梁启超为代表的戊戌维新时期的改良派，学习并运用西方的政治学说，主张建立君主立宪制，在伦理思想上，康有为"据乱世""升平世"和"太平世"的"三世进化"说，认为人类最终归宿于大同社会，提出"爱无差等"说，宣扬以西方思想中的民主、自由、平等和博爱取代封建社会森严的等级观。此外，向存理禁欲的理欲观发起了挑战，康有为认为"不能禁而去之，只可因而行之"，以欲望的满足激励人的奋发，主张人的本能是去苦求乐，本性是不忍人之心。以孙中山、章太炎为代表的资产阶级革命派，在政治上主张建立民主共和政体，围绕民主革命，提出了"三民主义"伦理思想，促进了资产阶级伦理思想的发展和成熟。孙中山认为"吾党之三民主义，即民族、民权、民生三种，此三种主义之内容，亦可谓之民有、民治、民享，与自由、平等、博爱无异"。"自由""平等""博爱"构成了三民主义的伦理价值维度。孙中山倡导"服务道德"和"革命的人生观"，主张人人，特别是革命者都应具有服务精神，塑造了舍生取义、杀身成仁的"革命人生观"。孙中山既否定"全盘西化"，也反对全面"复古主义"，对于中国旧道德，强调要"取其精华，去其糟粕"，并从中提炼出了忠孝、仁爱、信义、和平"八德"思想。

资产阶级伦理思想既主张个体的独立自由，要突破封建专制的压迫和奴性的束缚，寻求个体的独立，个性的自由和解放；又强调"合群"的重要性，坚持利于合群的原则，培养爱国的公德意识。在本体论上，将汉代今文经学"元者，为万物之本"的思想与西方自然科学知识相结合，发生了"理"向"元"的转向；在发展观上，学习和翻译西方经典，引入进化论思想，出现了直观型发展观向科学型发展观的转向；在知行观上，为了实现救亡图存，自觉接受西方科学和哲学的影响，实现由伦理型向知识型的转向。但中国传统伦理思想的长期固化和僵持，先进知识分子对西方资产阶级伦理思想的学习不够深入，中国资产阶级先天的软弱性和保守性致使革命的不彻底性，道德革命难以走向成功，这一时期形成的伦理道德思想也只是中国传统伦理思想和西方资产阶级伦理思想的多元混合的产物。

随着俄国十月革命一声炮响，为中国送来了马克思列宁主义，无产阶级逐渐登上历史的舞台。马克思唯物史观和辩证法思想的传入和传播,对中国先进知识分子产生了重要的影响,改造儒家的传统价值观,将马克思列宁主义与中国实际相结合,构建出能够满足和适应现代人精神需要的马克思主义伦理思想。

伦理是处理人际关系和社会关系的基本道德规范,中国传统伦理思想自先秦传承至今,是几千年中华文明的思想奠基,透过传统伦理思想的发展史,可以俯瞰中国在政治、经济以及文化上的历史嬗变。先秦时期儒墨道法等百家争鸣,学术思想遍地开花;秦汉时期"罢黜百家,独尊儒术",确立儒家的正统地位;魏晋南北朝时期受道家思想的影响,魏晋玄学得以兴盛;宋明时期,儒佛道三教并立,理学发端;明清时期,倡导"实学",讲究"经世致用";鸦片战争以后,则提倡"道德革命",宣扬自由、平等、博爱的伦理价值。历经多个学术流派,中国传统伦理思想以"儒家"伦理思想为主线贯穿发展的始终,儒道、儒佛、儒释道的对立与融合,推动儒学从正统地位走向衰亡进而重新回归和复兴,最终凋敝和没落。

二 中国传统伦理思想的基本构架

中国传统伦理思想整体来看是一个极其严密的思想体系,其以"家国同构"为最基本的架构,同时兼具理想性和现实性,强调道理理论的阐释的同时极其重视道德实践。

其一,中国传统伦理思想是一个多层次、多角度的严密思想体系。中国传统伦理思想具有自己的严密话语体系和建构方式,注重从多层次、多角度去培育人们的道德观念、建构道德规范、支配道德行为。纵观中国传统伦理思想体系我们可以发现,中国传统伦理思想深刻影响了古往今来的政治、经济、文化、教育、军事等多个方面,从国家、社会、家庭,以及君臣、父子、兄弟、夫妻、朋友等不同层次、不同身份提出了诸如仁、义、礼、智、信、孝、悌、忠、恕、勇等诸多的道德原则和道德规范,充分体现了其广泛的包容性和广博的覆盖面,形成了一个多层次、多角度的思想体系。同时中国传统伦理思想又是一个严密的思想体系,无论内容多么复杂、涉及领域多么广泛,其始终通过封建宗法制度这一条贯通的主线将不同的部分紧密串联起来,使之成为一个严密的系统。中国传统伦理从本质上来看最终的目的就是要保持社会的稳定，维护封建制度的长治久安，整个思想体系也正是围绕这一终极目标建立和完善起来的。从这一角度来看，中国传统伦理思想体系同时也是一个经典纲常与世俗规范不断互动发展的结果。经典纲常可以说是维护统治阶级利益的理论学说，代表着整个社会的伦理价值取向。中国传统伦理道德中的经典纲常是以儒家为主，融合了道家、法家、佛家、墨家等诸多思想，使整个理论体系不断丰富、解释力更加强大，体现了中国传统伦理思想多元且系统的一面。世俗规范则是一定时期内体现现实社会的实际需要的世俗伦理道德，具有实用性和通俗性等特征。随着社会的不断发展，社会现实也会对伦理道德规范提出不同的要求，这与经典纲常可能会发生矛盾，人们往往会根据现实的需要对一些基本的道德规范做出符合时代精神的理论诠释，更体现出社会现实需要而非以政治意识为唯一的取舍标准。中国传统伦理思想正是在经典纲常与世俗规范的互动过程中得到不断的丰富和发展，保持与时俱进的特性，使其成为一个严密的思想体系。

其二，中国传统伦理思想是一个由"家"而"国"的同构二元架构。封建宗法制度这一条贯通的主线将中国传统伦理思想的各个部分联系起来，也同时使"家国同构"成为中国最基本的伦理传统，"家"和"国"成为传统伦理思想中最基本的二元架构基础。在封建宗法制度体系当中，家长制成为最基本的统治形式，统治者通过家族来实行政治统治，渗透社会的政治、经济、文化等多个方面。因此家族的稳定与和谐成为国家稳定与和谐的基础，"家"是"国"的细胞，"国"其实就是"家"的延伸，国家其实就是一个扩大化的家庭。中国传统伦理思想也正是从这一点出发，提出了一系列以家庭为本位，以维护封建统治为宗旨的道德规范。如重视孝德，"其为人也孝悌，而好犯上者，鲜矣；不好犯上，而好作乱者，未之有也。君子务本，本立而道生。孝悌也者，其为仁之本与！"[①] 孝德的弘扬有利于协调家庭的内部关系，维护家庭内部的秩序，保持和谐和稳定，进而能够保持社会的安定。同时中国传统

---

① 《论语·学而》。

伦理思想非常重视"和","喜怒哀乐之未发,谓之中;发而皆中节,谓之和;中也者,天下之大本也;和也者,天下之达道也。致中和,天地位焉,万物育焉"①,贵和的目的同样是要维护家族的和睦,进而维护封建统治秩序的基础。除了重孝、贵和之外,中国传统伦理思想在"亲亲""尊尊"的基础上建立起来的等级秩序更是突出了由"家"而"国"的二元架构。其要求社会成员的生活方式和行为方式要符合其在家庭和社会中的身份和地位,强调不同成员有着不同的权利和义务,并根据不同的家庭角色划分出父慈、子孝、夫义、妇从、长惠、幼顺等不同的责任,而这些责任延伸到社会领域便成为君君、臣臣、父父、子子的伦理思想,进而延伸出君仁、臣忠、民顺等一系列准则。

其三,中国传统伦理思想是一个由"理想"而"现实"的规范二元架构。中国传统伦理思想是浪漫理想与浓厚致用相结合的二元架构,极为重视理想人格的塑造,更重视道德精神的培育,应当从身边的小事做起,既有理论上的建树更追求实践上的功效。儒家历来就有着宏观的社会怀抱,以孔子为代表的儒家思想家也在阐述自己思想的同时不断的推行其伦理主张,试图应用于政治实践。"内圣外王"之道是儒家思想家们追求的最高境界,其充分体现了"理想"和"现实"的二元架构。儒家强调落实"外王"之道须以落实"内圣"为基本前提。"内圣"所强调的就是个体的心性修养,而"外王"则是将个体的心性修养延伸至治国之道,两者是相辅相成的,"修己工夫做到极处,便是内圣,安人工夫做到极处,便是外王"②。其实中国传统的伦理思想家们不仅仅在自己的著作当中表现出道德实践的重视,在自身的日常生活当中也极其重视身体力行,重视个体的道德修养应用于生活实践。孔子言"君子欲讷于言而敏于行"③,强调的就是说话要谨慎而行动要敏捷;孟子强调要在困境生活中提升自己,"天将降大任于斯人也,必先苦其心志,劳其筋骨,饿其体肤,空乏其身,行拂乱其所为,所以动心忍性,曾益其所不

---

① 《礼记·中庸》。
② 高明:《孔子思想研究论集》第 1 卷,黎明文化事业股份有限公司 1983 年版,第 31 页。
③ 《论语·里仁》。

能"①。纵观中国传统伦理思想，理想性、现实性与致用性密不可分，道德修养和道德实践学说占据着积极重要的地位，这样的二元架构方式为中国伦理思想的丰富奠定了坚实的基础。

三　中国传统伦理思想的时代特征

中国传统伦理思想凝结了中华各民族道德生活的智慧和伦理品质，是思想家对道德生活思考的突出成果，其深刻反映了中华民族特有的思考方式和理论特征。从理论形态上来看中国传统伦理思想呈现出政治思想与伦理思想的融合；从理论建构上来看中国传统伦理思想集中体现了封建血缘关系和宗法制度的特性；从理论归属上来看中国传统伦理思想突显出天人合一的观念。

其一，中国传统伦理思想在理论形态上呈现出政治思想与伦理思想融为一体的基本特征。中国传统伦理道德是中国传统文化的核心主题，在世界文明发展的历史长河当中，没有哪一个民族的文化如同中华民族传统文化一样如此高度重视道德现象。虽然说在中国的传统经典文献当中并未出现某一部专门论述伦理学的理论著作，但也似乎没有一部丝毫不涉及伦理思想的著作。"伦理与宗教紧密结合、伦理与政治相结合、伦理与哲学融为一体"②成为中国传统伦理思想最突出的特征之一。首先，中国传统伦理思想当中伦理原则是为政治原则做辩护和论证的。从表面上来看，在中国的传统伦理思想当中政治原则是从属于伦理原则的，而实质上伦理原则最根本的目的就是为了维护封建阶级统治，为统治阶级的根本利益服务的。如"三纲五常"是维护社会的伦理道德、政治制度的最为重要规范之一，其既是封建道德的基本规范又是封建制度的根本政治原则。"三纲五常"渊源于孔子，起于董仲舒，完成于朱熹，其核心思想就是服从，是将"礼"作为社会伦理的最高规范同时赋予"忠""孝"以确定的政治含义，通过对"父子有亲，君臣有义，夫妇有别，长幼有序，朋友有信"③，以及"仁、义、礼、智、信"等规范的

---

① 《孟子·告子（下）》。
② 陈谷嘉：《儒家伦理哲学》，人民出版社1996年版，第60—75页。
③ 《孟子·滕文公（上）》。

阐释和解读规定了君臣、父子、夫妇、长幼以及兄弟相互间的等级关系。其次，道德修养和道德实践凸显了政治思想与伦理思想的不可分割性。如《大学》当中作为自我修养原则的八条目即"格物、致知、诚意、正心、修身、齐家、治国、平天下"①，着眼于个人道德和社会道德的完善，在加强个体道德修养的同时也明确了政治目的。"格物、致知、诚意、正心"是对于封建道德规范的人士以及确信；"修身"是道德修养的根本；"齐家、治国"是修身的基本功效；"平天下"则是修养的最终目的。再次，把道德标准作为政治制度评价的重要指标同样体现出政治思想与伦理思想的密切结合。中国的传统伦理思想当中伦理其实是以政治原则作为核心的伦理，而政治则是被伦理化的政治。此外除了伦理与政治相结合，伦理与哲学融为一体同样是中国传统伦理思想的重要特征。如儒家思想从"人伦"当中概括出宇宙观和本体论，由伦理原则构造哲学理论，而道家则从哲学的宇宙观和本体论来推及出伦理原则，由哲学理论引申出伦理原则，这其实就使得伦理思想与哲学思想融为一体。"伦理——哲学——政治"三位一体成为中国传统伦理思想的显著特点。

其二，中国传统伦理思想的理论建构立足于封建血缘关系和宗法制度。阶级性是中国传统伦理思想的又一突出特征，中国传统伦理规范旨在协调人与人、人与社会的利益关系，其实质就是强调封建礼教纲常的宗法关系是社会人际关系的纽带和根源。中国从原始社会进入奴隶社会的过程中以血缘关系为纽带的氏族组织形式逐步发展为宗法等级关系和宗法等级秩序，进入封建社会之后被进一步强化，在国家政治生活和社会秩序中扮演更为重要的角色。在封建社会的"五伦"关系中除了"朋友"之外的"父子"、"君臣"、"夫妇"、"长幼"都与宗法等级秩序密切相关，从而成为了"家——国"同构的重要基础。为了调节"人伦"关系，儒家提出了"孝"、"忠"等一套道德规范。其中"孝"的观念是基于血缘关系而产生的，是子对父应遵守的道德规范，而"忠"则是"孝"的进一步延伸和扩大，臣对君的基本行为准则。君臣关系是父子

---

① 《礼记·大学》。

关系的进一步延伸,"国家"是"小家"的进一步放大,君主就是"大家长",家庭中的亲疏、长幼差异延伸到社会中就成为了尊卑、贵贱的秩序,"孝亲"延伸到国家层面也就成为了"忠君",这其实也就要求人们的行为要符合在家族和社会中的身份与地位,维护宗法观念和制度。"孝亲"和"忠君"的统一性其实就是要维护封建血缘关系和宗法制度,如作为中国传统伦理思想经典文献的《孝经》就强调"孝治天下",并把"孝"与"忠"紧密结合起来。"君子之事亲孝,故忠可移于君;事兄弟,故顺可移于长;居家理,故治可移于官。是以行成于内,而名立于后世矣。"①

其三,中国传统伦理思想在理论归属上凸显出天人合一的观念。天人合一是中国传统伦理思想的重要特征之一,中国传统伦理思想可以说就是起源于"天命"。道德产生之后的第一个需要解决的问题就是"德"与"命"治安的关系,也就是天人关系。早在西周就有"以德配天"之说,《庄子·天下》当中也指出周人"以天为宗,以德为本,以道为门,兆于变化,谓之圣人"②,天人关系在中国传统伦理思想占据着核心地位。其实中国传统社会中,伦理思想与哲学思想是紧密联系在一起的,中国传统哲学以伦理思想为主要、核心内容,是一种"伦理型"哲学,这其实也凸显了天人关系。无论是儒家由"人道"推及"天道"还是道家由"天道"推及"人道"都强调了人与天的统一,只不过在不同思想家那里的表现存在差异。《中庸》主张"君子,不可以不修身;思修身,不可以不事亲;思事亲,不可以不知人;思知人,不可以不知天"③,将知人与知天紧密联系起来;庄子则是将"天地与我并生,而万物与我为一"作为人生的最高理想;董仲舒则提出"天人同类,以类合之,天人一也"④,"道之大原出于天,天不变,道亦不变"⑤ 的论断,将天人合一推向极端。中国传统伦理思想中的天人合一主张有助于协调个人与社

---

① 《孝经》。
② 《庄子》。
③ 《中庸》。
④ 董仲舒:《春秋繁露》,上海古籍出版社1958年版。
⑤ 《汉书·董仲舒传》。

会关系，有利于道德规范的建立和完善，但从政治层面上来说其依旧是与封建统治制度相一致的，是为统治阶级服务的。

第二节　中国传统伦理的思想精华

《关于实施中华优秀传统文化传承发展工程的意见》指出中华优秀传统文化蕴含着丰富的道德理念和规范，如天下兴亡、匹夫有责的担当意识，精忠报国、振兴中华的爱国情怀，崇德向善、见贤思齐的社会风尚，孝悌忠信、礼义廉耻的荣辱观念，体现着评判是非曲直的价值标准，潜移默化地影响着中国人的行为方式。

一　天下兴亡、匹夫有责的担当意识

"天下兴亡、匹夫有责"集中体现了人民对于国家的责任和义务，对于唤醒人民的社会责任感发挥了巨大的作用。"天下兴亡、匹夫有责"最早源自于顾炎武的《日知录·正始》的"保国者，其君其臣肉食者谋之；保天下者，匹夫之贱与有责焉耳矣"[1]，而使之以固定成语形式而广为流传的是出自梁启超《痛定罪言》一文的"乃真顾亭林所谓'天下兴亡，匹夫有责也'"[2]。梁启超所处的正是中华民族处于内忧外患的时代，其所面临的环境更为复杂，不仅仅是改朝换代的问题，更关系到中华民族是否能够继续延续的问题。面对"三千年未有之变局"解决的方案就是"以国家对国家"[3]，梁启超呼吁"天下兴亡、匹夫有责"就是为了唤醒国人的现代国家意识。

其实一直以来中国传统伦理当中就有着"尚公"的基本价值取向，这也是由中国传统社会特殊的社会结构所决定的。中国从原始社会进入奴隶社会的过程中氏族血缘关系被保存下来，国家也是在这样的基础之

---

[1] 《日知录·正始》。

[2] 梁启超：《痛定罪言》，载梁启超《饮冰室文集点校》第4辑，云南教育出版社2001年版，第2407页。

[3] 梁启超：《论民族竞争之大势》，载梁启超《饮冰室文集点校》第2辑，云南教育出版社2001年版，第802页。

上建立起来。中国传统社会是一种家族本位的社会结构,"家"是"国"的基础,"国家"是"小家"的进一步放大,也就直接带来了"君与父无异""家与国无分"的基本局面,从而引发整体主义。"天下兴亡、匹夫有责"的担当意识体现出中国传统伦理思想当中对于作为存在体的个人与群体之间的关系。在中国传统伦理思想当中合群对于人类的生存具有至关重要的意义,群体的存在为个体的存在提供了最为基本的条件,同时也将个体存在的人与禽兽区分开来。荀子认为"人力不若牛,走不若马,牛马为用,何也?人能群,彼不能群也"①,这也就是说人之所以能够主宰万物其关键就在于人能够组成群体。在荀子那里,群一方面是人类征服自然赖以生存的社会组织,因人"不能兼技"②,因而"人生不能无群"③;另一方面君主是群当中极其特殊的存在,"君者,善群也"④,"人之生不能无群,群而无分则争,争则乱,乱则穷矣。故无分者,人之大害也;有分者,天下之本利也;而人君者,所以管分之枢要也"⑤。这也就充分说明群体对于个体具有至关重要的作用,因此群体的兴衰荣辱关系到每一个作为存在的个体。

现如今中国已经进入全面转型的时期,当前社会形势正在发生着新的变化,面对社会转型带来的新变化和新趋势,我们要努力发扬"保天下匹夫之贱与有责焉"的精神,担当起"保天下"的神圣使命,要坚定信念、担当责任、彰显价值,这是我们每一个中国人的历史责任,更是我们实现中华民族伟大复兴中国梦的必然要求。

二 精忠报国、振兴中华的爱国情怀

中国传统伦理思想以血缘为关系的封建宗法制度为基础,以"家国同构"为中国最基本伦理传统,因而也就形成了贯穿中华民族传统文化始终的精忠报国、振兴中华的爱国情怀。精忠报国是中华民族优秀爱国

---

① 《荀子·王制》。
② 《荀子·富国》。
③ 《荀子·王制》。
④ 同上。
⑤ 《荀子·富国》。

主义的集中体现，也是中华民族的传统武德特色的集中体现，其是随着中国古代军事爱国主义思想的形成和发展而逐步定型成为中华民族的优秀传统的。精忠报国伦理设计的形成离不开儒家与兵家军事伦理思想的相互渗透与整合。其实在夏、商、周三代，并没有明确的军人忠君的表述，发动战争一般通过"替天行道"来赢得军民的忠心，而到了春秋战国时期，儒家忠君的概念表述中并没有报国的伦理设计。孙武可以说是精忠报国的最初设计者，他的论述直接奠定了军人忠君的价值基础。所谓"进不求名，退不避罪，唯人是保，而利合于主，国之宝也"[1]，也就意味着军人需要与君主保持一致，这是决定战争胜负的重要因素。秦汉之后儒家成为社会主流的意识形态，儒家和兵家思想在军事领域不断相互渗透和整合，兵家吸收儒家的忠君爱国、仁义礼智等思想精华，而儒家则是用仁学道义的伦理精神对兵学进行价值渗透，精忠报国也就在此完成其伦理设计。秦汉之后忠君的观念不断深化，特别是宋朝之后高度中央集权的实行使得忠君理念成为军人眼中绝对至上的存在。宋朝的内忧外患促进了"忠君报国"向"精忠报国"的转化，并使之获得了广泛普遍的社会性。这其中最典型的代表就是岳母刺字"精忠报国"，这也就充分说明"精忠报国"这一爱国主义精神逐步转化为民族心理素质。

　　振兴中华最早是孙中山在《兴中会章程》当中提出来的挽救国家危亡的口号，但其实在孙中山之前还有一大批晚清的进步爱国思想家都有着强烈的振兴中华的使命感。振兴中华的使命感是建立在忧国忧民的基础之上的，忧患意识其实在《易经》当中就有所体现。晚清时期一大批爱国思想家面对列强入侵，民族危机日益加剧的严峻局面开始思考中国发展道路问题，积极投身救亡图存的实践活动。魏源在《〈海国图志〉序》中写道："愤与患，天道所以倾否而之泰也，人心所以违寐而之觉也，人才所以革虚而之实也"[2]。甲午战争之后，以康有为、梁启超为代表的维新思想家发出"救亡图存"的呼声。此后以孙中山为代表的革命思想家登上历史舞台，在以挽救民族危亡为己任的使命感的推动之下提出"振兴中华"的口号，提出要维护国家的独立和主权，要推翻清王朝

---

[1] 《孙子兵法·九变篇》。
[2] 魏源：《海国图志》序，岳麓书社1998年版，第1页。

的统治，要向西方学习。时至今日，新中国成立特别是改革开放以来我国发展取得的重大成就，中华民族实现了从站起来、富起来到强起来的历史性飞跃，但我们依旧要牢记振兴中华的历史使命和重大责任，矢志不渝地为实现中华民族伟大复兴的中国梦而努力奋斗。习近平总书记在纪念孙中山先生诞辰150周年大会上发表的重要讲话就指出："我们对孙中山先生最好的纪念，就是学习和继承他的宝贵精神，团结一切可以团结的力量，调动一切可以调动的因素，为他梦寐以求的振兴中华而继续奋斗。"

目前中国发展已经进入新时代，以爱国主义为核心的民族精神是中华民族自强不息、百折不挠的永恒精神支柱，通过对"家国同构"的伦理传统和朴素爱国主义情操的继承与扬弃，集中体现了国家、民族和人民的根本利益，中华优秀传统文化创造性转化创新性发展的辉煌成果。

三 崇德向善、见贤思齐的社会风尚

崇德向善就是指尊崇德行、向往善意，这是中华民族的优秀传统美德。中国传统社会极其重视和强调德行修养，崇尚礼治文化。"人之初，性本善"就阐明人具有向善的本性，孔子建立的以"仁"为核心的儒家思想体系就非常重视德和善的作用。"道之以政，齐之以刑，民免而无耻；道之以德，齐之以礼，有耻且格"[1]，孔子强调"德"在为政过程中的重要作用，以此来处理好人与人、统治者与被统治者之间的关系，激发人们积极向善的精神。而在《大学》当中的八条目当中"格物""致知""诚意""正心""修身"五个条目都是在讨论如何使人自身变得更加完善，"齐家""治国""平天下"三者其实就是在践行其德行，在社会活动当中实现自己的价值。这八个条目以"修身"为基本的核心，以德性修养支撑人的发展，"修身"既是立身之道也是立国之道。孟子也认为人性向善，"水信无分于东西，无分于上下乎？人性之善也，犹水之就下也。人无有不善，水无有不下。今夫水，搏而跃之，可使过颡；激而行之，可使在山。是岂水之性哉？其势则然也。人之可使为不善，

---

[1] 《论语·为政》。

其性亦犹是也"①。孟子也说:"舜之居深山之中,与木石居,与鹿豕游,其所以异于深山之野人者几希;及其闻一善言,见一善行,若决江河,沛然莫之能御也。"②崇德向善是个人和社会要追求德行和善意,不断展现正能量。

见贤思齐出自于《论语·里仁》,"见贤思齐焉,见不贤而内自省也"③,与"崇德向善"一样都是中华民族的优秀传统美德,强调要多向贤者学习,这也是人们修身的最佳方式之一。所谓"三人行,必有我师焉。择其善者而从之,其不善者而改之"④,其实就是在提醒人们要向身边的人学习,也许其中的人并不一定能够称之为"贤者",但其身上往往会有"贤"的品质,值得我们去学习。"见贤思齐"是儒家"修身之学"的基本精要所在,现如今倡导"见贤思齐"的社会风尚更为重要。习近平总书记多次强调领导干部要"见贤思齐",2013年9月26日习近平总书记在会见第四届全国道德模范及提名奖获得者时发表重要讲话,指出"道德模范是社会道德建设的重要旗帜,要深入开展学习宣传道德模范活动,弘扬真善美,传播正能量,激励人民群众崇德向善、见贤思齐,鼓励全社会积善成德、明德惟馨,为实现中华民族伟大复兴的中国梦凝聚起强大的精神力量和有力的道德支撑"⑤。

四 孝悌忠信、礼义廉耻的荣辱观念

"孝悌忠信、礼义廉耻"是儒学的精髓,"孝悌忠信"是五伦的基本范畴,孟子将其引入政治领域,"王如施仁政于民,省刑罚,薄税敛,深耕易耨,壮者以暇日修其孝悌忠信,入以事其父兄,出以事其长上,可使制梃以挞秦楚之坚甲利兵矣"⑥;而管子将"礼义廉耻"视为维系国

---

① 《孟子·告子(上)》。
② 《孟子·尽心(上)》。
③ 《论语·里仁》。
④ 《论语·述而》。
⑤ 《深入开展学习宣传道德模范活动 为实现中国梦凝聚有力道德支撑》,《人民日报》2013年9月27日第1版。
⑥ 《孟子·梁惠王(上)》。

家安全的基本力量，认为"礼义廉耻，国之四维；四维不张，国乃灭亡"①。此后"孝悌忠信、礼义廉耻"结合起来被称为人生八德。"孝悌忠信、礼义廉耻"是做人的基本道德规范，更是中华民族优秀传统文化最为宝贵的精神财富，更是当今社会主义荣辱观形成过程中必须汲取的精华。

孝悌就是孝顺悌敬，即孝敬父母、友爱兄弟。孝悌是儒家最具特色的道德规范之一，在中国传统社会的家庭当中，父子关系、兄弟关系和夫妇关系是最为重要的三种关系，其中父子关系无疑是最重要的，因此孝敬父母的道德规范被放到极其重要的位置。而作为"孝"的延伸，"悌"同样是处理家庭关系的重要规范，所谓"入则孝，出则悌"②，善事父母为"孝"，善兄弟为"悌"。"孝悌"是发自人性深处，其从家庭伦理出发而延伸至社会和国家，对于树立社会荣辱观念具有至关重要的作用。"忠信"就是要尽忠国家，信用朋友。其中"忠，敬也，从心，中声"③是一种责任心的表现，其与孝是密不可分的，正如我们评价一个人经常使用"幼而孝悌，长而忠诚"。现如今我们谈论"忠"并非以往的"忠君"，而更多的是忠于祖国、忠于人民，是对党、国家和人民忠诚，对工作尽职尽责等。"信"是人立身的根本，是最基本的道德原则，作为五伦之一，"信"是朋友交往的重要原则，更是国之大纲，"子贡问政。子曰：'足食，足兵，民信之矣。'子贡曰：'必不得已而去，于斯三者何先？'曰：'去兵。'子贡曰：'必不得已而去，于斯二者何先？'曰：'去食。自古皆有死，民无信不立'。"④"礼义廉耻"简单说来就是"有礼节、讲道义、尚廉洁、知羞耻"，是中华传统伦理思想的瑰宝，所谓"礼不逾节，义不自进，廉不蔽恶，耻不从枉"⑤，礼定贵贱尊卑，行为要保持应有的节度；义为行动准绳，行为要符合公义；廉为廉洁方正，耻为有知耻之心。其中"礼"、"义"是治人之大法，所谓

---

① 《管子·牧民》。
② 《孟子·滕文公（下）》。
③ 《说文解字·心部》。
④ 《论语·颜渊》。
⑤ 《管子·牧民》。

"不知礼，无以立也"①，又如"人无礼则不立，事无礼则不成，国无礼则不宁"②，这充分说明"礼"的重要性，其关注于调节人的基本行为，是使人实践道德原则的基本条件。"义"是事之宜，即要按照基本的道德规范做出合宜的行为。"廉""耻"是立人之大节，"廉"是对事物取舍的基本态度，其实做人的基本规范也是为政的基本原则，"廉者，政之本也"③；"耻"是思维当中尤为重要的存在，"四者之中，耻尤为要"④，知耻是修身的基本内容，更是修身的开始，孟子曰"人不可以无耻，无耻之耻，无耻矣"⑤。

"孝悌忠信、礼义廉耻"是现代社会荣辱观念的重要思想来源，荣辱观是一个历史性的概念范畴，是一个历史时代的产物。现如今我们进入新的发展时期，对于荣辱观念的确立要在充分吸收传统伦理思想精华的基础之上充分结合国家和社会发展的现实，对其进行现代性诠释，实现批判继承。

第三节 中国传统伦理的当代运用

弘扬优秀的传统文化，进行社会主义道德建设，是建设社会主义和谐社会的重要内容。伦理道德建设是人类社会健康发展的重要条件，也是社会生活良序运行的重要保障。中国传统伦理道德作为优秀民族文化的内在核心，是中华民族几千年来的智慧结晶。批判性地继承其精华，创造性地进行转化和建构传统伦理道德是坚定四个自信的应有之义，更是实现中华民族伟大复兴的必然要求。随着改革开放的不断深入，社会主义市场经济体制得到了不断完善，人们的物质生活水平得到了显著的改善。但同时也带来了道德危机，如社会上存在的道德滑坡、价值缺位、信念缺失等问题。只有重建中国伦理之精神，使传统伦理道德发挥

---

① 《论语·尧曰》。
② 《荀子·修身》。
③ 《晏子春秋·内篇杂（下）》。
④ 《日知录·廉耻》。
⑤ 《孟子·尽心（上）》。

其应有的价值，才能为当下社会中存在的伦理道德缺失等现况提供一种切实可行的解决办法。详言之，就是饮啜传统伦理所蕴含的价值精华，实现传统伦理的现代性转化与创新性发展。下面，兹分述之。

一 中国传统伦理的内在价值

中国传统文化的内在蕴含着丰富的人文精神和实践理性思想。牟宗三曾说："中国文化在开端处的着眼点是在生命，由于重视生命、关心自己的生命，所以重德。德性这个观念只有在关心我们自己的生命问题的时候才会出现。"[①] 正是在这个意义上，我们说中国传统伦理道德就是中国文化的核心与本质，它维系着整个社会生活的价值秩序和个体生命的内在秩序。

如果我们把道德比喻为一张大网，那么规范就是大网的经纬线，密密麻麻的经纬线必然包含着丰富而又具体的各种规范，如：公私义利、人性理欲、忠孝节义、礼义廉耻、仁和信恕等。中华民族经过长期的道德实践，在文化的相互碰撞与逐步积累中形成了一些世代相传的伦理道德品质，如：仁、义、礼、智、信、诚、孝、悌、忠、廉、耻、勇、德、谦、和、勤、温、良、恭、俭、让、宽、敏、惠、直、中庸等等。这些道德规范之多涉及人生的方方面面，每个概念都有其独特的、丰富的内涵，这些代代相传的伦理道德品质无疑在人们的社会生活中充当着重要的维系作用、规范作用。中国传统道德的个人品质与社会道德规范是相依相存的，它们是中国传统伦理思想的一体两面，每一种规范是对社会生活秩序的具体要求，每一方面的品质主要地又是对个体行为的约束。个人品质与社会道德规范不是两个独立的个体，而是处于一种相互依存的关系之中。这些伦理规范与道德品质又潜在的蕴含着丰富的传统美德，根据有关专家学者的研究，中华民族的十大传统美德可以概括为：仁爱孝悌、谦和让礼、诚信知报、精忠爱国、克己奉公、修己慎独、见利思义、勤俭廉正、笃实宽厚、勇毅力行。仁爱孝悌培育出浓厚的家庭温情；谦和让礼使得人际关系和睦和谐；诚信知报即诚实守信、

[①] 牟宗三：《中国哲学十九讲》，吉林出版集团有限责任公司2010年版，第41页。

知恩思报；精忠爱国引领崇尚气节情操的风尚；克己奉公意味着一种超越个人私欲的达人境界；修己慎独强调一番自律修养的功夫；见利思义促使多加思考社会公利；勤俭廉正即勤劳节俭、廉洁清明；笃实宽厚意味着中华民族崇尚实干的实事求是精神；勇毅力行标志着中华民族在践行道德时的勇气和毅力。这些美德是中华民族在长期的民族生存和发展中，历经种种磨难，逐步凝结并巩固而成。

因此，中国传统伦理的内在价值就包含了社会生活中的伦理规范、个人的道德品质以及传统美德。这三大部分主要立足于服务社会，追求家庭和睦、社会安宁、政治稳定。只有吸收其内在的精华，摒弃糟粕，才能使中国传统伦理的内在价值得到应有的彰显。"传统文化和传统道德的一个重要特点，就是它又总是同一定民族的精神文明、思想素质和心理习惯联系在一起的，它是一个民族在长期发展过程中形成的、能够凝聚一个民族的重要的精神力量。"[1] 在当今社会，文化软实力越来越成为民族凝聚力和创造力的重要源泉，越来越成为综合国力竞争的重要因素，传统伦理道德作为文化的一个重要组成部分，它是社会主义精神文明建设的题中应有之义。

二 中国传统伦理的现代性转化

21世纪是一个经济全球化、政治多极化、文化多样化、网络信息化的时代。在这一时代背景之下，当代西方的伦理学朝着复归美德伦理的方向发展。以麦金泰尔、赫斯特豪斯为首的众多学者基于对当代社会所普遍存在的价值缺位，以及个人生活虚无化等道德困境，开始反思现代主流伦理学的思路，即那种企图通过厘清的道德概念，抑或通过确立具体的道德原则来解决社会中所存在的道德伦理问题。可以说，传统伦理正逐渐被拉回到人们的视线中，处于一种回归的状态。反观国内，随着改革开放的不断深化，社会主义市场经济体制得到了不断完善，但与之相对应的道德体系却没有及时建立起来。各种享乐主义、拜金主义、个人主义思潮充斥其间，对落实社会主义核心价值观与社会主义精神文明

---

[1] 罗国杰：《我们应该怎样对待传统——关于怎样正确对待传统道德的一点思考》，《道德与文明》1998年第1期。

建设带来了一定的阻力。只有实现传统伦理的现代性转换，以其丰富的内涵和传统底蕴为当代个人与社会提供一套价值标准与秩序规范，才能真正解决当下社会中存在的道德信念缺失等问题。

其一，尊重传统伦理文化，继承其中的精华是实现现代性转化之根本。历史的经验已经证明，无论是全盘西化派，还是彻底的复古派，都将使传统伦理现代性转化的理想功亏一篑。因为历史与现实不是分离的两块互不相干的东西，它们是血与肉的互为存在的关系，传统伦理是孕育现代文化丰厚的土壤，现代文化是传统伦理精神的延伸发展。中国传统伦理的精华具有丰富的文化养分，特别是儒家伦理中崇尚精神生活的道德追求；倡导个人对集体的责任感；重视人际关系的社会效应；珍惜人自身的生命意义，无不渗透于社会风俗的方方面面。其中"己所不欲、勿施于人""为仁由己""见利思义""恻隐之心""忠恕之道""经世致用""诚信仁爱""克己慎独"等思想都与社会主义物质与精神文明建设高度契合，经过适当的调整与转化，是可以与社会主义文化相融合的。从这个意义上说，尊重传统伦理的内在价值，弘扬优秀的传统文化是实现现代性转化的根基。

其二，正视历史，摒弃传统伦理的糟粕是现代性转化的重要环节。正如任何事物都具有两面性，传统伦理道德文化亦如此。精华与糟粕相对立而存在，抱残守缺是无法实现现代性转化的，这是历史的训诫。当前国内一部分"复古人士"打着复兴国学的旗号，全盘吸收中国古代的传统道德文化。有的地方甚至开办了女德班，宣传古代封建陋习，他们认为传统文化是一套完备的真理体系，没有任何糟粕可言，可以直接用于社会主义物质与精神文明建设，甚至是解决现代性困境的灵丹妙药。这是典型的国粹主义的表现，不仅违背了马克思辩证唯物主义理论，而且滋生了社会上的不良风俗，这是有百害而无一利的。事实上，传统伦理中的糟粕是客观存在的，它不以人的意志为转移。在传统伦理转化过程中，糟粕与精华接踵而来，如传统伦理中所强调的"三纲五常"、重男轻女等思想。孔子说："唯君子与女人难养也"，孟子说："王何必曰利，亦有仁义而已矣"，宋明理学更是倡导"饿死事小，失节事大""存天理、灭人欲"，这些伦理思想禁锢了人们的思维，抹杀了人们的个性，妨碍了开拓创新意识的生发和实践。另外，忠孝是传统伦理思想中基本的道德品质，在被封建统治阶级利用之后，演变成了愚忠、愚孝意识，社会主义现代化建设就需要合理地利用其有利于时代发展的成分，不能为部分别有用心者用来作为搞裙带关系和人身依附的思想工具。再者，如不平等的等级关系、特权思想、情大于法等封建伦理思想的危害，其对转化进程的影响也必须为人们所正视。不过，只要在转型的历史进程中批判继承、科学舍弃，伦理道德的现代化建设就必然能够得以实现。

其三，伦理文化创新是现代性转化的根本途径和最终目的。批判地继承是为了发展，创新是批判地继承的归宿，创新是实现传统伦理转化的最好展示方式，且预示了传统伦理的可能的发展路径。创新是一个民族进步的灵魂，是一个国家兴旺发达的不竭动力，创新意义由此可见一斑。因此，必须以习近平新时代中国特色社会主义思想为指导，为实现两个一百年奋斗目标，为早日实现中华民族伟大复兴而大胆的实践传统伦理文化创新。现就以儒家思想为代表的传统伦理思想，信拈几例以证之。第一，终极关怀与现实关切。中国传统伦理道德特别注重对人类命运和人生意义的深层思考，借用冯友兰先生的话就是："中国哲学的功能不是为了增进知识……而是为了提高人的心灵，超越现实世界，体验高于道德的价值。"[①] 现代伦理精神所要求的是，不仅关注终极关怀，而且更重视现实关切。在不否定美和善的同时，强调真的现实性和科学性。因此，创造性转化后的现代伦理精神既尊重传统伦理的终极关怀，又注重人的情感寄托、身心健康、个性发展等现实关切。只有二者被有机地结合起来，才能真正实现创新性转化。第二，个人本位与社会本位。由于中国封建社会制度的家国同构性，中国传统伦理特别强调社会的整体性，个体没有独立存在的合法性，只能依附于家族集体之中，长期以往势必压抑人的个性，泯灭人的价值，牺牲人的发展。要实现传统伦理的创新性转化，就必须坚持以马克思主义为引领，在承认社会集体重要性的同时，强调个性自由发展的观念，使个体本位和社会本位的两种极端状态能找到平衡点。第三，道德中心化与德法并举。中国传统文

[①] 冯友兰：《中国哲学简史》，生活·读书·新知三联书店2015年版，第5页。

化的显著特征是以伦理道德为核心，道义原则支配着社会生活的价值秩序和个体生命的内在秩序，成为了普遍的道德规范。道德中心化导致重说教轻实践、重人文轻科技、重义轻利等弊端。"法治"则是以人治为前提的"民本思想"，与"德治"相支离。现代伦理精神与当今社会现实即市场经济建设相切合，倡导德治与法治并重，以社会主义现代化建设为宗旨。法治与德治相结合的治国方略是中国传统伦理治国思想现代化的重要标志，是创造性转化的又一重要方面。

三 中国传统伦理的当代建构

当前，我国正处在脱贫攻坚、实现全面小康的关键时期，随着改革开放和社会主义市场经济的迅猛发展，社会意识形态也越加复杂化、多元化，人们的价值观、伦理观、道德观发生很大的变化。因此，必须建立以优秀传统道德为重要内容的社会主流价值观。以中国传统伦理中的"公平正义、明礼诚信、孝悌仁爱"为主导原则，批判地继承与发扬传统伦理中的优秀思想。改变当今社会中存在着的伦理道德缺位现象，使中华民族优秀传统伦理道德能够做到古为今用，与时俱进，这也是我们实现中华民族伟大复兴的必由之路。

其一，要以"公平正义"为中国传统伦理重建的核心。在等级森严的古代社会，勤劳勇敢的中国人民一直没有放弃对公平正义的不懈追求，公平正义逐渐成为了中国传统伦理道德理念的核心内容。最早在《尚书》中就有相关记载："曰若稽古帝尧，曰放勋，钦明文思，安安，允恭克让，光被四表，格于上下。克明俊德，以亲九族。九族既睦，平章百姓。百姓昭明，协和万邦。黎民于变时雍。"[1]《管子·形势解》中也有记载："天公平而无私，故美恶莫不覆；地公平而无私，故小大莫不载。"[2]《墨子·尚贤上》中有记："举公义，辟私怨。"[3]《老子》称："天之道，损有余而补不足。"[4]《礼记·礼运篇》："大道之行也，天下

---

[1] 《尚书》。
[2] 《管子·形势解》。
[3] 《墨子·尚贤（上）》。
[4] 《老子》。

为公。"① 上述这些观点，带有强烈的平等色彩。由于古代封建伦理规范带有很浓的等级意识，这种平等观念只能是狭隘范围内的平等。它虽具有一定的合理性，但是却没有上升到法权意义上的权利平等，具有一定的阶级局限性。古人之所以如此重视公平正义，一方面说明公平正义有利于社会的安定和谐；另一方面也说明作为一种伦理道德规范，公平正义是社会与个人共同追求的价值理想。在当今社会，公平正义是中国特色社会主义的内在逻辑与本质要求，也是马克思列宁主义思想在当代中国的生动实践。随着改革开放的不断深入，社会主义市场经济体制得到不断完善，人们的物质生活水平得到了很大改善。但社会中不公平、非正义的事件时有发生，人们对公平正义的呼声越来越高。如何切实保障个人的基本权利不受他者侵犯，这就需要在法律层面遵循公平正义的原则，在道德层面使得公平正义的观念深入人心。任何社会时代，人们只有共同坚守公平正义的伦理道德规范，社会才可能安定繁荣，百姓才会安居乐业。社会的发展离不开公平正义的逻辑构架，只有在经济、政治、文化、教育等多个领域贯彻落实公平正义的道德原则，才能有效防范以权谋私、贪污腐败、损人利己等不法行为。同时，只有把公平正义作为中国特色社会主义民主政治和社会生活的基本准则，才能实现社会的安定和谐。习近平总书记曾告诫全党："这个问题不抓紧解决，不仅会影响人民群众对改革开放的信心，而且会影响社会和谐稳定。"② 公平正义的重要性，由此可见一斑。只有把公平正义当作道德规范的核心要素，中国传统伦理之重建的宏伟理想才能变为现实。

其二，要以"明礼诚信"为中国传统伦理重建的基础。中华民族素来享有"礼仪之邦"的美誉，礼仪规范在中国传统伦理道德中占有很重要的地位，上至天子贵族的祭祀典礼，下至黎民百姓的日常活动，都无不受到礼的指导和约束。荀子最早提出"隆礼重法"的思想，把"礼"作为"法"的必要补充，使得礼成为了社会生活中调节人际关系的重要手段。从广义上说，中国古代的"礼"是泛指典章制度、社会规范以及相应的仪式节文规矩。从狭义上说"礼"是约束个人行为的道德规范。

---

① 《礼记·礼运篇》。
② 习近平：《习近平总书记系列重要讲话读本》，学习出版社2014年版，第45页。

如《荀子·大略》中所记载："礼也者，贵者敬焉，老者孝焉，长者弟焉，幼者慈焉，贱者惠焉。"① 中共中央颁发的《公民道德建设实施纲要》（以下简称"纲要"）把"明礼诚信"作为基本道德规范之一。明礼是就人的外在行为而言的，而诚信则是对人的内心状态的要求。"忠信，礼之本也；义理，礼之文也，无本不立，无文不行。"社会主义市场经济是一种信用经济，社会主义社会是一种诚信社会。诚信与明礼相结合构成了现代社会的最基本的元素。当前，信用缺失已经危害到社会的各个领域，这是亟待解决的重大问题。一方面政府应尽快建立与完善信用体系和信用制度，为社会中的伦理秩序提供法律上的保障。另一方面，又要批判性地继承与发扬中国传统伦理中的有关思想，建立一套与市场经济相匹配的诚信道德机制，为个人的行为提供一套基本道德规范。由于社会主义市场经济秩序依赖于外在法律的强制性，决定了其必然带有不可控与不稳定等因素。只有把市场主体的外在约束转换为个人内心中的一种道德律，才能真正把外在的责任义务视为自身的应该如此的道德信念。因此，我们应当借鉴传统伦理中的积极因素，把明礼诚信作为当代伦理构建的基础性原则。

其三，要以"孝悌仁爱"为中国传统伦理重建的准则。孝悌仁爱是中华民族的传统美德，它深深根植于中国人民几千年来的生活习惯之中，是中国传统伦理道德特有的标志。仁的核心是"仁者爱人"，即尊重与关心人。根据有关数据显示，仅在《论语》一书中，孔子讲"仁"就多达109次。仁就是人的本性，孟子在继承孔子"仁"的思想上提出了有名的"四端说"，肯定了人的内在价值，确立了人性本善的道德基础。仁爱的根本是孝悌，如父慈子孝、兄弟和睦等。在《弟子规》中有相关记载："弟子入则孝，出则悌，谨而信，泛爱众而亲仁。"② 正是在这样一套伦理规范的调节下，中国古代社会特别强调家本位，在某种意义上国也只是家的延伸。又如《孟子·梁惠王》中记载："老吾老以及人之老，幼吾幼以及人之幼。"③ 因此，这套伦理规范能够顺利的推己及

---

① 《荀子·大略》。
② 《弟子规》。
③ 《孟子·梁惠王》。

人，成为大家所共尊共信的伦理信仰。仁爱孝悌不仅是处理人际关系的一种方式，还是中国传统伦理独有的标志。在当代社会主义市场经济大环境下，由于受西方价值多元化的影响，社会中出现了不同价值思潮，人们逐渐形成了不同的价值取向。一部分人由于利欲熏心，不顾做人的底线，做出了有悖于传统伦理的不道德行为。为了加快建设社会主义文明社会，重塑社会中的伦理价值与伦理规范，就必须使人们遵循仁爱和孝悌两个中国传统伦理独有的原则。个人在家庭中以孝悌为基本准则，做到一个儿女对长辈应尽的义务；在社会中以仁爱为行为规范，做到一个公民应尽的责任。只有自觉这两个原则为道德规范，就能免受社会上不良思潮的侵蚀，社会中的不文明、不道德等现象就能有效杜绝。因此，仁爱孝悌在某种程度上为人们提供了一套具体的伦理道德规范。只有在全社会中重新建立起"仁爱孝悌"的道德意识，让家庭中讲孝悌，社会中充满仁爱，当代社会伦理道德之重建才能有望取得成功。

第三章　当代中国伦理学的西方参照

伦理学作为系统化的学科，发端于西方。在西方漫长的伦理历史中，产生了深厚的伦理思想理论，也积累了丰富的伦理生活体验。作为人类共同的宝贵财富，批判地借鉴西方伦理理论、从他们的伦理生活中吸取有益的经验、总结教训，无疑有益于我国当代的伦理建设。毋庸讳言，西方以工业革命为标志，更早地进入了现代文明，他们所关注的很多现代性问题正为我们所遭遇和经历。对相关西方伦理思想的理解和反思可以帮助我们有效规避现代性的道德风险、超越西方伦理理论的误区与困境。

第一节　西方伦理学的历史演进

学界普遍认为，伦理学作为一门系统化的学科，发端于古希腊。伦理学在西方有着悠久的历史，也在西方文明中扮演着至关重要的角色。在长达数千年的西方伦理学历史中，产生了众多的理论及其流派，也积淀了丰富的伦理知识和思想。西方伦理学体系伴随着西方的历史发展而不断成熟、演进。当古希腊智者们开始从自然，从我们自身探寻生活世界，并试图为人类生活寻找通向美好的答案时，便开启了伦理的大门。在随后的漫长岁月中，伦理学者们都围绕我们应该过怎样的生活而进行漫长的探索。纵观西方伦理学的历史，我们可以发现三条演进的脉络。

一　外在理性向内在理性的演进

苏格拉底的名言"知识即美德"标志着理性主义的开始。苏格拉底所言的知识不是我们今天所常用的"scientific knowledge"（科学知识、尤指自然科学知识），而是道德理性，它是我们追求并获得道德的能力。所以苏格拉底认为，唯有拥有道德理性，我们才能够形成美德，道德理性是美德的基础。那么，理性从何而来，我们如何拥有理性？柏拉图、亚里士多德等学者将理性视为外在于人的存在。柏拉图提出了绝对善理念，善是永恒的存在，他还提出了著名的洞穴隐喻，即我们如同寄居在洞穴中的人，四周黑暗，无法了解周边的世界和我们自己。只有借助理性，我们才能照见周围的世界。理性如同太阳，我们只能凭借阳光看清四周，并通过投射在岩壁的身影认识我们自己。但我们并不能占有理性，理性外在于我们。亚里士多德也认为理性在神的灵魂之中，我们分有神性而分有理性，理性是神性的一部分。无论柏拉图还是亚里士多德，都将理性视为伦理的前提，提倡根据理性的多少而分配社会资源，得到相应的社会地位。柏拉图认为城邦由三类人组成——统治者、守卫者和手工业者。他们分别由不同的质料所构成，统治者由黄金所造，拥有最多的理性。守卫者由白银打造，拥有较多的理性。而手工业者由铜铁构成，拥有最少的理性。当社会角色根据理性而安排时，社会才能实现正义。而且，不同质料的人应该遵守的伦理原则也是不同的。手工业者并没有专属的德性，他们遵守每位社会成员都要秉持的克制德性；守卫者则必须具备勇敢的德性，统治者对应的德性是智慧。外在理性为我们的德性提供了依据，也让我们对德性的追求成为可能。这种对理性的理解肯定了人的有限性和不完善性，因为完满的理性是独立于我们的存在，这种局限在中世纪神学被进一步放大。上帝（神）成为完满理性的集中体现，神拥有完备的理性从而全知全能，也代表最高的善。因此，人的主体性被极大弱化，人的理性变得微不足道，人的价值在于遵照神的理性而为。

有言道，人类一思考，上帝便微笑。中世纪的西方开始出现政教合一的现象，西方世界也由此进入了人类理性被蒙蔽的时期。一切与宗教冲突的理性探索无一不遭受打压和抑制，中世纪西方科学探索者们的悲剧充分说明了这一点。在外在善的面前，人们可以做的只剩下听命与屈从。直至启蒙运动，人们开始重新树立和维护人的主体地位，康德开启了理性主义的哥白尼革命。康德认为，理性不是外在于人的，而是人自身所有的，并且成为人与其他存在区别的重要标志。康德指出，每个人都具备道德理性，理性帮助人们认识道德法则，就如头顶璀璨的星空一样震慑心灵。人是理性的动物，因此具备为自己立法的能力。因为理性，人们具备了自由意志与善良意志。前者是理性的实践能力，后者则是一切价值的来源。善良意志是人们道德生活的特殊意志，又超越特殊意志具有普遍性的意志。它是善的基石，故而康德认为，善不取决于外在于人的存在——比如快乐或者功利的实现，而是基于善良意志无条件的存在。唯有如此，我们才能独立于个人境遇而保持善的稳定与恒久。而且一切优良的品德唯有在善良意志的统摄下，才具备道德价值。诸如智慧、勇敢、坚强等品质一旦离开道德理性的控制，也可被用来作恶，成为恶的工具，唯有道德理性可以确保这些品质成为美德。善良意志让善成为自为和自足的，如宋希仁援引康德所述："就它自身看来，它自为地就能望其项背。如果由于生不逢时，或者由于无情自然的苛待，这样的意志完全丧失了实现其意图的能力；（在这样的情况下）如果他竭尽自己最大的力量，仍然一无所得，所剩下的只是善良意志（当然不是单纯的愿望，而是用尽了一切力所能及的办法），（那么，）它仍然如一颗宝石一样，自身就发射着耀目的光芒，自身之内就具有价值"。[1] 在理性的指引下，人们才能获得普遍性的道德法则，并且按照道德法则行为处事。在此基础上，康德提出了道德义务。根据他的观念，"义务是道德价值的根据和标准"，"凡出于义务的行为，其道德价值不取决于它所要达到的目标，而取决于它所遵循的道德法则"，"义务就是由尊重规律而产生的行为必然性"。[2] 理性从外在向内在的演进无疑是西方伦理思想的重大转变。

这种转变的意义在于：其一，对于道德的解释不再诉诸神秘的力

---

[1] 宋希仁：《西方伦理思想史》（第2版），中国人民大学出版社2010年版，第327页。
[2] 同上书，第328—329页。

量,而转向人自身。无论是古希腊的自然主义还是中世纪神学,都不得不从人的外部找寻善的根源,让道德蒙上外在限定的面纱。而康德开始的理性主义则从人本身找到了善的依据,这一依据同样使善具有恒定性。其二,人开始获得真正的自由。内在理性让人们获得为自己立法的资格,从而人所服从的是自己的意志,人是本着善良意志而承担道德义务,从而形成道德自律。善的行为不是来源于他者的强制,而是人自由的行动。其三,追求自我人格完善成为人的目的。在理性的指引下,人们可以认识到普遍的道德原则,也会追求人格的完满。我们不再从实现外在目的中实现善的价值,善就是我们自己之目的。

二 自然主义向人本主义的演进

理性从外在向内在的演进带来了对人的新理解,也带来了伦理学的人本主义转向。诚然,在西方的伦理历史中有着悠久的人本主义传统。普罗泰戈拉提出"人是万物的尺度",确立了人在价值世界的独特地位。荷马史诗里面充斥着强烈的英雄主义,从阿基里斯到赫克托、奥德赛,他们都向人们展示着英雄的风采,背后则是人的光彩。但是中世纪,人本主义遭受了巨大的挑战,西方伦理开始以神性取代人性。古希腊的英雄不见了,代之以神的绝对存在和神命的绝对权威。人生甚至都变得没有意义,人的一生被理解为一个带着原罪、不断洗刷罪恶的过程,此岸的价值只有在彼岸方能实现。神学解决的终极问题是,如何保证善的永恒价值以及人类应该过一种什么样的生活。为了确保善的永恒,西方基督神学塑造了最高善的存在——上帝,并且通过他的戒律以及人与神的约定规范了人类生活的具体内容。《旧约》《新约》规定了人们应该恪守的具体行为准则,并且确立了一元的宗教信仰。与神的约定是神圣不可侵犯的,神谕成为人们行为正当性的唯一来源,任何与之相违背的行为都是不可接受的。因此,人性被削弱,顺从和忠诚成为最重要的品质。人们开始匍匐在神的面前耳提面命。人们过去所遵守的道德概念也随之发生变化。比如道德责任,古希腊时期的责任更多表现为人与城邦的关系,责任概念"不仅使民众普遍关注城邦赋予的各种政治义务,就是大多数思想家也都承认并议论政治义务"。① 但神学中的责任则转变为对神的义务。如果说古希腊的主要德性都与城邦密切相关,那么中世纪神学的德性都指向最高神的存在。神学否定世俗的价值,也否定人们旧有的生活方式,认为只有过面向神的全新生活才是值得期待的。人要洗脱罪恶、获得新生需要神的救赎,而且人所做的一切都会面对神的判定。在人性受到压抑的时代,如何高扬人性成为人们回归自我主体的关键问题。

中世纪之后,西方伦理开始了对人性的回归。首先,人道主义开始盛行,肯定人生的价值。如果说神学以神性排斥,甚至否定人性,那么在文艺复兴时期,对人性的颂扬成为时代的主旋律。无论画作、音乐还是戏剧,都在颂扬人的价值与尊严,展示人的力量。人道主义否认我们应该为了接近神性而自我禁锢,提倡人的自由、维护人的主体性,将人视为自由独立的个体。人道主义学者们认为人的价值不必去彼岸找寻,人生本身即具有价值与意义,而且每个人的生活都是值得珍惜和肯定的。人是有尊严的,伴随着对人理性的认识,人道主义认为人可以凭借自己的理性安排生活,而无需听从神的指令和安排。其次,人的权利代替神权,成为西方伦理的主题。以往西方世界总是从自然的角度看待人类社会,认为社会的秩序都是由神所安排、执掌在神的手中,所以依据神的秩序生活才是有德性的。社会契约论的出现开辟了西方伦理新的篇章。社会契约论认为社会(或者国家)并不是依据自然秩序或者神的旨意形成的,而是人类生活自然的结果。社会契约论者认为没有形成社会的阶段充满着斗争和无序,人们的生活极不稳定,随时面临威胁。为了获得富裕、安宁的生活,每个人都相互签订契约,由此构建社会。

社会契约论肯定了个人在发生层面对于社会的优先性,肯定了个人的自由、独立与实在性。所以社会建设的目的不是为了达到某种外在的目标,而是围绕人类自身的幸福。个人权利跃入西方伦理的中心舞台,是否保障、维护个人权力成为道德生活的重要判断依据和价值指引。以霍布斯、洛克的社会契约论区分了公共权力与个人私权,认为人们在签

---

① 宋希仁:《西方伦理思想史》(第2版),中国人民大学出版社2010年版,第117页。

订契约时并没有让渡一切权力,而是保留了私人权利,个人权利神圣不可侵犯成为西方伦理的普遍共识。再次,确认了人作为自在目的的存在。康德指出:"人,一般来说,每个有理性的东西,都自在地作为目的而实存着,他不单纯是这个或那个意志所随意使用的工具。在他的一切行为中,不论对自己还是对其他有理性的东西,任何时候都必须被当做目的。"① 在神学中,人只是传播神讯息,实现神意愿的工具,神才是目的。启蒙之后的西方伦理则重新确立了人作为目的的地位。这意味着,每个人都不应受到外在意志(包括神的意志和他人意志)的摆布,所有人都是道德生活的主体。尼采则更为激进地表达人应该成为自己主人的思想。他推崇权力意志,认为人是否能够表达权力意志是高贵与低贱的划分依据,任何削弱自己主体性的道德都是卑微的道德。人作为目的的回归让人从神学的桎梏中昂然站立起来,重新扮演道德生活的主人。

三 灵魂道德向生活道德的演进

传统西方伦理有着鲜明的非世俗化倾向,认为道德生活是高于世俗生活的。古希腊人认为城邦是神圣的,因为城邦是理性的集中体现,展现着神的意志,所以在古希腊的主要美德中,几乎都与城邦息息相关。那么道德生活应该是怎样的?从柏拉图到亚里士多德,道德的生活应该满足灵魂的要求,特别是服从理性的驾驭。世俗生活恰恰站在理性的对面,理性就是要人们在世俗生活中保持足够的克制,抵御日常生活的诱惑和困扰。屈从身边诱惑的引导是丧失理性的表现,人与动物最大的区别在于人有灵魂,而灵魂中最可贵的就是理性。在古希腊伦理中,处处都闪现着理性的身影。即便是伊壁鸠鲁的快乐伦理学,他所理解的快乐也是理性的快乐。而满足人的欲望,放纵自己的行为则是违背理性而行,因而是不道德的。

亚里士多德区分了三种生活,最低等的生活就是满足欲望的生活,去追求生理的快乐,这种生活被他斥之为动物的生活。亚里士多德言

---

① [德]康德:《道德形而上学原理》,苗力田译,上海人民出版社1988年版,第80页。

道:"一般人显然是奴性的,他们宁愿过动物式的生活。不过他们也不是全无道理,因为许多上流社会的人也有着撒旦那帕罗那样的口味。"① 所谓撒旦那帕罗的口味,就是沉迷在吃喝玩乐之中。在亚里士多德看来,为自己谋利,促进财富的增长都不是有德性的生活,因为这些追求都让人对外在产生了依赖和束缚。"牟利的生活是一种约束的生活,财富显然不是我们在寻求的善"。② 同样,人的本能都被视为非道德的,因为他们诱导人们去做有意义和高尚的事。快乐、痛苦等情感可能让我倾向过不道德的生活,因而没有道德意义。亚里士多德也看到人性中有追求快乐的本能冲动,但这种冲动却往往促使我们"去做卑贱的事,痛苦使得我们逃避做高尚高贵的事"。③ 通常,高尚的事业需要我们付出极大的努力,要饱受曲折和磨难才能实现重要的理想和价值。践行道德还意味着我们要承担额外的责任,比如对他人施以援手,或者为了公益而付出劳动。显然,实践德性需要对本性的克制。而且,传统西方伦理都把善视为自足的,善应该与人的境遇无关,不应受到外界条件的干扰。世俗生活的好坏不构成道德的要素。这也是亚里士多德认为最高尚的生活是"沉思"生活的重要原因。如果我们的财富、生活质量、情感都成为道德的影响要素,那么德性就需要依靠外在环境,而且会变得缺乏确定性。要确保善的自足,必然要使德性脱离世俗生活。从灵魂中(诚然,灵魂只是隐喻,也包含人的理性)找寻道德的进路,聆听灵魂的指引成为传统西方道德的主要模式。

近现代之后,西方伦理出现了明显的世俗化倾向,人们开始把目光投向世俗生活,并为之赋予道德意义。西方伦理学世俗化趋势的第一个表现是肯定人的欲望,特别是功利主义,无论是边沁还是密尔都认同人的本性在于趋利避苦。与传统伦理学认为趋利本性会让人们迷失理性相反,以功利主义为代表的近代西方伦理学充分肯定自利本性在道德上的正当性,认为满足人的本能非但不恶,而且具有积极的道德价值。人对本性满足的欲望,对快乐的追求是人类社会不断进步的源动力。正因为

---

① [古希腊]亚里士多德:《尼各马可伦理学》,廖申白译注,商务印书馆2003年版,第11页。
② 同上书,第12—13页。
③ [古希腊]亚里士多德:《尼各马可伦理学》,廖申白译注,商务印书馆2003年版,第39页。

人们本性趋利避苦，那么我们的生活就要尽量考虑人们的苦乐感受，以促进人们快乐满足作为价值方向。

人们对理性的认识与生活境遇相关。以往对理性的理解完全与人生境遇无关，是一种纯粹的理性，目的就是对现实生活的超越。而西方现代理性则是以自利为前提的理性，理性就是让自我利益得以最优化的能力。理性以往被视为完满、自在的善，只要跟随理性的指引便可过上道德的生活。但基于世俗的理性却是不完满、有局限的，恰如斯密所言，我们都只能在理性照耀的有限区域内谋求自我利益的最优化。正因为理性之有限，所以社会生活需要理性的互补，不能服从某种理性的安排。斯密的市场机制本质上就是以平等自由的交往相互弥补理性的不足，最终通过自觉的理性行为而形成高效、合理的社会机制。斯密曾说，我们每天能享受各种商品，这些商品都是他人所造，但我们却无需感谢他们，因为这些都是在人们促进自我利益的过程中产生的。诚然，需要指出的是，斯密等学者所言的理性并非完全的经济理性，而是对自我价值的综合考量。只是现代经济学的发展让理性概念走上了更为狭隘的道路。但无论怎样，当前西方所理解的理性深深植根在人们的人性和现实生活之中。

西方伦理学开启了一种非道德人格化的视野。与我们的道德传统相似，西方传统也试图分辨好人、坏人，道德的人格化区分成为生活的重要内容。但西方结构主义，特别是制度伦理的兴起，非道德人格化的趋势表现得越来越明显。可以看到，当今西方伦理学中的显学非政治哲学莫属，而政治哲学的核心问题则是如何通过社会基本制度安排以达成正义。在此视阈中，任何人都应得到社会无偏的对待，任何人也都应持有公正的立场参与社会制度安排。价值中立正是结构主义的主要主张。以政治哲学为代表的西方伦理学聚焦于制度的善，认为所有人的权利都应得到充分的尊重，正当的制度安排应站在价值中立的维度确保所有人都得到社会制度工作的对待，并能共享社会发展的成果。社会生活中，所有成员应该都可以免于受到非可控因素的干扰，拥有同样的社会生活前景，可以自由选择生活的道路，并且通过个人努力实现生活愿景。

第二节　西方伦理学的基本理念

西方伦理学产生了不同的流派和理论体系。梳理西方伦理学，我们可以发现西方伦理学有着清晰的脉络，并且形成了支撑其体系的基本理念。在诸多的西方伦理理论中，也有着基本的理念共识。总体而言，西方伦理学的基本理念主要包涵以下方面。

一　从人的角度理解道德

在西方伦理学的视野中，人始终占据着核心地位。"人是什么"构成西方伦理学的核心命题，几乎所有的西方伦理学理论都是建立在对人的理解之上。换言之，人处于西方伦理的中心。

其一，西方伦理学认为人之所"是"本身就具有道德意义。亚里士多德提出了目的论的命题，认为德性寓于目的之中。在他看来，凡事都有动机，都指向某一目的，出色地达成目的就是德性。而目的也是有层级的，低层的目的总是服从于更高的目的，所以德性也有分层。比如我们辛勤地工作，也许是为了让自己有更多的财富或者良好的声誉，而这之后又是为了进一步实现自我发展。所以自我发展的目的高于财富或者博得名声。实现自我发展较之财富的获取也具有更高的德性。亚里士多德认为，一切事情最后的目的就是为了获得幸福，所以幸福被他称为至善，是最高的德性。如他所言："所以，如果在我们活动的目的中有的是引起自身之故而被当做目的，我们以别的事物为目的都是为了它，如果我们并非选择所有的事物都为着某一别的事物（这显然将陷入无限，因而对目的欲求也就成了空洞的），那么显然就存在着善或最高善。"[①]"幸福作为最高善"。[②] 问题在于，目的又是如何确立和规定的。是我们所"是"决定了目的。他的这一思想在西方伦理学中确立了对道德的基本理解。海德格尔指出，人总是处于两种状态，一是"being"，二是"becoming"。这两种状态都与"be（是）"息息相关。人总是处于变化

---

① ［古希腊］亚里士多德：《尼各马可伦理学》，廖申白译注，商务印书馆2003年版，第5页。
② 同上书，第9页。

之中，每一个时期都表现出不同的特征，人的体型、容貌、心智都发生着重要的变化。但"我"依然是"我"，这是因为有"是"把我们的历史串了起来。而且"是"是一个动态的过程，我们的过往造就了今天的我，而我们现在又在让我们"成为"我之所"是"。因此，人既可能活出真我，又可能陷入沉沦，真我就是把我之所"是"表现出来，而不是听从嘈杂的常人之音，人云亦云，随波逐流。可以看出，在西方伦理学的世界中，人"是"什么本身就被赋予了深刻的道德意义。

其二，人的本质决定了道德。苏格拉底以反诘的方式追问认识什么，并提出"认识你自己"的命题。西方伦理学对道德的理解很大程度上都是基于对人本质的认识。无论是快乐主义、理性主义、情感主义抑或功利主义，它们理论的分野都源于对人存在方式认识的差别。快乐主义认为追求快乐是人的本质，所以快乐地生活才是有道德的；理性主义认为人的本质是理性动物，所以在理性的驾驭下生活是有道德的；情感主义认为人的本质是感性的，所以依据情感作出判断是道德的标准；功利主义认为人的本质是趋乐避苦，追求自我利益最大化的，所以促进最大的功利才是道德的生活。道德在某种意义上就是遵循人们本质的生活。这些西方伦理学的重要流派都是在对早期自然哲学忽视人这一根本问题反思中发端和发展的。虽然快乐主义、理性主义、情感主义等流派对人本质的理解大相径庭，甚至截然相反，但他们都是对人本质的回归，以人的本质作为道德的基石。比如理性主义和感性主义都提出了要按照人的本质生活。苏格拉底之后，"犬儒学派和斯多葛学派继续发挥苏格拉底的理性主义伦理思想。犬儒学派主张禁欲主义，斯多葛学派则提倡人要过符合其本性的生活，而所谓人的本性，在它看来正是人的理性"。[1] 感性主义则认为"人从本质上是感觉的存在，因此，以人为本，就是以人的感觉为本"。[2]

其三，人是道德的起点，也是道德的指向。我们为何需要道德？在西方伦理学的理论中，我们追求道德一是为了自我的完善，二是为了获得富宁的生活，人是道德生活的旨归。亚里士多德在阐释至善时就兼顾

---

[1] 唐凯麟等：《西方伦理学流派概论》，湖南师范大学出版社2006年版，第17页。
[2] 同上书，第86页。

了人的两个层面。在他看来,最好的生活是幸福的生活,幸福的生活意味着按照理性而生活,也对人的生活质量提出了要求。如果一个人失去理性,或者违背理性,显然不能达到幸福的境界,但如果人们生活困苦,也不能被称之为幸福。因此,亚里士多德的幸福观表达了自我完善与良好生活两个维度的道德意义。为何我们要过沉思的生活?因为这种生活呈现了我们身上最好的部分——努斯,对于努斯的呈现不需要依赖任何外在的条件。努斯的生活就是人最本真的生活,如廖申白、刘须宽所评述的:"因为努斯是神性的。但这种生活又真正是人的生活。因为,如果努斯是人身上最好的部分,这个部分也就是人自身,适合这个部分的生活也就是人自身的生活。"① 虽然亚里士多德并不认同作为最高善的幸福要依赖人们生活的运气,并且需要如索伦说的那样需要终其一生、盖棺定论,但他也认为幸福的获得离不开好的生活境遇。亚里士多德指出,"幸福,如所说过的,需要完全的善和一生的时间。因为,人一生中变化很多且机缘不卜,并且最幸运的人都有可能晚年遭受劫难,就像史诗中普利阿莫斯的故事那样。然而没有人会说遭受那种劫难而痛苦死去的人是幸福的"。② 亚里士多德随后还论述了后世对个人幸福的影响。可见,个人好的生活状态也是德性完满的重要组成部分。在西方伦理中,我们可以看到,大多数学者都认为德性最终指向人的内在实现与外在良好的生存状态。功利主义作为西方现代伦理的主要理论,更是明确将德性与人的生活质量相结合,在肯定人自利本性的同时认为实现自我利益的最优化是德性实现的基本内涵。不论是自我实现,还是对人福祉的满足,在西方伦理图谱中可以看到人都被作为道德起点与旨归。

二 从主体权利角度理解伦理关系

权利是西方伦理学的核心概念。西方伦理将权利作为主体的基本道德范畴,一切伦理关系的构建都以权利为基础。权利的背后,则是对主体的肯定与尊重。如何看待人的存在是伦理学的根本问题。在西方伦理

---

① 廖申白、刘须宽:《历史上最具影响力的伦理学名著27种》,陕西人民出版社2007年版,第44页。

② [古希腊]亚里士多德:《尼各马可伦理学》,廖申白译注,商务印书馆2003年版,第26页。

的历史中，对人的主体性认知有着悠久的历史与传统，古希腊民主充分表达了这一点。古希腊被视为西方民主的开端。"Democracy"直接的意思表达就是人的统治。在古希腊城邦中，有着浓厚的民主气息，并且建立了较为完备的民主制度。古希腊城邦崇尚由公民共同决定城邦事务。公民是城邦中人们引以为傲的政治身份。唯有成年的自由人才能取得公民资格。雅典城每年都举行定期的公民大会，每周几乎都会举行一次，所有的城邦事务都通过公民大会由公民进行决策。安格罗斯托普洛斯（Anagnostopoulos）和桑塔斯（Santas）指出，古希腊民主的出现在西方历史中有着非凡的意义，雅典民主的主要特征在于：1. 每位公民都享有平等的政治权力。2. 所有与城邦相关的事务都由公民直接决定。古希腊的直接民主被认为是西方民主的开端，它不仅树立了一种制度的标杆，更代表了民主的精神。民主作为伦理理念，体现了人与社会、人与共同体之间的道德联系。从古希腊民主不难看出，人的主体权利得到了社会的认同，人们参与政治生活不是源自外界的强加或者恩惠，而是作为政治共同体的一员所拥有的权利。古希腊具有公共决策权的议事会401位成员都是从公民中随机产生的，而且几乎所有的公民都可以轮到，轮完之后又重新开始抽签。[1] 这充分说明，公共事务的大门向所有公民敞开。只要取得公民资格，便可以享有确定的个人权利。个人权利也成为西方道德生活的重要主题。

  一方面，人与社会是何种关系？西方伦理对于此问题的认识也存在着历史转向，古希腊时代认为城邦优先于个人，城邦是神圣的，因为城邦，个人才有归属，才能获得引以为荣的公民资格，一旦城邦不复存在，公民资格也将付之东流，因而城邦高于个人。西方伦理学的现代转向则改变了此认知，转而认为个人优先于社会。但在社会权力的操作层面，经典西方伦理与现代西方伦理都认为公共事务应该掌握在社会成员手中。主权在民是民主最直接的伦理表述，意味着所有政治共同体的成员都具有了解、参与并决定共同体事务的权力。这种权力让个人的政治权利不再含混不清，而是有了确定的框架和内容。政治参与不再因为统

---

[1] ［古希腊］亚里士多德：《亚里士多德全集》（十卷），苗力田主编，颜一译，中国人民大学出版社1997年版，第5页。

治者的意志而发生变化，也不再是至上而下的政治恩惠，而是公民所持有的权利。随着西方民主制度的发展，政治权利的方式和渠道都得到了进一步的明确。与此相伴的，国家政治权力的行使也必须以个人权利为边界，不能侵犯个人权利。个人权利对政治权力的行使构成有效的监督与制约。个人与社会之间也存在着张力，一方面，个人作为独立自主的存在需要向社会表达自己的诉求，并通过社会满足诉求；另一方面，社会需要一致的规则和集体行动，代表着全体社会成员的利益和意志。因此，个人的诉求、利益与社会诉求、利益之间时常出现不一致、甚至相互矛盾的现象。西方伦理认为，只有基于维护个人权利之上的社会一致或者社会利益诉求才具有道德合理性。我们既要防止个人将自我意志强加于社会之上，也要确保个人不会受到社会的侵犯——个人对于社会而言通常是脆弱的。尤其值得注意的是少数人问题。少数服从多数如果缺乏前提条件的限制，就可能导致多数人的暴政。个人对社会的妥协不应是没有底线和条件的，其前提正是个人权利的保护。从社会公共意志、公共利益的形成到公共权力的行使，都必须在保障个人权利的基础之上。

另一方面，人与人之间应该建立怎样的关系？西方伦理认为在人际关系的建立是以个人权利为基础的。人与人的关系实质的两个主体、乃至多个主体间的关系构建，因此，在任何人际关系中都要尊重、肯定人的主体地位。其突出表现在于人的自由、自愿、自我决定。在西方伦理的视野中，自由经历了从一种精神向权利的转换过程，即从"freedom"走向"liberty"。人与他人的交往以及关系的构建都要尊重和符合自由权利的要求，从而使人免于被奴役和胁迫的命运。同时，权利构成交往边界，任何跨越权利边界的交往都被认为是不道德的。也正因为对于主体权利的确认，我们才能实现作为权利的自由，处理自由与秩序的矛盾。不侵犯和损害他人自由厘定了自我自由的范畴。对他人权利构成挑战的自由不能得到道德的正当性认可。我们对于他人建议的听从，或者谋求行为的一致必须是共识的结果——即人们对于共同目标、共同利益的自我认同。所以平等成为人际联系的基本伦理价值，它要求我们无论出身如何，有着怎样的社会地位或自身特质，都必须平等待人。

三 对社会正义的追求

正义一直是西方伦理学的核心理念之一。在古希腊伦理学中，正义是最重要的德性。亚里士多德就指出，正义是一切德性的总汇，任何人只要被认为是不正义的，便是不道德的人。正义本身具有秩序的意味，最开始表达为由神安排的自然秩序。兼指认的内在秩序和社会秩序。柏拉图就从人和国家两个层面论及了正义理念。在个人层面，柏拉图认为人由三种要素构成——激情、理智和意志。激情和意志就像两匹有力的骏马，但是如果脱离理智的驾驭，则可能走向歧途。因为一个人如果做不道德的事情，他越是充满激情、意志坚定，造的恶也可能越大。唯有当激情和意志都在理性的驾驭下，人才是正义的。与个人相对应，国家也由三种质料的人所组成。如上文所论及，当不同质料的人都服从理性最高者（统治者）的安排，各安其位、各司其职时，国家才是正义的。从柏拉图的论述中不难发现，正义实质上是一种良序的状态——柏拉图认为是服从理性安排的状态。达到并维持正义的秩序成为人类生活的基本伦理目标。正义的秩序对于人们有着规范性的意义，正义的维护需要社会制度、规则的支持。在古希腊城邦中，法律是正义的体现，也是维护正义的支柱。所以亚里士多德指出，正义的人一定是守法的，违反法律一定是不正义的。同时，正义又是社会基本制度的首要善。它也是对社会制度进行评价的根本标准，恰如罗尔斯所言，任何社会制度，只要是不正义的，便是不道德的。社会制度的合法性取决于它是否满足正义的要求。

正义的秩序描述性和规范性让其具有两个维度——程序正义与实质正义。程序正义和实质正义是正义的两面，相辅相成。程序正义意味着任何程序都必须公平地对待程序参与者。在正义的程序中，不论谁置身其中，都将受到平等的对待。而且，正义的程序应该向所有人开放，而不能将特定的社会成员排除在外。法律面前人人平等是程序正义的集中表达。它意味着：其一，法律（以及社会制度、规范）对所有社会成员有效，没有人可以僭越法律（制度）之上；其二，法律（制度）对每位社会成员都具有同等程度的约束力，这种约束力不会因为社会成员的个体差异而改变；其三，法律（制度）赋予并且保障人们同样的权利，没有人获得的权利更多，也没有人获得的权利较少。当然，在现实生活中，程序正义往往表现出局限性。如罗尔斯所言，纯粹正义的程序是极少的。因为纯粹的正义程序要确保稳定且正义的结果。社会制度总是存在着某种偏向性，很难同时让所有人获得同等的利益。因此，正义的第二个维度就是实质正义。实质正义意味着程序正义并不能一定保证结果正义，所以我们需要对程序的结果进行修正，以获得正义的结果。

那么，究竟怎样的社会秩序才是正义的？围绕这一问题，西方伦理学产生了不同的理论，理论之间也形成了交锋和张力。西方对正义理解的主要观点有：其一，功利主义正义观。以边沁和密尔为代表的功利主义认为，当社会发展实现了最大多数人的最大幸福时，社会便是正义的。其二，自由至上主义正义观，以诺齐克为代表的自由至上主义主张个体自由在诸多价值中处于中心地位，社会只有在确保没有侵犯个人利益的条件下才是正义的。这种观点认为个人应该拥有其以正当方式获得的一切财富，而且能够依据主体意愿支配财富。其三，新自由主义正义观。以罗尔斯为代表的新自由主义看到了西方自由主义经济产生的深刻问题，诸如市场机制导致的贫富差距以及衍生的权利不平等。该流派理论认为应该对市场结果进行修正，让社会的资源更多流向处于经济不利地位的群体，其代表性的正义原则可以表述为——人们应该享有平等的自由权利，社会机会应该向所有人开放，任何制度偏向所带来的不平等唯有在为处于最不利地位者带来最大利益的前提下才是正当的。所以新自由主义正义原则被称之为差异原则。其四，平等主义正义观。德沃金、柯亨等学者认为个人不应对超出其控制的因素负责，所以社会资源的分配必须消除人们基于出生环境、家庭条件、肤色、种族等原生因素的差异，推崇平等至上的正义观念。

西方伦理学界对于功利主义正义观念的不足开始有了较为全面和深刻的认识，特别是功利主义实现最大多数人最大幸福主张所隐含的少数人利益问题，开始得到了越来越多的关注。现代西方正义理论存在的关键问题就是自由与平等的冲突。所以自由至上主义与新自由主义、平等主义的交锋尤为激烈。这些理论针锋相对的焦点在于：我们对于平等的追求是否可以付出自由的代价？或者说，个人自由是否成为社会平等的红线？自由至上主义的答案是肯定的，他们认为只要保证机会的开放、程序的公平，就必须接受程序的结果。新自由主义、平等主义则认为，作为政治共同体的一员，我们彼此负有责任与义务，社会发展的结果应该为所有社会成员共享，为了维持共同体的稳定，为了让所有社会成员都具有平等的社会发展前景，我们需要对市场结果进行再次分配，尽量弥合社会成员之间的差异。这也就引来了正义的关键问题，何种平等才是正义的诉求？围绕此问题，西方伦理学主要存在四种主张。一是以阿玛蒂亚·森为代表的能力平等观念。该种观念认为人不仅要获得平等的机会，更要具备平等的把握机会的能力。森经过研究发现，印度在20世纪40年代所发生的饥荒，主要原因在于人们没有支配和获得食物的能力，而不是因为庄家收成贫瘠所引起的。所以他认为每位社会成员都应具备平等发展的能力。二是以德沃金为代表的资源平等主张。这种观点认为人们在社会资源分配中应该满足"嫉妒"标准的要求，初始资源分配应该尽量满足人们的偏好。三是以罗尔斯为代表的差别平等观念。此观念认为社会制度应该最大限度顾及处于社会最不利地位群体的利益，将更多资源集中在处于社会不利地位者手中。四是以沃尔泽为代表的复合平等观念。这种观念认为社会领域过于复杂，我们难以用统一的标准在社会各个领域实现正义。因此，要根据不同领域的特质遵循不同的原则，复合平等意味着在某一领域所取得的优势不必然使其在其他领域也获得相应的优势。

第三节　西方伦理学的中国应用

西方伦理学在漫长的历史中形成了丰富的理论和成果，是人类道德智慧的结晶，有诸多内容对于我们的道德建设具有参考和借鉴价值。诚然，我国有着自身独特的文化土壤、历史传统和道德习俗，有着对于伦理世界的民族理念与视角。但是西方伦理的有些内容也反映了道德生活的普遍需求和共同的机理。无论东方还是西方，我们在道德生活中都会遇到相似的问题，也会产生相近的道德理解，这种人类生活的共通性让我们的思想也可以相互融惯、交流学习。由于种种原因，西方较我们更早进入现代文明，更早接触工业革命以来的现代生活方式。这就注定他们会更早触及道德的现代性问题，他们对于这些问题的思考无疑有益我们对于现代性现象的应对和探索。改革开放之后，我国在各方面都迅速崛起，不但快速追赶着西方的现代化步伐，而且逐渐走在世界的前列。借鉴、应用西方伦理学，从中汲取养分、吸取教训有助于我们预判和规避现代化进程中的道德困境和挑战，加速我们的伦理发展。

我们在通向现代文明的道路上创造了世界的奇迹，取得了举世瞩目的成就，但也存在着食品安全、环境破坏、人际失信等诸多伦理问题。要解决上述问题，有赖于从人类共有的道德思想宝库中汇集资源，应对当下的伦理挑战。西方伦理学的中国应用主要体现在以下方面。

一 公共理性的应用

理性是西方伦理的核心概念，也是西方的伦理传统。从亚里士多德、柏拉图到康德，道德理性为西方伦理提供了坚实的基础，演化出西方伦理的基本原则。但近代以来，特别是自由主义和功利主义的发展，西方对于理性的定义更多偏向于个人理性与经济理性，其后果就是造成了个人与他人、与社会矛盾的加剧，甚至表现出不可通约性。自由主义和功利主义强调从个人的层面借助理性达到自我利益的最大化，如亚当·斯密所言，我们每个人都在有限理性的照见下追求自我利益的最大化。问题在于，如果我们都站在自己的角度考虑问题，仅仅追求自我利益的最大化，那自我与他人、与社会如何达成一致？在现代社会中，一个突出的趋势就是公共领域的形成与扩大。哈贝马斯、罗尔斯等现代西方学者看到了个人与社会之间的矛盾，提出了公共理性的概念，认为理性并不是只基于自己的诉求追逐个人利益，而是能够站在公共的视野谋求公共利益的最优化，从而达成个体与社会的统一。只有站在公共理性的角度，才能确保公共生活的有效性——即公共决策的结果代表所有社会成员的普遍利益，反映社会的基本需要。

我国正经历着社会转型，其中的重要现象就是公共领域的形成与拓展。这与我国的社会制度变化息息相关。改革开放与中国特色社会主义市场经济建设产生了劳动力流动的内驱动力。为了与中国特色社会主义市场经济的需求相适应，我国不断推动户籍制度改革、完善配套措施，从而打破了人口流动的地域限制。跨区域流动成为普遍的社会现象，传统熟人社会的格局被彻底打破，取而代之的是陌生人社会的兴起，来自五湖四海的人们互不相识，在市场的调配下聚集在一起工作、生活，由此形成新的社会共同体。在传统的熟人社会，我们有着密切的亲缘或者人际关系，基本属于私人领域的范畴，无论在道德还是经济层面，都以私人理性为主导，表现出私人道德的特点。而陌生人社会则带有鲜明的公共领域特质，因此在新的社会交往中，我们就不能遵循私人道德的标准，而需要以公共理性为导向。公共理性在西方有着浓厚的传统，古希腊的人们就开始站在城邦的角度思考问题，并且通过民主制度表达意愿，达成公共的一致。私人理性对于公共生活而言，将受到严峻的挑战。

其一，私人理性过于狭隘，难以达成人人与他人的共识。社会是有机的整体，它既要代表每位个体的意志和利益，又有别于个体的意志与利益，需要在社会成员之中达成普遍的共识。这就要求个人不能仅仅立足于自我的角度思考问题，而要顾及他人和社会整体的需求做出妥协和退让。虽然个人自由是现代广为承认的基本权利，但无节制的自由最终将导致社会的失序以及个人的不自由。私人理性显然构成人们参与社会生活的局限。

其二，私人理性造成私德与公德的矛盾。私人道德在某种意义上也是遵循私人理性的内在机理，只是以更大的自我范畴取代了纯粹"自我"的概念。私德以自我实现为目标的道德品质，很多德性都依系家族和个人交往所建立，带有主观价值判断，反映出明显的个体特质。而当我们投入当前的社会生活，就必须遵循公共的道德要求，而公共道德则是在社会成员身份的基础之上所构建的。相比较于做一个好人，成为一名好公民对于社会而言可能更为重要。在私德与公德之间也存在着紧张和矛盾。一方面，当我们以主观的道德标准作为社会的道德原则，就必然存在一个人的意志代替公共意志，甚至对他人造成道德强迫和道德绑架的风险。当我们依据自己的理性进行道德评价或者作为正当性依据时，我们很难保证自己的道德理性是完整、正确的——事实上这几乎不可能。因为个人理性本身就是有限的，而我们作出判断所依赖的信息也不可能是完全的。更值得人们关注的是，如果我们要求别人按照我们所认为的"应当"行事，后果往往是产生社会的不道德——侵犯、剥夺他人的自由权利或者赋予人们额外的道德责任、义务。另一方面，私德与公德的价值排序并不一致。传统社会在某种意义上更注重个人的私德，但忽视了私德与公德的矛盾。比如同为最基本的道德价值，所谓忠、孝不能两全，那么如何处理这两者的关系，传统社会并不能给我们以答案。在公共道德面前，我们不能完全接受个人道德理性的支配。例如我们即便在公共领域听到了与自我价值观不符的言论，我们也不能剥夺他人说话的权力。认知自我与他人行为的边界，必须由公共理性所引导。

其三，私人理性难以满足人们公共事务参与的需求。现阶段，我国的社会管理模式开始发生深刻的改变。国家治理体系与治理能力现代化拓展了人们参与公共事务的渠道，深化了公共参与的程度。公共性是公共事务的本质属性，意味着公共事务必须全方位考量利益相关者的诉求。当我们参与公共事务，就必须站在公正的立场，代表公共利益表达主张，作出选择。私人理性则主要考虑自身的需求，难免个体的偏颇。而且，任何人都可能具有某种价值偏见，私人理性也常常让我们把自己的价值偏好置于优先地位。要保持在公共领域的公正立场，我们就需要平等对待所有人的需求，而且以平等的态度和他人交往、商谈。这不仅要求我们要超越狭隘的个人利益，更要保持"中立"的价值姿态。这里所言的"中立"并非要求我们完全摒弃自己的价值主张和价值判断，而是不能持有价值偏见对待他人的意见和主张。私人理性显然难以满足这种要求。

因此，培养公共理性成为我国道德建设的重要内容。公共理性的核心在于培育他者意识，即在公共生活中感知、认识他人的利益、意志，主动顾及他人的需要。从熟人社会走向陌生人社会，我们需要跨越显见义务淡薄的困境。在熟人社会中，由于相互间的亲密关系，我们很容易感知他人的存在，并且形成自我约束。一旦做出不道德的事情，通常要付出沉重的代价，因为熟人社会的交往是必要而且持久的。任何不道德的言行都可能让人处于社会共同体的边缘地位，甚至面临被逐出共同体的威胁。而在陌生人社会，人们缺乏长期且固定的交往，因此对于他者的道德感知相对熟人社会较弱，而且面对不道德行为也没有背负在熟人社会那种沉重负担。从践踏草坪等公共设施到排队插队、乱扔垃圾、行车随意变道，种种不文明现象的背后都是公共意识的缺乏。将社会视为互利互惠的共同体，主动承担社会责任，参与公共生活，关切社会共同体成员，是公共理性的基本内涵。

二　对于权利的关切

在我国传统社会，个人权利显然没有进入社会生活的中心。我国传统社会对于责任和权利的分配是失衡的。传统社会表现出森严的等级化结构。而且这种等级不仅仅是政治上的，从家庭、文化到年龄、性别，无处不存在等级的观念和制度。这种结构所带来的直接后果，就是权利的等级化和不对等。处于高等级的人对低等级的人通常具有更多的权力，低等级的人则只能履行更多的责任与义务。比如在君臣和父子关系层面，虽然传统社会也有君要善待臣子的劝诫，有父慈子孝的训导，但更强调"君要臣死，臣不得不死；父要子亡，子不得不亡"的秩序。从比干、岳飞到田横五百死士等道德楷模的树立，都可看出这种单向度的价值取向。这种失衡的政治、社会、文化结构显然忽略了人们的权利。更为严重的是，等级制度削弱了人们的自主性，处于低等级的人似乎都无法主张自己的权利，所以才有人们对于圣君明主、青天老爷的期待，有当官为民作出的期许。如果人们可以自主维护和捍卫自己的权利，又何须他人做主？加之长久以来，我们社会都是以人情为基点建立关系，人情社会的特征明显。人情社会的重要特点就是以自我为原点，确定对待其他社会成员的态度和标准。如儒家所言，君君、臣臣、父父、子子，亲疏有别，对待不同的交往对象都遵循着对应的原则与规范。人情社会凸显了以血缘关系为纽带的时代特征，也为人们的交往提供了明确的行为框架，让人们在面对不同的人际对象时遵循一定的礼仪，持守一定的原则。但是，人情社会的缺陷也显露无疑。人情社会的随意性让社会生活充满不确定性。这种随意性主要源自人情的自我性。当交往对象离自我更近时，人们就会予以更多的包容、予以更多的关切。而且在社会生活中，对于离自我越近的人，人们也往往给予更多的权力。在随意之中隐含着对社会规约的侵犯，对他人权利的触碰。因此，权利意识的淡漠是我国迈入现代生活亟待解答的难题。

关切权利，其一，要确立权利意识。在西方伦理思想中，权利植根在深厚的主体意识之中。只有把人视为独立自主的个体，划分自我与他人、社会明晰的界限，才能保证权利意识的空间。受传统观念的影响，一些社会群体难以有效构筑自我权利意识的堤坝，特别是处于弱势地位的群体，缺乏对权利的认知，当他人或者其他群体侵犯了自我权利时也浑然不觉，或者选择无奈接受和逃避。在我们今天的社会生活中，依然存在着诸如签订霸王条款等现象，究其原因，要么是对自己的权利认识不够；要么维权成本太高，难以承受。所以建立权利意识，除了文化的熏陶和法治教育，还需要社会制度的配套，通过制度建设降低维权的成本。

其二，要树立权利平等的观念。人人平等是现代社会的基本价值诉求，也是基本的道德原则。那么人与人之间的平等是如何体现和保障的？权利平等构筑了人际平等的基石，意味着任何人都享有平等的权利范畴，也应得到社会同等的肯定、尊重与维护。在社会发展过程中，社会开始逐渐出现了群体的分层，特别是经济的分层。从社会发展历程看，社会分层也是必然的过程。分属不同社会群体的人们除了会形成相异的群体认同，还会形成有别的权利观念。如果不加约束，就会导致社会偏见和歧视。无论偏见或歧视，其核心就是不同社会主体的权利不平等。某些社会群体的人将自我权利凌驾于他人之上，甚至提出侵害、剥夺其他群体的权利诉求，由此产生严重的社会不平等。屡次见诸媒体的性别歧视、种族歧视等新闻在让我们感到愤懑的同时也引发我们对生活的反思。保障平等的权利需要制度、文化、经济等多方面的共同促进。在制度方面，消除特权，让所有人都享有平等的社会服务、得到制度公正对待是权利平等的基础。但制度层面的权利平等并不能完全保证人们实质的平等。从罗尔斯区分程序正义与实质正义，人们的关注也开始更多投向实质平等。文化观念的固化、经济差别都可能导致现实生活中的权利不平等。比如人们都有享受义务教育的权利，但如果教育资源都向经济发达地区汇集，贫困地区的孩子们就无法享受经济发达地区孩子同等质量的教育。看起来平等的教育权利最终产生了不平等的权利内容。印度残留的种姓制度更在社会制度之外进行了隐性的社会权利划分。消除不平等文化的影响，让人们获得平等的履行权利的能力，是保障权利平等的关键。

其三，立足于人性视角。权利实质表达的是对人性的尊重与关切。因此，权利的承认是一个跟随时代变化而不断演进的过程。回顾历史，我们不难发现，权利的内容总是得到丰富和完善，其中最大的推动力量就是我们对人性理解的深化。人性构成了权利历史的主线，从废除奴隶制到民主制度的确立，无一不在满足人性的需求。如诺丁斯所言，权利源自需求。我们每个人都会有各自的需求主张，也希望这些主张能够在社会中得到认可并予以实现。有的需求是完全个体化的，有的则代表了社会某个群体的意志和意愿，具有群体必然性。只要人们的需求不会侵犯他人权利或者直接损害社会的利益，我们就要以积极的姿态面对这种需求，不排除将之上升为权利的可能性。唯有立足于人性的视角，我们对于权利的理解才能更为深刻，才能促进个人权利的发展。

三 契约精神的塑造

契约精神是西方伦理思想的有机组成部分。有学者认为，契约最开始源自古代的交易，在某种意义上，交易本身就是达成并遵守契约的过程。因为交易双方必须就交易的内容达成一致，并且按照约定的方式、价格和数量进行交易，否则交易难以进行。依据双方承诺而行为，最终取得共同的目标，成为契约的原始意义。契约精神的伦理内涵在于：其一，契约是主体间的承诺。唯有成为主体，才有与他人签订契约的资格，所以契约承认所有签订者的主体地位。其二，契约的签署是自由选择的结果，作为交易的双方可以自由选择交易对象和交易内容，而且契约的达成是双方乃至多方协商的结果，不受到任何强制。其三，契约签订方都是平等的，都必须按照承诺行事并且接受契约的结果。其四，契约以诚信为基础，任何一方的失信都会导致契约的失效。随着西方伦理的发展，契约超越了交易领域而开始进入政治、社会生活。社会契约论的提出让契约成为我们解读社会产生的新视角。契约的原始伦理内涵也成为普遍的社会伦理原则。

契约精神对于我们的社会生活发挥着举足轻重的作用，而且这种作用日益强化。我们正进入信用社会，人们的日常生活无时无刻不在与契约发生关系。如果说传统社会表现出自给自足的特质，交易是一种偶然的选择性行为，那么在社会分工不断细化的今天，交易则成为大家的主要生活方式。离开交易，我们将难以满足自己的需求，哪怕基本需求。而在交易方式的选择上，实物交易和及时交易的比例越来越小，我们更多选择信用交易的方式，从房贷、车贷到各种消费贷款，都更加依赖契约承诺。任何对契约的违背都直接影响我们社会生活的质量。正因如此，我们较之以往任何时候都呼唤契约精神的塑造。在我们所处的陌生人社会，人际之间缺乏长期的稳定联系，加之人口的流动和社会结构的复杂，社会的不确定性与日俱增。我们难以判断何种社会选择，何种社会交往方式将为我们带来最大的利益。契约精神则是我们规避社会不确定性的道德保障。唯有培育和秉持契约精神，我们才能预见交往对象的行为方式并且确定自己的行为结果。

契约精神的要义在于，其一，追求各方的共同利益。人们在社会生活中各自追逐利益，但我们所遇到的矛盾在于，任何人都必须在社会中达成利益、实现目标。几乎没有人可以离开社会合作、社会交往而实现自我利益。契约精神要求人们主动寻找自我利益与他人利益、社会利益的交集，通过共同利益的认识而相互签订契约，获得大家都满意的结果。

其二，谋求权力与责任的对等。契约精神内涵对公平的追求。签订契约显然不是让一方获利更多而伤害另一方的利益，契约的平等性要求契约公正地对待所有签订者。契约精神要求人们公正地分配权力与责任，通过规则的制定与施行保证权力与责任的对等。

其三，是对诚信的恪守。契约对于所有签订者都具有制约的效力，完全按照契约的内容履行承诺是契约精神的内核。它意味着，对承诺、要约的执行不应根据外部环境以及主体主观的改变而发生任何变动，除非在此过程中契约签订方重新缔结新的契约。尽一切可能满足承诺是契约精神所诉诸的道德品质。

第四章　当代中国伦理学的基本原则

唯有探寻和构建当代中国伦理学的基本原则，才能形成具有中国特色、中国气派的伦理学。我国当代伦理学的基本原则是对马克思主义伦理理念的集中表达和高度概括，反映了新时代社会主义建设的伦理要求和道德期待，彰显出时代道德精神。当代中国伦理学的基本原则是我们进行是非、善恶判断、行为选择的价值坐标。遵循这一基本原则，我们才能化解社会生活中的伦理矛盾与冲突、构建和谐的伦理秩序。

第一节　一切以人民为中心

一切以人民为中心是伦理学的核心价值，也是处理人际伦理关系的基本原则。我国自古便形成了"民为邦本"的思想认识与相应的理论体系。《尚书·五子之歌》"民为邦本，本固邦宁"[1] 是对以民为本最早的解释。从此以后，后世学者们不断传承《尚书》中民本思想，并且进一步丰富了民本思想的内容。春秋时期民本思想主要体现在君民关系中，"民为君本，民为邦本，民为神主"。[2] 从中可以看出，自春秋时代，民就被视为政治生活的基础，认为民心的向背决定国家的命运。

---

[1] 《尚书·五子之歌》。
[2] 魏宁馨：《民本思想、人本主义与以人为本的历史观探究》，哈尔滨工业大学，硕士学位论文，2007年。

孔子继承发展了西周时期的保民、爱民思想，提出了自己的一套思想主张。《论语》中孔子在"承周礼"的基础上，把他的思想汇结为"仁"，以仁为本，爱人，亲人，敬人，"仁者爱人"，把仁作为处理社会伦理关系的核心，在君民关系上倡导君主治理国家要"为政以德"，用德性来教化百姓，"道之以政，齐之以刑，民免而无耻；道之以德，齐之以礼，有耻且格"①，用道德的标准来教化人民，"为政以德，譬如北辰，居其所而众星拱之"②。孔子首次把人作为道德教化的主体，更曰"节用而爱人，使民以时"③，在人与人的关系上，要求"己欲立而立人，己欲达而达人"④，又曰"出则悌，入则孝，泛爱众，而亲仁"⑤。孔子的思想闪烁着以民为本的光辉。

孟子在继承前人的基础上，为中国传统民本思想注入了新的内涵。在君民关系上，提出著名的"民贵君轻"的说法，"民为贵，社稷次之，君为轻"⑥。这就是说，在君、民、国家三者的关系中，民是最重要的，把民放在社会的突出地位，就要求国君"制民之产"，如果民无恒产，就会没有恒心，没有固定的财富，就不会有坚定的道德信念，也就会"放辟邪侈，无不为己"⑦。因此，贤明的君主为百姓规划产业，这样就会做到"仰足以事父母，俯足以事妻子，乐岁终身饱，凶年免于死亡"⑧。孟子发展了仁政思想，反对暴政和非正义战争，他认为君主如果不能"与民同乐"，为政不仁，那么百姓就无法进行正常的生产劳作，统治阶级就会失去统治基础，国家也就岌岌可危。所以他说"治于人者食人，治人者食于人"⑨。孟子的民本思想虽是站在统治阶级的立场，出于维护社会统治和稳定的需要，未免有一定的局限性，但仍具有自己的

---

① 《论语·为政篇》。
② 同上。
③ 《论语·学而篇》。
④ 《论语·雍也篇》。
⑤ 《论语·学而篇》。
⑥ 《孟子·尽心下》。
⑦ 《滕文公上》。
⑧ 《孟子·梁惠王上》。
⑨ 《孟子·滕文公上》。

特色，把儒家民本思想发展到了一个新的高度。

荀子也提出"君舟民水"的主张。"君者，舟也，庶人者，水也；水则载舟，水则覆舟"①，由此可见，百姓是统治成败的决定因素，是社会变革的决定力量。与孔孟儒家的人性善论有别，荀子站在"性恶"的视角看待人的发展，强调百姓的后天的教化。因为人生而有好利、好声色的属性，如果任其发展下去，社会必然大乱。因此，要想社会安定，百姓和睦，尊君重礼，就要"化性起伪，伪其而生礼义"，统治者就要设法度，规定礼义的标准对百姓进行引导，进行教育。所以荀子提出"立君为民"的主张，君主的设立不是为了统治的需要，而是为了顺应百姓的自我发展需求，引导百姓。

我国以民为本的思想渊源流长，先贤们普遍认识到了君、民关系的重要性，后世的学者们在先秦民本理论的基础上相继提出了"闻之于政也，民无不为本也。国以为本，君以为本，吏以为本。故国以民为安危，君以民为威侮，吏以民为贵贱"；"君以民为基，无民而君不立"等命题。

传统民本思想无疑是"一切以人民为中心"的雏形和重要的思想来源，这些思想从政治生活看到了民众的独特地位，认识到唯有顺应民意，得到百姓的肯定和拥护才能保持稳定的政治秩序。但是，传统民本思想依然有着明显的局限。

首先，对于民的认识依然是从政治现实的角度予以阐发的，更多地显现出民的工具性价值。其次，虽然有诸如"民贵君轻"的命题，但目的依然是维护君的统治，让后者更具有坚实的社会基础和道德正当性。最后，传统民本强调的仁政、惠民更多源自统治者至上而下的施惠，君与民之间存在着明确且固定的主客体关系，民只是受惠的对象。

"一切以人民为中心"是民本主义的现代表达，需要现代伦理的坚实支撑。

首先，一切以人民为中心建立在肯定人民的独立自主性之上。在古代，人们似乎都表现出了自然主义倾向，由于理性的局限，东、西方文

---

① 《荀子·王制》。

化都认为有一种自然秩序在规定我们的生活。在古希腊就形成了自然主义传统,柏拉图提出了绝对善理念,认为理性可以为人们所分有,但却不能为人们所拥有,理性就如太阳,我们借助它认识自我、认识周边的世界。我国传统文化有"天"的概念,认为顺应天命是人的最高伦理原则。所以人不是完全独立自主的,而是受到某种形式的制约。在西方,启蒙运动开始提出了以人为中心的理论,反对以神为中心,强调了人们自身的价值和尊严的重要性。如果说文艺复兴主要是针对文学和艺术领域的解放,反对宗教的禁欲主义的思想,启蒙运动的思想家不再局限于艺术和文学领域的解放,开始重视理性的主体地位,使人成为自己真正的主人。在思想上,启蒙运动呼吁我们要发挥理性作用,用它来批判君主专制和教会对人的控制。在道德中,人们也不应该再是被任意操纵的工具,而是要真正占据道德的中心地位。我们要破除道德准则是神赋予我们的不可更改的封建观念,立足于自主的创造我们所需要的道德准则。法国启蒙思想家伏尔泰就提出我们要反对封建专制,要选举开明的君主来统治我们的国家。他还强调我们的权利是天赋的,人人生来就是平等和自由的,不能容许任何人随意侵犯我们所拥有的权利和义务。之后,德国古典哲学家康德指明启蒙运动的核心是:人应该独立的思考,运用自己的理性去做判断。他提出了理性的哥白尼式革命,认为理性是人的基本属性,因而获得为自己立法的资格。他在《道德形而上学原理》中说:"无论是谁在任何时候都不应把自己和他人仅仅当作工具,而应该永远看作自身就是目的。"[①] 人是这个世界上唯一具有理性的生物,是绝对价值的拥有者,人本身就是目的。毫无疑问,康德充分肯定了人的主体地位。

但是,随后的资本主义又对人的主体性造成了严峻的挑战。资本主义的生产方式所建立的生产关系让人们保守资本财产分配的限制。拥有生产资料的群体处于更高的社会阶层,他们无偿占有剩余价值,对劳动者构成剥削。相反,缺乏生产资料的劳动人民则处于被剥削的状态,除了出卖自己的劳动力别无选择,虽然看起来他们也是独立自主的,但实

---

① 康德:《道德形而上学原理》,苗力田译,上海人民出版社2005年版,第48页。

际上却受到资本主义生产方式的强制。他们也无法享有自己的劳动成果，而是形成了劳动的异化，出现劳动与劳动成果的分离与紧张。马克思深刻洞悉到资本主义制度下人们独立自主的虚伪性，提出要打破资本主义的剥削关系，真正维护人民的主体地位，实现人的自由全面发展。这也是马克思主义系统理论的主旨所在。

作为马克思主义理论新的里程碑，习近平新时代中国特色社会主义思想将人民的主体地位提升到了新的高度。习近平总书记多次指出，"不忘初心、方得始终。为人民谋幸福，是中国共产党人的初心""人民性是马克思主义最鲜明的品格"。[1] 习近平总书记充分肯定人民作为社会发展中心的目的性，指出社会主义事业的最终目标就是消除阶级、地域等各种差异，实现各尽所能、各取所需的自由发展。

其次，一切以人民为中心建立在人的相互平等地位之上。我国传统文化主要从人性的角度论证人的平等。孟子、荀子等人就认为人最初的状态是平等的，都具有善或恶的天性。孟子认为每个人最初的天性都是一样的，所以只要我们用心去探寻人本来就具有的四心，努力学习，我们每个人都可以成为尧舜。荀子认为人的本性生来就是恶的，我们需要用礼义等道德教化来规范人们的行为，只要加以学习，"涂之人可以为禹"[2]。虽然孟子和荀子的单一的人性论不符合马克思所说的人是社会关系的总和的观点，但我们还是可以从中发现积极的人道主义观点，他们鼓舞我们只要后天勤于学习，每个人都有机会成为圣人。

老子和庄子则站在道的视角赋予人们平等地位。老子提出万事万物都是由"道"演变出来的，"道"是万物的本原。庄子继承了老子的思想，提出了"天地与我并生，万物与我为一"[3]，天地万物和我都是一样的，万事万物都是平等的。而且庄子还认为"以道观之，物无贵贱；以物观之，自贵而相贱"[4]。在现实世界的我们总是喜欢采取"以物观

---

[1]《习近平新时代中国特色社会主义思想学习纲要》，学习出版社、人民出版社2019年版，第40页。

[2]《荀子性恶》。

[3]《庄子·齐物论》。

[4]《庄子·秋水》。

之"的方法，以自我为中心的去评判事物，把事物分为三六九等，这肯定就会造成评判的结果带有我们的主观偏见。但是如果我们采取"以道观之"的方法，就可以摒弃我们的成见，站在道的高度去看万事万物。

传统文化的人性平等观为现代人际平等提供了有力的理论支撑。而近代以来，学者们则从社会构成和理性的层面赋予人们平等权利。就社会构成而言，社会契约论认为人生而自由且平等，为了获得富宁的生活相互签订契约，让渡出部分权力形成公共权力，由此而进入社会阶段。因而作为社会契约的签订者，人与人之间处于平等的地位。同时，因为大家都让渡出同样的权力，保留了同等的个人权利，所以权利平等成为人们之间平等的基础。

就理性而言，学者们看到了个人理性的局限，认为任何人由于理性的有限性，无法为人类生活提供完备的方案。人们都可能拥有他人缺乏的认知，所以任何人都不能将自己的意志强加于他人。人们都应该避免被他人奴役的命运。

对于人性的一视同仁，对于个体权利的平等关照，对于个体自主的平等关切都是一切以人民为中心的伦理基础。

再次，一切以人民为中心建立在人的自由权利之上。自由是人类长久以来所追求的精神，无论是庄子的逍遥游，还是卢梭所言的"人生而自由"，达到自由的状态是千百年来我们的共同期待。但自由分为两个维度，一是精神层面的自由，即意志自由，这种自由是绝对的不受限制的自由，意味着人们可以自由选择自己的价值偏好，自由选择生活道路，自由实现自我发展。二是作为权利的自由，即当人们进入社会生活之后的自由。这种自由不再仅与自我相关，还关乎他人和社会环境，因而不可能不受到限制与约束，否则我们的社会就必然失序。关键在于人们所受到的约束应该来自人民自己的意愿，获得普遍的民众认同。

现代社会自由权利主要表现在两方面：免责的自由与参与的自由。就免责的自由而言，人们的自由权利应该受到社会的肯定与尊重，只要人们的行为在法律和社会规约的范围之内，就不应被他人所干涉。任何人都可以按照自己的意愿生活，并且可以免于他人意志的强迫。我们可以自由选择自己的生活方式，确立自己的价值目标，但是底线在于不侵犯他人的权利，不伤害社会的整体利益。

就参与的自由而言，作为社会成员，应该担负相应的社会责任，就社会发展、积极参与公共事务而言，人们享有参与公共生活并在其中表达自己观点、立场和利益诉求的自由。参与自由的前提是人们必须基于公共理性，站在社会的整体视角发表意见，而不能只立足于狭隘的自我视野，仅仅谋求在公共生活中的自我利益最大化。

自由权利从两方面肯定了人作为社会主体的地位。一方面，免责的自由维护了人的独立自主；另一方面，参与的自由维护了人们作为社会有机组成单元的公共权利。人是相互独立的，但并不意味着是原子式的存在。恰如马克思所言，人是社会关系的总和，人们在社会中构成了互利互惠的共同体，必然与他人产生交往，发生联系。在某种意义上，人的社会属性成为人之为人，人区别于其他生物的本质特征。只有将人作为社会成员予以综合考虑，才能全面诠释人的自由内涵。西方自由主义的最主要缺陷就是把人作为原子式的存在而忽略了人与他人、与社会的关系，从而在人的自由实现中充满难以调和的矛盾。比如自我自由如何与他人自由之间保持和谐的关系。如果任何个体的自由都具有不可侵犯的优先性，那么当个体自由与他人利益、社会利益发生矛盾和冲突时如何化解矛盾？马克思所倡导的人的自由全面发展就兼顾了人作为个体和社会存在的双重属性。只有建立在马克思主义基础上的自由才能够为一切以人民为中心提供伦理基础。

综上所述，人的独立自主、人际平等、人的自由是一切以人民为中心的伦理前提，共同支撑了这一伦理原则。换言之，一切以人民为中心是对上述现代伦理精神的集中表达。那么，一切以人民为中心的伦理原则有何内涵，对我们的社会生活提出了怎样的伦理要求？

首先，一切以人民为中心意味着公共权力必须以人民的意愿和利益为导向。习近平总书记多次强调："中国共产党作为马克思主义政党，党性和人民性从来都是一致的、统一的，除了国家、民族、人民的利益，没有任何自己的特殊利益。"①回顾我国的历史进程，自新民主主义革命以来，党领导下的社会主义事业，根本宗旨就是为了人民的解放，为人民谋利益。促进人民的福祉，尊重人民的意愿成为公共权力行使的唯一指向。

对于公共权力而言，人民的意愿和利益是权力行使的出发点和落脚点。在公共权力行使中，存在着行使者以个人意愿代替人民意志，以个人利益取代人民利益，以部门目标取代公共目标的现象，导致公共权力的私人化，与一切以人民为中心的原则背道而驰。要防止权力滥用、权力腐败，将人民作为权力的中心，必须要深化社会主义民主机制，在政策安排、公共决策中为民众参与搭建畅通的渠道，确保民意有效地输入公共意见之中。共识是现代公共权力行使的正当性基础，那么如何才能就公共政策达成共识？民主是最根本的机制，只有当民众的意见可以通畅地表达于公共决策之中，权力行使的社会认同才能得到保障。

一切以人民为中心还意味着公共决策需要综合考虑社会整体利益和人们的个体利益，特别关注少数群体的利益。人民是一个真实的集体概念，既包含人民整体，又包含每一个独立的人民个体。在公共权力行使中，我们既需要服从公共意志，又必须确保不以社会整体利益之名侵犯社会成员的个体权利，避免个体的声音被集体所淹没。这就需要在公共权力与个体权利之间划定清晰的界限，避免公共权力对私人权利的僭越，此也是依法治国的应有之义。此外，公共权力的行使需要考量少数群体的特殊利益。现代政治哲学存在一重大转向，即从多数人政治转向少数人政治。在传统社会中，统治结构是少数人统治多数人，而在民主政治中，民众开始成为社会的主体。无论是票选制还是公共商谈，多数人的意见往往更容易被采纳，从而上升为公共意志。但少数群体的意愿和利益诉求则可能被忽略。如何维护少数群体的权益正越来越受到关注，成为公共权力行使中的关键问题。这就要求我们要平等地对待一切社会成员的偏好和诉求，不能因为文化、生活方式、地域等因素歧视或

---

① 《习近平新时代中国特色社会主义思想学习纲要》，学习出版社、人民出版社2019年版，第40页。

者忽视特定的社会群体。相反，我们要听取来自少数群体的声音，更多关照他们的特殊需要，在促进社会整体福祉的同时也提升他们的生活质量，满足他们的社会需求。

其次，一切以人民为中心意味着人际的友善与社会的温情。一切以人民为中心的内在伦理逻辑是人们彼此相互关怀、相互帮助，都以他人作为行动的目的。我们正经历传统熟人社会向现代陌生人社会的转型。在熟人社会中，人们相互间的道德责任普遍建立在亲缘关系或者长期交往的基础上，表现出身份伦理的显著特征。人们依据在宗族中的血缘位置来确定自己所担负的道德责任和义务。而且这种道德责任具有特殊性，针对与自己亲缘关系的远近而呈现差异。现代社会，人们之间缺乏血缘的联系，通常也缺乏长期的交往，因此相互之间的道德感知可能没有熟人社会那么强烈。这也是出现道德冷漠的原因之一。特别在商业文明的侵染下，人们容易受到功利思想的诱惑和干扰，有的人将他人作为市场竞争的对手，有的则把他人当成实现自我利益的手段。要在自我与他人之间建立友善的关系，我们就必须探寻亲缘之外的坚实基础。社会共同体成员身份成为亲缘的有力替代，成为我们与他人建立普遍联系的纽带。

我们都在统一社会共同体中生活，分享着相似的文化和价值，更通过社会生活互利互惠、相互支撑。如果说传统社会人和他人的联系是或然的，那么以交易为主要生活方式的现代社会中，人与他人之间构建起密切的联系就是必然的。也许我们不知道交易的具体对象，也许我们交易的对象经常变化，但毫无疑问，我们的生活需求基本都是在交易之中得到满足的。这就意味着，我们对于社会、对于他人的依赖是不可避免地，每次交易，我们都从他人的社会商品和服务提供中受益。正是这种关系，让我们彼此享有责任与义务，而且这种责任、义务带有普遍性，每个人作为社会成员的道德责任有着同样的内涵。一切以人民为中心在人际层面，要求人们认识到自己对于其他社会成员的责任，并且以积极的姿态主动承担和履行责任。

由于在陌生人社会，大家缺乏相互了解，因而更容易意识到交往风险。诸如不和陌生人说话等现象的背后，是对他人的风险预期。而一切以人民为中心需要我们以正面的道德态度对待他人，对于他人建立良好的道德预期。当然，这需要社会成员的共同努力，特别是社会诚信的坚守。诚然，对于社会个体而言，在陌生人社会的道德成本低于熟人社会。因为熟人社会的固定和交往的长期性，一旦某人被贴上不道德的标签，就无法为社会所接受，面临被边缘化，甚至逐出的危险。道德的脆弱恰恰在于，当大家都遵守一定规则时，违规的行为往往在短时间内可以获得额外的利益，具有搭便车效应。但从长远来看，对于承诺与要约的违反则会加深社会成员间的不信任，加剧大家的负面道德预期，最终让社会付出高昂的道德成本。建立良序的诚信机制，通过制度规约与价值引导消解人际紧张，是实现人际友善的先决条件。

一切以人民为本亟待树立人们的他人意识。当前的社会生活倡导个人权利的维护，自我意识得到大幅加强。但在关注自我权利和利益的同时，人们对于他人权利和利益的感知有待提高。一切以人民为中心要求我们在考虑自我利益的同时要关切利益相关者，尽量避免利益的零和博弈，代之以合作共赢。我们的任何权利实现的前提是不损害他人权利，而在社会网络中，大家权利的实现是互为前提、共同完成的。我们要树立公共精神，特别在社会生活中要主动关心其他社会成员的需求，做到"己欲立而立人，己欲达而达人"和"己所不欲，勿施于人"。

最后，一切以人民为中心意味着社会资源的共享。习近平总书记强调"对幸福生活的追求是推动人类文明进步最持久的力量。进入新时代，人民对美好生活的向往更加强烈，期盼有更好的教育、更稳定的工作、更满意的收入、更可靠的社会保障、更高水平的医疗卫生服务、更舒适的居住条件、更优美的环境、更丰富的精神文化生活，期盼孩子们能成长得更好、工作得更好、生活得更好"。[1] 要让人民对美好生活的期待成为现实，就必须实现社会资源的共享。

一切以人民为中心要求我们在社会资源分配中要全面考虑人民的劳动、需求、能力和环境所带来的制约，既要发挥中国特色市场经济在资源配给中的主导作用，又要重视人民群众的现实需要。改革开放以来，

---

[1] 《习近平新时代中国特色社会主义思想学习纲要》，学习出版社、人民出版社2019年版，第41页。

我国迎来了经济的飞速发展，业已成为全球第二经济体。但在此过程中，社会出现了收入差距扩大等现象，市场禀赋和能力更高的群体往往获得了更多的社会资源。这就意味有的社会成员从社会发展中获利较少。而我国社会主义建设的最终目标是实现共同富裕，这就需要人们能共享社会建设和发展的成果。

尤其值得关注的是，如果社会资源分配差别过大，将导致权利的不平等，因为任何权利的实现都需要社会资源作为基础。一切以人民为中心，就是要通过社会资源分配维护人民的基本权利，为人们提供自由发展的机会。但是受到出生环境的影响，有的社会成员无法获得优质的教育资源、卫生资源，并未和其他人一样站在同样的起跑线上。社会有责任通过资源的分配与再分配弥补他们在生长环境方面的差异，特别通过供给侧改革让那些处于社会不利地位的群体也能获得其他群体所享有的社会福利——比如基础教育、公共医疗等。唯有如此，才能确保所有人都具有自由发展的机会，人们可以通过自身努力去实现人生价值目标。完善社会福利体系，实现社会的均衡发展，打破旧有的城乡二元结构以及地域差别，是一切以人民为中心的必然要求。

第二节　集体主义原则

集体主义原则是当代中国伦理学的基本原则之一。在新时代、新形势下，如何诠释集体主义的科学内涵具有重要意义。集体主义原则是我国社会生活的道德原则，影响着社会政治经济文化的各个方面，影响着社会整体的价值观念和思维方式，对人们的行为具有一定的指导约束作用。虽然当代学者对集体主义原则的解释没有统一的说法，但是理解集体主义原则的内涵及主要内容，搞清集体主义与个人主义的差异和集体主义的实践途径，把集体主义原则贯彻实施到社会主义伟大建设中，将对社会的现代化进程产生重要作用。

一　集体主义的产生

作为社会伦理道德原则的集体主义不是社会主义固有的，它的形成和发展有自己的源头和过程。集体主义原则在我国具有很深的历史渊源,在封建传统社会中,整体主义原则就是集体主义的早期体现。罗国杰先生作为近代集体主义的开创者,他提到"这条原则的基本精神,是封建统治集团的利益绝对高于个人的利益,个人在国家社稷面前是微不足道的……它们如同个人是整个国家的偶然性一样,只有当它们被纳入这个利益圈子之后,才是可能的"①。虽然整体主义忽视了人的主体能动性,但正是在其影响下,在民族的危难时刻出现许多仁人志士,以国家利益至上,顾全大局,才有了今天集体主义的发展,虽然在这一过程中也曾出现过失误,但总体上成为国家自立于世界的根基。

集体主义在西方也有深远的历史。古希腊实行城邦制,城邦正是作为一个整体出现来决定百姓的大小事务;进入资产阶级社会后,人的理性意识开始觉醒,卢梭作为启蒙运动时期的思想家,提出了社会契约论,他认为社会契约是基于公意产生的,通过公共意志将人民的个体意志集合在一起,从而成为集体主义的基础;黑格尔在法哲学中也体现了他的集体主义思想,但是"这种资产阶级思想家们所谓的整体主义或集体主义,主要是为维护资本主义制度服务的,是为少数剥削者的利益服务的"②。

虽然从中国封建社会和西方资产阶级中发展起来的集体主义存在缺陷,但是它仍是集体主义生长的基础,集体主义正是在这片土壤上发展成熟起来的。

二 集体主义原则中"集体"的界定

在集体主义原则中,对"集体"的把握是理解集体主义原则的前提。人们对"集体"的模糊解释影响了对集体主义的理解,有人把"集体"理解为国家和社会的集合体,也有人理解为阶级、组织和团体。只有合理解释"集体"的内涵,才能消除人们的疑虑。

其一,集体是"真实共同体"。

所谓"共同体"是在一定历史条件下,人们通过一系列的社会活动

---

① 罗国杰:《对整体与个人关系的思索》,《道德与文明》1989年第1期。
② 罗国杰:《关于伦理道德的价值导向的反思》,《高校社会科学》1989年第5期。

形成的联系紧密的社会联合体。真实共同体与虚假共同体相对。在真实共同体中,"各个人都是作为个人参加的。它是各个人的这样一种联合(自然是以当时发达的生产力为前提的),这种联合把个人的自由发展和运动的条件置于他们的控制之下。"[①] 按照马克思的说法来看,在这种共同体中,无产阶级是占社会主导地位,作为社会先进生产力的代表,通过革命消除私有制和阶级对立,摆脱阶级斗争,带领人民获得生产力的解放和实现人的自由发展的社会联合体。

在当代社会主义中,无产阶级是社会的主体,代表着先进的生产方式,以生产力为基础,以消除私有制和消灭阶级对立实现共产主义为旨归,而作为社会道德原则的集体主义必然就具有了阶级性质,代表无产阶级整体的利益。无产阶级整体,不仅指无产阶级群体,而且也指社会的全体成员都可以在先进生产力的引导下,通过自己的社会实践,追求自己的自由发展和进步。在这种意义上看,无产阶级整体就是真实共同体,因为二者性质相同,由于集体主义中的"集体"是指无产阶级整体。因此,集体就是真实共同体。

其二,集体是不同层次的意志和利益的联合体。

罗国杰先生曾说过:"从唯物辩证法的角度看,集体既可以作为国家社会民族等普遍的集体,也可以表现为在当前市场经济条件下各种不同的、局部的集体。[②]"在这个意义上说,集体主义既有一般意义,也有特殊意义,这正是当今的时代精神和社会发展的大趋势的正确反映。在当今社会主义市场经济条件下,各种元素混合其中,要想使各个元素的排列组合促进社会的进步,就要在社会主义的政治经济文化背景下,区别个别的、特殊的集体,因为普遍依赖于特殊而存在,所以各个特殊、具体的整体都有着自己的性质,有着各种各样的差异,但是都必须服从于社会主义这个大集体,可见集体主义是具有不同层次的社会联合体。

在这个不同层次的集体中,集体也是社会成员利益和意志的集合体。集体是由局部的人所组成,如果集体离开了个体的意志和利益,那它就是一个空洞的虚幻的集体,那么它对社会的作用也就不复存在。正

---

① 《马克思恩格斯选集》(第一卷),人民出版社1995年版,第121页。
② 罗国杰:《关于集体主义原则的几个问题》,《思想理论教育导刊》2012年第6期。

如马克思所说,"人即是人的社会本身,社会才是人存在发展的特殊形式"。因此,要想获得集体的长远的发展,就要重视社会成员的意志和利益,认识到集体利益与个人利益的辩证统一。在这种意义上说,集体要想作为一个有活力和长久生命力的整体,取得长远的发展,就必须重视不同层次的个体的意志和利益,并与集体的利益相协调。

三 集体主义原则的内涵

所谓集体主义原则,就是作为在社会道德体系中占主导地位的原则,在追求个人利益的同时,把集体利益作为优先性原则,实现集体利益和个人利益二者之间的有机结合;同时也要以集体主义原则的公正性为向度,公正性既是集体主义的内向性要求,也是社会主义实现目标的外在性向度,把它作为处理集体与个人关系的规范,把二者置于平等的地位,在保证集体利益的同时也能实现个人利益,集体利益是个人利益实现的前提,没有个人利益实现的集体只是"虚假共同体"。把集体主义作为人们思想观念和价值维度的向导,引领社会思潮,影响人们的世界观、人生观和价值观的树立。

其一,集体主义总原则。

集体利益优先性原则是集体主义的一个统领性的原则,而集体主义的合理内核就是"集体利益优先于个人利益"。在此意义上我们可以说,社会上所有的道德规范和价值体系,以及其他一切规范人们工作学习生活的准则,都要遵循集体主义原则优先的价值导向。尤其是当集体利益和个人利益的冲突不可调和的时候,必须遵循集体利益优先性,"个人应当以大局为重,使个人利益服从集体利益,在必要时,为集体利益作出牺牲。"[①] 但是我们需要注意的一点是,个人利益不是任何时候都可以无条件的为集体利益献身,只有在必要的时候才可以。

对于这个总原则,我们应当有正确的理解。首先,我国是人民当家做主的社会主义国家,集体利益高于个人利益的原则是为国为民的总原则,强调国家公民对社会集体的奉献创造精神。其次,在社会生活中,

---

① 罗国杰:《关于集体主义原则的几个问题》,《思想理论教育导刊》2012年第6期。

集体利益和个人利益难免会发生矛盾，这时要以大局为重，把二者放到同等地位，看到二者本质的一致性。最后，强调集体利益优先不是要求个人利益无条件的牺牲，只是在必要时才会牺牲，不会抹杀个人利益的价值。

其二，集体主义原则中集体利益与个人利益的辩证关系。

"个人利益、社会整体利益的关系问题与道德、利益的关系问题并称为伦理学最基本的问题。"[1] 在此种意义上看来，个人利益与社会整体利益的关系在社会主义社会中，就是集体利益与个人利益的关系。学术界对于二者的关系问题存在一些争论，有学者认为，不应当在任何时候都服从集体利益，传统的集体主义是靠不住的。此外，一些学者认为集体主义原则的内容是不可改变的。

在社会主义社会中，尤其在市场经济下，集体利益是社会所有成员的共同利益的统一，个人的正当利益又是集体利益的必要的组成部分。由此看来集体利益的实现，也就是个体利益的满足，二者是相互依赖、不可分割的辩证统一关系。首先，集体利益优先于个人利益。作为个人要深刻认识到集体利益的至高无上性，当个人利益与国家、集体发生冲突时，要以大局为重，尊重集体利益的优先性，必要时牺牲自己的个人利益来实现和维护国家、集体利益。其次，集体利益是个人利益的集合体。国家、集体必须在强调集体利益的同时尊重个人利益的合法性和追求的正当性，高度重视个人合法劳动所得，还要采取措施为个人利益的实现创造一个良好的氛围，发挥集体主义对社会的引导促进作用。最后，个人利益与集体利益要形成一股合力，在各自利益实现的同时要尊重和重视对方的利益，最大程度地促进利益双方的协调统一发展。

其三，集体利益重视个人利益的正当性。

学术界一直存在着个人主义的"牺牲精神"的看法。有些学者认为违反了个人的自由发展，应该去掉，有些人认为应该保留，才符合集体主义的完整性。这些说法众说纷纭，最重要的是给个人利益以正当性。个人与集体是不可分割、相互依赖的关系，保护个人正当利益也是集体

---

[1] 罗国杰：《伦理学》，人民出版社1982年版，第13页。

主义内容的一部分。在社会主义市场经济大背景下，虽然存在着一些唯利是图，只顾个人私利的拜金享乐主义，但是也不要把对个人利益的追求一棍子打死，集体主义只保护个人的合法利益，因此在社会主义市场经济下，集体主义要及时制止侵害个人利益的行为，以及改正引导错误的追求个人利益的做法。

四　当代中国的集体主义的形成历史

我国能采取以集体主义为主导的社会主义价值观，不是一次偶然的事件，而是符合我国历代的价值体系。在中国古代就曾有着集体主义思想的萌芽，之后随着我国对集体主义的思想的不断扬弃和发展，才有了当代具有中国特色的集体主义的价值观，所以集体主义也是我国的价值取向的必然选择。

其一，封建时期的集体主义的萌芽。

中国古代一直以儒家学派作为统治国家的人伦思想，而以孔子为起源的儒家学派建立的是以家族为中心的等级社会，所以封建社会采取了以血缘关系为纽带，与封建制度相结合的维系家庭和贵族世袭制专权的封建宗法家族制度，而这种制度也表现了一种维系国家、贵族整体利益的集体主义。但是封建统治下的集体主义是为了巩固封建统治而指定的价值体系，完全忽视了个人的尊严和价值的实现。就像古代人民奉行的"三纲五常"人伦关系里面的"三纲"，再到董仲舒在《春秋繁露·阳尊阴卑》中提出的"君不名恶，臣不名善；善皆归于君，恶皆归于臣"[①]的观点都表现出了国家内的所有人都要绝对服从于君王，个人所创造出来的价值全都是为君王的利益而服务。这完全压制了单个人的主体地位，磨灭了个人的价值和尊严，所以封建宗法家族的集体主义也必然走向了灭亡。

其二，新中国成立后至改革开放前的集体主义。

新中国成立后，我国以马克思主义为本国的指导思想，同时也采取了马克思提出的集体主义作为本国的主导价值观。但是没有认清我国还

---

① 《春秋繁露·阳尊阴卑》。

处于社会主义初级阶段的基本国情，经济发展水平因为长期的战争而处于低谷阶段的现实，而想直接进入马克思所说的共产主义社会，并运用理想的共产主义道德观来要求人民的行为活动，很显然必然走向失败。其中给人民带来最大的灾难的就是"文化大革命""大跃进"等严重左倾错误。这种错误的思想要求人民群众要无条件地、绝对地服从集体，当个人利益与集体利益产生冲突时，个人必须牺牲自己利益；个人所创造的利益可以被公有化，集体利益具有至高无上的绝对地位。这些极端化的集体主义思想引起了人民群众极度的不满，同时对当时中国的经济和人民的生活造成了极大地破坏，从而使得人民不得不开始对共产主义的正确性产生了怀疑，助长了西方个人主义对中国的渗透。

其三，当代的集体主义。

基于极端化的集体主义给国家带来的灾难，中国开始对集体主义的原则进行深刻反思，意识到我们不能脱离本国实际去运用马克思主义，要对马克思主义的思想做中国化的处理。我国还处于社会主义的初级阶段，我们不能运用理想的共产主义社会的原则来要求本国人民，所以人民无条件的服从集体这个观念是行不通的。要真正实现马克思所提出的集体主义原则，我们需要以保障人民对物质文化等方面的需要为基础，大力加强经济建设。所以从改革开放以来，我国从单一的计划经济政策转向了以公有制为主体，多种所有制共同发展的社会主义市场经济体制。这种转变不是对集体主义价值观的抛弃，而是为了集体主义在中国更好的实现奠定经济基础。从改革开放四十年的成果上看，我国人民的主体地位变得越来越高，中国的经济水平也开始走向世界前列，人民与集体的关系的协调也变得越来越灵活，这也验证了中国实行的市场经济制度的正确性。

五 当代中国集体主义原则践行的方法与意义

当代中国集体主义原则的合理公正性的实现需要个人和集体的共同努力，少了任何一方的支持，我国的集体主义就可能走向异化的道路，就阻碍我国的持续稳定的发展。所以集体和个人都需要按照集体主义的要求去构建思想体系和规范行为活动，共同促进具有中国特色的集体主义能稳健推行。

其一，当代中国践行公正的集体主义原则的方法。

首先，树立良好的价值观，对个人利益的取得采取适度的原则。在这个越来越功利的社会，寻求更多的个人利益仿佛成为了新一代的价值观，有些极端的利己主义者会不遗余力的追求可能获得的全部利益，这当然是不可取的。正如马克思所言："作为确定的人，现实的人，你就有规定，就有使命，就有任务，至于你是否意识到这一点，那都是无所谓的。这个任务是由于你的需要及其现存世界的联系而产生的。"[1] 所以我们要同等的看待自身的权利与他人和集体的权利，以尊重他人或集体的权利作为我们取得自身利益的前提条件。我们对于自身利益的获取需要有底线标准，绝对不能通过牺牲他人的利益，尤其是牺牲集体的利益来换取一己私欲。当个人利益与集体利益发生冲突时，我们要懂得孰轻孰重，以大局为先，适当的调整或放弃自己的部分利益，必要时甚至可以选择牺牲自己的个人利益。

其次，保障人民主体地位，促使人民自我价值能有效且合理地发挥。对于人民的正当利益，国家和集体应该给予尽可能大的保障，这样才能使人民相信自身通过正当劳动而获得的个人利益不会受到外界任意的侵犯。特别是当个人与集体发生矛盾的时候，集体不能要求个人在任何时候都牺牲自己的利益，除非是在取得了他本人同意的前提下，才能选择放弃单个人的利益。国家对于自动选择牺牲自己的利益的人要给予褒奖，但是否进行宣扬我们则还需要从两方面进行考量。一方面，我们要考察这个选择牺牲自我利益的人的动机是否纯良。如果一个人仅仅只是从自身功利主义的角度来选择放弃自身的利益，那对于这种行为，我们不能把它定义为高尚的道德行为，所以我们不能予以宣扬。另一方面，我们要考虑这种个人牺牲是否值得与有效。如果个人利益的牺牲没有换来更大的集体利益，那这种牺牲就是无谓的牺牲。特别是当有些人为了集体的利益而放弃自身的生命时，这种牺牲可能是不值得的，对于这种牺牲我们不能把他作为宣扬的榜样。如果一个国家对任何为了集体

---

[1] 《马克思恩格斯全集》第3卷，人民出版社1960年版，第329页。

利益而放弃自身生命的事件都予以宣扬，那么人的生命权就没有受到保障，人民的价值观也会被引向偏激的路线。

最后，确保集体主义的主导地位，实现集体主义与我国制度高度契合。古今中外，任何一个国家使用的道德准则都符合本国的经济与政治制度的需求。我国是以公有制为主体，人民当家作主的社会主义国家，国家整体利益是人民主体意愿的综合体现，保障国家集体的利益也就是保障人民自身的利益。在现代，随着西方价值观对我国制度体系不断地渗透和冲击，我国改革开放后又实行了市场经济，很多人开始怀疑集体主义是否必要。罗国杰先生对这一问题进行了解释，他认为"在一个社会的经济、政治制度没有根本变化的情况下，一般来说，它的道德基本原则，也只能随着这一社会的经济、政治制度的不断补充、发展和完善而相应地不断补充、发展和完善，而不能用另外什么同这一社会经济、政治制度不一致或相矛盾的某些原则去代替"[1]。对于市场经济政策，我们不能仅看到它追求自身利益的一面，还要看到它利他的一面，这个特征也是由它自身的交易规则确定的。因为市场上要遵循"等价有偿"的交换，所以不能存在只进不出的现象。中国的社会主义市场经济的目的虽然也是为了追求更多的利润和更大的经济效益，但这不仅仅是企业或者个人牟利的方法，而更本质的是为了实现大多数中国人能共同富裕的共产主义目标。所以只有在我们的经济和政治生活中不断奉行集体主义原则的价值观，我们才能实现个人和集体互利共赢的双赢局面。

其二，当代中国采取集体主义原则的意义。

从政治建设方面，集体主义坚持的是以人为本的原则，从而有利于我国贯彻全心全意为人民服务的执政理念，促进人民在政治生活中树立以大局为重的观念，形成更规范化、更理性化的政治行为，更好地推进中国特色社会主义政策的稳健发展。从经济建设方面，集体主义有利于国家、社会和个人利益的协调发展。在市场中实行以集体主义为价值主导的方法，可以促进人们在经济场合建立互助互信团结友爱的关系，降

---

[1] 罗国杰：《罗国杰文集（下）》，河北大学出版社2000年版，第658页。

低了社会运行的成本，满足了人民对物质文化的需求，确保了社会主义市场经济能持续、健康和稳定的发展。从文化建设方面，集体主义倡导的爱国主义、奉献精神、互利发展的价值观，有利于人民形成健康的价值体系，从而为社会主义文化建设提供坚实基础。并且可以在世界文化冲击的现状下，提高社会主义文化在国际中的文化竞争力和坚固性。

第五章　发展：中国经验的伦理表达

发展是当今世界的主题之一，也是当代中国的主题。自改革开放以来，中国始终以发展作为第一要务，取得了令世人惊叹的伟大成就，在人类社会发展史上形成了特殊的"中国经验"。在这一历史进程中，从"发展就是硬道理"到五大"新发展理念"，实现了马克思主义发展观的重大变革，不仅具有重要的社会价值，而且具有重要的伦理价值。可以说，当代中国的发展过程就是发展伦理的演绎过程，当代中国的发展经验就是中国伦理实践的结晶之一。

第一节　当代中国发展观的演变过程

发展是一个哲学范畴，更是一个历史范畴，虽然其基本的价值取向与进步、前进、理想、美好等相关，但是在不同的历史形态下，有着不同的时代内涵，彰显着不同时期人的需求和本质力量。人类对发展的认识而由此形成的发展观，虽会因经济、政治、文化等因素的不同而表现出差异性，但就其所关注的问题无非就是"为什么发展""怎样发展""发展的结果如何"等伦理价值问题，就此而言，发展也是一个重要的伦理学范畴，我们梳理发展观的演绎过程，尤其是当代中国共产党人的科学发展观的形成过程，也是对发展伦理的历史追寻与现实照理。

一 人类社会发展观的演变

从本质上讲,发展是一个现代性概念,因为在17世纪以前对社会进程的描述基本是"循环论"占主导,没有"进步"、"进化"、"增长"、"发展"等概念。古希腊人认为历史是一个循环往复和逐渐衰亡的过程,按照希腊神话的描述,历史可以分为五个时代:黄金时代、白银时代、青铜时代、英雄时代和铁器时代,这五个时代一个比一个退化与粗俗,一代不如一代。"这种把世界看成不断衰亡、周而复始的历史观,深刻地影响了古希腊人社会结构的观念。柏拉图与亚里士多德都认为变化最少的社会秩序才是尽善尽美的社会秩序。他们的世界观里根本没有持续变化和增长这些概念。"① 中世纪基督教历史观虽然抛弃了历史循环论,但也没有历史进步思想,而是认为历史无非就是一个不断衰亡的过程。基督教神学把历史分为初始阶段、中间阶段和终结阶段,分别表现为创世、赎罪的最终审判。这三个阶段不是朝着完善的阶段发展,而是一切听从上帝安排的过程。

发展直接源于现代性的"进步"概念。关于发展与进步的关系,利奥塔在其著作《后现代状态》中有过分析。他认为,"甚至发展这一概念自身也先设了一种不发展的视野,这种视野假定各种能力全部笼罩在传统的统一体中,没有分解为不同品质,没有得到特殊的革新、讨论和检验。这种发展与不发展的对立并不一定意味着'原始人'与'文明人'在知识状态中性质变化的对立……"② 可见,"发展"概念与"现代性"是内在交叉的。当然,严格意义的"发展"是特指现代社会才具有的一种向着物质富足、科学进步、社会分化、复杂性和完美性逐渐趋于明显等方向不断切近的过程。③ 正因为发展是一个现代性概念。因而其价值预设就是"现代性价值预设",所追求的就是现代性价值。我们为什么发展?什么样的发展才是"好"的?发展有无限度?等等,都是

---

① [美] 杰厘米·里夫金等:《熵:一种新的世界观》,吕明译,上海译文出版社1987年版,第9页。
② [法] 利奥塔:《后现代状态:关于知识的报告》,三联书店1997年版,第42页。
③ 刘森林:《重思发展:马克思发展理论的当代价值》,人民出版社2003年版,第24页。

发展的价值问题。所以，作为现代性的价值概念，发展已经成为一种"完整"的现象，即成为集政治、经济、文化、科技、社会，亦即集社会生活所有层面的各要素于一体的完整现象①。

发展概念的整体性内涵的呈现，为发展观的形成与演绎奠定了基础。在西方，发展理论的起源说法不一，有人认为发展理论可以追溯到亚当·斯密的国富论；有人则主张重农主义才是开创了发展理论的先河；还有研究者则强调重商主义是发展经济的鼻祖②。其实，发展研究启自何人并不重要，我们关注的重点是，发展观内涵的演进与变化。根据学者们的研究，人类发展观经历了经济发展观、社会发展观、可持续发展观、人类发展观四个阶段③。

第二次世界大战之后，新独立的国家和地区面临国家建设的艰巨任务，其中最关键的是经济发展，一些西方经济学家纷纷提出各自的方案，为发展中国家设计发展道路。刘易斯在《经济增长理论》中提出著名的二元结构理论，认为发展过程实际上就是以储蓄和投资的增加为引擎，以农业部门的工业部门在整个经济中的比重发生重大变化为基本特征的经济结构的转变过程。罗斯托在《经济成长阶段论》一书中从世界经济发展史的角度，以经济增长的关键是资本积累的论点为前提，以经济起飞为核心概念，对经济发展阶段论进行了说明。此后，库兹涅茨、钱纳里等著名经济学家，分别从统计和计量经济学角度证明了经济发展的结构特征，为经济发展阶段论提供了证据。由于战后西方经济学家把"发展"与"增长"等义，经济增长成了国家发展水平的唯一标准。然而，这种单一的经济发展模式受到了来自经济发展自身以及发展中国家经济发展的严重挑战直接导致了全球范畴内的生态危机和社会危机，如过度城市化、社会政治动荡、财富分配不公、社会腐败等一系列问题，被学术界称为"恶的增长"或"有增长无发展"。单一的经济发展观最大的缺陷在于"见物不见人"，忽视了经济发展与社会发展的整体协调，

---

① 林春逸：《发展伦理初探》，社会科学文献出版社2007年版，第27页。
② 陆象淦：《发展——一个受到普遍关注的全球问题》，重庆出版社1988年版，第21—22页。
③ 欧阳海燕、马久成：《从发展观演变的角度评中国的新发展观》，《武汉大学学报》（人文科学版）2005年第3期，第241—246页。

忽视了人本身的发展。

在单一经济发展观的指导下，大多数发展中国家在经济增长的同时，并没有达到预期的目标，相反被一系列社会问题所累，理论家们开始重新思考发展问题。有的理论家把视线从西方资本主义的历史经验转向广大落后国家的发展实践，出现了以"依附论"和"世界体系论"为代表的发展学派，开始摆脱发展就是经济增长的理念。"依附论"认为，发达国家的发展是建立在对不发达国家的经济掠夺基础上的，并造成了后者对前者的依附，所以，发展中国家必须摆脱西方国家的控制而谋求自身的发展。"世界体系论"则认为，世界是一个政治、经济、文化、社会诸因素相统一的大体系，应该从全球视野中谋求各国的发展。1965年，著名发展经济学家汉斯·辛格明确指出："不发达国家存在的问题不仅仅是增长问题，还有发展问题。发展是增长加变化，而变化不单在经济上，而且还在社会和文化上，不单在数量上，而且还在质量上。"[1]

社会发展观的代表人物是法国的佩鲁和美国的托罗达。1983年，弗朗索瓦·佩鲁在《新发展观》中提出了"内生的""综合的""整体的"发展理论[2]。佩鲁认为，发展不但要协调好人与人之间的不同利益主体的关系，而且要协调好人与自然的关系，发展是社会各要素之间的均衡发展，一个国家内部创造力综合作用的结果。托罗达认为，"应该把发展看作包括整个经济和社会体制在内的重组和重整在内的多维过程，除了收入和产量提高外，发展显然还包括制度、社会和管理结构的变化及人的态度，在许多情况下甚至包括人们的习惯和信仰的变化"[3]。社会发展观拓展了发展的视野，实现了从经济本位向社会本位的转变，体现了以人为中心，注重人与自然的和谐，体现了一种综合性发展观。

但这种发展观在强调发展的综合性的同时，却较少考虑发展的可持续性和发展的代际问题。这一缺陷正好由可持续发展观来弥补。可持续发展观的提出是历史发展的必然产物，也是发展理论的重大突破，它作为一种新型的发展理论于20世纪70年代被提出，形成于80年代，90

---

[1] [德] H. W. 辛格：《社会发展：最主要的增长部门》，《国际发展评论》1965年第3期。
[2] [法] 弗朗索瓦·佩鲁：《新发展观》，华夏出版社1987年版，第2页。
[3] 李小云主编：《普通发展学》，社会科学文献出版社2005年版，第7页。

年代逐渐成为人们的共识。可持续发展观的提出与形成主要是伴随全球环境问题的恶化所带来的忧虑而实现的。1962 年，《寂静的春天》出版，在全世界范围内引发了关于发展观的争论。1968 年，来自各国的 100 多位专家学者集聚罗马，共同讨论人类面临的困境，并发起成立了"罗马俱乐部"。1972 年，罗马俱乐部发表《增长的极限》的研究报告，明确提出"持续增长"和"合理的持久的均衡发展的概念"。1972 年联合国"人类环境会议"通过了《联合国人类环境会议宣言》，标志着人类开始进入"环境时代"。1980 年 3 月，联合国大会第一次使用了可持续发展的概念，并向全世界发出呼吁："必须研究自然的、社会的、生态的、经济的以及利用自然资源过程中的基本关系，以确保全球的可持续发展。"[1] 1981 年，美国世界观察研究所所长 R. 布朗在《建设一个持续发展的社会》一书中首次对"可持续发展"作了系统的阐述。1987 年 4 月，以挪威首相布伦特兰为主席的联合国世界与环境发展委员会（WECD）发表了一份报告《我们共同的未来》，首次对可持续发展的概念作了规范和统一，指出："可持续发展是既满足当代人的需要，又不对后代人的满足需要的能力构成危害的发展。"[2] 1996 年 6 月，在巴西里约热内卢召开的联合国环境与发展大会上通过了《里约热内卢环境与发展宣言》和《21 世纪议程》两个纲领性文件，详细地阐述了环境与发展的关系，制定了可持续发展的行动方略，进一步丰富了可持续发展的理论，并在世界范围内得到广泛认可与普及，至 1997 年止，全世界共有 150 多个国家建立了可持续发展的国家委员会或协调机构，74 个国家向联合国递交了执行《21 世纪议程》的报告。1994 年 3 月，我国率先制定了中国人口、环境与发展的白皮书——《中国 21 世纪发展议程》。2002 年在南非召开"可持续发展世界首脑会议"，会议通过了《可持续发展世界首脑会议实施计划》，标志着可持续发展理论的最终形成。

可持续发展观强调人与自然的和谐，它不仅涉及一个国家或地区的人口、社会、经济、科技、生态、环境、资源等诸多因素，也涉及政治制度、经济体制、文化教育、宗教信仰等方面的因素。可持续发展观强

---

[1] 徐嵩龄主编：《环境伦理学进展：评论与阐释》，社会科学文献出版社 1999 年版，第 159 页。
[2] 世界与环境发展委员会：《我们共同的未来》，中国社会科学出版社 2004 年版，第 197 页。

调了发展的历时性和发展因素的平衡性、协调性，但体现以人的发展为核心价值观的特征并不明显，需要进一步升华。

人类发展观不但克服了单一的经济发展观，还超越了一般意义上的可持续发展观，是更加注重人的发展的一种理论，并且是更加强调人的整体性发展的理论，不是新自由主义意义上的个体人的发展。1971年，发展理论专家丹尼斯·古雷特深入研究了发展的本质问题，并且认为发展有三个核心内容：生存、自尊和自由，这三个核心价值构成了发展的本质，发展首先是解决人的生存问题，使人从而获得尊严，发展的最高层次是实现人的自由全面发展，这也是马克思主义的基本立场。人类发展观的普遍被接受是在20世纪90年代，以联合国开发署（UNDP）1990年首次提出人类发展为标志。《人类发展报告》中把人类发展界定为扩大人们进行选择的范围。如阿马蒂亚·森认为，人类发展不能凭最终状态来判断，有选择的自由才是幸福最重要的组成部分，"发展可以看作是人们享有的真实自由的过程。聚集于人类自由的发展观与更狭隘的发展观形成鲜明对照。狭隘的发展观包括发展就是国民生产总值（GDP）增长、或个人收入提高、或工业化、或技术进步、或社会现代化等等的观点。"[①] 发展就是要消除那些限制自由的因素，如贫困及暴政，经济机会的缺乏，忽视公共服务，压迫性政权的不宽容与过度干预等。1990年以来，联合国开发署出版的《人类发展报告》每年都建构人类发展指数（HDI），旨在用一种简单的复合指数来度量在人类发展的基本领域所取得的平均成就，并由此对各国进行排序。后来又编制了三种补充指数：人类贫困指数（HPI），与性别有关的发展指数（GDI）和性别赋权指数（GEM）。然而无论编制怎样的指数，哪怕是自认为最详细的指数，都无法科学地统括人类发展的全部问题。同时人类发展离不开社会发展，也不是一个可以脱离可持续发展的空洞概念，相反可持续发展是人类发展的重要内容，正因为强调了人类发展的首要性，可持续发展才有了坚实的人性基础。

---

① ［印］阿马蒂亚·森：《以自由看待发展》，任赜、于真译，中国人民大学出版社2002年版，第1页。

二 当代中国发展观的创新

新中国成立以来,中国共产党坚持理论创新,创造性地形成了中国特色的社会主义发展理论,大体上经历了基础发展观、经济发展观、科学发展观和综合发展观几个阶段。

任何一个时期,社会都面临着自身特殊的历史使命,都有需要解决的重要问题,就会形成这一时期特殊的发展任务,由此形成每个时期的发展观。新中国成立之初,百废待兴,首要的历史任务就是发展。以毛泽东同志为核心的第一代领导集体开始探索中国社会主义的发展道路。新中国成立初期,提出了过渡时期的总路线,即在相当长的时期内,逐步实现国家的社会主义工业化,并逐步实现国家对农业、手工业和资本主义工商业的社会主义改造。由农业大国逐步发展成为工业大国,提高工业总产值在国民经济中的比重,力争快速实现工业化,这就是基础发展观的核心,因为没有工业化作支撑,强国之路就没有办法走。1954年4月,毛泽东在中央政治局扩大会议上发表《论十大关系》讲话,总结了我国社会主义建设的初步经验,提出了社会主义发展中的十大主要关系,提出了适合中国国情的建设社会主义总路线的发展思想,是适合国情的社会主义道路发展观的雏形。1956年,中共八大提出全党全国的主要任务是集中力量发展社会生产力,实现国家工业化,逐步满足人民日益增长的物质和文化需要。1957年,毛泽东发表《关于正确处理人民内部矛盾问题》的讲话,强调在社会主义制度下,生产力与生产关系、经济基础与上层建筑之间仍然存在矛盾,确定了以农、轻、重的秩序发展工业的发展道路。1958年,提出了"鼓足干劲,力争上游,多快好省的建设社会主义"的总路线,反映了当时广大干部群众加快发展、改变落后面貌的强烈愿望。但后来由于某种原因,社会发展偏离了正确的方向,强调政治挂帅,强调阶级斗争,给党和国家、人民群众带来了不可估量的损失。

1978年,党的十一届三中全会召开,开启了拨乱反正、改革开放的伟大时代。作为改革开放的总设计师邓小平同志实事求是的分析了中国的国情、党情和民情,在继承和发展马克思主义发展理论的基础上,提出了社会主义的根本任务是发展生产力，制定了社会主义初级阶段"一个中心，两个基本点"的社会发展基本方略，开辟了一条具有鲜明中国特色的社会主义发展道路，形成了以经济发展为中心的"硬道理"发展观。这种发展观首先要解决的是要不要发展的问题。邓小平同志提出"发展才是硬道理"的命题，就是强调发展的重要性，就是发展了没有道理也是有道理，没有发展有道理也是没道理，这就是"硬道理"。"应当把发展问题提到人类的高度来认识，要从这个高度去观察问题和解决问题。"① 邓小平强调发展是"当前最大的政治""要横下心来，除了爆发大规模战争外，就要始终如一地、贯彻始终地搞这件事，一切围绕这件事，不受任何干扰"②，这表明了坚持发展的坚强决心。其次要解决发展什么的问题。邓小平同志明确指出"中国解决所有问题的关键是要靠自己的发展"，而发展的关键是发展经济。他反复强调"要把经济建设作为中心，离开了经济建设这个中心，就有丧失物质基础的危险，其他一切任务都要服从这个中心，围绕这个中心，决不能干扰它，冲击它"③。党的十三届四中全会以来，江泽民同志继承和发展了邓小平同志的经济发展观，强调了"发展是执政党的第一要务"。他认为发展是核心，发展的关键是经济发展，经济的发展应该是可持续协调的发展，发展的目标是实现人的全面发展，是经济与社会的全面发展，这是对邓小平同志经济发展的丰富与超越，但还没有摆脱单一性经济发展观的影响，还是强调了 GDP 作为发展的唯一性，没有注重资源与环境相协调的问题。

第二节　发展是当代中国的核心价值

发展成为我国当代核心价值观，具有深刻的必然性和合理性。发展是马克思主义的基本要义，是我国社会主义建设的本质概括，是我国优秀传统文化的精髓，为人民群众所普遍认同与接受。作为我国当代核心

---

① 《邓小平文选》第 3 卷，人民出版社 1993 年版，第 382 页。
② 《邓小平文选》第 2 卷，人民出版社 1994 年版，第 248—249 页。
③ 同上书，第 250 页。

价值观，发展意味着公民道德的建立，意味着社会公平正义的实现，意味着人民主人地位的彰显，意味着人与自然和谐关系的确立。对于当代中国而言，发展核心价值观为我国提供思想意识和精神动力，促进了我国"科学发展观"的全面贯彻与创新型社会建设，有利于中国同胞的团结，形成中国民族凝聚力，有助于我国国际地位的巩固与提升。

一 发展作为当代中国核心价值观的必然性依据

发展是我国当代的核心价值观，是我国思想意识形态领域中具有统合性和引领性的思想观念。发展作为我国当代核心价值观，具有深刻的必然性基础。其一，发展是人类社会的永恒主题，是马克思主义及其系统理论的基本要义。马克思主义的最高目标就是追求人类的全面自由发展。人总是处于自然和社会的束缚之中。作为人类整体，其自由就表现在对于自然规律的掌握，对于自然束缚的摆脱。获得人类整体的自由，最根本的途径就是科学技术的发展，是生产力的提高。对于个人而言，个人总是受到出生环境、社会条件、历史阶段的限制。突破外界的限制，实现全面的自由发展，是个人价值的实现方式。发展也是马克思主义唯物主义历史观的基本维度。

在马克思主义理论中，人类历史是从低级向高级形态演进的发展过程。从奴隶制社会，到封建社会，到资本主义社会，再到社会主义与共产主义社会，人类历史总是从低级的社会形态不断向高级社会形态所推进和发展。因此，人类的历史不是单纯历史事件的杂乱陈章，而是蕴含着其自身发展的秩序与规律。正是因为人类社会总是处于前进与发展之中，人类社会的延续才具有明确的方向。马克思在《共产党宣言中》描绘了人类社会的远景蓝图——"代替那存在着阶级和阶级对立的资产阶级旧社会的，将是这样一个联合体，在那里，每个人的自由发展是一切人的自由发展的条件。"历代马克思主义者都把人的发展视为社会建构的终极指向。发展更是马克思主义的基本思维方式和哲学方法。马克思主义理论是对于唯心主义和机械唯物主义、庸俗唯物主义的批判与全面超越。马克思主义分析、理解世界的根本哲学方法就是辩证唯物主义。它建立在黑格尔辩证法与费尔巴哈唯物主义基础之上，以辩证发展的视角认识世界，把握人类社会的基本规律。在马克思主义理论中，世界及其万物都是处于运动与变化之中的。运动的内在动力源自事物的内在矛盾性。伴随着量变到质变的过程，矛盾中的新兴力量开始增长，并促使旧事物的灭亡，推进新事物的诞生。立足运动与发展，是马克思主义哲学的根本特征。

发展更是马克思主义理论体系的基本形态。从马克思主义、毛泽东思想、邓小平理论，到"三个代表"重要思想，再到科学发展观，马克思主义不断中国化、时代化的过程就是其理论体系不断发展完善，不断丰富、成熟的过程。毛泽东实现了马克思主义与中国本土化的结合，丰富了马克思主义革命理论。邓小平明确提出和平与发展是当代世界的两大主题，进一步完善了社会主义建设理论，提出了具有中国特色社会主义的新命题。"三个代表"重要思想指出代表人民群众根本利益、代表先进文化和先进生产力的发展方向是中国共产党的基本原则。胡锦涛同志在党的十七大《高举中国特色社会主义伟大旗帜 为夺取全面建设小康社会新胜利而奋斗》的报告中提出了科学发展观这一核心概念，建立了以发展为第一要义的马克思主义理论新体系。科学发展观系统提出了我国在新的历史时期的具体任务、发展模式和根本原则，在新的历史时期为我国社会主义建设提供了坚实的思想引领。党的十八大以来，以习近平总书记为核心的党中央，坚持理论创新，在科学发展观的基础上，提出了"创新发展、协调发展、绿色发展、开放发展、共享发展"的五大发展新理念。在不同的历史时期，在每一个社会建设历程，马克思主义的发展理论都被赋予了时代的要求、历史的意义，其理论体系在自我发展中不断完善、永葆活力。

其二，发展是对于我国社会主义建设进程的高度概括。我国建设社会主义的进程，归根结底是不断发展的伟大历程。作为拥有世界最多人口的发展中国家，发展始终是最主要的历史任务。自我国进行社会主义建设之初，就在不断探索符合我国基本国情、符合不同历史环境的发展道路。通过发展，我国从贫弱的半殖民地半封建国家一跃成为独立自主的文明大国。特别近四十多年来，我国实行改革开放政策，迎来了国民经济的飞速发展，取得了举世瞩目的辉煌成就。与此同时，我国人民生活水平大幅提升,某些地区人均收入已经接近,甚至达到中等发达国家水平。我国已经成为世界不可忽视的重要经济和政治力量。这一切都是持续稳定地快速发展所带来的。发展是对于我国几十年来整体成就的最高度概括,更是解决实际问题,达到社会主义历史建设目标的根本方式。我国虽然取得了举世瞩目的成就,但是也存在着诸多的社会问题。从人口结构上,作为独生子女政策的衍生后果,我国逐渐步入老龄化社会,意味着我国将要面临巨大的社会福利压力,以及劳动力数量的下降。在生态方面,我国在经济发展过程中付出了能源消耗与环境破坏的代价。随着气候变暖、环境污染问题成为世界性的挑战,我国亟待发展绿色产业,实现可持续发展。在居民收入方面,我国依然存在着城乡二元结构,存在着地区差异。值得重视的是,我国居民收入差距正日益拉大,作为居民收入衡量标准的基尼指数已经越过0.5的临界线。解决这些问题,关键在于发展。只有建立新的发展模式,运用新技术,采用新能源,才能适应新的历史和社会环境,解决所遇到的各种社会问题。我国虽然已经具备了强大的综合国力,但仍然属于发展中国家,处于社会主义建设的初级阶段。只有立足于发展,才能解决我国面临的根本问题,实现中华民族的伟大复兴。

其三,发展是中国优秀传统文化的精髓。早在两千多年前,老子就提出了"一生二、二生三、三生万物"的本体论观念,彰显出生生不息的强大精神力量。我国的先贤们就是从发展、变化来看待宇宙的诞生,看待天地万物的起源和生存状态。"天行健,君子以自强不息;地势坤,君子以厚德载物"。在永恒的运动中,天格与人格相得益彰,行健自强、厚德载物称为仁人君子的道德追求。先贤往圣无不深刻体悟到斗转星移的时空变迁,并且在日新月异的体验之间寻求天下之大道,探索自然与人类社会的基本规律。孔子看到江河的流失,发出"逝者如斯夫"的感叹。《礼记》指出"苟日新、日日新、又日新"[①]。这一方面动态描述了星辰日月,以及世间万物的更替变迁,另一方面更凸显了对于新事物的期待和渴望。生命与生活不是停滞不前的,而是通过"日日新"向未来

---

① 《礼记》。

无限延展。天如此，人亦如此。在生命个体的角度，人也是不断成长、完善的，个人应该通过自身的努力求得人格的完满。随着生命的成长，人格也在日趋进步之中。在人生的各个阶段，个人都应该达到相应的道德境界。"二十弱冠、三十而立、四十不惑、五十而知天命、六十耳顺、七十从心所欲而不逾矩"。个人也不能安于现状，而应该一步步地塑造君子人格，实现自我的发展。从发展的视野审视天下万物，成为我国传统哲学思想的方法论精髓。宋明理学的开创者，大儒周敦颐在阐释宇宙发生时认为，宇宙生成的过程就是源自"无极而太极"的变化。太极"一静一动，产生阴阳万物"。太极动而生"阳"，静则生"阴"，"阴、阳"交换罔替，又生成其他的宇宙元素，这些元素相互组合变化，又生成万物。发展是中国传统文化中，具有最基本的方法论意味。在这种发展之中，中国的传统文化强调对于社会责任和自我责任的担当。既然万物都在变化发展，人性在不断升华之中，那么拥有理想人格的人就应该担负将天下引向大善的责任。从"穷则独善其身，达则兼济天下"到"为天地立心，为生民立命，为往圣继绝学，为万世开太平"，无不反映中国文化中强烈的历史责任感。就我国传统文化而言，"仁"是发展的目标，也是发展的内在驱动力量。施仁政于天下，以王道治理天下，是社会发展的最高理想状态。孟子曾说"不违农时，谷不可胜食也；数罟不入洿池，鱼鳖不可胜食；斧斤以时入山林，材木不可胜用也。谷与鱼鳖不可胜食，材木不可胜用，是使民养生丧死无憾也。养生丧死无憾，王道之始也"。在中国传统文化中，充满了对于发展的热切期待，充满了对于发展的极大热情和自我使命感。

其四，发展是社会认同度最高的当代核心价值。2009年度国家哲学社会科学基金重大招标项目"社会主义核心价值观构建与践行研究"课题组，进行了"社会主义核心价值观公民认同度"大型社会调查。调查问卷列举了"富强、和谐、发展、仁爱、自由、人本、正义、互助、共享、民主、文明、平等"12个选项，调查结果显示，"发展"位居社会主义核心价值观选项之首，认同度最高，评分均值为8.50，标准差仅74。这充分表明，"发展"作为一种价值观，已经得到了人民群众的高度认可，并且被普遍接受。"发展"已经成为一种积极的社会心态，也成为人民群众的价值诉求。

发展作为马克思主义的基本要义，作为我国社会主义建设的本质概括，作为我国传统思想的文化精髓，作为人民群众最广泛接受的价值概念，成为我国当代的核心价值观是我国当前思想意识建设的必然选择。

二 发展作为核心价值观的基本内涵

在个人层面，发展作为当代中国核心价值观，意味着公民意识的培养与公民道德的升华。在市场经济中，经济人理性、经济人格占有主导性的地位。随着商品经济在社会生活中无孔不入的渗透，对于自我利益的关切，对于个体利益的过度强调滋生了个人主义道德。同时，商品经济在社会生活中日益凸显的重要地位使经济价值逐渐成为具有主导性的社会价值。在经济价值平整化作用下，道德价值、公共理性渐渐被人们忽视，处于被边缘化的境地。这种趋势所带来的严重后果，就是公共道德的缺失，甚至危机。马克思主义理论所提倡的集体主义道德开始受到巨大的挑战。

作为社会公民而言，发展首先意味公共理性的回归，意味着集体主义道德的确立。以自我利益最大化为目标的经济理性只是经济学理论的前提，甚至是一种假设。所以当代著名经济学家阿马蒂亚·森指出，将经济理性当作人的唯一理性，是一种非常狭隘的理解。即便在经济领域内部，人的理性也并不是只由经济理性所构成。森指出，经济理性的提出者，经济学之父亚当·斯密在提出经济理性的时候只是强调人对于利益的审慎思考和权衡，而并没有赋予经济理性绝对的优先和主宰地位。社会生活是由各个领域所构成的综合体系，过度的经济理性将导致公共生活的混乱，经济价值的过分追求将导致社会的失序。森认为，即便对于个人而言，在完全经济理性的指引下也不可能实现自我生活的幸福。公共化是当代社会公民生活的主要特征。这种生活方式在本质上呼唤公共理性，呼唤公共道德。当代社会都是由陌生人所组成的公共领域。随着社会分工的细化，公共生活领域的扩大，人们对于社会依赖程度也在不断增强。在社会整体层面，自给自足的生活模式已经不复存在。个人的期待、目标、利益都需要在社会中通过与他人的交往、合作、交流来实现。对于公民个体而言，如果只关注自我的利益，而忽视公共责任，忽视他人的利益诉求，将破坏公民相互间的互助、合作，与公共生活的本质呼求背道而驰。在公共社会中，任何公民都有维护社会良好秩序，尊重他人基本权利，保护公共利益的责任与义务。从熟人社会转向陌生人社会，在道德层面对于个体提出了更高的要求。公民个体不但要能在有限理性的指引下实现、扩大自己的利益，而且要能够看到其他公民、社群，甚至社会的整体利益。公共理性意味着，公民要自觉地将自我利益增长与集体、社会利益紧密联系。要树立强烈的权利意识、法制意识和合作意识。在法律、社会规则的范围之内促进自我利益实现，自觉遵守基本的社会规范。同时，公民要培养对他者、对社会的积极情感，关心其他社会成员的生存状态，关心社会的建设、发展。公民道德的本质在于，超越个人的狭隘视野，能够将自己看作社会成员，主动承担各项社会责任，主动建立与其他公民的合作互助联系，共同推动社会进步。

　　发展对于公民个人，还意味培养积极上进的优秀品德。商品经济在带来经济繁荣的同时，也带来了拜金主义、享乐主义等腐朽落后的观念。特别在全球化浪潮的席卷之下，无论是文化，还是思想观念，都呈现出多元化的趋势。一些西方不健康的思想观念也随之进入我国，严重腐蚀着人们的思想和心灵。个人要抵制不良思想和腐朽生活方式的诱惑，以集体主义和马克思主义伦理理论为指导，建立积极向上的人生观、世界观。近年来，我国爆发了食品安全、医药安全等道德事件。其根源在于部分人唯利是图，不断触犯道德底线，引发社会性的道德失序。公民要不断加强个人道德修养，建立自我道德堤坝，形成稳定的道德心理，实现道德自律。同时，创新是当代社会的主要推动力量之一，也是发展的内在动力。当前，人类社会已经迈入了信息时代，知识的交互、更新和丰富都在以前所未有的速度进行着。与之相伴的是生活方式的不断转变，社会模式、经济结构的巨大调整。这些史无前例的变化都是人类社会蓬勃发展的结果。追求卓越、展现自我、不断超越成为现代社会的时代精神。发展无疑是现代社会精神的集中体现。固步自封、慵懒享乐，只会被时代所抛弃。只有树立蓬勃向上的创新精神，紧跟时代的步伐，用开放、积极的心态对待新事物的出现，才能把握时代的脉搏。个人要形成创新意识，积极投身知识创新、技术创新、文化创新之中，顺应甚至引领时代的潮流。

在社会层面，其一，发展意味着为所有社会成员带来利益的增长和权利的实现。在建设初期，我国一度忽视经济发展和建设，而将斗争作为社会的主要思想观念，导致国民经济的停滞。改革开放以来，我国在一段时期内实行以经济建设为中心的政策，并且在短时间内实现了经济的跨越发展，大幅度提高了综合国力，提高了人民的生活水平。在当时的条件和历史环境中，以"经济建设为中心"作为一项在短时间内迅速提高国家经济实力的策略，无疑具有现实的必要性和合理性。但是"以经济建设为中心"也带来了负面的影响。在社会分配的层面，市场经济模式存在着自身难以规避的累积性后果。那些拥有更高天赋，拥有更多社会资源，具有更强能力，具有更好机会和运气的人无疑会获得和积累更多的财富。获得更多财富的人又将获得更多的市场机会，并且具备更强的市场竞争力。这意味着，只有部分社会群体能够从社会发展中收获利益。而公共社会是公民合作体系，如果其他参与社会合作的成员不能从社会发展中获得期待的利益，那么就有退出社会合作的倾向，社会合作体系的稳定性将受到挑战。更为严重的问题在于，经济的不平等会直接带来社会权利的不平等。在商品社会，社会能力、公共生活的场域与经济密切相关。那些拥有更多财富的人能够享有更多的社会服务，具备更大的社会影响力，享受更多的社会权利。现代社会最重要的伦理诉求，在于保障所有社会成员的平等权利。特别对于我国社会主义社会而言，以先富带动后富，最终实现共同富裕，让所有社会成员都能够共享社会发展的利益，才是社会发展的根本任务。

其二，发展意味着"以人为本"。"以人为本"是科学发展观的核心，是我国当前发展的主旨、要义。"以人为本"的发展要求，发展的方式、路径、手段必须尊重、保护、促进广大人民群众的根本利益，必须突出人民群众的主体地位。"以人为本"的含义在于：首先，人民群众是社会发展的最高服务对象，人民的满意程度，人民的支持程度决定着发展的成败；其次，人民群众在发展过程中应该发挥主导作用，要充分展现、调动人民群众的主观能动性和参与积极性。我国在发展过程中存在着为发展而发展的不良现象，在某些地区，发展甚至被工具化。某些地方政府或者部门为达到相应的发展指数，忽视甚至侵犯人民合法、合理利益，造成了恶劣的社会影响。比如近年来出现的强拆现象。这种发展方式完全与我国的发展主旨南辕北辙。在发展过程中，任何时候都必须把人民的利益放在第一位。任何发展方式都是促进人民利益的手段和过程，在发展中要充分保护、尊重人民的合法、合理利益。另一方面，人民是社会的主人，只有发挥人民群众的积极性和创新性，才能实现更加快速和稳定的发展。在社会政策的制定、决策以及具体实施过程中，要鼓励人民群众参与，使他们在社会发展过程中扮演重要角色。政府部门在处理公共事务时，必须倾听、考虑、采纳人民群众意见，使社会发展符合人民的要求和期望。

其三，社会的发展必须全面、均衡。首先是地区间的均衡发展。地区发展不平衡，特别是城乡二元结构是我国发展失衡的主要问题。实现全面、均衡发展，必须逐渐打破地区间政策结构的樊篱，并且使政府政策向相对落后地区倾斜，积极促进相对滞后地区的发展，缩小地区间发展差距。其次是社会领域间的均衡发展。社会生活包括文化、政治、经济、教育、卫生诸多领域，包含经济价值、文化价值、道德价值等诸多社会价值诉求。正义的发展意味着不能以牺牲某一合理的社会价值为代价，换取另一种价值的增长，不能只关注与某些社会领域的发展，而忽视另一些社会领域的状况。全面、均衡发展要求各社会领域同步协调，各种合理社会价值诉求都得到充分的重视与满足。社会发展要统筹兼顾，注意各行业间的协调、平衡，保持良好的社会结构。最后是社会成员间的和谐关系。市场机制是一种竞争机制，这种机制能够充分调动社会成员的积极性，从而推动社会的整体发展。但是这种机制有产生、激化社会矛盾的危险。在社会发展中，如果不注意对于社会利益和心理的调节，势必造成社会的分化和矛盾。在社会发展过程中，要调节不同群体间的利益，培养相互关爱的良好社会心态。目前，社会中存在着为富不仁以及仇富嫉富等不健康心理，严重破坏了社会成员间的和谐关系。要消除这些心态，就必须在社会成员之间建成通达的桥梁，在群体之间建立制度化的互助互惠机制。

在人与自然的层面,发展意味着建立人与自然的良好互动关系,保持社会的可持续性发展。我国曾经把人与自然的关系完全归结为相互对立的矛盾状态,极端地认为人类的自由就是通过改变自然,甚至破坏自然实现的。在社会建设过程中,忽视并且违反自然客观规律,造成了严重的生态后果。加之我国一度处于产业链的初级阶段,对自然资源进行了过度开采,对自然环境造成了不可逆的破坏。沉重的生态代价给我们带来了一系列问题,比如气候的急剧升高、大气层的污染、森林的减少等等。人是自然的组成部分,而且内在地受到自然界的制约。但制约不等于矛盾和对立。只有顺应自然规律,符合自然基本原则,才能为人类自我发展创造健康的外在环境。保护自然、维持生态平衡,是保证人类可持续发展的重要前提。发展作为当代中国的核心价值观,意味着社会在发展过程中要尊重、维护生态环境,通过新技术的开发,新能源的利用,新生活方式的建立,新生态观念的兴起,充分保障发展的健康和可持续性。

三 发展作为核心价值观的当代意义

"发展"作为我国当代核心价值观,对于我国的未来将产生举足轻重的作用。其一,"发展"作为核心价值观,将是我国前进的主要精神力量和思想保障。马克思主义哲学认为,发展就是新事物的产生与旧事物的灭亡。只有当符合历史趋势,符合人类历史前进规律,具有强大生命力和远大前途的事物出现,才能被视为发展。"发展"观代表着与时俱进、勇于创新、勇于开拓的精神,寓含着遵循规律、辨别是非、探寻真理的理性要求。只有在发展观念的引领下,我国才能实践马克思主义系统理论,实现社会主义建设的伟大目标。随着时代的发展,马克思主义指导思想在具体的历史境遇中不断丰富、完善,赋予自身新的内涵与内容,才能永葆强大的生命力,发挥意识形态的指导作用。同时,历史告诉我们,对于国家和民族而言,只有让自己富强,才能摆脱被侵略凌辱的地位。在目前历史阶段,虽然和平与发展依然是世界的主题,但是国际竞争日趋激烈,国际关系错综复杂。特别对我国而言,作为目前世界上人口最多、国土面积最大的社会主义国家,面对着其他一些国家的思想文化渗透，甚至政治干涉。发展观念能够让我国在纷繁复杂的国际环境中明确自己的前进道路，坚定人民群众的思想信念，拥有蓬勃的生机与强大的精神力量。无论在思想意识、时代精神和实践智慧方面，"发展"观都是引导国家发展的重要价值基础。

其二，"发展"作为我国核心价值观，将为我国全面贯彻落实"科学发展观"，构建创新型社会提供价值基础。"科学发展观"是发展价值观在当代中国的集中表达，是处于国家最高意识形态的发展观念。"科学发展观"全面阐释了我国社会主义事业的核心内涵、基本理念、根本方式和具体目标，高屋建瓴地指出了我国当代社会主义建设的发展方向。创新是发展的内在动力，也是推动发展的主要方式，人类社会的每一次进步都是源自知识、价值、理念和技术的创新。创新需要价值的引领和指导，只有在科学发展的原则之内，创新才能顺应社会进步的趋势和需要，才具有积极的社会和道德价值。发展价值观将引领社会各部门创新，为知识、技术、文化、社会管理创新指明方向。

其三，"发展"作为当前中国的核心价值观，将最大范围地增进国家认同，团结各族人民和全球华人。国家的富强、繁荣和昌盛是炎黄子孙的共同愿望。自鸦片战争开始，经历了近百年的沉沦和屈辱，中华儿女都充分意识到国家的强盛是民族发展，人民安居乐业的基本保障。数百年来，从"师夷长技以制夷"到"辛亥革命""新民主主义革命"，再到社会主义革命和建设，中华儿女都在为实现民族的伟大复兴而不懈奋斗，其本质就是民族的自强，国家的发展。在发展中，历史的耻辱正在逐渐洗刷，澳门、香港都已经回归祖国的怀抱，海峡两岸的联系也日益紧密，围绕在一个中国原则的共识中心。随着我国改革开放政策的推进，海外华人也越来越多，在不同的国家中传承着中华民族的血脉、传播着中华民族的历史文化和现代价值观念。只有富强的国家才能为中国同胞在国际社会提供最坚实的基础。在国家的发展中，世界对于中国，对于中华民族，对于中国人给予了更多的尊重与认同，越来越多的华人在国际舞台上扮演着越来越重要的角色，发挥着越来越大的积极作用。发展作为全球华人的热切期待，是彼此相互认同、相互团结的精神纽带。

我国是多民族国家，随着经济、文化的发展，民族之间交往较以往任何时期都更为频繁和紧密。各族人民都享受到国家强盛所带来的丰硕成果。我国从中央到各级地方政府都非常重视、关心少数民族地区建设与人民生活水平，颁布和实施了一系列方针政策。正是通过经济、社会的发展，我国少数民族地区人民生活水平得到极大改善，很多地区从自然经济社会模式直接进入了现代社会阶段。在市场经济中，各民族之间的人们已经突破了地域、文化的限制，彼此组成共生共荣的社会合作体系，共同创造财富。通讯技术、交通运输、信息交互发展等社会创新成果为民族融和提供了技术以及社会形态、结构方面的强有力支持。另一方面，社会发展、各民族之间的交往促进彼此之间的相互了解和信任，促进文化、传统的相互尊重。无论在经济利益还是精神、文化层面，发展都深化了各民族同胞之间的内在联系，极大促进了中华民族的稳定、繁荣。发展也是我国各民族兄弟姐妹的共同期待，为各民族文化所普遍认同。各民族文化中，都蕴含着对于未来美好生活的憧憬与企盼。

"发展"观是中华民族精神的优秀体现，将为各民族兄弟姐妹，以及全球华人提供民族价值共识和精神动力。同时，发展是中华民族立于世界民族之林的前提，更是全球华人的现实诉求。"发展"观将引领所有华人为中华民族的振兴而努力。

其四，"发展"作为当前中国的核心价值观，将有利于中国价值的全球化，促进国际新秩序的建立。我们所提倡的"发展"观，强调发展主体间的和谐共处、利益双赢。和谐价值是"发展"的内在价值诉求。以和谐发展为目标，促进国际多元价值、文化的交流和融合，建立平等的国际社会新秩序，将得到各国际主体的认同与尊重。通过"发展"这一平台和媒介，加深国际社会对于中国价值观念的理解、接受和支持，将极大增强我国的文化软实力。现代的国际关系中，单边主义已经被历史证明是不可行的。任何国家谋求国际霸权的时代已经过去，多元共荣、多边共赢是全球国际关系的必然趋势。这对于我国而言，是历史的机遇。我国作为目前世界最大的经济体之一，联合国常任理事国，有责任和义务参与国际事务，并且发挥常任理事国应该具备的主导作用。发展是我国提升国际影响力的根本方式。

发展也是我国在国际新秩序中占据领先地位的基本途径。目前的国际政治、经济框架基本都是由西方发达国家所制定的。在这些框架和机制中，很多条款都有利于发达国家。旧有的经济结构、产业和格局中，西方发达国家无疑占据了有利地位，并且通过各种规则、标准的制定延续着其优势。但是，旧有的经济模式已经不能完全满足新时代的要求。生态破坏、能源危机等人类社会面临的新挑战，要求我们谋求新的发展道路，比如发展绿色产业、清洁能源产业等。新的发展道路给予了我国赶超世界先进水平的巨大契机。在新的产业和经济模式面前，各国都处于平等的起跑线上。事实上，在电动汽车、风力发电等绿色产业领域，我国已经走在世界的前列。在新产业、新经济模式和规则体系中，我国要整合资源，进行知识和技术创新，发挥自身的特点和优势，努力成为国际经济领域的领跑者。

第三节 "五大发展理念"的伦理价值

发展是当今世界的主题之一，也是当代中国的主题。自改革开放以来，中国始终以发展作为第一要务，取得了令世人惊叹的伟大成就，在人类社会发展史上形成了特殊的"中国经验"。在这一历史进程中，从"发展就是硬道理"到五大"新发展理念"，实现了马克思主义发展观上的重大变革，不仅具有重要的社会价值，而且具有重要的伦理价值。可以说，当代中国的发展过程就是发展伦理的演绎过程，当代中国的发展经验充分体现了伦理精神。

一 五大发展理念的社会伦理背景

五大发展理念作为一种全新的执政理念的提出不是偶然，除了有其自身特殊的内涵与价值之外，更重要的是有其特殊的社会伦理背景。[①] 五大发展理念是中国共产党坚持马克思主义的最新成果，它的背后关系着我国一场关于发展的深刻的变革。五大发展理念背后的社会

---

① 《"任理轩同志"系列文章带您读懂习近平"五大发展理念"》，人民网－中国共产党新闻网，2015年12月24日。

伦理背景集中在应该怎么创新，如何把创新转化成生产力；如何协调发展，缩小区域间差距；如何绿色发展，构建可持续发展的发展模式；如何应对开放带来的挑战，如何把挑战转化成机遇；如何实现共享发展果实，让所有人享受到发展所带来的益处。

学界关于五大发展理论的研究有两个层面，一种是学界从整体层面上对五大发展理念的形成进行了理论探索，认为五大发展理念的提出是深入分析对比了国内外的发展经验，分析研究了国内外的发展趋势的基础上完成的；另外一种是从具体的问题层面来进行发掘与解读，认为每一种发展理念都有特有的理论背景与现实依据。[①] 两种层面的解读体现出学界对于五大发展理念的重视，不同角度、维度的理论探索为建设中国社会主义事业提供了丰富的理论资源。"理念是行动的先导，一定的发展实践都是由一定的发展理念来引领的。"[②] 因此，创新的目标是为了建构未来；协调、绿色、开放的目标是为了如何更好的发展；共享的目标是如何更好的实现公平与正义。

改革开放驱动创新，创新发展构建未来。习近平总书记指出："从全球范围看，科学技术越来越成为推动经济社会发展的主要力量，创新驱动是大势所趋。"[③] 科学技术是第一生产力，但科学的进步不仅依赖于技术层面的发展，同样依赖于国家社会层面的因素。国家层面的改革开放，为科学技术的发展提供了制度层面的保障。经济的高速发展，为创新提供了"加速器"的帮助。稳定和谐的社会环境，为创新提供了温和的土壤。改革是创新的发动机，只有不断坚持改革，才有源源不断的动力保持创新。创新不是最终目的，创新的目的是为党和人民创造出一个美好的未来。中国共产党自始至终都在为建设共产主义的历史使命而奋斗，处于社会主义初期阶段的历史进程中，更需要依照客观发展规律，进一步提高生产力。生产力进步的根源就在于创新，特别是科学技术层面的创新。创新理念位于发展理念的第一位置，创新发展则是发展问题

---

① 《国内关于"五大发展理念"研究述评》，《社会主义研究》2016年第3期，第151—160页。
② 习近平：《在党的十八届五中全会第二次全体会议上的讲话（节选）》，《求是》2016年第1期。
③ 习近平：《敏锐把握世界科技创新发展趋势 切实把创新驱动发展战略实施好》，《人民日报》2013年10月2日第1版。

的主要矛盾。创新是发展的动力源，体制机制变革释放创新活力，创新发展剑指未来。中国特色社会主义理论体系是创新的理论体系，中国的发展道路是创新的发展道路。①

协调发展促进均衡，绿色开放社会和谐。协调的发展理念包括两个维度的问题。经济维度上，协调发展促进经济平稳发展，避免落入"中等收入陷阱"。区域、领域以及文化维度上，协调好主体与部分之间的关系，总体上发挥出最大效能，部分上为整体提供支持。改革开放以来，中国的经济水平高速增长，但经济发展的同时也遇到不少挑战。宏观经济的可持续发展、经济发展与自然环境的关系、不同区域之间发展均衡的问题考验着党和人民。经济的可持续发展涉及了发展的伦理问题，持续稳定的经济增长，能够缓和社会矛盾，能够为人民带来美好的生活，社会主义市场经济发展的伦理思想不同于资本主义的利润至上的伦理思想，社会主义市场经济发展的果实最终会通过公平、公正的再分配手段惠及人民。

绿色经济与环保问题涉及环境伦理问题。当代人发展经济无可厚非，但不能竭泽而渔。习近平总书记说过"绿水青山就是金山银山"，环保问题在党的十八大以后上升到了一个新的层级。各级党政机关都把环保列为了重要的工作任务。绿色可持续的经济发展，凸显了中国共产党长远的发展眼光，也是实事求是从问题出发的具体表现。在改革开放初期，因为经济发展的需求，许多高污染、高排放的发展项目为经济增长做出了一定贡献，但是这一发展模式无法适应新常态下经济的发展，因此它更应该退出历史舞台，否则它危害的可能就是后代的生存环境，这同样是一个严肃的代际伦理问题。构建绿色经济，体现了"以人为本"的伦理思想。区域间发展不平衡，社会两级分化是协调发展的另外一大问题，消除贫富分化问题，既需要让贫困群众脱贫致富，还需要更加完善的再分配制度缩小制度性的收入差距，让整个社会所创造的财富更加平均的分配，这才是符合社会主义理念的分配制度。

对外开放乃大势所趋、众望所归。历史能够清晰地呈现出开放与闭

---

① 《习近平党校十九讲》，中共中央党校出版社2014年版，第28页。

关锁国两种路径所产生的结果，封闭的清政府逐渐衰败并遭受到列强的入侵，开放的新中国逐渐强大并取得了辉煌成就，二者对比则能体现出对外开放的重要性与迫切性。对外开放乃经济全球化背景下国家发展的大势所趋，同样也是人民追求自由的人心所向。自古以来能够维系兼容并包对外开放的王朝都能够取得不小的成就，例如张骞开辟丝绸之路、郑和下西洋等事件都是最好的例证。如今的"一带一路"倡议既借鉴了历史路径，同样也在努力开创未来道路。对外开放自古就有悠久的历史，今天坚持开放发展的理念，既为历史责任的继承，也是国家发展之必然。它彰显了中国模式的理论自信、制度自信、道路自信、文化自信。

共享发展促进正义，公平正义人人共建。共享是五大发展理念的出发点与落脚点，它明示了发展的价值理念，掌握了发展的科学规律，同时也反映出中国共产党所引领的社会主义制度的价值诉求，更是党的宗旨与使命的充分展现。在共享基础上所提出的全面实现小康社会，是中国梦的重要基石。共享发展的理念是关系到全体公民福祉的重要理论。发展的成果能否被全体人民享有，不仅关乎正义问题，更是中国共产党是否能够继续执政的重要因素。"一个社会，当它不仅被设计得旨在推进它的成员利益，而且也有效地受着一种公开的正义观管理时，它就是组织良好的社会。"[①] 共享发展理念把人民放在突出位置，它体现了中国共产党以人民为本、全心全意为人民服务的初心。构建社会公平正义，从扶贫脱贫入手；缩小收入差值，均衡城乡差距；保障城乡基础设施条件均衡；最终实现共同富裕。正义的事业是人人参与共建的事业，共享的发展理念建立在公平与正义的基础上，它意味着没有人享有特权。公平的社会环境，才能孕育人人共建的发展氛围。"公平正义是中国特色社会主义的内在要求，所以必须在全体人民共同奋斗、经济社会发展的基础上，加紧建设对保障社会公平正义具有重大作用的制度，逐步建立社会公平保障体系。"[②] 公平正义是共享发展的基础，只有建立公平正义上的共享模式，才能够让全体人民有所惠及。人民享受到发展的成果，

[①] [美]罗尔斯：《正义论》，何怀宏译，中国人民大学出版社1988年版，第3页。
[②] 《十八大以来重要文献选编（上）》，中央文献出版社2014年版，第78—79页。

自然会投身于社会主义的伟大事业中，人人共享、人人共建既为良性的发展模式又为历史发展的必然趋势。

可见，只有坚持改革才能不断驱动创新，持续的创新才能构建出美好的未来。创造出的美好前景需要协调发展，保障经济的可持续性，缩小区域间发展的差距，构建绿色环保的可持续性发展模式还需保持开放的发展态势，促进内外交流、互动。共享发展成果是发展的起点与落脚点，否则再好的发展成果如不能惠及百姓，则违背了发展的初衷，同样也违背了人民的意愿。

二 五大发展理念的内在逻辑结构

五大发展理念是中国共产党坚持马克思主义中国化的最新成果。改革开放40多年来，我国取得了巨大的成果，但"不均衡、不协调、不可持续"的问题依旧考验着中国模式。五大发展理念回应的就是这些尖锐的问题，为党和人民攻坚克难提供坚实的理论基础、理论自信、理论路径。五大发展理论既有问题性，同样具有整体性，五个理念之间相互关联、互为因果。

发展本质即为创新。创新摆在五大发展理念的第一位，凸显出创新的重要性与迫切性，习近平总书记从七个方面指出了创新的重要性，并提出了相应的工作方向。[①] 创新是发展的源泉，回顾历史，不论是科技的创新，还是政治体制的创新，总能给共同体带来不小的发展动力。比如说第一次工业革命、第二次工业革命、互联网革命等，技术创新极大地提高了生产力，生产力的进步改变了生产关系，技术把人从繁琐的重复劳动中解放，人具有了一定闲暇时间。闲暇促使人类创造文化，海量的文字、音频、视频资料被创造出来，人类文明从没有如此辉煌，这一切都源自于创新这一根本的发展动力；马克思认为，人类社会为了延续已有的成果，会改变无法与生产力所适应的生产关系与结构。[②] 人类社会从原始采集社会逐渐过度到封建社会，封建社会则被资本主义社会所

[①] 《中共中央关于制定国民经济和社会发展第十三个五年规划的建议》，人民网－人民日报，2015年11月4日。

[②] 《马克思恩格斯文集》第10卷，人民出版社2009年版，第43—44页。

取得，资本主义无法克服自身固有矛盾则会最终进入共产主义社会。

除此之外，从国家与人民、制度与党的层面也能发现创新的重要性。从国家层面看经济创新，它能够驱动经济的发展、丰富人民的生活。资本主义需要经济发展，社会主义同样需要发达的经济基础才能够进入到共产主义社会。从增进人民的福祉上看创新，创新带来经济发展能够提升人民的生活水平，技术层面的创新能够惠及人民的日常生活，比如说高铁、4G高速网络、互联网购物等技术创新让人民的生活更加便利。从发展社会主义制度优越性看创新，中国特色社会主义制度是马克思主义中国化的产物，它本身就是创新的产物，如果不依照实际国情，以拿来主义的方式应用理论也可能会水土不服。创新是中国共产党灵活性、先进性的体现，中国共产党是建设中国特色社会主义的主力军，只有坚持党的领导才能保障中国特色社会主义事业，才能真正的为了人民而发展，才能把发展的成果分享给人民。

发展过程需要联动。创新驱动发展还需要注重协调、绿色、开放，创新是发展的"火车头"，协调、绿色、开放的发展理念则是发展的"铁轨道"，只有规则范围内的发展才是良性可控制、可持续的发展。协调发展的理念处理的是发展不均衡的问题，其中包含了经济发展是否平稳、区域之间发展是否均衡、城乡之间发展是否协调等问题。经济的发展有其必然规律，改革开放40多年来中国经济一直都在高速发展，如今中国经济面临了提质稳增长的发展阶段性任务。经济求"稳"本质上就是协调发展的理念。资本主义历史的初期，资本家单纯为了追逐利润，压榨工人阶级、大肆破坏环境，造成了非常恶劣的结果。当今的中国经济总量已经名列世界第二，经济发展的目标已经不是单纯的追求总量，而是追求质量与增量并重的模式。淘汰高耗能、高污染、低效能的产业，大力发展绿色可持续发展产业，创造可以持续发展的循环经济模式。

某种程度来说绿色发展理念就是协调理念的顺延。绿色意味着可持续、高效益、低污染，从长远来看绿色的发展模式就是协调、持续、循环的发展模式。马克思认为，绿色发展不仅是对于资源节约，而且还要注重对环境的友好。① 环境污染已经严重影响到了国民的生存环境，环保问题则成为落实绿色发展理念的重要抓手。党的十八大以来党中央、国务院对于环保问题高度重视，在协调发展的同时，防止环境恶化，进一步提升环境质量，还人民一片"青山绿水"。"两型社会"也是绿色发展理念的体现，绿色发展理念意味着用发展的眼光看问题，它有效的避免了盲目的追求短期利益而造成的损失。绿色发展为智慧的发展，它体现了"以人为本"的哲学思想。

开放发展彰显道路自信。自改革开放以来，中国积极融入到国际秩序，充分的与外部交流、互动、往来，中国经济在对外开放的大背景下飞速发展，中国的国际地位与影响力也得到了极大提升。中国在国际事务间的话语权也日渐提升，作为联合国常任理事国的中国肩负不少的国际事务，履行了维护国际秩序的应有义务。对外开放不仅是让国外优质资源、文化进入国门，还能把自身的优秀产品、文化输出国外。虽然开放国门可能会造成一定的"经济、文化入侵"，清朝政府"闭关锁国"的深层原因正是如此。但在迎接挑战的背景下，中国依然坚持对外开放，则说明中国已经足够自信。面临外部因素的挑战并不是关起国门的"掩耳盗铃"，而是大开平等、互信的交流之门，积极主动的应对挑战。开放发展形成内外联动，促进经济文化交流，形成互利共赢的双赢格局。中国在实现"两个一百年"目标的同时，为了中华民族的崛起而努力，也将会为世界经济、政治、秩序做出更大贡献，展现大国实力与大国担当。

发展成果更需共享。共享发展是五大发展理念的最终目标，它回答的是为了谁而发展。共享发展理念的初衷是为了人民而共享，该理念具有很强的现实意味。纵观全球许多国家因为不注重发展为了谁的问题，虽然国家得到了快速的发展，经济得到了提振，但是发展却造成了严重的两极分化、贫富对立、人自由的异化等等问题。比如说，曾经经济上富裕的阿拉伯国家，在一场"阿拉伯之春"的革命冲击下要么倒台，要么陷入到连绵战火之中。激化矛盾的深层次原因就是发展、进步的利益

---

① 《马克思恩格斯选集》第 1 卷，人民出版社 1995 年版，第 42 页。

并没有得到公平正义的分配，国家所取得的成果都被少数阶层所垄断，底层人民并未享受到这一切成果。共享发展不仅是为了避免与减少矛盾与冲突而发展，它的本质是让所有参与者都能享受到发展所带来的益处，从而实现人与人、人与社会、人与国家之间的和谐共处。

综上所述，五大发展理念的逻辑关系即创新为发展的本质，创新为发展带来动力；发展的过程需要协调、绿色、开放的发展理念形成联动，发展联动保障过程质量；发展成果依靠共享理念，公平正义的分配"果实"。

三 五大发展理念的伦理价值

五大发展理念具有深刻的伦理价值，它主要体现在发展伦理层面的创新理念；经济伦理层面的协调理念；生态伦理层面的绿色理念；制度伦理层面的开放理念；政治伦理层面的共享理念。

创新发展应当以人为本。创新意味着从"旧"往"新"的变革，但创新并不意味着"新"在价值层面上一定优于"旧"。例如资本主义制度相比较于封建制度要更加新一些，但资本主义制度对于工人的压制比封建制度更加恶劣；工业革命解放了生产力，但机械生产却把产业工人物化成工具，不停歇的重复生产；民国初年中国直接跨步迈入了民主共和政体，但政治体制革新却造成了军阀混战的结果，人民生活于水深火热之中。因此，创新并不一定意味着价值意义上的好与善，甚至盲目的创新会产生"坏与恶"。创新应该服从于"以人为本"的价值观念，任何妨碍于人的自由、平等、尊严的创新都是不恰当、不道德的创新。

创新应该促使人的全面发展，而不是把人物化。坚持以人为本的价值理论实践创新，才是创新作为发展理念的伦理本质。技术层面看发展，它不以人的意志为转移，但人可以通过自身价值观念选择发展何种层面的技术，或者是否选择应用该技术。任何技术都不能以损害人的利益为基础，否则技术可能会产生异化，最终把人给奴役。

协调发展应当相对均衡。协调经济发展是新形势下的当务之急，习近平总书记对于当下的经济形式提出了"六稳"的要求。经济是发展的重要因素，让经济在合理区间运行，体现了协调发展的理念。避免落入

"中等收入陷阱"是协调发展吸收先进发展经验的目标。经济发展存在客观规律，市场与政府、供给与需求、货币与信贷等要素都在不同层面影响着经济的走势。让经济形式稳扎稳打，不仅是保障经济的增量，同样也是保障经济的质量，高质量的增长巩固的是整个经济体的稳定性。在稳定的经济社会形势下，国家的实力才能有所保障，人民的利益才能充分满足。

虽然发展经济成为第一要务，但如何让经济稳步增长、可持续增长则成为了发展的重要价值目标。稳定经济发展乃是协调发展理念的重要所在，经济形式稳扎稳打方能盘活全局，此时全面的协调发展才能成为现实。协调经济发展能够保障不同区域之间协调发展，能够促进不同领域之间协同进步，能够加快中国特色社会主义事业稳步前行。但是还需要协调物质与精神层面的文明，否则可能会落入到"唯物质"的功利思想中去，反而损害了协调发展的本意。

绿色发展应当细水长流。为了发展而破坏环境实质上是一种"掩耳盗铃"的行为，破坏环境的账迟早会算到人类头上。如果当代人不节制的发展而造成了环境的破坏，就算自身没有受到自然环境的惩罚，下一代或者下几代的人都可能会为之前的行为而买单。从历史的角度上看环境的破坏而造成的恶劣影响可能更为明显，比如说"伦敦大雾"是由当时英国的工厂无节制生产而排放有害气体所产生的气候现象；切尔诺贝利核电站、日本福岛核电站的核泄露事故造成了重大经济损伤与自然环境破坏；前些年时常发生在我国的雾霾现象等。这些案例都从侧面反映出环保工作与绿色发展的重要性。

地球只有一个，人类与环境密切相关，破坏环境的行为都是对于人类自身利益的损害。发展是社会的必然路径，但发展需要建立在绿色的理念之上。可持续的发展模式、环保的发展模式、节约的发展模式是绿色发展理念的可行路径，绿色发展模式的本质就是能够长期、健康、和谐的与大自然相处，并且保障人生产所需要的环境能够与自然环境相协调、融合。

开放发展应当平等互惠。开放发展的理念是建立在制度伦理层面，制度化的安排才能够形成良性的对外开放格局。中国近代的明朝、清朝很大程度上都实行了"对外封闭"的国家政策，治国理念背后体现了保守的伦理思想。恰好是这种保守的思想，让当时的政府失去了与外部世界良性的沟通、交流路径，从而导致了政治、经济、科学、文化等方面的落后，也为列强的入侵埋下了隐患。对外开放的发展理念，并不是无条件的对外开放，而是必须要建立在平等互惠基础上的开放。否则与签订不平等条约的清政府被迫开放区别不大，甚至说所带来的害处更为显著。相互平等也是不同主权国家之间交往的基本原则，不同主体之间如果不能达成平等，那么也就自然谈不上互惠，只有建立在平等基础上的贸易、沟通、交流才能形成共赢的互惠局面。否则单方面的压榨与剥削都是短视的不道德行为，如非正义的殖民主义一般，最终会受到被压榨者的奋起抗争。对外开放有利于政治、经济、文化的交流，但要实现不同主体之间双赢的结果，平等乃是前提基础。保障国家主体之间平等交流，需要良性互动的国际秩序，也需相关国家的平等参与。开放的发展理念背后伦理基础是相互平等，只有平等的交往才能实现更优的结果。

共享发展应当共享共建。共享发展的成果属于一种政治行为，它意味着不同享受公民权益的个体都应该享受到发展的成果。它是一种政治理念，但实现它需要社会公平与正义的大前提，否则发展的成果则可能被权势者所垄断，人民群众努力劳动所带来的成果可能会被人"悄悄掠夺"。从道义上来说这属于一种欺骗行为；从经济上来说这属于一种剥削行为；从哲学层面来说这是非正义行为。因此发展成果需要共享，唯有实现公平正义下的共享发展，才能够进一步促进人人共建的美好局面。人人共建意味着多数人能够为一个目标而奉献，甘愿奉献属于一种美德，多数人拥有美德的国度自然是一个德性的国家。而一个德性的国家则会是一个善的国家，也是一个能够最大限度实现人的解放与全面发展的国家。

总之，五大发展理念背后存在不同层面的伦理价值。创新是发展的动力，也是五大发展理念位于首位的价值理念，它背后的伦理价值乃是以人为本。协调是良性发展的必然要求，经济协调发展至关重要，协调发展背后的伦理价值乃是稳扎稳打。绿色发展是长期发展的保障，它彰显了人与自然的和谐关系，绿色发展既要"青山绿水"也要"细水长流"。开放发展是发展的必经之路，对外开放体现"道路自信"，但唯有平等基础上的开放才能互利共赢。共享发展是发展的最终目的，它是中国特色社会主义的鲜明旗帜，也是中国共产党不忘初心的历史使命。

第六章　公正：中国模式的伦理秩序

自改革开放以来，我国经济社会发展取得了举世瞩目的伟大成就。在历史进程中，我们始终将马克思主义与中国实际相结合，紧紧把握时代趋势和国家、民族现实需求，探索出了具有中国特色的社会主义发展道路，形成了中国模式。中国模式源自我们所坚持的社会主义道路、源自悠久的民族历史文化，内涵着人民对于国家的高度伦理认同。同时，在中国模式形成过程中，我们也必须面对社会发展所带来的伦理问题和新的伦理诉求。建立符合中国模式内在要求的伦理秩序，是维系中国模式健康发展的必然选择。

第一节　中国模式的伦理意义

近年来，特别是改革开放以来，中国取得了辉煌的成就，造就了中国模式的形成与发展。但当前关于中国模式存在着争议，主要表现为存在中国模式与不存在中国模式之争。从中国的发展历程来看，中国取得的成就是有目共睹的，我们国家有自己的发展模式，在结合本国实际情况的基础上创新本国的发展模式，形成具有特色的中国模式。因此，中国模式这一说是合理的。因为所谓模式，就是行为主体为达到自己的目标而采取的特定的行为方式。中国模式也不例外，它是以国家作为行为主体，为了达到促进本国发展的目标而采取的特定的行为方式。每个国家的国情具有差异性，不可能采取完全复制的方式，必须坚持创新，找到适合本国发展的模式。中国模式是相对于美国模式、日本模式、欧洲模式等提出来的，但是又是与它们不同的模式。每一种模式对于其他模式或者其他国家的发展具有借鉴的作用，因此，在很大程度上而言，每一种模式不仅属于本国或本地区，而且属于世界。中国模式不仅体现在经济增长方面对世界发展的贡献，而且中国倡导的价值观和所采取的对外政策在世界范围内逐渐产生了共鸣和影响力。① 在这一意义上，中国模式逐渐引起了国内外各界的积极关注，具有以下重要的伦理意义。

中国模式是道路自信的积极体现。自信，是自信主体对于自信客体的肯定性评价，是一个国家、一个民族、一个政党对自身的充分肯定和深切认同，是对自身生命力及其价值的坚定信念和自觉追求。② 所谓中国模式主要是关于中国特色社会主义建设的经验概括。相对于中国道路而言，两者具有同一性，是中国特色社会主义道路的两个方面。中国模式侧重于叙述中国的行为方式，中国道路侧重于叙述中国的发展历程，两者并不互相矛盾或冲突。中国模式的形成与发展体现了道路自信。中国模式的形成与发展得益于中国在发展进程中所取得的硕果，表明发展模式是符合本国发展实情的。中国模式始终尊重和维护广大人民群众的根本利益，积极推进中国特色社会主义建设，努力提升广大人民群众的获得感和幸福感，得到了广大人民群众的支持，拥有坚实的群众基础。

中国模式之所以是道路自信的积极体现，是由于其具有以下几个特性：首先，中国模式具有科学性。中国特色社会主义道路始终以科学的理论作为指导。中国模式是关于中国特色社会主义建设的经验总结，虽然在建设过程中难免出现失误，但是实践证明其总体方向是正确的，这也为我们国家今后的建设提供了经验总结，极大地减少了在未来中国特色社会主义建设中的失误。同时，中国并没有闭关自守，而是以开放的心态，借鉴其他模式的成功经验与本国的实际国情相结合，更好地推动本国的发展。其次，中国模式具有独特性。因为中国模式是中国特有的模式，具有中国特色。中国道路是在"摸着石头过河"中形成的，不是

---

① 曹景文：《海外视阈下的中国模式及其世界影响》，《南京政治学院学报》2017 年第 1 期。
② 袁银传、田亚：《论中国特色社会主义道路自信的根据》，《学校党建与思想教育》2018 年第 5 期。

复制他国的模式。最后,中国模式具有实践性。中国模式是在多年的实践中形成的,特别是改革开放以来,中国的综合实力得到了极大的提升,经济、政治、文化、社会、生态建设取得重大进展。体现了中国模式具有鲜活的生命力,同时也为其他国家特别是社会主义国家提供建设经验。因此,中国模式的形成体现了我们国家、民族、政党对于中国特色社会主义道路的充分肯定和深切认同,体现了道路自信的同时也体现了对理论自信、制度自信和文化自信的充分肯定和深切认同。

中国模式是国家认同的重要体现。所谓国家认同,从中文字面意思来看,一般就是指一个人出于认知以及情感、态度、精神、心理等因素而对自己所在国家的认可与赞同。[1] 也即是说,国家认同可能出于情感认知,也可能是出于理性认知,但往往并不是仅仅因某一情感而产生,往往受多种因素的影响。如当我们处于暴政下,我们会拥有强烈的爱国情感,但是我们难以对这种暴政统治进行认可和赞同。国家认同一般包括民族认同、政治认同、文化认同等。中国模式充分地体现了社会成员的国家认同。我国是56个民族组成的多民族国家,每个民族有自己独特的历史、文化、风俗等,也正是因为这些独特的历史、文化、风俗等交织成具有民族性的图景。在我国历史上,经过各领域的不断交往与融合,各民族的和睦相处,早已超越血缘和地域的限制,形成了中华民族。中国模式的提出,体现了各民族的民族认同感,体现了对国家的认同。政治认同是指社会成员在政治生活中所形成的政治归属感,并且深刻的认识、理解到自我在政治生活中所承担的责任和义务。

政治认同体现为政党认同、道路认同等。中国特色社会主义建设始终坚持中国共产党的领导,坚持中国特色社会主义道路。中国模式主要是关于中国特色社会主义建设的经验概括,且中国特色社会主义建设发展至今,是经过实践检验的,是正确的、符合本国国情的。我国的政党制度是中国共产党领导的多党合作和政治协商制度,既不是一党执政也不是多党执政,这一政党制度是适合中国发展的政党制度。中国共产党跟各民主党派并不是冲突的,因为中国共产党代表了全国人民的根本利

---

[1] 刘晨光:《爱国主义、国家认同与当前中国政治文化建设》,《南京政治学院学报》2017年第3期。

益，各民主党派代表了不同阶层的根本利益，双方的根本利益是一致的。在中国特色社会主义建设的过程中必须始终坚持中国共产党的领导，坚持这一政党制度。在中国特色社会主义建设的过程中，坚持中国特色社会主义道路，努力推动经济、政治、文化、社会、生态的全面发展，实现社会的公平正义，提升社会成员的获得感和幸福感。在中国模式下，我国取得的成就是得到中国人民和世界人民的认可，虽然在这一过程中存在矛盾和问题，但是社会的发展是一个不断解决新矛盾和新问题的过程，在这一过程中不断地推动社会的发展。一个国家或者民族文化的形成受众多因素的影响，如地理环境、社会背景、人文环境等影响。中国拥有优秀的传统文化，众多的思想经过不断的传承与发展而得以继承。如对现今社会影响深远的儒家文化，其仁、义、礼、智、信等思想对后世产生重要的影响。孔子所处的春秋战国时期，诸侯争霸，战乱不断，给老百姓带来深重的灾难。也即是在这一社会背景的推动下，出现了"百家争鸣"的现象，儒家、道家、法家等众多思想流派相继出现，这些流派的思想是中华民族传统文化的重要组成部分。如孔子提倡统治者要实行仁政，"为政以德，譬如北辰，居其所而众星拱之"，[①] 这样才能使国家长治久安。这一思想对当前国家治理有重要的影响，因为在国家治理中应始终坚持以人为本，尊重和维护最广大人民的根本利益，这样才有助于得到人民的支持，国家才能得到良好的治理。

因此，从这一意义而言，文化是一种社会和历史的现象。如雅思贝尔斯提出的"轴心时代"，中国、西方和印度等地区的文明有鲜明的差异性。中国模式不是空中楼阁，而是立基于中华民族传统文化的基础上，借鉴国外建设的有效经验与本国的国情相结合，是一个艰巨而又复杂的过程。纵观中国各王朝，我们会分析各王朝或兴盛或灭亡的原因，以避免在今后的国家建设中出现失误。因此，中国模式也充分的体现了文化自信，因为我们博大精深的传统文化为我们打下了坚实的基础，传统文化中拥有丰富的国家治理、社会治理等思想，且在中国特色社会主义现代化建设中，并没有固步自封，而是不断地继承与创新。

---

① 《论语·为政》。

中国模式是社会认同的具体体现。社会认同理论创立者塔杰菲尔（Henri Tajfel）和他的学生托尔勒（J. C. Turner）将社会认同的内涵定义为"个体从他感知到的自身所属群体那里得来的自我形象，以及作为群体成员所拥有的情感和价值体验"[1]。虽然关于中国模式存在争议，但是这一模式确实得到广大社会成员的支持。特别是改革开放以来，中国的经济得到快速的发展，人民的生活水平得到显著提升，且当前我国处于全面建成小康社会的决胜阶段，即将实现第一个百年奋斗目标。一个国家是否发展的重要标准之一是社会成员的获得感是否得到提升。论及社会认同，必须涉及社会认同的主体、对象、内容等。

关于社会认同的主体不仅仅是共同体中的个体社会成员，而且还包括事业单位、社会组织等。社会认同的对象主要有国家、民族、组织、个人等，关于中国模式的认同的对象主要涉及国家。社会认同的内容有价值观念、信仰以及社会发展的各个领域。如国家、社会、个人三个层面的24字社会主义核心价值观是当前社会价值观的高度凝练，是实现小康社会、构建和谐社会的价值指引。因为社会价值观具有普遍性的、层次性等特点。当一种价值观成为社会的价值观时，那么它就代表了社会成员的基本价值取向以及道德观念。如友善自古以来一直是中华民族的传统美德，因为友善有助于增加社会成员的信任和拉近社会成员之间的距离，一个社会缺乏友善将是一个冷漠的社会。社会主义核心价值观凝练了国家层面的核心价值观、社会层面的核心价值观、个人层面的核心价值观，为社会成员提供了价值排序，为社会成员的道德选择提供了依据性和可能性。

中国特色社会主义建设必须有核心价值观作为指引。与此同时，提出创新、协调、绿色、开放、共享五大发展理念，中国特色社会主义建设必须积极坚持和贯彻五大发展理念。因为这是立基在以往建设经验的基础上与社会发展的实际情况相结合而形成的。坚持创新发展理念，不断加强理论、制度、科技、文化等方面的创新，营造一个积极创新的社会氛围。坚持协调发展理念，推进经济、政治、文化、社会、生态等全

---

[1] Henri Tajfel and J. C. Turner, "An Integrative Theory of Intergroup Conflic", in W. G. Austin and S. Worchel (eds.), The Social Psychology of Intergroup Relations, Monterey, CA: Brooks-cole, 1979.

面发展，不能为了发展某一领域而忽视其他领域。坚持绿色发展理念，加强生态文明建设，尊重自然、顺应自然、保护自然，实现人和自然的和谐发展。坚持开放发展理念，坚持改革开放，积极把握全球化带来的机遇，应对全球化带来的挑战。坚持共享发展理念，坚持发展为了人民、发展依靠人民、发展成果由人民共享，努力提升社会成员的获得感和幸福感，打造"共建共治共享"的社会管理格局。经济社会的建设过程中，无论是坚持社会主义核心价值观还是五大发展理念，只有当社会成员持赞赏的态度时，才能提升社会认同感；当社会成员持不满意的态度时，会降低社会认同感，而社会认同感的高低直接影响着社会认同。

中国模式随着建设进程的推进也在不断的发展与完善，越来越得到社会成员的认可和赞赏，因为我们是身处当中的一员，作为认同的主体，有着清晰的社会认同感，能感知从中是否受益。

中国模式是有别于其他国家发展模式，有其独特的特征，其形成与发展充分体现了道路自信、国家认同、社会认同等伦理意义。中国模式不仅有助于推进我国今后的中国特色社会主义建设，同时为其他社会主义国家以及其他国家提供发展经验。

第二节　中国崛起的伦理失序

近年来，中国的综合国力得到极大的提升，如在 2010 年成为世界第二大经济体；国际话语权得到极大的提升，积极参与国际事务和维护世界的和平与发展；文化软实力得到极大的提升等。但是随着中国的快速发展，同时也出现了"中国威胁论"，认为中国崛起势必会走上霸权主义道路，威胁其他国家的安全。这一说法是没有根据的，中国一直以来坚持以和为贵，坚持和平友好的外交政策，走的是一条和平崛起的道路。中国的崛起并不会给他国造成威胁，反而具有重要的世界意义。中国崛起为人类的发展提供了丰富的物质基础。随着中国经济的快速发展，提升了对世界的贡献率。中国提出"一带一路"的倡议，积极的加强与沿线国家的经济合作，打造互利共赢的局面。中国的和平崛起集聚了中国智慧，为其他国家特别是发展中国家的发展提供了有力的借鉴，为世界的和平发展贡献了自己的力量。同时也增加了人类政治发展的多样性，向世人展示崛起的道路并不一定要以武力或者霸权的方式而取得，通过和平的方式同样可以达成。

中国崛起不仅对于本国发展同时对于世界的发展具有重要的意义。但是在看到发展的同时不能忽视在发展的过程中所存在的问题，如收入差距的扩大、生态环境的破坏、伦理失序等。本节内容主要论述中国崛起的伦理失序问题，因为伦理秩序"一般呈现为某种形式的社会公共伦理规范、日常生活准则、社会风俗习惯以及社会成员或国家公民的公民美德等具有公共特性的伦理文化体系"[①]。因为一个国家的崛起离不开良好的伦理秩序，只有拥有良好的伦理秩序，建立与时代相适应的伦理体系，才能够真正推动中国全面性的和平崛起。

中国崛起的伦理失序的主要原因有以下几个：

第一，伦理秩序体系受到破坏，现代伦理秩序的不完善。现代伦理秩序是在传统伦理秩序的基础上与时代的发展相结合而形成的，缺乏传统伦理秩序作为支撑，现代伦理秩序就不具备科学性和完善性。传统伦理秩序虽然拥有一定的历史，有其时代局限性，但是其核心的内容在很大程度上是得到不断的传承与发展的。如中国传统文化中的仁爱思想，不能否认在现代社会就不需要仁爱思想，反而积极提倡仁爱思想。如"和"思想，中国传统文化中的"天人合一""以和为贵"等观念，对于人与自然、人与人、人与社会的和谐相处具有重要的影响。和谐社会的构建以及和平的崛起都充分体现了传统文化中的"和"思想。随着经济的快速发展，人们慢慢地忽视了传统伦理体系的合理性，没有很好的继承和发扬优秀的传统伦理。其次，随着全球化的发展，带来了文化多样性。然而文化多样性有利有弊，其弊体现在：在接受文化多样性的同时不是以科学的态度去接受，甚至出现了西方文化比本国文化优秀、全盘西化、曲解西方文化且大肆的宣扬等现象，这些现象严重地影响良好的伦理秩序的构建，文化具有包容性和多样性，面对文化的多样性应树立正确的认知观，取其精华去其糟粕，这样才有助于构建良好的伦理秩

---

① 吴洁珍、万俊人：《伦理秩序与道德资源——关于当前中国社会伦理问题的一点理论分析》，《马克思主义与现实》1999年第6期。

序。同时，面对传统的伦理秩序也应同样如此。最后，传统的伦理秩序也应不断的发展与创新。因为社会是一个动态发展的复杂过程，遇到的情境也是多种多样的，也许在当时适用的伦理规范在现今的具体情境中是不合理的。因此，传统的伦理秩序本身也应不断得到发展与丰富。现代伦理秩序尚未完善也是中国崛起的伦理失序的重要原因，因为现代伦理秩序应与时代相适应，以维护社会发展的良善秩序。

第二，物质追求与精神追求的失衡性。随着经济的发展，人们生活水平的提升，呈现出对物质利益追求超过精神追求的现象。为了达到目的，根本不考虑目的善和手段善，当今社会出现的食品安全问题、生态环境破坏问题、恶性事故问题等严重地影响着社会成员的基本生活安全。食品安全问题让社会成员最基本的生存资料得不到保障，时刻担心自己摄入的食物是否安全。生态环境问题影响着人类的居住环境，人作为自然的一部分，理应尊重自然、顺应自然、保护自然，但是在生活中存在着乱倒垃圾、乱砍滥伐、过度捕捞等行为，把大自然的馈赠当成满足自己私利的手段。最近的学校门口砍伤事件、重庆公交车司机坠江事件等引起了社会的热议。因为个人的原因而对他人造成无可挽回的伤痛，这是不道德的。在社会生活中，如果一味的以物质满足为追求而忽视精神追求，那么这个社会必定不是一个良善的社会，社会成员的获得感则不高。因为社会财富或社会资源是有限的，某一个人或某部分人占有较多社会财富或社会资源，其他人拥有的就会相对减少，因此，这极有可能加剧人们对于社会财富或社会资源的争夺，影响社会的公平正义以及和谐。我们在崛起的过程中确实存在物质追求与精神追求两者失衡的现象，这两者的失衡是伦理失序的重要原因之一。

第三，法律法规的不完善。在社会生活中，道德与法律两者并不冲突，法律是最低限度的道德，道德对法律有补充的作用，两者共同推动着社会的良序发展。如在食品安全方面，虽然对于法律明确规定有些威胁食品安全的行为是违法的，在道德上是受到人们谴责的，但是可能在惩罚上面欠严格和严谨，使得这些违法者知法犯法，违背道德，忽视所承担的社会责任。因此，应完善各方面的法律法规，加大法律的宣传力度，提升社会成员的法律意识，让更多的社会成员遵守法律法规，减少违法犯罪行为，使社会趋于和谐。伦理秩序或者伦理规范对社会的发展具有重要的作用，但伦理规范缺乏法律的执行力以及强制性。因此，伦理秩序的维护需要两者的互相支持，因为两者的根本目的是一样的，都是为了规范社会成员的行为，有助于社会成员之间和谐相处，有助于社会得到有序的发展，进而推动中国的和平崛起。

伦理失序严重影响中国崛起，在当前社会发展中，伦理失序主要表现在以下几个方面：

第一，道德信念的缺失。所谓道德信念就是人们对某种道德理想和道德要求等的正确性和正义性的深刻而有根据的笃信，以及由此而产生的对履行某种道德义务的强烈责任感。[1] 当前伦理失序的现象的重要体现是道德信念的缺失。当前我国正处在社会全面转型时期，在经济、政治、文化、社会、生态建设等方面成效显著，但是随着互联网的发展以及其迅速传播的功能，人们了解了越来越多的无德行为，从老人摔倒扶不扶，到重庆公交车坠江事件，引起了普遍的道德困惑，甚至许多人把这一现象称之为"道德滑坡"。我们不纠结于这一表述是否符合社会发展的事实，但是不可否认的是，提升社会成员的道德水平具有合理性和现实性。当社会成员具有高的道德水平时，我们会自觉的遵守法律法规、道德规范、伦理规范等，有助于构建一个秩序井然的社会，为经济社会的发展创造和谐的环境，推动中国的和平崛起。

当前道德信念缺失主要因为对其对象缺乏"深刻而有根据的笃信"，也即是说，人们对某种道德理想和道德要求缺乏正确的道德判断。道德理想可以从社会或者个人而论，就社会而言，是某一道德体系所追求和向往的道德风尚；就个人而言，即是某一道德的人所追求和向往的高尚的人格。如儒家的"圣人"、道家的"真人"以及现在的"感动中国人物""道德模范"等。由于受社会以及自身的局限性，面对一个道德问题时，难以做出正确的道德判断，从而做出不合德的行为。因此，当前积极培育和践行社会主义核心价值观以及加强精神文明建设是非常必要的，通过加强外在的方式与提升行为主体对道德理性和道德要求的深刻

---

[1] 曾钊新、李建华：《道德心理学》（上卷），商务印书馆2017年版，第212页。

认识来培育坚定的道德信念。与此同时，即使当一个人对某种道德理性和道德要求等的正确性和正义性有深刻而有根据的笃信，但是在实践中并没有履行相应的道德义务，这也不能说行为主体真正的具有道德信念。因为在社会生活中，行为主体不是一个孤立存在的，而是与他人、社会等联系在一起的。如果在社会生活中，每个行为主体都没有履行道德义务的责任感，那么行为主体和他人、社会三者都会处在一个混乱的状态中。当行为主体真正的能够做到知行合一时，那么就是把道德信念内化于心外化于行，成为一种完全自觉的行为。在任何时候我们都不应该忽视或者贬低道德的力量，当社会成员拥有坚定的道德信念时，会减少社会中所出现的普遍的道德困惑，增加合道德的行为，很自觉的去扶摔倒的老人，不用担心老人是不是碰瓷，扶起之后会不会反被讹诈之类的。当拥有坚定的道德信念时，有助于良好的伦理秩序的建立与维护，推进中国的和平崛起。

第二，道德冷漠现象的泛化。道德冷漠现象是伦理失序的又一体现，道德冷漠是当代社会的一种道德病症，一般是指个体道德情感的匮乏，以及由此引起的在道德感知、道德判断和道德行为上的迟钝麻木和无动于衷。① 2011 年的"小悦悦事件"引起了社会的广泛热议，是道德冷漠的典型事例。2 岁的小悦悦相继被两辆车碾压，但是在 7 分钟内，18 名路人却漠然离去，没有施以援手。最后还是拾荒阿姨上前施以援手。这个事件一经曝出，引起公众广泛热议，为什么当今社会会出现这一现象？我们是文明古国，拥有优秀的传统美德的国家，为什么在社会发展的今天，这些美德似乎对于某些人而言是失效的。当道德冷漠泛化成为一种常见的现象，那么这个社会极有可能发生严重的道德危机。因为我们不关心身边所发生的道德事件，好像事情不是发生在自己身上就事不关己高高挂起。我们可以设想一下，当你碰到摔倒的老人而漠然经过，或许有一天当自己摔倒而没有一个人来扶时，你是否会感到社会的冰冷，是否会对经过的人产生怨恨，谴责他们的麻木、冷漠。

孟子认为人皆有四端之心，即恻隐之心、羞恶之心、辞让之心、是

---

① 陈伟宏：《道德冷漠与道德能力的构建》，《道德与文明》2016 年第 5 期。

非之心。孟子把恻隐之心放在首位,认为恻隐之心是"仁之端也",这是最基本的"心",在看到一个小孩子掉进井里时,一般的人都会产生恻隐、同情之心。休谟提出同情心的理论,认为同情心是"任何情感的同类感应"。虽然每个人的这种同类感觉的强弱会有差别,但是都会产生这种同类感应。道德冷漠现象的出现是因为道德主体的无知。这种无知包括主观的无知和客观的无知。主观的无知即是自己明明知道这样做是符合道德要求的,但是却假装自己不知道而不采取行动。客观的无知即是行为主体真的不知道这是不合乎道德的行为,因此,难以对道德事件进行道德判断。另一个原因即是道德主体的畏惧,不敢与不道德的行为进行抗争,奉行"沉默是金"的原则。如这 18 个路人,其中有些人看到了躺在地上的小悦悦,但是怕被误认为是他撞伤的,因而直接路过。虽然这种道德选择受到"我好心扶起老人把他送至医院,然而老人却反过来控告是其撞伤的"等一些不好的行为的影响,但是这不能成为我们冷漠的原因。"你不可向恶让步,而是要格外勇敢地去反抗它"①。这就需要道德主体拥有道德勇气去与恶的行为进行斗争,与恶斗争本身就是道德的行为,就是善的行为。如果一个社会任由道德冷漠的泛化,那么整个社会将会充斥道德相对主义、道德虚无主义,个人的道德修养将是无意义的,社会的价值观将是扭曲的,何来良好的伦理秩序,何来一个国家的崛起。因此,在社会生活中应避免道德冷漠泛化,因为这最后危及的将会是道德主体,将会是整个社会。

第三,道德反省能力较弱。任何一个行为主体都会有不合德的行为的时候,即使是圣人、贤人、君子,但是他们与一般人不同的是他们具有道德反省能力,针对自己的这些不合德的行为进行反思,以期在未来避免出现不合德的行为。所谓道德反省,指的是道德主体对自身道德过失的追悔和觉悟。②道德主体有过道德过失并不可怕,让人害怕的是对于自己的道德过失没有任何的悔意,甚至坚持自己这样做是正确的。亚里士多德认为"一个由于无知而做了某件事并感到悔恨的人,才可以说

---

① 康德:《历史理性批判文集》,何兆武译,商务印书馆 1996 年版,第 138 页。
② 曾钊新、李建华:《道德心理学》(上卷),商务印书馆 2017 年版,第 271 页。

在那样做时是违反其意愿的"。① 亚里士多德认为当一个行为是出于被迫的或者出于无知即是违反意愿的行为。哪怕是一个无知的人当他为自己过去的某一行为感到悔恨时，那么这一行为就不是出于其意愿去做的。同样，当个人对自己的道德过失感到悔恨时，我们会认为这一行为不是出于其意愿的，可能是某些原因所导致的，但是当一个人对自己的道德过失毫不在乎，丝毫没有感觉到悔恨，那么我们会认为道德主体这一行为是出于意愿的，是故意而为之。道德反省不仅是对道德主体的道德过失进行反省，同时也需要对社会中的道德事件进行反省，去思考道德过失行为产生的原因，并对自己的道德过失行为本身及其造成的消极影响进行追悔，为以后的道德行为作出正确的指引。根据道德反省的定义，可以推论出其具有自我性、检讨性、反思性等特点。道德反省主要是指道德主体对自己的道德过失行为进行反省，道德主体自身要从内心真正的感到悔悟，而不是因为外力的压迫而不得不表面的承认自己的行为是不应该的，是不合道德的。因此，道德反省具有自主性的特点。一般而言，谈及到反思主要是指针对消极的行为进行思考，我们不会认为取得了成功需要进行反思。道德反思具有检讨性的特点。当道德主体对自己的道德过失行为进行检讨时，首先，这是一件十分严肃的事情。道德主体会检讨自己的行为，会为自己的道德过失行为感到羞愧，道德主体有深深的自责而不是开心。进行检讨时，道德主体会达成共识，即当时的道德过失行为是不合道德的，在今后同样的情况下，绝不会再如此。道德反省还具有反思性的特点。道德主体通过反思，形成觉悟，为以后的行为提供新的思路和方式，提升道德主体的道德境界。通过道德反省，是道德主体成为明辨是非、拥有羞耻心、敢于承担责任的高道德境界的人。在现实社会中，我们的道德反省能力较弱，缺乏对道德过失行为的深刻反省，且往往不以为意，这样只会使自己的道德反省能力越来越弱，对于善恶、是非、对错难以进行分辨。而在社会发展中，当缺乏对道德过失行为进行道德反省的能力时，应如何建立道德规范、伦理秩序？

---

① ［古希腊］亚里士多德：《尼各马可伦理学》，廖申白译，商务印书馆2003年版，第65页。

第三节 既要效率、更要公平

如何处理好公平与效率的关系是任何一个国家都面临的问题。在发达国家的经济社会发展中必须要处理好效率与公平的关系，在发展中国家同样要处理好效率与公平的关系。因此，正确认识效率与公平的关系非常重要。

效率这一词主要属于经济学的范畴。"效率是经济学所要研究的一个中心问题（也许是唯一的中心问题）。效率意味着不存在浪费。"[1] 按照萨缪尔森的观点，效率即是对资源的有效和充分的利用，能够实现资源的最大化配置。公平是指合情合理，不偏袒某一方或者某一个人。在经济社会中，公平不仅仅是体现在经济领域，在其他领域也应实现公平。如在经济领域努力实现分配正义，在政治领域强调权利平等，因此，公平与人们的生活息息相关。但公平与平均是两个完全不同的概念。存在着要实现分配正义即每个人分到经济发展成果是一样的这种观点，显然，这一观点是错误的。因为每个人的发展受可控因素和非可控因素的影响，且每个社会成员具有差异性，不可能实现所谓的平均。但是也正是因为有这些因素的影响，因此，我们在进行分配时强调应秉持公平的原则，即允许合理差别的存在，但是必须把这个差距控制在合理的范围之内，超过这个范围，会出现社会不公平的现象。

效率与公平两者之间的关系是对立统一的关系。之所以说效率与公平两者是统一的，是因为两者是相辅相成、相互促进的关系。效率的提升为公平的实现提供坚实的物质基础。只有当一个国家的社会发展成果比较大时，理论上每个社会成员能够享有的社会成果就会增加。因此，在经济社会的发展中，必须大力发展经济，创造更多的社会资源。公平促进有助于效率的提升。因为在社会发展中，社会成员作为经济社会建设的积极参与者，在其中发挥着重要的作用，如果在分有社会的成果时不是秉持公平的原则，那么会严重影响社会成员参与经济建设的积极

---

[1] [美] 保罗·A. 萨缪尔森、威廉·D. 诺德豪斯：《经济学》，高鸿业等译，中国发展出版社1992年版，第45页。

性，影响效率的提升。虽然效率的提升不一定能够提升社会的公平，但是效率的提升是实现社会公平的前提和基础。公平的实现不一定必然带来效率的提升，但是在很大程度上有助于效率的提升。

另一方面，效率与公平两者又呈现相互对立的关系。提高效率就是要在市场机制的作用下按照不同的生产要素主体对市场贡献的大小进行劳动成果的分配。[①] 毫无疑问，这种分配机制能够充分的调动社会成员的生产积极性，提高社会的生产效率。但是如果一味的按照这一分配机制，那么对于社会的弱势群体、受教育水平低的一些社会成员而言，他们将会被这种分配机制边缘化，极易造成处于不利地位的恶性循环，反过来也会影响效率的提升。因为造成这些社会成员处于不利地位的是多种因素共同作用的结果。首先是社会成员自身的原因，如天生禀赋、出生家庭、受教育程度等的不同，影响着其参与经济社会建设的能力。同时不能忽视社会因素所造成的影响，如教育资源分配不均对其受教育程度产生的影响。虽然造成这一结果的原因具有多样性，但是作为共同体中的成员，理应有平等享受社会成果的权利，同时社会也应采取积极的措施，保障处于不利地位的社会成员的生存与发展。如果过分的强调公平也会影响效率的提升。公平正义的社会一直以来是人类孜孜以求的社会，但是过于强调公平极易产生平均主义，影响社会成员参与经济社会建设的积极性。因为社会成员参与经济社会建设的积极性减弱，不仅参与的社会成员的数量会减少，同时建设的热情也会减弱，减少社会的生机与活力。因此，效率与公平两者是对立统一的关系，如何处理好两者之间的关系，是一个充满智慧的问题。

改革开放以来，中国的经济得到高速发展，成为世界第二大经济体，但是与此同时也出现了一些问题，影响着经济的发展。当前比较显著的问题是收入分配不公、贫富分化、社会分层严重等问题。特别是收入分配不公问题，引起了社会成员的广泛关注。因为收入与每个社会成员的生活息息相关，是维持社会成员基本生活的主要方式。如果这些社会问题得不到有效的解决，将影响经济的发展、社会的和谐稳定、中国

---

① 黄有璋：《改革开放以来效率与公平关系演变的历史考察及启示》，《广西社会科学》2017年第10期。

的和平崛起。当前我们国家既要效率，但更要公平。因为近年来，我国经济发展的速度被世界认为是"中国奇迹"，但是我们也认识到出现了经济发展方式粗放、贫富差距过大、社会矛盾增多、生态环境遭到破坏、资源浪费严重等影响经济可持续发展的问题。

当前，我国经济已由高速增长阶段转向高质量发展阶段，表明我国已经在转变经济发展的方式，强调质与量的兼顾，把质的发展放在首位，但是又不忽视量的增长。只有在质的发展的前提下坚持量的增长，才能有助于实现经济社会的可持续发展。自然资源是有限的，不能为了短期利益而消耗大量的资源，应为后代着想，实现长远利益的发展。在经济社会发展中注重效率没有错，把"蛋糕"做大，但是不能仅仅把蛋糕做大，还应思考如何把"蛋糕"分好。罗尔斯认为"正义是社会的首要价值，正像真理是思想体系的首要价值一样"。[1] 同样，公平也是社会的重要价值，也一直是古今中外众多学者所追求的价值。在古希腊时期，柏拉图把公正列入四大德行之一，认为公正即是城邦成员各司其职，互不干涉。亚里士多德提出"公正是一切德性的总括"，[2] 给予公正很高的评价，不仅认为公正是一种德性，同时还是一切德性总的概括。在亚里士多德看来，公正体现了"对他人的善"。我只能拿走属于自己的那一部分，不能侵占其他人的那一部分。因此，针对社会的不公正现象，亚里士多德明确的提出了具体的公正以及分配的公正，同时提出了矫正的公正、回报的公正等，努力实现社会的公正。这对于解决社会的不公平问题具有重要的启示意义。孔子提出"闻有国有家者，不患寡而患不均，不患贫而患不安。盖均无贫，和无寡，安无倾"[3]。指出不担心财富的多寡，而担心分配的公平与否，当实现分配的公平，便不会有贫穷。老子提出"高者抑之，下者举之；有馀者损之，不足者补之。天之道，损有馀而补不足。人之道，则不然，损不足以奉有馀"[4]。老子虽然是在论述"天道"与"人道"的关系，但其明确指出天道是减损有馀来

---

[1] 罗尔斯：《正义论》，何怀宏等译，中国社会科学出版社2017年版，第1页。
[2] 亚里士多德：《尼各马可伦理学》，廖申白译，商务印书馆2003年版，第130页。
[3] 《论语·季民》。
[4] 《老子》。

补不足，而人道却是减损不足来供给有余，表明了当时统治者对于老百姓的强势虐夺，也体现了社会公平的缺失。当前，我们把公正作为社会层面的核心价值观，体现了公正在社会发展中是不可或缺的价值，且是必须实现的价值。

因此，把公平作为社会的重要价值是合理的。当前，我国坚持经济、政治、文化、社会、生态等全面发展，不再以某一因素作为推动社会的主力，因为只有当各领域都得到有效的发展时，才能更好地推动一个社会、一个国家的发展。我国对所取得的经济成就以及在经济发展过程中所出现的问题有深刻清醒的认识，在现阶段随着经济发展方式的转变，公平问题的解决也是迫在眉睫。因此，在发展中强调既要效率，更要公平。

在经济社会发展中，强调更要公平，主要包括以下几个方面的内容：其一，权利公平。权利公平主要体现在两个方面：一方面是从道德层面而言，社会成员希望能够得到公平的对待。在共同体生活中，每个社会成员都平等的享有宪法和法律所赋予的权利，在法律面前人人平等，任何人都不得超越宪法与法律之上。不因地位高低、财富多寡等把人分为高低贵贱，都是共同体的成员，应相互尊重、相互爱护。因此，每个社会成员都应受到平等的对待，这是每个社会成员的权利，同时其他的社会成员有义务平等的对待他人。另一方面从现实生活而言，每个社会成员希望能够平等的分享社会发展的成果。作为共同体成员，每个社会成员受到平等的对待是体现共同体文明的重要标志；每个社会成员平等的分享社会发展的成果是体现共同体公平的具体体现。正如亚里士多德把公正视为对他人的善一样，平等的对待他人也是一种对他人的善。康德强调不能把他人视作手段而应视为目的。作为共同体中的成员，参与经济建设的过程，平等的分享社会发展的成果体现了我们不是把他人当做自己获取利益的手段，而是希望其他社会成员能够增加获得感。然而在社会发展中，权利的不公平是社会缺乏公平正义的重要体现以及重要原因。因为权利公平影响社会的公平正义。正如卢梭所言，"人们尽可以在力量上和才智上不平等，但是由于约定并且根据权利，他们却是人人平等的"①。因为在力量上和才智上在很大程度上受先天因素的影响，有些人可能由于基因的遗传，拥有比常人强大的力量，拥有更加聪慧的才智，且这些经过后天的努力可能还是存在一定的差距。但是在约定的权利下，人人却是平等的。因为权利也可以是一种获得利益的手段，可以根据拥有的权利来控制人类各种利益的分配。

因此，如果不能实现权利的公平，而是权利的滥用，那么拥有更多权利的社会成员将会获得更多的利益，造成社会的恐慌、无序以及不正义。阿马蒂亚·森在对东南亚国家的贫困现象进行调查时发现"农民贫困的根源并不在农民本身，而是深藏在农民贫困背后的另一种贫困——权利贫困"，②即不是因为饥荒或者天灾人祸等造成农民的贫困，更深层次的原因是因为权利的贫困所造成的。因此，权利的平等对于处于弱势地位的社会成员来说是必不可少的，如果权利不平等，他们所掌握的话语权就更加少，如何表达他们的利益诉求，如何实现他们的利益诉求显得更加艰难。在社会发展中，实现社会成员的权利公平至关重要，虽然权利平等的实现过程可能是一个博弈的过程，且难免会产生冲突，但是这不应该成为放任权利不公平的托词，应采取积极有效的方法实现权利公平。

其二，机会公平。在经济社会发展中，往往注重的是结果的公平，而忽视机会公平，加重了人们对结果的重视而忽视了是否有公平的机会参与竞争经济社会发展的过程。然而，在经济发展的过程中，机会公平十分重要，因为机会公平是现代社会发展的重要伦理准则之一。在共同体中，每个社会成员有平等的机会参与经济建设的过程。然而，由于社会成员受个人因素和社会因素的影响，每个人的平等参与经济建设这一权利没有改变，但是正是由于社会成员的这种差异性的存在，因此机会公平可以分为竞争性机会公平和保障性机会公平。竞争性机会公平是指只要社会成员拥有满足这一职务或岗位所需的才能和特质，就有同等的权利去参与竞争。正如我们现在的招聘，对于一个岗位，只要你满足这一岗位的条件就可以参与竞争以获取这一岗位。而保障性机会公平主要

---

① ［法］卢梭：《社会契约论》，何兆武译，商务印书馆 2003 年版，第 30 页。
② ［印］阿马蒂亚·森：《贫困与饥荒》，王宇、王文玉译，商务印书馆 2001 年版，第 13 页。

是指社会要保障所有社会成员的生存和发展机会。因为一个社会会存在处于劣势地位的社会成员或者群体，不能因为他们处于弱势地位就对他们置之不理，这不是一个社会文明的体现。而是应为他们提供保障性的机会平等，保障其施展才能和发展的机会。正如罗尔斯所提出的"在机会平等的条件下，职务和岗位对所有人开放"①，充分体现了罗尔斯对于机会平等的重视。然而关于机会平等在学术界也有争议，争议的焦点主要是围绕社会成员个人在机会平等中所应承担的责任。德沃金就提出在机会平等的实现过程中，对于个人因素所造成的不平等应该由个人自己承担。阿马蒂亚·森认为能力的不平等是影响社会公平的重要原因。然而能力作为一个抽象的概念，与个人紧密相关，只要社会成员存在差异性，那么能力平等在很大程度上而言是难以实现的。哪怕即便是双胞胎受同样的教育，在能力方面还是会存在差异，因为能力与个人禀赋、后天努力、社会环境等紧密相关。"在社会的所有部分，对每个具有相似动机和禀赋的人来说，都应当有大致平等的教育和成就前景。那些具有同样能力和志向的人的期望，不应当受到他们的社会出身的影响。"②

因此，在经济社会发展中，既要重视竞争性机会公平，又要重视保障性机会公平，为社会成员平等地提供实现自我发展、自我价值的机会。同时又不忽视个人原因所造成的不平等，而是应积极帮助社会成员提升参与经济建设机会的能力，帮助其实现自我发展、自我价值。在一个公平的社会，为社会成员平等地提供参与的机会是必须的，但是社会成员也应努力提升自己的能力，抓住机会并且利用机会，去实现自我价值与社会价值。

其三，规则公平。规则公平是社会公平的重要体现。规则主要指法律、政策、规范、准则等，应用于社会生活的各个领域。同时规则有正式规则与非正式规则之分。正式的规则如正式制定的法律、政策、规则、规定等，非正式的规则主要指伦理或道德规范。不管是正式的规则还是非正式的规则，对于社会公平的实现具有重要的意义。这里所论的规则公平是指正式的规则。规则制定的目的本是为了维护社会某一领域

---

① Joho Rawls, "A theory of Justice", *Cambridge, Mass: Harvard University Press*, 1971, p. 60.
② 罗尔斯：《正义论》，何怀宏等译，中国社会科学出版社 1988 年版，第 69 页。

的正常运行，对社会成员起到约束或者制约的作用，规范社会成员的行为。因此，每个社会成员都应遵守，如果针对所制定的规则一部分人应该遵守而另一部分社会成员可以不遵守，那么这就失去了规则本身的作用以及意义。这会引起人们的质问，为什么我就应该遵守这一规则而其他人可以不遵守这一规则，会引起社会的不稳定。规则平等是指社会成员在规则面前一律平等。社会公正应当是以维护每一个社会成员或是社会群体的合理利益为基本出发点，而并不意味着一定要刻意的站在哪一个特定社会群体的立场上来制定带有整体性的社会经济政策和基本制度。[①]

因此，关于规则平等主要体现两方面的内容：一方面是在制定规则时的公平。在制定时应以所有社会成员的立场出发，而不是以部分阶层、部分群体的立场出发，否则规则本身就具有不正义性，如何来维护社会成员的平等权利。另一方面是在规则的执行时应是公平的。所有社会成员都应遵守规则，违反规则的行为都应受到相应的惩罚。当然，惩罚并不是规则制定的主要目的，规则的主要目的是对社会成员的行为起到规范的作用，维护社会的井然秩序。因此，任何一个规则的制定都应以公平一以贯之，制定的过程是公开、公正的，而不是秘而不宣的。要广泛征求社会成员的意见，增进规则制定的科学性和合理性。制定之后应加大宣传力度，让社会成员能够真正的理解，在此基础上避免违反规则的行为出现。在规则的运行中，要及时跟进，及时的发现问题并进行调整，维护规则的公平性。当前规则的不公平引发社会不公平现象的重要的原因之一，极易导致社会成员的认同感下降。且不论是权利公平还是机会公平都需要公平的规则来进行保障，为实现权利公平、机会公平提供相应的依据。在经济社会发展中，实现规则公平需要党和政府发挥重要的作用，着眼于最广大人民的根本利益和长远利益，同时社会成员也应积极参与制定的过程，集社会之合力建立和健全相关的规则，形成公平的规则运行机制，促进权利公平、机会公平的实现，从而推动整个社会公平的实现。

[①] 吴忠民：《走向公正的中国社会》，山东人民出版社2008年版，第29页。

第四节　在发展中实现公平正义

公平正义是人类文明进步的基石，随着生产力水平的提升，社会财富与日俱增，但是社会问题与社会矛盾也呈现趋增的趋势，使得人们认识到公平正义的重要性，对公平正义的价值诉求越来越强烈。如何实现社会的公平正义一直以来是人类争论的焦点问题。国内外众多学者关于这一问题提出了相关的理论，虽然目前没有哪一种理论是解决社会公平正义的完美理论，但是这些理论为我们如何解决公平正义问题提供了重要的启示。由于社会的发展是一个动态的发展过程，因此公平正义的实现也应在发展中实现。在社会发展中实现公平正义的路径主要有以下五种。

一　正确处理效率与公平的关系

效率与公平是对立统一的关系，当正确处理好两者之间的关系时，有助于推动社会的发展；当不能处理好两者的关系时，会成为社会发展的阻碍。过分追求效率的提升会忽视社会的公平，应兼顾效率与公平。正确处理效率与公平的关系应做到：其一，坚持科学的发展理念。党的十九大提出必须坚定不移的贯彻新发展理念。新发展理念是创新、协调、绿色、开放、共享的发展理念，这五大发展理念是在总结我国发展经验的基础上结合当前以及预测未来发展趋势形成的，具有合理性和科学性。五大发展理念的提出表明对健康发展的又一突破性认识，深刻反映了中国共产党对社会发展规律的深刻认识，汇聚了广大人民的智慧。正确处理效率与公平的关系必须坚持科学的发展理念，使两者能够互相促进、互相推动。

其二，坚持科学的经济发展方式。在经济社会发展中，效率为公平的实现提供坚实的物质基础，但必须通过科学的经济发展方式来增加经济增长的总量。经济的发展不能以资源的浪费、环境的牺牲等为代价，应使经济的增长具有平衡性、包容性、可持续性。我国坚持经济、政治、文化、社会、生态等全面发展，经济的发展离不开政治、文化、社会、生态的发展，否则将是不堪一击。推动经济的包容性发展，为所有社会成员提供平等参与社会发展的机会，并平等的分享社会发展的成果。因为社会的发展需要集所有社会成员的合力，不是某一个人或某一部分人就能推动社会的发展。因此，社会成员应平等的分享社会发展的成果。同时，我们也应考虑到，由于社会发展的复杂性，并不是所有的社会成员都拥有同样的智力和能力去参与经济建设，虽然有其自身的原因，但也不能忽视社会的原因，同样作为共同体成员，应努力提升他们参与经济社会发展的能力，帮助他们实现自由全面发展。我国积极转变发展方式、优化经济结构、转变增长动力，已由高速增长阶段转向高质量发展阶段，注重经济发展的质量，不再以速度优先，推动经济的可持续发展。

其三，坚持公平的价值理念。公平是社会的重要价值，在理解公平内涵的基础上，将其作为经济社会发展的价值指引。正确认识公平对社会的重要影响，对中国和平崛起的影响。因此，正确处理效率与公平的关系是在发展中实现公平的首要前提，因为认识到什么是效率、什么是公平以及两者的关系，我们才能更好地推进经济的质与量的发展，让社会成员平等的享有社会发展的成果，推动社会的公平正义。

二　助力规则公平的实现

规则公平是社会公平的重要体现，同时规则不公平也是造成社会不公平的重要原因。论及公平，我们会涉及权利公平、机会公平、规则公平等，之所以把助力规则公平的实现作为在发展中实现公平的有效途径，并不是不注重权利平等、机会平等，而是规则平等为权利平等、机会平等提供重要的保障。如我们的选举权、被选举权等基本权利是宪法明确规定的，任何人都不能侵犯这一权利，因为我们拥有这一权利是有依据的，在宪法中是有明文规定的。我们是一个法治的国家，强调依法治国，法律面前人人平等是规则公平的重要体现，这也是一个国家文明程度的重要体现。实现规则公平应做到：一是规则制定时的动机应是正义的。在制定一个规则时，应认真思考为什么要制定这样一个规则？这个规则的制定是否是以最广大社会成员的利益出发？因为一个规则只有是一个"善"的规则时才能得到社会成员的支持与执行。

二是规则制定的过程是公正的。一个规则要被社会成员所接受,必须是科学的和合理的,即使是主要的规则制定者也会有考虑不周全的时候,这就需要广泛地吸取广大社会成员的智慧,积极鼓励社会成员参与规则制定,进行社会调研,召开专家研讨会等多种形式使规则的制定更具科学性。

三是形成良好的规则运行机制。制定规则就是为了维护某一方面的有序发展,如何让社会成员能够主动积极的去遵守规则,这是规则运行时必须思考的问题。一方面需要社会成员主动的认识规则、理解规则、遵守规则。另一方面需要相关部门加强宣传的力度,主动向社会成员普及规则,帮助他们认识规则、理解规则、遵守规则。同时,规则制定之后也不是一成不变的,可能有些规则会随着社会的发展将不再适应,因此,在规则运行的过程中也应进行积极的调整。在社会发展的各领域,由于社会文明程度有限,为了维护各领域的健康有序发展,制定了众多的不同规则,如果不实现规则公平,那么谁还会去理会这些规则,这些规则的制定就是无意义的,但是社会的发展在文明程度还没有达到没有规则就能有序运行时,规则的存在具有必要性。因此,规则公平在发展中有助于在发展中实现公平。

三 建立公平正义的分配机制

当前分配不正义问题较为严重,如收入分配不公、贫富差距较大等问题一直影响着社会的发展。因此,如何实现分配正义是一个亟待解决的问题。在社会发展中,让所有的社会成员能够平等的分享社会发展的成果需要有公平正义的分配机制进行保障。正如罗尔斯所说"某些法律和制度,不管它们如何有效率和有条理,只要它们不正义,就必须加以改造或废除"。[①] 确实如此,一项法律或者制度如果它是不正义的,那么就必须加以改造或废除,由于其本身的不正义性,它难以增加社会的公平正义,甚至对社会公平正义的实现起阻碍的作用。任何一个国家的分

---

① 罗尔斯:《正义论》,何怀宏等译,中国社会科学出版社1988年版,第69页。

配制度如果不具有正义性，很难说其会增加社会的公平。在经济社会发展中，我们明显的感觉到社会经济发展的总量得到大幅的提升，人们的生活水平也得到显著的提升，但是也发现不同群体、不同阶层、不同行业等之间的收入具有较大的差异。正如刘易斯所指出的"我们的主题是增长，而不是分配。有可能产出也许增长了，而人民群众却反而比以前更为贫困，我们必须考虑产出的增长与产出的分配之间的关系"。当然并不是说存在差异就是不合理的，只是这种差距已经成为一个社会问题，表明其存在具有不正义性，因此，我们应该认真的思考增长与产出的分配关系。

在经济社会发展中建立公平正义的分配制度应做到：一是以正义为分配制度的首要价值。罗尔斯把正义作为社会制度的首要价值，只有当一个制度充分体现正义时，这个制度才可能称得上是正义的制度。分配机制也一样，也应该把正义作为其首要价值，这样才能保证社会成员在进行分配时有制度可依，这也是共同体对社会成员负责的重要体现。况且，分配问题与社会成员的生活具有紧密的联系，只有当这个分配机制是正义时，才能使社会成员平等的分享社会发展的成果，提升社会成员对共同体的认同感、归属感。二是政府应积极的推动正义分配机制的建立与运行。在共同体中，分配制度的制定与运行需要政府的保驾护航，使分配制度真正发挥其作用。三是积极的借鉴国内外经验。我们国家具有丰富的分配思想，应积极吸取其中的有效部分为建立公平正义的分配制度所用。同时，分配正义问题是一个世界性难题，但是有些国家的分配制度相对来说是比较正义的，因此可以借鉴他们的有效经验。我们是一个开放的社会，且随着全球化进程的加快，应具有充分吸收国内外有效经验的能力。

四　完善社会保障体系

社会保障是社会的一道安全网和保险阀，是社会进步的重要标志。在发展中实现公平，必须完善社会保障制度。因为在社会发展中，追求的是公平，不是平均。历史的经验教训表明，平均主义是行不通的。在社会发展中，我们必须关心由于非可控因素或者社会因素对社会成员所造成的不利影响。如在社会中的弱势群体，他们或是由于先天的因素、或是由于非可控因素等的影响，而弱势群体作为共同体的一个成员，国家有责任和义务保障所有社会成员的基本生活。不管是发达国家还是发展中国家，都有弱势群体的存在，差别在于所提供保障的强弱问题。社会保障本身就是保障所有社会成员的基本生活，随着社会保障制度的发展与完善，人们发现社会保障制度对社会发展具有重大的作用，作用体现在：尊重和维护人的生存权和发展权，推动社会公平正义的实现，促进社会的稳定发展，促进社会的进步。在发展中完善的保障制度推进公平的实现应做到：一是充分认识到社会保障的作用。众多的国家之所以在积极的建立和完善社会保障制度是有原因的，如果一个国家不能保障社会成员的基本生活，我们难以想象这个国家会走向富强、走向长远。同时，在社会发展中还存在着一些错误的思想，认为有些人不能解决基本生活是自己的原因造成的，我们为什么要帮助他解决基本生活。这就没有充分认识到社会保障的本质及其作用，且从道德层面而言，我们也不能采取视而不见、置之不理，这本身就不是一种善的行为。当然，这些社会成员自身也应有意愿和志向去改变自己的处境，去实现自身的发展。

二是加强社会保障体系的法制化建设。因为社会保障的本质以及作用，社会保障已由制度发展为体系，社会保障制度必须得到实质性的落实，而使其法制化是因为当前我们处在依法治国的大背景下，加强社会保障制度法制化可以在贯彻落实社会保障制度时提供法律依据，有法可依。社会保障作为社会的一道安全网和保险阀，不应受到任何个人意志的干预、阻碍或者破坏，否则将会对社会产生严重的消极影响。

三是完善社会保障制度的监管体系。一方面，特别是对于一些处于需要保障的弱势群体，他们拥有较少的话语权，如果没有完善的监管体系，一旦社会保障制度没有落实到实处，将会危及他们的生存权和发展权。另一方面是因为必须及时的关注社会保障制度的执行情况，看是否保障了社会成员的基本生活，发挥其保障功能。因此，在发展中实现公平需要完善的社会保障助力。

五 推进社会慈善事业的发展

近年来，社会慈善事业得到了极大的发展，且被称为"第三次分配"，具有再分配和社会调适的功能。一个国家慈善事业的发展程度与社会的和谐程度往往呈正向的关系。古今中外，慈善一直也是人们所追求的，且其往往既被视为一种德性同时也是一种外显的行为。孔子的仁爱思想、老子的三宝之一的"慈"的思想、孟子的四端之心、墨子的兼爱思想等都充分的体现了慈善是中华民族传统的伦理美德。在古希腊，苏格拉底认为无人自愿为恶，之所以为恶是因为他缺乏善的知识，他相信任何一个知道善的人是不会故意去为恶的；亚里士多德的最高善、友善、友爱等思想等充分体现了他们的慈善思想。现代我们能够通过互联网或者自己亲身参与慈善事业，帮助更多的人，为慈善事业的发展共享自己的力量。现代社会慈善事业是指社会个体、组织或团体立基于资源基础上所进行的有利于他人福利改进的各种公益活动。现代社会慈善事业对于某些社会问题的解决起到了重要的作用。而这些问题是在社会发展中产生的，体现了社会的不公平。在社会发展中以社会慈善事业来推动公平的实现应做到：一是大力培育慈善理念。慈善体现了社会成员之间的相互关怀，慈善并不是对他人的施舍，不能因为去帮助他人就高人一等，而是建立在尊重的基础上的。同时，必须理解慈善事业是为了帮助他人而不是为了盈利或者为了个人或组织的功利性目标。大力培育慈善理念有助于社会成员对慈善事业有更清晰的认识。

二是鼓励社会成员的普遍参与。现代慈善事业的参与对象已呈现多样性，有个人、团体、组织，但无论是个人、团体还是组织，我们希望有更多的人参与慈善事业。因为不是说捐钱捐物才是做慈善，我们同时也应给他们以精神帮助，因此，捐钱捐物立基于自己的能力范围之内，真正重要的是帮助了需要帮助的人。我们参与慈善事业本身即是一个双赢的行为，使需要帮助的人得到了实质性的帮助，同时也给自己带来了精神上的享受和心灵上的抚慰。

三是完善社会慈善制度。当前，由于在网络上曝出了一些个人、组织或团体诈捐的事件，影响了社会慈善事业的发展。出现这些事件表明当前的慈善事业制度存在缺陷，必须进行调整与修改。完善慈善制度有助于正确的规范和引导慈善事业，有助于有效的管理和监督慈善事业的发展，使社会慈善事业朝着规范化、现代化、世界化的方向发展，为社会营造良好的互相关怀的氛围，让更多的社会成员能够享乐其中，让更多的社会成员感受到社会的温暖。因此，大力发展慈善事业有助于社会公平的实现。

第七章　和谐：中国道路的伦理目标

和谐是中华民族具有标志性的价值理念，是中华民族的独特的伦理文化，是中华民族传统伦理的理想追求。中华民族的和谐思想源远流长，体现了中国人看待人与自然、人与人、人与自身、人与社会以及国家与国家等伦理关系的智慧和方式，且得到不断地继承与发展，是中国道路的伦理目标。

第一节　和谐是中华民族的独特伦理文化

和谐是中华民族的独特伦理文化，具有悠久的历史渊源和丰富的内涵，当前作为国家层面的核心价值观之一的和谐价值观即是在继承中华民族传统的和谐思想的基础上形成的。和谐作为中华民族独特伦理文化具有重要的当代价值，为构建和谐社会提供丰富的理论依据，为构建和谐社会提供正确的价值标准，为构建和谐社会创建良好的社会氛围。

一　和谐文化的历史渊源

在中国的文化中，和谐思想发展的初期"和"与"谐"是两个独立的字，认为"和"与"谐"的意思相近，正如《尔雅》对"谐"的解释是"谐，和也"，① 因此，当时"和谐"的思想是以"和"的范畴出现。所以，在早期的经典中，基本上只出现"和"字。而最初孕育"和"理念的是远古时期所出现的巫术礼仪，但是随着巫术礼仪的发展，逐渐形成"礼""乐"文化。特别是在"乐"文化中，对于"和"有极高的追求。当时的"乐"是强调乐、歌、舞三者的协调统一，如果三者只要有其一不能达到"和"，那么这个"乐"就不能产生余音绕梁的效果。据《书·舜典》写道："诗言志，歌永（通咏）言，声依永，律和声，八音克，无相夺伦，神人以和"②。表明当时已经发现音律隔八能够产生和谐的乐理，这种和谐的音乐境界是人们所追求的。这种"和"的思想慢慢的从"乐"引申到社会的和谐问题。如在当时处于农耕文明时期，生产力水平低，资源紧张，部落与部落之间战乱不断，当时皇帝经过努力促进其所处的部落与炎帝、蚩尤三大部落的融合。《尚书·虞书·尧典》赞扬尧帝"克明俊德，以亲九族。九族既睦，平章百姓。百姓昭明，协和万邦。黎民于变时雍。"③ 表明当时尧帝已经意识到九族和睦、百姓和睦的重要性，彰显了和谐的思想。

特别是在春秋战国时期，由于当时所处社会战乱不断，人们对于安定康乐生活向往的社会背景，使得"和"思想得到了极大的发展。主要体现在两个方面。一方面是指在当时出现了"百花齐放、百家争鸣"的局面。儒家、道家、墨家、法家等众多思想流派的形成与发展正体现了和谐的思想，同时也体现了包容性。这些思想流派致力于完善自己的思想体系以促进社会的发展，而不是为了排斥其他思想流派，也正是因为这样，这些思想流派的思想对后世产生了深远的影响，成为中华文化的重要组成部分。另一方面是指众多思想流派中把"和"作为其思想体系的重要组成部分，积极地推动了"和"文化的丰富与发展。儒家文化中有丰富的"和"思想。"礼之用，和为贵。先王之道斯为美。"④ 认为

---

① 《尔雅》。
② 《书·舜典》。
③ 孔安国：《四部备要》卷2，中华书局1936年版，第15页。
④ 《论语·学而》。

"和"是统治者治理天下应该遵守的道。"君子和而不同，小人同而不和"①，认为君子能够与人保持一种和谐的关系，有自己的独立见解，不人云亦云，而小人往往人云亦云，表面上似乎与他者处于一种和谐的关系，但这种和谐并不是真正的和谐。《礼记·中庸》曰："喜怒哀乐之未发，谓之中；发而皆中节，谓之和；中也者，天下之大本也；和也者，天下之达道也。致中和，天地位焉，万物育焉。"②"中和"是天地万物运作的根本之道，因此，不论是在人与人的相处中还是在国家的治理中都应遵循"中和"之道。"天时不如地利，地利不如人和。"③"上不失天时，下不失地利，中得人和。"④孟子和荀子都强调了"人和"的重要性。道家文化中如老子提出"道生一，一生二，二生三，三生万物。万物负阴而抱阳，冲气以为和"⑤认为道包含着阴阳两气，正是因为阴阳两气的互相激荡而生成新的和谐体。"终日号而不嗄，和之至也。"⑥终日号哭但是嗓子确不嘶哑是因为元气淳和的缘故，即心灵处于一种凝聚和谐的状态。墨子提出的"兼爱""非攻""尚贤"等思想都蕴含着丰富的和谐思想。可见在当时对于和谐的渴望与追求。

国家层面的核心价值观之一的和谐价值观是在充分地继承和发展了我国传统的和谐文化的基础上，同时又吸取了时代精神，集中反映了我们国家在当前时代背景下的价值诉求。一个国家只有在和谐的环境下才能得到长远的发展。正如和平与发展一直是当今时代的主题，特别是经济全球化的发展，不仅是一个国家，而是整个世界都需要一个和谐发展的氛围。我们国家把和谐作为国家层面的核心价值观之一足以显示对于和谐的重视，把其作为国家和社会建设的价值引领，努力创建友好和谐的社会氛围。

---

① 《论语·子路》。
② 《礼记·中庸》。
③ 《孟子·公孙丑下》。
④ 《荀子·富国》。
⑤ 《道德经》。
⑥ 同上。

二 和谐文化的伦理内涵

追求和谐和美，主张和睦和解，和衷共济，和风细雨，这是中国传统文化的主流，也是延续中华民族团结统一的精神支柱。[①] 和谐文化具有悠久的历史渊源，具有丰富的伦理内涵，对后世具有深远的影响。其伦理内涵主要体现在以下几个方面：

第一，主张中庸之道。中庸之道是和谐文化的重要伦理内容，也是我国传统的核心价值观念之一。在中国传统文化中，"尚中"思想早已出现。早在三千多年前，尚"中"的华夏族，就开始将"中国"作为自己的国家命名。[②] 且中道思想在此之后得到不断的继承与发展，是中华民族重要的传统思想。在中华民族众多的思想流派中，儒家拥有丰富的中庸之道的思想，在《论语》《孟子》《荀子》等中均可以发现大量的关于中庸之道的思想，其中儒家还有专门的著作《中庸》。孔子提出"君子之中庸也，君子而时中"[③]。君子能够随时做到适中，无过无不及，所以秉持中庸。按照孔子的论说，中庸之道既不是过，也不是不及，而是适中。但是在现实生活中，能够坚守或践行中庸之道是一件不易的事情，也即是在社会生活中，未能很好的坚守和践行中庸之道，人们在面对矛盾时难以采取正确的解决方式。中庸之道也是一种为人处世的智慧和方式。如随着经济的发展，人们生活节奏的加快，受到多方面因素的影响，不能及时进行调整，极易产生心理失衡。而中庸之道是解决心理失衡的有效途径，当能够真正的做到适中，那么我们就能更好的去实现自己的追求。当然，有些人认为中庸之道阻碍了人的上进，是一种懦弱的表现，这是对中庸之道的一种误解。中庸之道是一种智慧，因为过与不及都是有失偏颇的，而坚守适中才是我们追求的。当我们能够准确地把握适中，表明我们是理性的，明白自己的追求是什么，也不会急于求成，而是会脚踏实地的去实现自己的理想，促使我们更好的上进。当能够做到中庸之道，和谐也随之而来，因此，中庸之道是和谐文化的重要

---

① 江源：《中国传统和谐思想的当代价值》，《学术研究》2007年第5期。
② 朱汉民：《中庸之道的思想演变与思维特征》，《求索》2018年第6期。
③ 《论语·雍也》。

内容。

第二，主张和而不同。中华民族的传统和谐文化不是强调一致才是和谐，而是主张和而不同。孔子说"君子和而不同，小人同而不和"[①]，君子在对待事情时不会人云亦云，不会盲目地附和，而是会有自己独特的见解，不是为了附和他人而与他人保持一致，缺乏独立的思考。这表明，真正的和谐不是人云亦云，而是有自己独特的见解，能够做到和谐贯通。与此同时，人具有差异性，在一个和谐的社会，也不能强行要求大家的想法和做法是一致的，这从根本上违反了和谐的原则。真正的和谐强调和而不同，求同存异，尊重人的差异性、事物的多样性，承认差别和矛盾的存在。同时事物具有多样性，由于人具有差异性，不同的人对待同一事物也具有差别，这就要求能够尊重这种差别的存在，而不是抹杀这种差别。社会的发展是一个复杂的过程，在这一过程中存在着众多的可控因素和未知因素，存在矛盾是必然的，只是我们不应忽视或者逃避矛盾，而是应该积极地去解决矛盾，逐步实现社会的和谐。中华民族是由多民族组成的民族，逐步地走向融合，和睦相处，这是和谐的典范。我们尊重各个民族的风俗习惯、语言、文化等，尊重这种多样性的存在，在促进各个民族自身发展的同时更好地推动整个国家的发展。因此，和谐的社会并不是去异求同，只有更好地尊重"异"的存在才有助于促进"同"的发展，实现真正的和谐。

第三，主张天人合一。在中国传统文化中一直注重天人合一的思想。天人合一并不是指"天"与"人"作为两个独立的存在物的再次重新结合，而是指世间的万事万物都存在于这个整体性的世界当中，且是处于相互制约、相互包容的关系之中。这种天人合一的思想充分地体现了和谐的思想。换句话说，即是世间的万事万物在这种相互制约、相互包容的关系中和谐地存在于世界当中。这种天人合一的思想对当今社会的发展具有重要的启示。如在人与自然的关系方面，在经济快速发展的当今社会，如何处理好人与自然的关系至关重要。在经济社会的发展中，存在着以人为中心的思想，认为自然是为人服务的，人们试图改变

[①] 《论语·子路》。

自然规律，大肆的对自然进行略夺，最终的结果是遭受大自然的报复。当前，加强生态文明建设必须坚持天人合一的思想，做到"有为"但不"妄为"。人作为自然界的一部分，虽然具有主观能动性，理应爱护自然，尊重自然的规律，不能肆意妄为，做到人与自然的和谐相处。这样不仅能促进自然的健康发展，而且也有助于人类长久发展。当前面对着众多的环境问题启示着我们应该要正确的认识和处理人与自然的关系，天人合一作为和谐文化的重要内容，是处理人与人、人与自身、人与社会等关系之外的又一重要关系即人与自然的关系至关重要。

三 和谐作为中华民族独特伦理文化的当代价值

和谐文化的内涵随着时代的发展而不断地丰富，但是不可否认中华民族传统的和谐文化对于构建和谐社会具有重大的影响与启示意义。

第一，和谐文化为构建和谐社会提供丰富的理论依据

和谐社会是人类孜孜以求的一种美好社会，和谐社会是一个民主法治、公平正义、诚信友爱、充满活力、安定有序、人与自然和谐相处的社会。民主法治强调政治和谐，使民主得到充分的发扬，坚持依法治国。公平正义强调社会的和谐，公平正义的实现是社会和谐实现的重要条件。诚信友爱强调人与人之间的交往应遵循的基本的道德规则。充满活力一方面强调共同体成员有积极性、充满活力；另一方面是指在充满活力的共同体成员的整体推动下促使整个社会成为充满活力的社会。安定有序是指社会得到有效的治理，社会秩序良好，人民安居乐业，享受美好生活。人与自然的和谐相处，主要强调人类应该尊重自然、顺应自然、保护自然，构建良好的生态环境。中华民族传统的和谐文化为和谐社会的这些主要特征提供了丰富的理论依据。我国传统的和谐文化中，特别是在处于封建社会的大背景下，缺乏直接的民主，但是当时众多思想家提出了关于统治者与人民的关系，特别是"水则载舟，水则覆舟"思想，对于统治者与人民的关系有深刻的认识。一直以来部分人对传统的和谐文化有误解，认为其主张德治，忽视法治。然而众多思想家坚持"德礼为本、政刑为用"的思想，如西周时提出的"明德慎罚"的主张，董仲舒提出的"任德不任刑"的主张等，他们并不是不要法治，只是坚

持以德礼教化为主，反对过度地使用刑法来治理，这样会加剧民众的惶恐，不利于社会的稳定。奉劝统治者应爱惜民众，不能为了满足自己的私欲而搜刮民众，而应以有余来供给天下不足者，努力实现公平正义。老子提出"天之道，损有余而补不足。人之道，则不然，损不足以奉有余"[1]，人之道应像天之道一样，即减少有余，用来补充不足。诚信友爱是中华民族的传统美德，在历史长河中被视为重要的道德价值。"言忠信，行笃敬，虽蛮貊之邦，行矣，言不忠信，行不笃敬，虽州里，行乎哉？"[2] 在孔子看来，说话忠诚信实，行为笃实敬慎，即使在落后部族的国家，也能行得通。说话不忠诚信实，行为不笃实敬慎，即使在本州本里，能行得通吗？孟子也说道"诚者，天之道也，思诚者，人之道也"，充分显示了对诚信的重视。关于友爱的思想，如孔子的"仁爱"思想、墨子的"兼爱"等都注重与人为善。和谐社会本身就是古往今来统治者所追求的理性社会，老子期望一个"甘其食，美其服，安其居，乐其俗"[3] 的小国寡民的社会。历史上出现的文景之治、贞观之治、康乾盛世等时期，相对来说是一个社会稳定、国富民安的社会。中华民族传统的和谐文化中有丰富的关于人与社会和谐相处的思想，如"子钓而不纲，弋不射宿"[4]，孔子钓鱼，不用系满钓钩的大绳来捕鱼，用带丝绳的箭来射鸟，不射归巢的鸟。因此，中华民族传统的和谐文化为构建和谐社会提供丰富的理论依据。

第二，和谐文化为构建和谐社会提供正确的价值标准

和谐社会是人们孜孜以求的理想社会，而一个和谐的社会必定是一个能正确处理人与自然、人与人、人与自身、人与社会，甚至国家与国家之间关系的社会。和谐文化为正确处理好这些关系提供了正确的价值标准。在正确处理人与自然的关系中，应做到人与自然的和谐相处。随着经济的快速发展，很长时间内，在追求经济速度的同时忽略了经济质量的发展，浪费资源，造成生态环境的破坏，严重影响了经济社会的可

---

[1]《道德经》。
[2]《论语·卫灵公》。
[3]《道德经》。
[4]《论语·述而》。

持续发展。而人类作为自然界的一部分，理应尊重自然、保护自然、顺应自然，与自然和谐相处。在和谐社会的构建中，如果人类不尊重自然、保护自然、顺应自然，那么人类将何以发展。因此，在正确处理人与自然的关系中，应该敬畏生命、敬畏自然，深刻的认识到人与自然的关系，实现人与自然的和谐相处。人的社会属性决定人不是独居的，而是与人交往的。而在人与人之间的交往中，如何处理好这一关系至关重要。因为正确处理人与人之间的关系是和谐社会的重要内容。社会是由人构成的，人是社会的基本单元，如果未能正确处理他们之间的关系，会影响到社会的安定以及向前发展。和谐文化为正确处理人与人之间的关系提供了重要的价值指引，指引人与人在交往的过程中应该互帮互助、和睦相处，形成和谐的人际关系。如果在人与人的交往中，自私自利，视他人为实现自己利益的手段，这样如何实现人和。在人与自身的关系中应该实现身心和谐。随着经济社会的快速发展，人们生活的节奏也逐步加快，甚至来不及了解自己，更别说身心和谐。由于身心不和谐，极易产生心理问题，如果不及时加以正确的引导，不可避免地会产生悲剧。近年来，随着网络的发展，我们看到一些大学生因为学习、感情、社会等因素的影响，没有及时地进行调整，以自杀结束自己的生命，给家人和身边的朋友带来无尽的悲痛。同时，有些人甚至做出报复社会的行为，使无辜的生命受到威胁，给社会造成恐慌。

因此，在和谐社会中，实现人的身心和谐至关重要，不仅有助于个体能够更好的发展，同时也有助于推动社会更好的发展。在正确处理人与社会的关系中，更应坚持以和谐作为其价值标准。因为人具有社会属性，是社会的重要组成部分，是推动社会发展的重要力量。因此，社会成员应该为推动社会的发展做出应有的贡献，积极参与经济社会建设。与此同时，社会也应为社会成员的自由全面发展创造条件，为所有的社会成员提供平等参与经济社会发展的机会，让所有的社会成员能够平等的享有社会发展的成果，努力提升社会成员的获得感和幸福感。把实现社会的公平正义作为重要目标，因为这是实现人与社会处于和谐关系的重要前提。随着全球化的发展，和谐的国际环境为各个国家发展提供重要的条件，当一个国家处于和谐的国际环境中，对于本国和谐社会的构建具有重要的意义。和谐社会的构建是以众多的和谐关系为基础，这些和谐的关系缺一不可，且是相互促进的，这些和谐的关系是平等的，没有孰优孰劣之分，都是构建和谐社会的不可或缺的因素。因此，和谐是构建和谐社会的价值标准，必须贯彻到社会发展的众多领域。

第三，和谐文化为构建和谐社会创建良好的社会氛围

和谐文化具有悠久的历史渊源，有丰富的伦理内涵，是中华民族的独特伦理文化。无论是自然的发展、人的发展、社会的发展以及国家的发展，都需要有一个和谐的环境作为保障。当今所提出的和谐社会的构建具有现实性和科学性。自古以来，和谐社会是人们追求的理想社会，众多的仁人志士为了和谐社会的实现在努力奋斗，甚至不惜牺牲自己的生命。众多的思想家意识到和谐对于自然、人、社会、国家发展的重要性。当前我们正处于社会全面转型时期，需要有一个和谐的社会作为保障，只有在和谐的社会中，才能减少在转型过程中的矛盾，推进全面转型的顺利进行。且当前全球正处在大发展的时期，还需积极努力缩小与其他国家发展的差距，更需要有一个和谐的社会。

虽然我国在改革开放以来取得了重大的成就，成为世界第二大经济体，但是不能否认我们在发展中还面临着一些问题，与发达国家还存在着差距，因此，在经济社会发展中，必须构建和谐社会。和谐文化具有丰富的内涵，能够为和谐社会的构建提供丰富的理论依据和价值标准，同时也能够为和谐社会的构建创建良好的社会氛围。当前和谐作为国家层面的核心价值观，表明了和谐价值观对于国家发展的重要性。之所以说和谐文化为构建和谐社会创造良好的社会氛围，是因为和谐文化本身所具有重大的力量。因此，在和谐社会的构建中，一方面应秉承和践行和谐价值观，充分汲取中华民族传统和谐文化中的有效成分，结合本国的实际国情，使其更好地适应时代发展，更好地发挥其作用。另一方面应加大和谐文化的宣传，让更多的社会成员认识到和谐是中华民族的独特的伦理文化，深刻地认识和谐文化的历史渊源、伦理内涵以及具有的重大作用，让社会成员能够更加主动地去践行和谐价值观。在处理人与自然、人与人、人与自身、人与社会的关系时能够坚持以和谐作为价值标准，当社会成员能够正确地处理这些关系的时候，那么整个社会氛围

将会呈现出一个和谐的氛围,也为和谐社会的构建营造一个良好的氛围。

第二节　和谐社会的伦理关系及基本规制

和谐社会是人类孜孜以求的理想和美好社会。构建和谐社会必须正确地认识和深刻地了解其存在的伦理关系以及基本规制,同时还应正确地认识和深刻地理解伦理关系与基本规制两者之间的关系,以更好的推动和谐社会的构建。

一　和谐社会的伦理关系

和谐作为中华民族传统的伦理文化,具有丰富的内涵,和谐社会的伦理关系主要体现在以下几个方面:

在人与自然的伦理关系中,主张天人合一。在中华民族传统的和谐伦理文化中,早已深刻认识到人与自然的统一,强调人类对自然的尊重与保护。达到"天地与我并生,万物与我为一"①的境界。孔子有言"天何言哉?四时行焉,百物生焉,天何言哉?"②认为春夏秋冬四季有规律的运行,万物即会生长不息,天或自然界有自己的独立不倚的运行规律,在其规律之下,万物得以生生不息。因此,人们应该尊重自然界运行的规律,明白人是自然界的一部分。正如老子所言"故道大、天大、地大、人亦大。域中有四大,而人居其一焉。人法地,地法天,天法道,道法自然"③。宇宙间有道、天、地、人四大,而人只是居一大之一,而不管是域中哪一大其最终都要回归于自然。因此,人作为自然的一部分必须遵守大自然的规律。"不违农时,谷不可胜食也;数罟不入洿池,鱼鳖不可胜食也;斧斤以时入山林,材木不可胜用也。"④ 不违背农时,不因为短期的利益就把小鱼全部捕捞完,砍伐的时候不做到砍伐

---

① 《庄子·齐物论》。
② 《论语·阳货》。
③ 《道德经》。
④ 《孟子·梁惠王(上)》。

有度等就会使粮食、鱼、树木等人类赖以生存的物质能够取之不尽、用之不竭。只有人类尊重自然、保护自然，大自然才会给人类提供馈赠。"顺天时，量地理，则少用力而减功多。"① 遵循大自然的规律，能够达到事倍功半的效果。这也体现了在处理人与自然的和谐关系时，应该做到"不妄为"，按照其规律运行，不肆意妄为，同时，在"不妄为"的基础上，彰显天地价值的"有作为"，才是中国哲学"天人合一"思想更应发掘的生态智慧。② 和谐作为中华民族独特的伦理文化，对于人与自然的关系的认识是比较深刻的，具有重大的理论价值与实践价值。当前我们面临着众多的生态环境问题，而人与自然的这一"天人合一"的和谐关系对于我们正确认识人与自然的关系、保护生态环境、解决生态问题具有积极的意义。

在人与人的伦理关系中主张人和。在人与人的关系上，提倡宽和处世，协调人际关系，创造"人和"的人际关系，追求以形成和谐的人际关系为主题的大同社会。③ 人不仅具有自然属性，同时也具有社会属性，必然会涉及人与人之间的交往。如何处理好人与人之间的关系，为中华民族传统文化中独特的和谐伦理文化提供重要的价值指引。儒家非常注重人与人之间的和谐相处，认为与人和谐相处是君子人格中的重要方面之一。其提出一系列如仁、义、理、智、信等道德规范来推动人和的实现。"苟志于仁矣，无恶也"④，致力于修行仁德，就不会再有邪恶了，那么人与人之间的相处就会趋向于和谐。"君子喻于义，小人喻于利"⑤，君子懂得的是义而小人懂得的是利，君子不会为了自己的利而放弃义，作出不合义的行为。如"君子和而不同"⑥ "君子矜而不争、群而不党"⑦，君子是庄重谨慎却不与人争，能够与人保持和谐的关系。孟子把"人和"看得非常重要，甚至超过了天时和地利。因为相对于天时、地

---

① 《齐民要术》。
② 刘震：《重思天人合一思想及其生态价值》，《哲学研究》2018 年第 6 期。
③ 陈柳钦：《中国古代和谐思想溯源》，《湖南社会科学》2008 年第 3 期。
④ 《论语·里仁》。
⑤ 同上。
⑥ 《论语·子路》。
⑦ 《论语·卫灵公》。

利，人和的实现是非常有挑战性的。老子特别重视人与人的和谐相处，认为人应具有善的品质，提出"居善地，心善渊，与善仁，言善信，正善治，事善能，动善时"①。老子认为人的心胸应善于保持沉静，待人应真诚，说话应遵守信用等，做到不争，这样的人在与人的交往中体现出高尚的美德，让他人愿意与其交往和相处。墨子的兼爱思想更是蕴含着人与人和谐相处的智慧，他提出"天下之人皆相爱，强不执弱，众不劫寡，富不侮贫，贵不敖贱，诈不欺愚"②。

在人与自身的伦理关系中，主张身心和谐。在中华民族传统文化中特别注重修身，强调人的身心和谐。孔子提出修身、齐家、治国、平天下，把修身放在首位，认为修身是齐家、治国、平天下的前提。且孔子也特别注重修身，认为巧言令色的人拥有的仁德是很少的。提出著名的"三省"，即替别人谋划事情是否尽心竭力，与朋友交往是否诚实相待，老师传授的知识是否认真复习，通过自省的方式来达成身心的和谐一致。在孔子看来富与贵是人们所欲求的，但是孔子认为"不义而富且贵，于我如浮云"③，不义的富与贵对于孔子来说是浮云。因此，孔子大赞颜渊"一箪食，一瓢饮，在陋巷，人不堪其忧，回也不改其乐"④，也享受"饭蔬食，饮水，曲肱而枕之，乐意在其中矣"⑤。"喜怒哀乐之未发，谓之中；发而皆中节，谓之和"⑥，能够随自己的情绪进行控制与约束，这也是一种有效的修身的方法。老子也非常注意人与自身的和谐统一，倡导人应少私寡欲、不争、知足等。"五色令人目盲；五音令人耳聋；五味令人口爽；驰骋田猎，令人心发狂；难得之货，令人行妨。"⑦缤纷的色彩使人眼花缭乱；纷杂的音调使人听觉不敏；饮食餍饫会使人舌不知味；纵情狩猎使人心放荡；稀有货品使人行为不轨。过多的欲望极易产生祸患和罪过，正如老子所言"咎莫大于欲得；祸莫大于不知

---

① 《道德经》。
② 《墨子·兼爱（中）》。
③ 《论语·述而》。
④ 《论语·雍也》。
⑤ 《论语·述而》。
⑥ 《礼记·中庸》。
⑦ 《道德经》。

足。故知足之足，常足矣"①，因而克制欲望的最佳方式是做到知足，只有懂得满足的这种满足才是真正的知足。所以"是以圣人为腹不为目，故去彼取此"②，摒弃追逐声色的生活和物欲的诱惑而保持安足的生活。与此同时，老子强调贵身，爱惜和节约精力。老子提出"致虚极，守静笃"③，由于一个人的心灵极易受到外界的影响，需要通过守静的工夫来消解心灵的蔽障和厘清混乱的心智活动，以深蓄厚养，储藏能量，以使身心达到和谐统一。庄子明确的提出"坐忘""守道""心斋"等修身的方法，已达到"圣人无己，神人无功，圣人无名"④的自由境界，只有当一个人以通达的心态去面对人生的得失，使自己的心灵澄明，才能真正达到人的身心和谐。

在人与社会的伦理关系中，主张以和为贵，构建和谐的社会。在中国传统文化中，"和"一直是众多思想家认为的最高的政治伦理原则，同时也是人们所期望和追求的理想社会。老百姓希望统治者开明贤能，能够减少苛捐杂税，实行德政，努力构建和谐的社会。孔子把修身放在修身、齐家、治国、平天下的首位，足以见其希望统治者是一个有德的统治者，以德治国，这样才能使国家得到长存。荀子提出"君者，舟也；庶人者，水也；水则载舟，水则覆舟"⑤，警示统治者一定要关心民众，民众能支持你也能推翻你，要认识到"得民心者得天下"。如果统治者实行暴政，那么一定会被民众推翻。在唐太宗统治时期，魏征也时常用以警示唐太宗，"臣又闻古语云：'君，舟也；人，水也。水能载舟，亦能覆舟。'陛下以为可畏，诚如圣旨"⑥，希望唐太宗能够实行仁政，爱戴民众。老子提出了"以百姓心为心"。因为不管是苛政还是战乱，荼害的是广大老百姓。"常善救物，故无弃物。"⑦ "民之饥，以其上食税之多，是以饥。民之难治，以其上之有为，是以难治。民之轻死，

---

① 《道德经》。
② 同上。
③ 同上。
④ 《庄子·逍遥游》。
⑤ 《荀子·王制篇》。
⑥ 《贞观政要·论政体》。
⑦ 《道德经》。

以其上求生之厚，是以轻死。"① 老百姓之所以饥饿、难治、轻死，是因为统治者没有做到以百姓心为心，肆意的强加赋税、强作妄为、奉养奢厚等造成的。然而，一旦当老百姓被逼迫的无惧统治者的高压，那么统治也到达尽头。正如老子所说"民不畏死，奈何以死惧之？若使民常畏死，而为奇者，吾将得而杀之，孰敢？"② 因此，统治者应该努力让老百姓"甘其食，美其服，安其君，乐其俗"③。当前，我们国家致力于构建和谐社会，努力增加人民群众的获得感和幸福感，满足人民群众对美好生活的需求。

在国家与国家的伦理关系中，主张"协和万邦"。协和万邦有助于国家之间形成良好的睦邻友好关系，相互尊重，和谐共处，互惠互利。"协和万邦"最开始是帝尧运用统治智慧使各部落之间万邦和睦，对于后世的统治者具有深远的影响。众多的统治者把"协和万邦"作为自己的理想的政治目标，希望与周边的少数民族能够睦邻友好，通过比较温和的方式实现两邦交好。如老子十分反对不正义的战争，但是即使是对于万不得已的正义战争，也要淡然处之。即使取得了胜利，也不能得意洋洋，而是应"杀人之众，以悲哀泣之，战胜以丧礼处之"④，即战争会造成众多的人员伤亡，因此要带着哀痛的心情去对待，打了胜仗要用丧礼的仪式去处理。足以可见即使是敌对的双方，只要发生战争就会有伤亡，因此，应该秉持以和为贵的理念。在春秋战国时期，战乱纷争，各诸侯国以武力相争，给老百姓带来巨大的痛楚。历史的经验告诉我们和平的重要性，对当今时代处理国家与国家之间的关系具有重要的影响。

二 和谐社会的基本规制

和谐社会作为人类孜孜以求的社会，包括了人与自然、人与人、人与自身、人与社会，甚至国家与国家之间的伦理关系，同时，和谐社会

---

① 《道德经》。
② 同上。
③ 同上。
④ 同上。

具有其基本规制，主要有民主法治、公平正义、诚信友爱、社会认同等。

其一，民主法治。和谐的社会是一个民主法治的社会。民主属于政治哲学的范畴，在古希腊时期，民主这一政治理念得到了详细的阐释。民主这一政治理念得到了极大的发展，一直以来是人类政治生活的追求。虽然民主理念得到不断的发展，但是不能否认的是其本质内涵并没有发生根本的改变，即是指人民的统治。在当前社会，坚持社会主义民主，且把民主作为国家层面的核心价值观，充分地表明了对民主的重视以及对民主的追求。在国家治理中，人民民主是其重要主题，应加快推进社会主义民主政治制度化、规范化和程序化。因为民主社会需要有制度进行保障，需要有规范的标准和要求，需要在其运行的各个环节要有序。制度化、规范化和程序化这三者相互渗透、相互作用，其中制度化是前提，规范化是手段，程序化是保证，只有当三者充分发挥作用，才能有效地推进社会主义民主的进程，发展更加广泛、更加充分、更加健全的人民民主。民主是我国制度建设的价值导向，同时也是评价我国政治发展的价值标准。当前，我国提出依法治国，是国家治理现代化的有力体现。法治是一个国家文明进步的重要标志，同时也是一个社会发展的重要价值。一直以来，法律被认为是保障共同体集体利益、维护共同体秩序的根本保障。依法治国是和谐社会的必然要求，之所以强调依法治国是因为法治与人治相对。在一个和谐的社会，法治是一种政治生活模式，其首要的特质是非个人化，有自己独立的权威。依法治国强调依据法律治理国家，必须拥有健全的法律系统，且法律不是为了满足某一个人或者某部分人的利益而制定的，而是良法、善法。在良法、善法的保障下，人民的权利得到充分的保证，政治权力使用的合法性得到保证，避免出现滥用权力的行为，为整个社会的有序运行提供法律保障。在和谐社会，法治意味着法律在共同体生活中拥有最高的权威，在法律面前人人平等，任何人都不能超越于法律之上，挑战法律的权威。因为法律具有权威性，具有普遍约束力。难以想象一个社会离开法律将会是一个什么样的社会。因此，民主法治是和谐社会的基本规制之一。

其二，公平正义。公平正义是一个社会重要的价值追求，也是社会成员重要的价值诉求。我们希望我们的社会是一个公平正义的社会，并努力地实现社会的公平正义。随着经济的快速发展，在取得重大发展成果的同时也面临着社会不公平不正义的难题。主要表现在以下几个方面：一是贫富差距的拉大。我国当前处于全面建成小康社会的决胜阶段，表明从整体而言，人民的生活水平得到了极大的提升，基本已经达到小康水平。然而，我们不能忽视收入差距不断扩大，已经超出合理的范围。城乡居民收入差距的不断扩大，不同地区、阶层、行业之间收入差距的不断扩大等严重地影响着社会的公平正义，影响着社会的和谐发展。虽然收入差距的不断扩大在很大程度上是由经济、市场发展规律决定的，且收入差距在合理范围之内是起积极作用的，但是当其超出合理范围，极易降低社会成员参与经济建设的积极性，阻碍社会的发展，极易产生利己分化。且如果不采取有效的措施把这一差距控制在合理范围内，极易造成社会成员的心理失衡，一旦激化甚至会做出危害社会的行为，对社会的健康稳定发展产生消极的影响。因此，和谐社会是一个把贫富差距控制在合理范围的社会，让社会成员能够平等的享受社会发展成果的社会。

二是教育不公。教育公平是实现社会公平正义的重要基础，因为受教育水平对一个人以后的发展具有重要的影响。当前，我国已基本实现九年义务教育，人们的受教育水平得到极大的提升，但不能忽视存在教育不公的问题。一方面是指教育资源分配不公。发达地区的教育资源明显高于欠发达地区、城市的教育资源明显高于农村的教育资源等。在发达地区以及城市有更优质、更多的教育资源，由于教育资源的优先性，相对于欠发达地区其所享有的教育资源并没有那么优质，如果这种情况得不到及时的矫正，极易产生恶性循环。另一方面是指受教育机会不公。主要表现为城市和农村、发达地区与贫困地区受教育者的受教育机会的不公，其中教育资源的分配不公是造成受教育机会不公的原因之一。

三是社会保障不公。近年来，社会保障得到了极大的发展，在保障社会成员的基本生存权和发展权方面取得了显著的成效，但是还存在着社会保障制度需要进一步的发展和完善，城市和农村所享受的在社会保障方面存在明显的差距等问题。这些不公平不正义的表现严重地影响了和谐社会的构建,必须构建公平正义的分配制度,努力把贫富差距控制在合理的范围;实现教育公平,为实现一切公平提供有力的起点;完善社会保障体系,保障所有社会成员的生存权和发展权,通过社会保障助力社会公平正义的实现,推进和谐社会的构建。因此,公平正义是和谐社会的基本规制。

其三,诚信友爱。在一个和谐社会,诚信友爱是其基本规制之一。自古以来,无论是在西方还是东方,都把诚信作为人立身的根本。孔子提出"人而无信,不知其可也"①,如果一个人失去信用或者不讲信用,不知道他还可以做什么,表明了诚信的重要性。孟子提出"诚者,天之道也;思诚者,人之道也"②,认为追求"诚",是为人的基本准则,当一个人能够做到"诚",他就能感动他人。因此,在人与人的交往中,诚信是基础。我们现在所说的"言必行,行必果""一言九鼎""君子一言,驷马难追"等俗语表明了对诚信的追求。当然对于践行承诺有一个前提基础,即是基于"义"之上,如果我践行这一承诺对他人而言会助推其犯错误,那么在这一情况下遵守诺言或者践行诺言就是不义的。也即是我们在进行履行承诺时应该要做出正确的道德判断。亚里士多德认为一个诚实的人被看作是有德性的人,亚里士多德所说的诚实是指"不是守约或涉及公正与不公正的那些事务上的诚实(因为适用于这些事务的是另外一种德性),而是不涉及那些事务时一个人的出于品质的语言和行为上的诚实"③。无论是诚信还是诚实,都是一个人立身的根本,是一个人应该具有的高尚的道德品质。友爱也是人类社会一直追求的美德,在人与人的交往中只有当与他人能够真正地做到友爱,才能够正确地处理与他人之间的关系。亚里士多德把友爱分为三种类型:一是善本身,二是令人愉悦,三是对他人有用。但亚里士多德所推崇的是第一种友爱即善的友爱,因为只有这样的友爱才是真正的友爱,而其他两种友爱只是暂时的,一旦不再令对方愉悦或者有用,这种友爱关系也即

---

① 《论语·为政》。
② 《孟子·离娄(上)》。
③ [古希腊]亚里士多德:《尼各马可伦理学》,廖申白译,商务印书馆2003年版,第130页。

结束，而善的友爱具有稳固性，是不会轻易结束的。正如亚里士多德所说"完善的友爱是好人和在德性上相似的人之间的友爱"，[①] 因此，在他们之间的友爱是善的友爱，他们对朋友友爱是因其自身，而不是由于偶性。康德认为我们不应把他人看作手段而应看作目的。在人与人的交往中这一准则也适用，也应认识到建立在令对方愉悦或有用基础上的友爱是不牢固的，只有因其自身的友爱才是善的友爱。当前，诚信、友善都是作为个人层面的核心价值观，表明了诚信、友善一直以来是人类的价值追求。当然，在和谐社会，诚信友爱也是其价值追求，是其基本规制。

三 和谐社会的伦理关系与基本规制的关系

和谐是中国民族独特的伦理文化，是中国道路的伦理目标。在社会全面转型时期，构建和谐社会具有重要的意义。和谐社会的伦理关系主要有人与自然、人与自身、人与人、人与社会，甚至国家与国家等之间的关系，有民主法治、公平正义、诚信友善等基本规制。正确认识两者之间的关系至关重要，直接影响着和谐社会的构建。

和谐社会中的伦理关系与基本机制，两者作为和谐社会的重要组成部分，处于相互支撑、相辅相成的关系，共同推进和谐社会的构建。和谐社会的构建需要正确处理人与自然、人与自身、人与人、人与社会，甚至国家与国家等之间的关系，但是在这一过程中，需要有基本规制进行引导、规范和保障，以便更好地实现这些关系之间的和谐。在人与自然的"天人合一"的伦理关系中，人与自然和谐相处，我们应该尊重自然、顺应自然、保护自然。然而在与自然和谐相处的过程中，必须制定相应的制度、法律等进行保障，对自然友善，坚持可持续发展。在人与人的伦理关系中，必须做到诚信友爱，这是最基本的要求，在这一基础上，才能实现人和。在人与自身的伦理关系中，能够提升自己的道德修养，心灵澄明，实现真正的身心和谐。在人与社会的伦理关系中，主张以和为贵，更需要民主法治、公平正义、诚信友爱等规制进行引导、规

---

① ［古希腊］亚里士多德：《尼各马可伦理学》，廖申白译，商务印书馆2016年版，第254页。

范和保障，因为人与社会的关系相对来说更具复杂性和多样性。在国家与国家的伦理关系中，需要民主法治、公平正义、诚信友爱等规制进行引导、规范和保障。在国家的交往中，各个国家或地区都以维护本国或本地区的利益为出发点，在这一过程中，如果大家没有相应的规章、制度等进行引导、规范和保障，那么极易造成世界秩序的混乱，综合实力较弱的国家将会面临着生存的威胁。因此，在国家与国家的交往中，应秉持互相尊重、互相帮助，实现共赢的局面。从中可以看出和谐社会中的这些基本规制一直贯穿于和谐社会这些伦理关系中，引导者如何正确处理这些伦理关系，进一步规范这些伦理关系，为这些伦理关系的正常维持提供重要的保障是至关重要的。

和谐社会的民主法治、公平正义、诚信友爱等基本规制本身即是为了社会和谐的发展，与此同时，和谐的社会即是一个民主法治、公平正义、诚信友爱的社会。在和谐社会，民主进程得到不断的提升；坚持依法治国，建设社会主义法治国家；社会成员能够平等地参与经济社会发展的进程，能够公平地享受社会发展的成果，收入差距等控制在合理的范围；在人与人的交往中，能够秉持诚信友爱等立身之本，共同推进和谐社会的构建。之所以和谐社会需要有民主法治、公平正义、诚信友爱等基本规制，是因为在其发展中存在着人与自然、人与自身、人与人、人与社会，甚至国家与国家等之间的重要的伦理关系。和谐社会存在着这些重要的伦理关系，如何处理好这些伦理关系至关重要。而民主法治、公平正义、诚信友爱等基本规制对于正确处理好这些伦理关系具有重要的指导意义。如在维系人与自然的伦理关系时，必须要有友爱的思想，友爱不仅仅是对他人，同时对自然也应该友爱，深刻地认识到人是自然界的一部分，要对自然有敬畏之心。同时，大自然为人类提供大量的资源，但是也必须意识到大自然的有些资源是有限的，不能无节制的开采，也不能只顾这一代人的发展，而应考虑到后代的发展，实现可持续的发展。此外，由于当前还存在着破坏自然的行为，因此必须制定相关的法律和制度以保护自然。所以，民主法治、公平正义、诚信友爱等和谐社会的基本规制有助于正确处理人与自然的关系，实现人与自然的和谐发展。

在和谐社会，不论是伦理关系还是基本规制其实都是为了让我们更加理解和谐社会的本质和内涵。和谐社会存在着的这些伦理关系不仅是我们国家，同时也是世界其他国家需要正确处理好的关系，当我们正确地认识到和谐社会具有这些伦理关系并正确地处理这些关系时，我们才能更好地去构建和谐社会。同时，和谐社会的这些机制并不是凭空产生的，而是立基于人类发展的漫长历程的经验的基础上形成的，一个没有民主、专制的国家将如何能够得到长久的发展；一个没有公平正义的社会，如何调动人民的积极性，如何推动经济社会的发展；一个没有诚信友爱的社会，充斥的将是尔虞我诈，人与人之间如何建立良好的交往关系。因而和谐社会需要有其基本规制，同时这些基本规制会随着社会的发展而不断地得到丰富与发展，以期更好地推动和谐社会的构建。

因此，在和谐社会，其伦理关系与基本机制两者并不冲突，而是相互支撑、相辅相成。伦理关系的存在需要有基本规制进行引导、规范和保障，同时基本规制的存在有助于正确地处理这些伦理关系，最后推进和谐社会的构建。

第三节 人类命运共同体是通往和谐世界之路

构建人类命运共同体的重大战略思想是一种新型的全球治理理念，是中国共产党人在参与全球治理过程中自觉形成的基本方略，是解决当今世界各种难题，消弭全球各种乱象，促进世界和谐发展，实现人类社会合作共赢的"中国钥匙""中国方案"。这一重大战略思想作为一种新型的全球治理理念，作为新时代马克思主义中国化的最新成果，具有坚实的现实实践基础与深厚的理论渊源，它既体现着当今全球治理实践的迫切需要，又彰显着马克思主义理论的方法论旨趣与以人民为中心的价值追求，它既是对传统全球治理的陈旧理念和思维方式的超越，又闪烁着中国优秀传统文化创造性转换与创新性发展的哲学智慧与光芒。

一 人类命运共同体构建的历史必然性

马克思主义认为"不是人们的意识决定人们的存在，相反，是人们的社会存在决定人们的意识"①。理念作为一种观念并不会凭空产生，任何一种理念都有其得以产生的社会历史根源。在马克思主义理论的分析框架中，实事和价值是统一的，价值理念作为一种意识亦有其社会存在的实事基础和根源。作为新时代马克思主义中国化的最新成果，构建人类命运共同体的重大战略思想亦有着坚实的现实基础，它是当今全球治理实践的现实需要的理论反应，它体现了中国共产党人对当代全球发展大势的准确把握，以及对当代人类生存处境与命运的深刻洞察与理性自觉。具体来说，建构人类命运共同体作为一种全球治理理念导向，是建立在对当今世界人类日益交融为一个相互影响的命运共同体这一基本实事的深刻洞识与体认之上的理论自觉。早在2013年3月，习近平总书记在莫斯科国际关系学院发表的演讲中，就第一次向世界传递了他对这一基本实事的判断："这个世界，各国相互联系、相互依存的程度空前加深，人类生活在同一个地球村里，生活在历史和现实交汇的同一个时空里，越来越成为你中有我、我中有你的命运共同体。"②习近平总书记的这一深刻洞识是建立在以下事实之上的科学判断。

其一，随着经济全球化广泛而深入的发展，世界各国已然深度嵌入全球市场体系之中，各个经济体或各国之间形成了深度交融与相互依存的经济关系，甚至成为了一个共同利益纽带上的一环，任何一环出现问题，都可能导致全球利益链中断。在此背景下，一个经济体或一个国家的经济决策或贸易政策，特别是经济危机的发生会迅速通过全球市场机制的传导而波及全球，甚至影响世界整体的经济发展。例如，1998年东南亚引发而波及全球的金融危机，以及2008年由美国次贷危机引发的经济大衰退，没有一个国家能毫发未损地独善其身而幸免于难，至今仍然有许多国家的经济未能完全恢复元气。这些现象已经充分说明，人类已然生活在全球经济命运共同体之中。

其二，随着科学技术的高度发展，人类面临的各种安全挑战日益全球化，人们已然生活在一个共同的安全境况之中，面对着共同的安全挑战。一方面，核武器、生化武器等大规模杀伤性武器的出现，人类面临

---

① 《马克思恩格斯选集》第2卷，人民出版社2012年版，第8页。
② 《习近平谈治国理政（第一卷）》，外文出版社2014年版，第272页。

着自我毁灭的生存挑战与日俱增，一旦爆发大规模战争，人类将无一能够幸免；另一方面，由于互联网技术的广泛应用，不仅把世界各国空前紧密地连在一起，而且人类经济社会生活的方方面面已然对互联网形成了高度依赖，因此在世界任何一点发动网络攻击，看似无声无息，但却可能给世界各国的经济社会带来难以估量的损失；另外，交通工具及其技术的快速发展，把人类居住的星球变成了"地球村"，在极大地缩短了人类交往的时空距离的同时，也缩短了疾病全球扩散的时空距离，最近几年的埃博拉病毒疫情和2003年爆发的SARS病毒皆引起世界性的恐慌。

其三，全球性的环境资源和气候问题的出现，直接威胁着世界各国的生存与发展，将人类生存和发展的命运紧紧联接在了一起。一方面，二氧化碳过度排放引起的温室效应导致的气候变化带来的一系列问题，诸如冰川融化、海平面上升，降雨失调、气候异常等问题，不仅给海洋岛国和沿海各国的大陆居民带来灭顶之灾，也直接威胁着全人类赖以生存的生态环境和粮食安全，影响着经济社会的可持续发展；另一方面，随着人口持续增长和资源的快速消耗，以及环境污染的全球性扩散，"我们这个星球迟早将达到极限进而崩溃"，这不仅关乎人类能否持续发展的问题，更直接涉及人类文明的命运问题。构建人类命运共同体重大战略思想的提出是顺应了人类社会发展规律所做出的历史性选择，具有必然性。

二 人类命运共同体构建的价值必要性

人类已然处在同一个命运共同体之中的现实，要求人类以命运共同体的意识和视角，寻求维护人类共同价值和现实人类共同利益的新型全球治理理念，而且构建人类命运共同体理念也已经被正式写入联合国决议。但是，由于狭隘和短视的民族国家利己主义利益观念的蒙蔽，再加上陈旧的全球治理理念和思维方式"像梦魇一样纠缠着活人的头脑"[1]，致使构建人类命运共同体的思想尚未成为具有普遍意义的人类自觉意识

---

[1] 《马克思恩格斯选集》第1卷，人民出版社2012年版，第669页。

或全球政治家的普遍共识。当然，也正因此而彰显出倡导构建人类命运共同体的必要性、紧迫性，从而体现其重大的现实意义与价值意蕴。具体来说，构建人类命运共同体思想的必要性及其重大规范价值主要体现在以下三个方面。

其一，构建人类命运共同体重大战略思想是对资本驱动的经济全球化发展道路的超越。经济全球化发轫于近代资本主义的全球扩展，迄今为止，这一全球化进程本质上走的是一条由资本驱动的发展道路。这一由资本驱动的经济全球化发展道路，不仅不可能真正实现全球经济的可持续发展，反而会带来全球性的发展危机，如经济危机、生态危机、资源危机等。一方面，它通过掠夺式的血腥剥削造成了世界范围内的巨大的贫富悬殊鸿沟，"导致了中心与边缘国家之间富裕与贫穷、发达与落后的不平衡关系，制约着世界的发展与稳定"[1]；另一方面，资本驱动的经济全球化发展道路可能带来人类生存环境的崩溃。资本驱动的经济全球化道路服从的是资本增值的逻辑，而自然环境资源只能仅仅以有用性的方式呈现在这一逻辑面前成为资本增值的一个因素，因而这一由资本驱动的经济全球化发展必然导致资本对全球资源的残酷掠夺，事实上，这种掠夺已经触及自然的底线，即将导致人类生存环境的崩溃。构建人类命运共同体的重大战略思想的提出，具有扭转或超越这种发展道路的现实针对性和重大规范价值。一方面，构建人类命运共同体重大战略思想倡导世界各国杜绝损人利己的行为，"坚持合作共赢"的发展理念，同舟共济改变中心与边缘国家之间富裕与贫穷、发达与落后的不平衡状态，扫清制约世界发展与稳定的消极因素，"建设一个共同繁荣的世界"[2]；另一方面，构建人类命运共同体重大战略思想指出，"人与自然是共生共存的关系，伤害自然最终将伤及人类"，自然环境资源用之不觉，失之难续，因此它提出人类应该坚持永续发展之路，"坚持绿色低碳，建设一个清洁美丽的世界"的经济全球化发展之路。[3]

---

[1] 陈学明等：《科学发展观与人类存在方式的改变》，《中国社会科学》2008年第5期。
[2] 习近平：《习近平主席在出席世界经济论坛2017年年会和访问联合国日内瓦总部时的演讲》，人民出版社2017年版，第27页。
[3] 同上书，第29页。

其二，构建人类命运共同体重大战略思想是对霸权主义安全观的否定。在美国等大国的主导下，全球安全治理体系一直朝着霸权主义的方向演变，它们否弃在国内奉为圭臬的平等与民主原则，在国际上奉行强权政治，在极力维护"一国独霸"的优势或大国之间"几方共治"的势力均衡的同时，肆无忌惮地践踏弱小国家的主权，肆意干涉他国内政，妄图把本国的安全建立在他国的动荡之上，其结果不仅未能实现世界和平与安全，反而使自己也陷入了恐怖主义袭击的不安之中。显然，构建人类命运共同体重大战略思想提出"坚持对话协商，建设一个持久和平的世界""坚持共建共享，建设一个普遍安全的世界"等倡议，[①] 就是对这种霸权主义全球安全治理理念的彻底否定。"坚持对话协商"就是倡导一种主权平等与全球共治的民主协商原则，就是对强权政治与霸权主义的否定，而"坚持共建共享"则是旨在提倡互帮互组、责任共担、利益共享，共同营造合作共赢的全球安全治理新模式，是对"单边主义""以邻为壑"的"零和博弈"思维的彻底否定，它要求命运共同体成员在追求本国发展时要兼顾他国的合理关切，在交往过程中坚持"合作共赢"的价值原则，在谋求本国安全中促进命运共同体的整体安全，增进人类共同利益。

其三，构建人类命运共同体重大战略思想是对"西方文化中心主义"的摒弃。"文明的冲突"是当今世界动荡不安的根源之一，而"文明的冲突"现象的出现，很大程度上是源于"西方文化中心主义"的错误观念。本来"人类文明的多样性是世界的基本特征，也是人类进步的源泉""不同历史和国情，不同民族和习俗，孕育了不同文明，使世界更加丰富多彩。文明没有高下、优劣之分，只有特色、地域之别。文明差异不应该成为世界冲突的根源，而应该成为人类文明进步的动力。"[②] 但在"西方文化中心主义"错误观念的左右下，"作为强势文化的西方文化常常将自身的文化价值观强加于其他国家，并且标榜自己代表了

---

① 习近平：《习近平主席在出席世界经济论坛 2017 年年会和访问联合国日内瓦总部时的演讲》，人民出版社 2017 年版，第 24—25 页。

② 同上书，第 28—29 页。

'进步'和'文明',而给对方贴上'落后'和'愚昧'的标签",[1] 这必然会导致其他文明群体的愤恨与不平,甚至激烈的反抗,由此使得文明差异演变成为了文明的冲突,甚至演变成世界冲突的根源。构建人类命运共同体重大战略思想指出,"每种文明都有其独特魅力和深厚底蕴,都是人类的精神瑰宝",不同文明之间要开放包容,要"坚持交流互鉴"、取长补短、共同进步,要"让文明交流互鉴成为推动人类社会进步的动力、维护世界和平的纽带"。[2] 毫无疑问,构建人类命运共同体重大战略思想的这些主张是对"西方文化中心主义"的彻底摒弃。

三 人类命运共同体构建的实践创新性

构建人类命运共同体重大战略思想不仅仅是对当代人类生存处境与命运的深刻洞察和理性自觉,更是在对近现代以来资本主义全球治理理念认真反思的基础上提出的一种新型全球治理理念。作为一种新型全球治理理念的"中国方案"和"中国智慧",它既是中国传统优秀文化的创造性转化和创新性发展,更是马克思主义中国化的最新成果,它鲜明地体现着中国传统优秀文化的"和合"精神与"天下为己任"的情怀,彰显着马克思主义"以人民为中心"的价值立场,与马克思主义中国化成果一脉相承,是一种实践上的伟大创新。

构建人类命运共同体重大战略思想彰显着马克思主义"以人民为中心"的价值立场。坚持人民主体论和"以人民为中心"的价值立场是马克思主义的鲜明特征,亦是作为马克思主义中国化最新成果的"习近平新时代中国特色社会主义思想"的根本价值立场,而构建人类命运共同体重大战略思想作为"习近平新时代中国特色社会主义思想"的有机构成,亦必然秉持"以人民为中心"的价值立场。习近平总书记在一次演讲中曾明确指出,"人类命运共同体,顾名思义,就是每个民族、每个国家的前途命运都紧紧联系在一起,应该风雨同舟,荣辱与共,努力把我们生于斯、长于斯的这个星球建成一个和睦的大家庭,把世界各国人

---

[1] 刘舫同:《人类命运共同体的价值超越》,《光明日报》2017 年 9 月 23 日。
[2] 习近平:《习近平主席在出席世界经济论坛 2017 年年会和访问联合国日内瓦总部时的演讲》,人民出版社 2017 年版,第 29 页。

民对美好生活的向往变成现实"。也就是说,"把世界各国人民对美好生活的向往变成现实"是构建人类命运共同体的根本价值追求。构建人类命运共同体重大战略思想的实质是一种合作共赢的全球治理思想,其核心是人民主体论,"合作共赢"是其引导性价值规范,"合作"就是要将世界各国人民的利益结合起来,共同应对全球性挑战,"共享"就是全世界人民共享文明发展成果。

构建人类命运共同体重大战略思想是对马克思主义中国化已有成果的继承和发展,是对全球治理实践经验的理论总结和升华。理论源于实践,并随着实践的发展而发展,皆有一个发展成熟的过程。一方面,构建人类命运共同体重大战略思想的提出,是对马克思主义中国化已有成果的继承和发展。众所周知,为了应对全球化问题,从把握国内国际两个大局出发,中国共产党人创造性地将马克思主义基本原理与现实实践结合起来,曾先后提出了"包容性发展"和"建构和谐世界"等主张,2011年更在《中国的和平发展》白皮书中提出,要以"命运共同体"的新视角,寻求人类共同利益和共同价值的新内涵……"[①] 这些探索及其相关理论的初步提出,无疑为构建人类命运共同体重大战略思想的提出做出了前期准备,而构建人类命运共同体重大战略思想正是在这些前期准备成果的基础上进行创新发展的。另一方面,构建人类命运共同体重大战略思想也是对全球治理实践经验的理论总结和升华。随着全球性的经济、资源、气候、环境等非传统安全问题的不断涌现,国际社会也逐步建立了一些应对这些问题的全球性合作机制,同时,层出不穷的非传统安全问题也迫使人们对传统国家利益观进行反思。在这样的背景下,人们对共同利益也有了新的认识,并逐渐认识到人类社会是一个相互依存的共同体,一种以应对人类共同挑战为目的的全球价值观亦逐渐开始形成。

构建人类命运共同体重大战略思想充满着中国情怀与中国智慧,是对中国传统优秀文化的创造性转化和创新性发展。构建人类命运共同体重大战略思想作为一种新型全球治理理念的"中国方案"充满着中国情

[①] 曲星:《人类命运共同体的价值观基础》,《求是》2013年第4期。

怀与中国智慧。中国传统优秀文化充满着"以天下为己任""天下一家亲"的家国情怀和"以民为本""以民为先"的为民情怀，以及充满智慧的"和合"精神，这些传统文化的优秀基因，是中华文明得以传承和繁荣的精神支柱，也是构建人类命运共同体的思想渊源。对此，习近平总书记曾深刻地指出，"中华民族历来是爱好和平的民族。中华文化崇尚和谐，中国'和'文化源远流长，蕴涵着天人合一的宇宙观、协和万邦的国际观、和而不同的社会观、人心和善的道德观"。习近平总书记既反对历史虚无主义，强调"文化自信"，又反对复古主义，强调对传统文化的创造性转换与创新性发展，而构建人类命运共同体重大战略思想中的中国情怀与中国智慧正是对此主张的生动写照。具体来说，一方面，习近平总书记始终以"实现各国人民对美好生活的向往为目标"，积极推动中国与世界各国的共同发展为己任，充分展露了他"以天下为己任""天下一家亲"的家国情怀和"以民为本""以民为先"的为民情怀，同时，他在多个国际场合引用"一花独放不是春，百花齐放春满园"的诗句来表达推动世界各国共赢共享构建人类命运共同体的博大胸怀和历史担当；另一方面，习近平总书记在联合国阐述构建人类命运共同体的基本原则时，提出伙伴关系要"平等相待、互商互谅"，文明交流要"和而不同、兼收并蓄"，生态体系要"尊崇自然、绿色发展"等等主张，充分彰显了中国传统优秀文化充满智慧的"和合"精神。

四 人类命运共同体构建的共生前提性

人类命运共同体的建立，离不开人类生存论的视角，或者说，建立共享共赢的人类命运共同体的价值前提是共生，没有共生就不可能构建人类命运共同体。生存或存在，自古以来就是人类所关心的核心问题，我们究竟处于怎样的生存状态，我们的生存意义是什么，应该怎样生存，这些问题吸引了哲学社会科学的广泛思考。我们借助什么赋予"生"最根本的价值？我们必须诉诸"共生"这一途径。我们看到，现在的世界充满着违背共生的悲剧：人类在严重破坏和侵蚀自然环境下付出沉重的代价，最终威胁自身的存续；人与人之间沉醉于近乎激烈的相互竞争，在群体性掠夺和欺骗中互相伤害，甚至通过战争等极端暴力的方式让群体之间、人际之间分外紧张。面对种种现象，共生成为人类生活的美好愿望，构成人类命运的第一需要。

"共生"这一用语已经成为现代的一种流行语，但其准确含义有待进一步精确，特别是在生存哲学意义上。我们讲的"共生共存"与生物学意义上的"共生"有本质上的差异。达尔文的进化论在阐释世界进化的过程中也过分强调了"共同存在"中的竞争关系，所谓物竞天择、适者生存。所以进化论之后的物种关系被单调地，或者片面地解释为征服与被征服、优胜劣汰的关系。特别在自然面前，人类通常以征服者的姿态出现，试图通过战胜自然而保持自身的优先性。

当然，自然界中也出现共生现象，但其并非我们现代意义的"共生"，而是面对同质物种的共栖状态，即属于同种的物种为了生存，满足最基本的生理需求而展开的本能性合作，比如狼和蚂蚁的群居。受到自然的限制，在本能驱动下，它们通过共栖而增强自己的生存概率，从而更易于获得食物，逃避其他物种的猎捕。显然，这种被动的共生只可发生在相同物种之中，此类合作绝大多数情况下是对异质物种关闭的。作为现代概念的"共生"是冲破物种界限，在接受异质性前提下肯定不同群体自由和交往能力，由此建立起的积极社会联系。

与此同时，现代意义上的"共生"也不同于过去的"和平共处"。"和平共处"在某种意义上表现出消极的特点。之所以"和平共处"，是因为虽然参与方的观念、价值体系存在很大差别，而且互相并不认可对方，但由于谁也无法改变对方的立场，或者采取有效手段迫使对方认同自己，只能权宜地接纳共同存在现实。可以看出，相互对立是"和平共处"的各方所采取的普遍态度，一旦各方平衡被打破，或者控制张力的因素消退，"和平共处"的格局就必然发生改变，最终可能代之以冲突和矛盾。现代的共生是一种"积极共生"。与"和平共处"不同，它不再呈现出相互对立的局面，而是开始积极地理解对方，主动谋求各方合作共赢。时代为积极的"共生"创造了历史机遇：全球化辅之以日新月异的网络技术让人际沟通变得轻快便捷，把看似广袤的世界紧密联系在一起；多元合作的经济模式让各个国家你中有我、我中有你，相互支持、相互依赖；主要基于意识形态差别的冷战已经落下帷幕，频繁的文化互动让人们不再寓于自己狭隘的文化视野，盲目排斥异质文化元素，代之以更多的文化宽容和相互认同、欣赏；这些深刻的变化都让"共生"成为可能，并且产生对于"共生"的诉求。"共生"是现代社会不可或缺的基本理念。"之所以这样说，是因为人在本性上是社会的、共同的存在，这句话意味着人完全不能过个别的、分散的、孤立的生活，不能没有自己所属的某种共同体或集团。但人通常不能不同时营造这样的社会生活，即与另外的种种层次和意义上不同的共同体和集团保持着某种关系。"① 如马克思所言，人是一切社会关系的总和。人不是抽象的存在，其社会属性比动物属性更为重要。社会属性决定了人走向社会生活的必然性，这也决定了人与人之间的合作互惠。但是，人的"共生"同样具有条件限制，或者说需要前提。日本学者山口定把这种制约概括为五个方面："第一、在我们现今的竞争社会中，必须是对生存方式本身的自我变革之决心的表白。因为在竞争关系中，站在优势一方者虽然也说'共生'，但若没有相当的自我牺牲的觉悟的话，就不会得到弱者的信赖。第二、不是强求遵从现成的共同体价值观，或是片面强调'和谐'与'协调'而把社会关系导向同质化的方向。而必须是在承认种种异质者的'共存'的基础上，旨在树立新的结合关系的哲学。第三、它不是相互依靠，而必须是以与'独立'保持紧张关系为内容的。第四、是根据'平等'与'公正'的原理而被内在地抑制的。第五、必须受到'透明的公开的决策过程的制度保障'的支撑。"② 人类"共生"与动物共栖的区别在于，人类除了赤裸裸的利益关联，还有道德、伦理、情感等因素的参与。人对他人的需要并不仅仅是为了生存或者谋利，人际间有着广泛的同情，也可建立纯真的友谊，而且可以通过理性认识到普遍的道德和规则。

---

① 尾关周二：《共生的理想》，卞崇道等译，中央编译出版社 1996 年版，第 132 页。
② 同上书，第 118—119 页。

第八章　当代中国的基本伦理道德规范

　　基本伦理道德规范是当代中国精神文明建设的重要组成部分，也是现代伦理道德建设过程中不可或缺的重要环节。当前，中国正处于由计划经济向市场经济的社会转型时期，相比过去传统的中国社会，目前的中国社会生活形式和道德观念都处在深刻的变革之中，现实生活中常常发生一些道德失范和道德滑坡的现象。在现代社会，对社会现象进行约束的不仅有法律规范，更应该有基本的伦理道德规范。基本的伦理道德规范是当今社会不可缺少的存在，人们长期自觉地遵守道德规则就会逐渐演变成内在法则，如同法律法规的颁布和实施促进人们法律意识的提升，促使人们自觉遵守法律法规，同时强化公民的责任担当，为人们的各种活动提供约束机制和精神指引，建立人们心中的精神信仰，为社会提供凝聚力。从道德伦理的正当合理性角度出发，从中国目前社会的实际情况出发，构建当代中国的基本伦理道德规范。爱国、诚信、敬业、友善则是其对公民道德、个体德行、职业操守和人际交往所提出的基本伦理道德规范，只有通过构建当代中国的基本伦理道德规范，才能促进个人道德的提升，才能切实培养公民基本的伦理道德意识，充分发挥它在引领我国政治和社会生活方面的灵魂作用，建立当代中国的基本伦理道德规范体系，更好的建设社会主义和谐社会。

第一节 爱国

我国作为拥有上下五千年发展史的文明古国，有着深厚悠久的爱国传统。当人类社会进入阶级社会之后，人就有了民族和国家的归属。一个人从出生的那一刻起，就开始接受祖国传统文化的熏陶、民族风俗习惯的影响和语言文字的影响。爱国包括道德准则、政治准则和法律规范，其中道德规范是主体部分，具有重要的意义和价值。爱国不仅是为人们所提倡的高尚情操，是公民必须承担的道德责任与道德义务，更是公民应当遵守的基本道德伦理规范。

一　爱国的内涵

爱国主义一直以来都是一个古老而永恒的话题，爱国既是人的道德品格和基本道德规范，也是国民的法律义务。首先，爱国是一种道德情感，是个人对祖国依赖关系的反映，是基于人们对祖国价值的全面认同而产生的一种肯定性心理倾向，指对祖国的深厚感情，它是人们在长期的社会生活实践中形成的。其次，爱国是一种基本的道德规范。它要求人们在社会生活中要切实提高爱国主义的道德认知和道德修养，看重国家利益、民族利益，关心和维护国家利益。最后，将爱国落实到具体的行动上，爱祖国的领土，爱祖国的人民，忠于自己的国家。爱国情感是基础，是感性阶段，而将爱国作为道德规范落实到实践行为当中是一种理性升华。

在"爱国"的起源中，古代中国的原始图腾膜拜、祭祀仪式等活动形式为原始的爱国情感和爱国道德规范提供了可能。图腾作为一种原始氏族的标志，成为了最早的社会团体和社会组织的标志和象征，图腾的膜拜为人们最早对自己所在氏族的敬畏和忠诚提供了契机，逐渐具有团结群体和维系社会组织的功能。随着社会生产力水平的发展，对祖先的祭祀膜拜活动举办得更加隆重和频繁，逐渐可以起到一种凝聚和感召的作用，激发起人们对先祖的思念缅怀。随着社会的发展，等级制度划分以及私有制出现，国家最终得以形成，但是这种以血缘关系为纽带的同宗同族的认同已经潜移默化延续了下来，人们对生存和养育自己的这片土地有着深厚的感情，这也是爱国情感和爱国道德规范的最初起源。

二 爱国道德规范的重要性

爱国是一种道德规范和道德原则，可以为公民在现实生活中的行为提供可以遵循的准则。爱国道德规范同国家的政治是密不可分的，爱国道德规范具有政治伦理意蕴，在基本的道德规范体系中居于最高地位。由于爱国家的政治情感和爱国家的道德行为，不仅关系到个人道德规范的完善，而且关系到国家政权的巩固和社会制度的稳定发展，因此，爱国道德规范在基本的道德规范体系中处于至关重要的地位。

爱国道德规范是爱国法律规范的重要补充。爱国是一种法律规范，通过国家权力的强制力来保证个人对国家的法律责任和法律义务的履行，希望通过强制的法律增加公民的爱国情感和爱国行为。而法律是道德伦理的底线，在为公民的爱国行为提供法律保障的同时，在公民具体的爱国行为的现实执行力方面稍有欠缺。《中华人民共和国宪法》第二章"公民的基本权利和义务"中的第五十二条明确规定了公民的爱国义务，"中华人民共和国公民有维护国家统一和全国各民族团结的义务。"第五十四条明确规定了"中华人民共和国公民有维护祖国的安全、荣誉和利益的义务，不得有危害祖国的安全、荣誉和利益的行为。"法律明确规定了对危害国家安全、损害国家利益行为的法律制裁，爱国不能仅停留于不危害国家的安全层面，还应当将爱国作为日常生活中的道德伦理规范。爱国一直以来都被作为一种道德伦理规范加以提倡，将爱国作为一项道德伦理规范可以提升人们的爱国道德理想和道德境界，同时培育人们对于现存社会制度和国家权力的政治情感，通过道德规范自觉履行爱国的法律义务，爱国道德规范的培育对法律规范的贯彻实施起到积极的促进和补充作用。

爱国道德规范是实现民族团结的重要纽带。在中华民族的发展史上，爱国道德规范对于维护祖国统一和民族团结起到了十分重要的作用。培养公民的爱国道德规范会促使公民爱护民族团结和珍视民族团结，自觉做民族团结进步事业的建设者和促进者。习近平总书记在全国政协十二届二次会议上指出:"要全面贯彻落实党的民族政策,不断增强各族人民对伟大祖国的认同、对中华民族的认同、对中华文化的认同、对中国特色社会主义道路的认同。团结稳定是福,分裂动乱是祸。全国各族人民都要珍惜民族大团结的政治局面,都要坚决反对一切危害各民族大团结的言行,各民族同呼吸、共命运、心连心的光荣传统代代相传,筑牢民族团结、社会稳定、国家统一的铜墙铁壁。"爱国道德规范使各个公民逐步认识和理解中华民族是一个多元统一体,中国是一个不可分割的主权国家,人们的爱国道德规范和对中华民族的整体性情感将影响到人们对较小民族单位的情感认同以及对民族团结的情感认同。爱国道德规范体现我国公民和广大同胞热爱祖国、心系国家的发展以及民族团结的期待,维护民族团结是每一位热爱国家公民的责任和使命。千百年来的历史经验,民族团结已铭刻在中华儿女的心灵之中,团结统一始终代表了中国社会历史的发展方向,代表了爱国公民的共同心愿,因此,要着力培育公民的爱国道德规范。

爱国道德规范是实现人生价值的重要动力。作为公民,我们一方面承担着对于爱国的责任与义务,另一方面,我们又受到了国家的保护。国家保障了公民的社会权利,使公民免于遭受安全的威胁,也为公民实现个人的人生价值提供了重要保障和重要动力。国家为个人的成长和发展创造客观条件,为个人实现人生价值提供舞台、指明方向。社会的稳定与发展离不开公民个人的努力,爱国道德规范体现了每一个中华儿女对国家的责任,这种责任也是每个人自身发展的客观需要。爱国道德规范意味着公民在社会生活中要以积极的姿态承担更多的责任和义务。爱国道德规范要求人们必须形成"为国家而生活"的意识。公民对于社会生活的参与程度越高,人生价值就越快实现,社会便能越早迎来繁荣的局面。

三 实现爱国道德规范的现实路径

其一,要大力提升国家文化软实力。"软实力主要来源于社会文化、政治价值观、外交政策等资源,其中社会文化是最基本、最具凝聚力的力量，因此一定意义上软实力也可称作文化软实力。"① 文化软实力在无形之中作为一种力量影响着公民的爱国意愿和爱国道德规范的形成。因此，提升国家文化软实力是培养公民爱国道德规范的重要保障。首先，多吸收中华传统文化的精华，中国有着悠久的历史传统，在几千年的文化传统中积累了优秀的文明成果，当代中国的传统文化成为中华民族的一张名片，向世人展示着自己浓厚的历史底蕴和历史文明，这无疑为提升中国文化的国际影响力和竞争力，提升中华民族的国家形象起着重要的作用。其次，重视并弘扬传统节日。习近平总书记在全国宣传思想工作会议上指出，"中华优秀传统文化是中华民族的文化根脉，其蕴含的思想观念、人文精神、道德规范，不仅是我们中国人思想和精神的内核，对解决人类问题也有重要价值。要把优秀传统文化的精神标识提炼出来、展示出来，把优秀传统文化中具有当代价值、世界意义的文化精髓提炼出来、展示出来。"传统节日是中华优秀传统文化的重要标识，是中华优秀传统文化的重要载体，已经成为中华民族基因般的集体意识，能给人以安全感、归属感、家园感，潜移默化地影响着人们的思想观念与行为方式。人民群众通过过传统节日，中华优秀传统文化得以机制性保障性传承，传统节日可以激发人们对于国家的情感，增进大家对于国家的认同，这就是为什么很多持有他国国籍的华人生活在国外依然保持着与我国文化相适的风俗习惯和行为方式的原因，过传统节日也为培育公民的爱国道德伦理规范提供了契机。

其二，要充分利用网络媒介进行爱国道德规范的宣传。现代社会已经全面进入了信息化时代，信息和通信技术被广泛使用，这种历史性的变化极大地促进了思想观念和道德规范在全球范围内的传播与交流，互联网的普及导致的信息和知识传递时空的阻碍大幅度减低，即时通讯已经成为人们学习、生活、工作中必不可少的重要组成部分，为培育公民的爱国道德规范的宣传提供了发展机遇和技术基础。因此，要充分利用新闻媒体、网络平台等现代传媒手段，以爱国榜样事例和爱国道德规范为导向引领大众文化。要采取为人民群众喜闻乐见的形

---

① 李静雅：《社会主义核心价值体系在提高文化软实力中的作用》，《高校理论战线》2012年第2期。

式宣传爱国道德规范，围绕爱国主题创作优秀的文化作品，要与人民群众生活息息相关，要与人民的文化生活密切联系，比如电视剧、电影、小说甚至是短视频等文化产品，将这些爱国道德规范融入群众文化消费之中。国内某段时间非常盛行《我和我的祖国》快闪活动，在全国范围尤其是全国高校蔓延开来，清华大学、北京师范大学、上海交通大学、中央美术学院、四川大学、哈尔滨工程大学、天津大学、武汉大学、陕西师范大学……越来越多的高校和城市正在加入这场盛大的爱国活动中。2019年2月3日至10日，中央广播电视台央视新闻频道连续八天播出快闪系列活动——新春唱响"我和我的祖国"，当《我和我的祖国》歌声"我和我的祖国，一刻也不能分割，无论我走到哪里，都流出一首赞歌。我歌唱每一座高山，我歌唱每一条河……"响起的时候，深深地震撼着在场的每一位观众。通过这种轻松欢快的形式，激发了广大人民内心的爱国之情。因此，要充分利用现代媒体在文化潮流引领中的作用，加强主流媒体的文化导向功能，使爱国道德规范成为一种文化时尚。此外，要加强对文化载体和文化传播渠道的管理，对于不爱国的负面的文化现象，要及时做出回应和处理。

其三，要培养公民爱自己的同胞。爱国的公民必须热爱自己的同胞，关爱同胞是爱国道德规范的一个重要体现，是对国家共同体的自觉认同，爱祖国和爱同胞具有统一性。对祖国同胞感情深厚的程度，是检验一个人对国家忠诚度和热爱度的试金石。随着社会的发展和进步，城市化进程加快，越来越多的道德冷漠和道德失范现象常有发生。在某种程度上，可以说是人们心中爱国道德规范的缺失造成的，我们尚未意识到爱国道德规范的一个重要体现在于爱自己祖国的同胞，我们应该以尊重、宽容、友善的道德姿态面对同胞，关切自己祖国同胞的生活状态，培养对同胞的深厚感情。爱国道德规范不是抽象的，而是具体的，爱国道德规范的生命力正是通过它的具体性表现的，对于爱同胞的具体行为，比如见义勇为、乐于助人等行为，应该予以奖励，利用社会化、制度化的奖惩制度向人们传送清晰的价值信号，帮助人们在社会生活中逐步内化爱同胞的价值观念和道德规范，使之成为内在的行为驱动力量。爱国应该体现在日常的生活当中，爱同胞正是爱国道德规范的具体表现。

其四，培养公民对国家的归属感。在参与国家的共同体生活过程中培养公民对国家的归属感，离开国家共同体，社会可能将重归霍布斯所言的自然状态，人们的富宁生活将缺少依托。公民获得国家归属意味着个体自身被纳入社会共同体之中，而不是作为共同体的他者出现。国家的归属也成为人们享有各项权利的直接来源。唯有成为国民，个体才能享有相应的国家赋予的完整权利。所以即便一部分人获得他国的永久居住权，但在成为其国民之前，他们也不能享受该国的国民待遇。相反，他们依然能享受所属国的完全权利。国家通过制度化的财富再分配维系着人们的共同体生活，并且满足人们的基本需求。正是在国家生活之中，我们与其他社会成员构建并维系着互利互惠的关系，实现自我价值，培养公民的爱国道德规范。培养公民对国家的归属感指导着人们的爱国行动，成为约束、评价人们实践行为的思想准则，对人们的道德行为具有指导作用。因此，培养公民对国家的归属感对实现公民的爱国道德规范具有重要价值与意义。

第二节 敬业

敬业，自古以来就是中华民族崇尚的道德观念和伦理规范，基本的伦理道德规范需要公民个体的职业操守和职业精神，集中体现为敬业。敬业是人们对职业的价值、意义与使命的高度认知，并由此产生的积极情感体验和心理、精神状态。敬业的重要表达形式在于忠于职守，履行好自己的工作职责，扮演好自己的社会角色。每一位社会成员都基于其人际关系和工作岗位而占据特定的社会位置，扮演相应的社会角色。国家是由每一位具体的公民所组成的，公民对于国家最主要的贡献在于各尽其职，满足所处社会位置的道德与能力诉求。在社会中，职业成为公民参与公共生活和社会发展的最主要形式。只有以职业规范的规约为引导，努力工作、积极进取，才能促进个人利益与社会利益的共同实现。受市场经济负面因素的影响，在诸多行业及其从业者身上也出现了一些重利轻义、损公肥私、敷衍了事、投机取巧、玩忽职守、推卸责任等与敬业精神相悖的现象。因此，敬业这种基本的伦理道德规范的培育对于当代中国的经济发展和伦理规范就显得尤为必要。

一 敬业的内涵

"敬业"自古以来就备受人们推崇，敬业一直以来都是中华民族的一项传统美德和道德规范。在个人层面，敬业作为最基础的伦理道德规范反映了公民道德培养的根本要求。在我国传统文化中，君子人格是人们孜孜以求的道德目标。"爱国、敬业、诚信、友善"是君子人格中的重要内容。从中国传统文化占据主导地位的儒家来看，要成为君子，就必须具备仁德。可见，人们道德修为的最终目的在于怀有仁德，这也是人一生的追求。围绕"仁"这一核心，儒家提出了"仁、义、礼、智、忠、信"等一系列道德规范。在个人与社会角色的关系层面，仁则表达为对于角色责任的持守，即敬业。儒家认为人应该怀有敬畏之心对待自己的事业，在从事某种职业或者扮演某种社会角色的过程中要尽心尽责、不辱使命。樊迟曾经向孔子求教"仁"的意义，孔子言："居处恭，执事敬，与人忠。"[1] 其中，"执事敬"意味着要严肃认真地对待事情。可见以负责人的态度对待自己所被赋予的工作是"仁"的重要组成部分。"忠"除了是儒家基本的政治伦理价值，也是不可或缺的职业伦理道德。孔子要求子张对于政务要"居之无倦，行之以忠"，[2] 即对于工作不可有丝毫懈怠，要全心全意、毫无保留地完成。

敬业作为基本的伦理道德规范，主要具有两层涵义。首先，敬业与职业道德息息相关。在职业道德层面，其一，敬业意味着对于职业规范和职业程序的遵守。任何职业都制定了相关的规章制度，严格按照相应的规章制度开展工作是任何职业最基本的道德规范。其二，敬业意味着对于职业的热爱。在开放的社会，任何合法的职业都是值得尊重的，也都可以为个人价值的实现提供平台和契机。当人们选择从事某一项职业，就应该投入极大的热忱，把职业与个人事业紧密相连，而不应妄自菲薄、心猿意马。任何职业都对应着社会需求，都是社会发展不可或缺

---

[1] 左高山：《政治忠诚与国家认同》，《马克思主义与现实》2010年第2期。

[2] 同上。

的组成部分。只有热爱自己的职业，才能实现社会价值与个人价值的统一。其三，敬业意味着对于职业的不懈追求。如上文所分析，我国传统优秀文化中，就蕴含着对于职业执着追求的道德要求。对于工作，要精益求精、勇于探索、勇于创新，不断提高自己的专业知识水平和技术能力。

其次，敬业道德规范的第二层涵义则依系于公民身份，意味着对于社会责任的承担和对于公民义务的履行。每个人都是社会成员，都扮演着相应的社会角色。这种角色既是在社会生活中自然形成的，也是个人选择的结果。柏拉图曾经说过，只有当人们都各安其位、各司其职的时候，社会才能达到正义的状态。他所知的位、职不是我们今天所言的职业、工作，而是个体在城邦中所承担的责任和义务。在现代社会生活中，自近代自由主义以来，更多地关注于个人的独立性和实体性，在公民生活中注重私人领域和个体自由。由此而逐渐形成了保守的、消极的公民责任观念，把公民自由理解为免于做什么的自由。这种消极的公民道德对于公共生活带来了伤害。所以，我们一方面要立足于维护个人权利，另一方面则期待积极的公民角色，人们应该主动地参与公共生活之中。

二 敬业作为伦理道德规范的重要性

"敬业"作为基本的伦理道德规范，也是国家治理体系现代化所倡导的职业操守，敬业是人们对职业的价值、意义与使命的高度认知，并由此产生的积极情感体验和心理、精神状态，作为人类美好道德情操体现的"敬业"被作为了一种道德的自我约束和伦理规范，同时，成为个人遵守道德规范和道德价值的体现。

从国家来看，敬业作为基本伦理道德规范可以推动国家进步和发展。敬业精神是一个民族、一个国家的重要文化资源，是推动国家社会发展进步的无形力量，缺少这种精神，国家和公民个人的发展就会缺乏内在发展动力。国家的每个工作者都坚持敬业精神，在自己的岗位上踏踏实实、兢兢业业地履行工作职责并切实完成工作任务，认同所从事工作的社会价值和社会意义，公民个人作为推动国家经济发展的一个小小

"零部件",最大程度发挥自己的社会价值,都将推动国家的进步和发展。只有怀抱极高的热情和敬业之心从事自己的工作,才能发挥自身最大潜能推动国家事业的发展和社会的进步,才能最好的展示从业者的价值。敬业精神使社会大众自发、自觉地以践行敬业为自身的崇高信仰和目标追求,最大限度地挖掘并调动工作的积极性、进取心和创造力,在决胜全面建成小康社会的关键时期,以蓬勃的爱国热忱和昂扬的斗志积极投身于新时代中国特色社会主义伟大事业的建设中,以不懈的奋斗和坚定的信念,凝心聚力,为实现中华民族的伟大复兴助力。在平凡的岗位上,为国家的发展和进步做出自己的贡献。

从社会来看,敬业作为基本伦理道德规范可以构建社会良好风气。受市场经济负面因素的影响,在诸多行业及其从业者身上也出现了一些重利轻义、损公肥私、敷衍了事、投机取巧、玩忽职守、推卸责任等与敬业精神相悖的现象,这严重损害了社会风气。江泽民指出:"一个国家、一个民族,如果不提倡艰苦奋斗、勤俭建国,人们只想在前人创造的物质文明成果上坐享其成,贪图享乐,不图进取,那么,这样的国家,这样的民族,是毫无希望的,没有不走向衰落的。现在,西方发达国家中有的头脑比较清醒的政治家,对于人们追求物质生活上的纵欲无度,导致社会越来越腐败,已经公开表示忧虑,担心这样的生活方式和价值观念可能把自己的国家引入绝境,陷入不可解脱的危机。"[①] 敬业的最高层次是把职业作为生命信仰,把事业化为生命的内在要求,为人民工作、为大众谋幸福,其核心是为人民服务、为社会服务的奉献精神。好的社会工作风气,可以陶冶、滋养人们的道德情操;而不良的观念和行为一旦形成风气,就会腐蚀社会的健康机体,阻碍国家的和社会的进步发展。

从个人来看,敬业作为基本伦理道德规范可以提升道德境界。敬业,既是一种职业操守,也是一种伦理道德规范。敬业是一种因热爱而对所从事的工作全身心投入的精神,其本质与核心是奉献,是践行职业精神和职业道德的重要体现。"职业精神是特定职业的从业者在长期职

[①] 《毛泽东邓小平江泽民论思想政治工作》,学习出版社2000年版,第135—136页。

业生活中逐步积淀和进化而来的一种群体意识，它集中体现了该群体普遍的精神风貌、理想信念和价值追求。在现实生活中，职业精神对从业者的具体行为具有价值定向、目标融合、精神驱动、行为约束和心理感召等的功能。"① 把敬业作为一项基本伦理道德规范，敬业者会把职业作为一种崇高的精神信仰，把事业化为生命，把工作视为人生的价值追求，同时积极践行为广大人民服务、为社会服务的奉献精神，这些是遵守敬业道德规范的最高表现。敬业伦理规范着公民个人的日常道德行为，提升公民个人的道德境界，人际关系也变得更加和谐，使社会的发展更具有秩序性和道德性。敬业的培育与社会道德规范建设在某种程度上相互协调配合，敬业在规范人们职业行为的同时提升人们的敬业精神，更重要的是，在个人德性和道德教育方面也起着重要的作用，在一定程度上提升公民的道德境界。

三 实现敬业伦理规范的现实路径

党的十八大报告中，第一次将"敬业"作为社会主义核心价值观的重要内容之一，职业道德同社会公德、家庭美德、个人品德一起被列为公民道德建设工程的重要内容，也是基本的伦理道德规范。当代中国社会的"敬业"现状并不理想，与改革开放以来党和国家对社会主义职业道德建设的基本要求相比还存在着一定的距离。由此可见培育敬业伦理道德规范的必要性和紧迫性。该如何培养敬业伦理道德规范？可以从以下几个方面入手：

其一，加强职业道德的制度化建设。道德规范作为人类用于把握世界的一种基本方式，既包括内省式的自我约束，也包括外在的社会制度约束，制度是切实落实、贯彻社会主义核心价值观的根本保障，要进一步建立和完善相关制度，用制度规范人们的职业行为。第一，要建立健全敬业的考核与评价体系。这项工作主要包括两个层面：一是在个体层面考核、评价公民践行敬业的成果；二是从宏观层面考查公民培育敬业的整体效果。第二，以考核评价体系为基础，构建敬业者的奖励机制，

---

① 张伟：《"敬业"价值观践行的现状、困境与培育路径》，《知与行》2018年第5期。

把具体考核情况与奖励直接挂钩，让敬业者在资源分配中处于优先地位，给予敬业的公民有效激励。切实改变"不敬业者有利可图，敬业者反而利益受损"的不良情况。第三，要建立践行敬业的反馈机制。各单位要定期对践行敬业的情况进行阶段总结，对考核评价结果进行系统分析，发现其中所出现、暴露的具体问题，对相关制度、措施进行完善和优化。第四，要保证各项制度、程序的公平公正。制度设置和运转本身也应该凸显基本的伦理道德规范，唯有如此才能维护制度的权威、提高制度的运行能力。从道德发挥作用的有效性和持续性来看，依靠外在规章制度往往比依靠个体内在德性或道德教化更为直接和持久。

其二，开展与敬业规范相关的宣传教育。让人们认清敬业的价值和意义，增强人民群众对敬业规范的认知认同。一要运用学校、家庭、企业、政府、社区、网络、大众传媒等多种途径，搭建多方位、多维度的敬业规范的宣传平台。加强职业信仰教育，教育引导人民群众树立良好的职业道德信仰。特别要充分发挥新媒体的优势，拓展敬业规范的传播渠道。二要组织人民群众集体学习敬业规范。各单位要定期组织集中学习，开展小组讨论、交流学习心得体会，深化对敬业价值观的理解。三要开展敬业价值观的宣传活动，通过建立敬业规范宣传栏，组织以"敬业"规范为主题的征文、评优活动，拉近敬业规范与现实生活之间的距离。情感是深化道德认知的基本因素，也是促使道德行为发生的重要内因。敬业规范的培养也离不开情感认同的驱动，要获得对于敬业规范的情感认同，为人民群众提供正面的群体情感记忆，为人民群众学习和践行敬业道德伦理规范提供良好的情感体验。因此，宣传教育是必不可少的。

其三，加强敬业典型的宣传。模范教育是道德教育的重要环节，通过鲜活的榜样人物和典型事例可以帮助公民置身具体情景之中，产生强烈的道德共鸣与价值认同。习近平总书记在庆祝"五一"国际劳动节暨表彰全国劳动模范和先进工作者大会上的讲话中指出："在前进的道路上，我们要始终弘扬劳模精神、劳动精神，为中国经济社会发展汇聚强大的正能量。"① 首先，要加大对于敬业楷模的宣传力度，采取公民所喜闻乐见的方式进行学习和引导，弘扬劳模精神、工匠精神、劳动精神，逐步增强先进典型的感召力，积极传播正能量。榜样学习是一个长期的过程，不能急功近利，而应该循序渐进，引领公民学习他们的优秀事迹、分享他们的人生经历，能够拉近榜样和学习者之间的心理距离。其次，要围绕敬业举办各种各样的典型选拔活动，让公民感受到"敬业楷模"并不是遥不可及的道德理想，而是可以通过日常学习、生活中的道德实践达成的现实目标。再次，要建立学习典型的正向激励体系。对于爱岗敬业、品质优秀、富有道德责任感的员工予以奖励，并且将员工的敬业评价纳入综合考查体系，与公司奖金评定、优秀员工等工作紧密结合起来，形成典型感化长效机制。

总的来说，敬业道德规范作为就业时一项必备的职业道德要求，如果每个公民都能做到职业道德的主要内容，即"爱岗敬业、诚实守信、办事公道、服务群众、奉献社会"，这不仅可以实现个体的自我价值，更可以促进整个国家社会的发展和进步。当前，中国特色社会主义的发展已经进入到一个新的阶段，对经济建设、政治建设、文化建设、社会建设、生态文明建设都有了进一步更高的要求。在全面建成小康社会，进而实现中华民族伟大复兴的新征程中，只有各行各业的从业者切实践行敬业道德规范，兢兢业业做好各项具体的分内事，才能最终汇聚成中国特色社会主义伟大事业。

第三节 诚信

诚信从来就是一个重要的道德规范，诚信在我国社会建设和发展中发挥着越来越重要的价值引领与道德规范作用。自古以来，诚信就被视为人们立足于社会的必备品质。孔子认为"民无信不立"，没有诚信的人没有资格参与社会生活，进而断言"人而无信，不知其可也"。孟子更是提出"诚者，天之道也；思诚者，人之道也"，把诚信看作是"天

---

① 习近平：《在庆祝"五一"国际劳动节暨表彰全国劳动模范和先进工作者大会上的讲话》，《人民日报》2015年4月29日第2版。

道"，把遵守诚信看作做人的基本法则。当前我国社会失信现象比较突出，损害了经济社会的发展和人们的生活秩序，建立诚信、友善的和谐社会显得非常必要。

一　诚信道德规范的困境

"三聚氰胺"、"瘦肉精"、"地沟油"、假发票、假文凭、虚假广告……这些在日常生活中为人们耳熟能详的词汇，足以引发对我国社会诚信的担忧。诚信缺失现象扰乱了我国的社会秩序，影响了人们的社会生活，造成大量的资源浪费和内耗。当前，我国社会诚信道德伦理规范的建立面临诸多困境。

其一，失信现象普遍存在。我国诚信问题最先集中于经济领域。改革开放之后，我国从完全的计划经济向社会主义市场经济转型，经济利益成为社会建设的主要目标。在当时背景下，突出经济价值、刺激经济发展无疑具有现实合理性和必要性，使我国在短期内走出了经济短缺的窘境。但是，拜金主义等价值观也随着商品经济的浪潮一同涌入我国，一些人为了获得更多财富不择手段，商业欺骗时有发生。我国现在的诚信困境无疑肇始于商业诚信领域。随着社会财富的聚集，特别是商业文明的扩张，诚信问题早已超出了经济范畴，从官员道德、食品安全、医药卫生，甚至到学术研究，社会诸多领域都出现了不同程度的诚信危机。失信主体的多元化、失信行为的多样化成为现代诚信问题的主要特征。

诚信的缺失严重干扰了社会生活，造成社会主体间的紧张，增加了社会不确定因素，提高了生活风险。诚信缺失在人与人之间、人与社会之间设置了隔阂，拉开了彼此之间的距离。在个人层面，人们总是怀着质疑和警惕的态度相互交往，许多社会成员在公共生活中回避与陌生人接触，互信的缺乏滋生了消极的道德姿态。人们更多关注于自我利益的保护，对关怀和帮助他人则持有非常审慎的态度。面对他人求助的目光，很多人选择置之不理，担心惹上不必要的麻烦。诚信的缺失带来了情感、关爱和同情的缺失，长此以往，社会成员之间会更加陌生。在社会层面，诚信缺失加剧了人们与社会机构、公共部门之间的矛盾。公共部门与民众之间的信息不对称引发广泛的质疑，人们普遍担心作为信息弱势的一方，自己的基本权利难以得到保障。在教育、医疗等公共部门出现的乱收费、考试舞弊、过度医疗等问题进一步加深了人们的疑虑，让公共部门与民众间的矛盾更为尖锐。

其二，政府诚信面临考验。政府是社会制度的设计和执行者，是社会事务的管理者，也是社会产品和服务的提供者，在社会发展中扮演主导角色。正因如此，政府诚信在社会诚信建设中处于中心地位。但是近年来，政府公信力却频遭损害，其主要问题体现在公共权力的滥用与异化，行政人员的道德腐败。一些地方政府和部门盲目追求经济指标和短期绩效，沉迷于"面子工程""形象工程"，急功近利，朝令夕改，缺乏长远规划，造成了社会资源的极大浪费。某些政府部门和行政人员滥用职权，以权谋私、权钱交易，甚至直接干预市场经济运作，将个人利益和部门利益凌驾于人民利益之上。少数官员生活腐化、道德堕落，造成了极为恶劣的社会影响。

政府作为社会主要的管理者，政府权力的行使关系到国家、民族和人民的根本利益。因此，政府在诚信道德伦理规范方面不能起到示范作用，势必将产生"蝴蝶效应"，对整个社会诚信结构和诚信道德规范的实现产生影响。有学者曾经指出，政府失信是社会诚信缺失的源头。

其三，诚信道德遭受冷遇。当我国步入市场经济发展阶段之后，道德价值不断遭遇商业价值的挑战，道德的考量在经济的算计中不断退让。虽然市场经济有着天然的善，经济理性原本也富含道德的意味，但如著名经济学家阿马蒂亚·森所指出的，现代经济学开始走上了较以往更为狭窄的价值中立的道路，理性似乎被完全理解为对经济利益的计算。商品在现代生活中的强势迫使道德走向社会的边缘，诚信之德也日渐式微。商品文化中既有刺激人们创造财富的积极内容，也充斥着唯利是图的腐朽观念。这些观念造成了人们思想的迷茫，对诚信价值观构成了巨大冲击。随着经济理性的盛行，人的工具性价值被过度放大，道德也不免陷入经济理性的逻辑结构之中。现在被商业文化定义的诚信，其合理性也更多来自长期利益与短期利益的比较。与此同时，帮助他人反遭诬陷、见义勇为却遭冷落的事例屡被报道，继续动摇着人们的道德信念。

道德规范是社会诚信的内在基础，如果把坚守诚信的重任都依托社会规则，把诚信理解为获得长期利益的手段，那么诚信就可能成为一种偶然性的行为。现实利益总是处于变化之中，社会规则也不可能是完美无缺的。如果缺乏诚信的道德意志，在利益的驱动下，人们就有可能规避甚至破坏社会规则，引发失信行为，不利于实现当代中国的基本道德伦理规范。

二　何以需要诚信道德规范

在我国传统文化中，诚信是塑造高尚人格的道德要求，《礼记·中庸》中提到"惟天下之至诚，为能化"，孟子也提到："诚者，天之道也；思诚者，人之道也"，诚信经过千百年的传承凝聚为民族精神的重要组成部分。社会的正常运行和良好发展离不开诚信的维系。"诚信"是人类传承千年的道德传统和道德规范，它强调诚实劳动、信守承诺、诚恳待人，因此，自然也是基本的伦理道德规范，是当今社会的道德引领。

诚信道德规范是规范经济秩序的基本诉求。时至今日，诚信已经不仅仅是人们所追求的道德品质，它已经成为现代经济生活的基本范式。诚信是充分发挥市场机制在资源整合、财富分配等方面优势的润滑剂。根据经济理论，市场信息越准确、越充分，市场主体就越能敏锐地针对市场情况做出调整，从而提高经济效率。一旦相关信息被歪曲、遮蔽，市场交易就会遇到强大阻力，最终降低市场效率。我们已经进入了信用经济时代，信用体系帮助人们跨越时间和空间的障碍，随时随地都能够享受金融服务，从房贷、车贷、企业贷款到股票、债券和各类金融衍生品，信用经济深刻影响着人们的生活质量和方式。不可否认，信用已经成为国民经济的主要支撑和人们生活的基本方式。诚信内嵌于现代经济秩序之中，成为开展经济生活的伦理前提。

诚信道德规范是连接社会成员的重要纽带。我国正处于社会转型期，社会结构和形态都发生了巨大变化。人们之间早已打破了传统社会亲缘关系的局限，原本互不相识的人们在公共空间中建立各种联系，并且产生深层的相互需要。大家基于利益共识和身份认同，为了实现共同的生活期待形成互利互惠的合作体系。现代政治哲学家们普遍认为，契约精神是公民合作的维系基础。契约精神的实质就是诚信，只有当人们恪守相互承诺时，合作体系才能得以延续。诚信无疑是连接社会成员的重要纽带。公民之间的诚信，意味着任何人都不能欺骗其他社会成员，或者以不道德的手段在社会生活中谋求利益。既然所有社会成员都是合作者，因此大家就不能只扫自家门前雪，漠视自己对于其他社会成员的责任。当人们能够从社会合作中实现自我价值，达到生活预期时，他们才会愿意继续留在社会合作体系之内。如果只有少数人或者一部分人从社会生活中受益，就会出现人际的紧张和矛盾。就此而言，相互的关心和帮助不单是高尚的道德行为，更是公民身份的约定。社会转型中，由于财富、受教育程度、运气等方面的差异，社会群体逐渐显示多元化的特点。冲破社会群体间的藩篱，在不同群体之间搭建交往、沟通的桥梁，是健康社会生活的内在要求。

诚信道德规范是创新社会管理的有力支撑。诚信道德规范是推动社会发展的道德力量。诚信道德规范型社会的建立将为创新社会管理创造良好的伦理环境。在政府层面，落实诚信道德规范要求政府及各部门必须围绕人民的根本利益制定公共政策，提供公共服务和公共产品，必须兑现公共承诺，勇于承担责任。政府管理的合理性与公民认同程度具有密切关系，各级政府只有取信于民，才能得到人民的拥护和认同，其管理的合理性才具有坚实的基础。在法律层面，建立司法诚信道德规范能够提高法律体系的权威性，促进法治精神的传播和培育。切实遵守司法道德规范意味着必须建立公正的法律体系，在执法过程中惩恶扬善，切实保护人民的合法权利。唯有如此，才能加深社会成员对于法律的信任程度，促使人们形成法律自觉。在社会参与层面，诚信道德规范是社会生活的推进器。社会创新管理的要义在于鼓励公民在政府主导下积极进入公共领域，参与公共事务，发挥主体作用，因此，就必须建立大家对社会生活的信心。公民对于社会生活的信任度越高，参与的愿望就会更加强烈，参与的过程也更为通畅。另一方面，社会诚信道德规范能够减少社会生活的成本，降低社会生活的门槛。如果人们对社会生活心存疑虑，就会把精力和资源大量消耗在社会内部的矛盾之中，增加社会参与的压力和成本。

三　如何培育诚信道德规范

诚信问题已成为制约我国社会健康发展的症候。摆脱诚信危机，建立社会成员之间的互信关系，提高人们对于社会生活的诚信期待，需要所有社会成员在法律、制度、文化诸方面共同努力，尤其需要具备诚信道德规范。

加强诚信道德规范的法制建设。不诚信行为之所以屡禁不止，就是因为失信承担的风险与获取的利益不成正比，对于不诚信行为的处罚力度不够，导致失信成本过低。在我国的相关法律中，虽然也有涉及诚信的内容，但法律条款不够细化，缺乏明确的惩罚标准，一些处罚条例过于宽松，为失信行为的发生留下了空间。比如对于商业造假的惩罚明显滞后于社会条件的改变。根据《消费者权益保护法》，经营者如果欺骗消费者，提供劣质的商业服务或假冒商品，只需要按照商品价格或者两倍的商业服务费用进行赔偿。在《产品质量法》中，如果经营者生产、销售假冒伪劣产品，也只需要承担商品价格三倍以下的处罚后果。而制假、售假的利润通常是合法经营的数倍、数十倍甚至更多。显然，如此轻微的惩罚力度不足以让不法分子望而却步。要遏制诚信缺失，必须建立完备的法制体系，充分发挥法律的威慑作用。要补充和细化法律条款，明确对于不诚信行为的界定和处罚标准，做到有法可依；在处罚量刑方面要加大惩罚力度，对于食品安全、医药卫生等与人民生命健康直接相关的领域实行零容忍，让造假者付出沉重代价，永久性取消其从业资格，做到违法必究；在执法过程中，要杜绝人情执法、创收执法等丑恶现象，维护法律的公正性和权威性，做到执法必严。

完善诚信道德规范的管理体系。诚信是维持社会运转的基本伦理秩序。在某种程度上，信用机制已经成为开展社会生活的主要方式。将诚信问题置于社会管理之中，建立多层次、多维度的完备诚信管理体系，是保障社会健康发展的基本要求。其一，要建立社会成员的信用数据库，将诚信作为参与社会生活的重要评价指标，在此基础上完善诚信的社会奖惩机制，确保恪守诚信的社会成员能够在社会生活中享有更多的便利，对不诚信主体则要予以制度化的处罚。其二，在社会规则、规范中体现诚信价值，构筑有力的诚信规制系统。再其次，要加强政府部门、社会组织和企业单位的内部信用监察力度，健全诚信问责制。一旦发现这些部门和单位存在欺骗、隐瞒、造假等失信行为，对相关责任人要追究行政和刑事责任。鉴于政府诚信在社会诚信中的基础性地位，对于政府的诚信问责尤为必要。在政府行政中，必须强化行政人员的责任意识，明确他们在履行政治承诺中的职责范围和权力边界，建立从政策制定、决策到实施全过程的问责体系。其三，要引导发展社会诚信组织，增强第三方力量，为这些组织深度参与社会诚信建设提供畅通的渠道。

系统培育诚信道德规范的文化。要在人与人之间建立稳固的诚信关系，除了付诸社会制度的努力，还必须依赖于诚信道德伦理规范的培育和诚信精神的传播。诚信道德植根于中华民族深厚的文化土壤之中，而文化又是传播诚信观念的重要载体。通过文化的熏陶和浸染，有助于使外在的诚信规范内化为社会成员的道德品质，在人们的内心深处种植诚信的花朵。其一，要在社会各领域进行诚信道德规范教育。在学校层面，通过道德知识的学习帮助人们，特别是青少年形成正确的价值观。在社会层面，广泛开展职业道德教育，培养职业操守，提高从业者的诚信规范意识。在家庭层面，在家庭之中、邻里之间，建立互信、互敬、互爱、互助的和谐关系，把诚信文化融入家庭生活。其二，营造诚信的文化风尚。诚信是具有悠久历史的道德观念，我们要在当代道德语境下深度挖掘诚信的现代意义，以新的文化表达方式诠释诚信价值，以新的文化符号传递诚信观念，使诚信成为具有时代气息的文化风尚。其三，要形成诚信道德规范的常态传播渠道。如广泛开展以诚信道德规范为主题的宣传活动，树立诚信道德典型；积极发挥现代通讯手段和多媒体技术优势，建立诚信道德规范公共交流平台、搭建公共舆论空间，吸引更多的社会成员参与诚信道德规范建设。

总的来说，当前十分紧迫的工作是加强公民诚信道德规范建设。提高政府行政和法制规范的公信力，建立个人与社会之间，与其他社会成员之间的互信关系。在政府层面，要深度推进"阳光行政"，维护政府行政的公开、公平、公正，明确政府责任，履行政府承诺，建立并推行诚信制度。在法制层面，要进一步加强社会法制建设，构建法治社会，维护公民法律权利，保证法律面前人人平等。在社会层面，要建立社会诚信信息系统，在各社会部门间建立协同管理的诚信信息平台，坚决打击失信行为。在公民层面，要通过基层组织加强社会成员之间的交往与合作，加强诚信道德规范教育、培养诚信意识和守信意识。

第四节 友善

友善一直以来都得到人们的推崇，无论在东方文化还是西方文化中，友善都被视为宝贵的美德和重要的伦理道德规范。友善既是高尚的个人美德，也是重要的公民道德规范，在维系社会成员之间的和谐关系中扮演着不可或缺的作用。友善是爱的外化和拓展，是构建社会成员之间和谐关系的道德纽带，也是维护健康社会秩序的伦理道德基础。因此，它既是一种高尚的道德品质，也富含社会伦理意义，在社会生活中发挥不可替代的作用。在市场经济运转过程之中，竞争压力不可避免带来人际关系的紧张，各种社会矛盾凸现，培育和践行友善伦理道德规范，无疑能为缓解社会矛盾、维护社会良序、促进社会和谐提供坚实的价值基础。

一 友善是社会主义公民道德规范和优秀品质的统一

友善源自人们对于善价值的追求。古希腊哲学家亚里士多德把友爱分为善的友爱、有用的友爱和快乐的友爱三种，认为善的友爱才是稳定、持久，值得人们追求的。在这一意义上，友善意味着人们对于他人的自我道德投射，即发现他人与自我的道德相似性。对他人的友善本质上是对于他所具备的优秀品质的推崇。就此而言，友善的发生基于人们对于美德的追求。友善也是爱的真切表达，促使人们愿意与他人共同生活，尊重、接受他人。在友善中，自爱和他爱得到了完美的结合，自利与他利之间也构筑了通达的桥梁。亚里士多德认为一旦与某人成为朋友，即必须对待他像对待自己一样，在实现自我的利益时考虑他人的利益。在我国的传统文化中，友善也表现出了与亚里士多德相似的内涵。孔子提出"仁者爱人"，孟子则强调与人为善，其内涵都在于以善为原则帮助成就他人。因此，友善不是毫无原则的建立人际关系的技巧，而是人际之间为了实现善价值的相互促进和帮助。在个人层面，友善是优秀的道德品质和伦理道德规范，是塑造完满人格的重要内容。作为公民道德规范的友善，本质上是指友好善良的公民伦理关系和公民秩序。

友善是处理公民关系的基本道德规范。公民是一种社会角色，更是一种政治身份。这一身份既赋予公民个体相应的社会权利，也要求人们承担相应的社会责任、履行相关义务。要充分行使公民权利，开展社会生活，就必须具备公民道德。友善作为处理公民关系的基本道德规范，是由公民关系所内在规定的。在宗族社会中，血缘关系是社会成员相互联系的主要依据。而在现代社会中，公民关系则成为社会成员共同生活的根本纽带。随着社会的发展，特别是社会分工的进一步细化，作为公民基本道德规范的友善，意味着：公民之间必须建立公共意识，在社会生活中不能只关切自我利益的实现，必须将他人纳入自己的视野。友善作为公共道德，要求人们能够明晰自我权利与他人权利之间的边界，在维护自我权利的同时也维护他人权利。

友善是每个公民应有的基本道德品质。公民道德是人们以公民身份进入公共领域的基本资格。公民身份决定了任何公民都不是一个单独的存在，每一位公民都必须与其他公民交往，并且只有在相互交往中才能实现自身的价值。友善是一种基本的公民道德，在公民道德体系中，友善的涵义在于，能够以尊重和宽容之心对待其他的社会成员，能够在促进、实现自我权利的同时关照他人的权利。其一，尊重是友善的第一要义，不论在社会生活中扮演何种角色，处于何种社会地位，公民之间都必须相互尊重。友善是相互尊重的集中体现。其二，友善的另一涵义是宽容，友善意味着社会成员之间具有包容性，能够在内心接纳与自己的社会生活方式不同的其他社会成员。需要指出的是，友善是一种基于善的宽容和认同。对于其他的社会成员友善并不是指对于他们的不道德行为或者陈腐观念漠视和纵容。友善是在道德原则之内对于社会多样性的包容。其三，友善的第三层涵义就是在公共生活中既关切自我利益的实现，也尊重他人的权利。友善作为公民道德，强调对于他人权利的关照。在现代社会中，商品经济是主导性的经济发展模式。伴随着商品的无孔不入，商品经济文化也得以广泛传播，并且对于人们的社会生活产生了深层影响。商品经济运行模式以个人的经济理性为基础，这种模式所负载的文化促进了人们自我意识的膨胀。人们在社会生活中往往过分关注自我利益的增长，而忽视了自我权利与他人的边界。这也是很多社会不文明现象的根源。公民需要在共同生活中满足自己的需求，但是个人利益之间却存在矛盾，甚至冲突。如果缺乏友善的道德品质，公民之间就难以跨越差异和矛盾的沟壑，共同生活将变得非常艰难。作为公民基本道德品质的友善，既指向他人，也指向自己。怀一颗善良的心，成为善良的人是友善的前提。把善心传递给他人的过程就是友善。因此，友善也是公民进入社会生活的道德姿态。友善的品质促使人们在公共生活中寻求相互认同，积极、主动地履行彼此间义务，以善意拉近彼此间的距离。

友善是建立维护和谐社会的伦理秩序。友善是社会生活的润滑剂，是建立维护和谐社会的伦理秩序。首先，友善维系着公民之间的平等。亚里士多德曾指出，平等是友爱固有的特点。友善是建立在主体的平等地位之上的，友善的双方都拥有共同的要求，彼此间有着同样的愿望。其次，友善维系着公民间的真诚。友善不是一种偶然的情绪，而是一种稳定的道德联系。在这种联系之中，公民之间真诚相待，建立互爱互信的伦理秩序。再次，友善维系着公民间的互助。友善虽然不以互利为前提，但是在友善的联系中，公民之间进一步巩固了互助的关系。在公民互助中，大家都平等相待，没有任何公民因为给与或者接受帮助而处于人格的优先或者弱势地位。

二 友善作为基本伦理道德规范的基础性作用

友善作为基本伦理道德规范，在社会生活中发挥着不可替代的基础性作用。在友善的引领下，能够有效化解社会生活的张力、调解社会心态、创建良好的社会环境。

友善道德规范有助于建立良好人际关系。现代社会是一个陌生人社会，社会成员之间不是以某种天然的联系而缔结在一起的。但是社会成员都在社会生活中实现自己的目标和价值。维持社会合作体系需要公民之间建立超越血缘的稳定联系。友善道德就是联系各社会成员的价值纽带，最高层次的友善是社会成员在追求共同善的过程中所达成的相互认同。现代社会的人际关系紧张主要来自两个方面：一是社会的竞争压力，二是多元价值观所带来的差异性。市场经济中的竞争机制激发了公民的竞争意识，公民间的矛盾被放大、激化。友善道德则能改变公民看待他者的视角，引导人们把其他公民当作社会生活的伙伴，而不是仅仅强调自我利益的最大化。在现代多元社会中，友善道德是一种开放的道德姿态，它帮助人们在多元思想和文化中去找寻共同的价值追求，为共同善的实现而努力。在对于共同善的追寻和实现过程中，社会成员建立稳固的伙伴关系，建立良好的人际关系。友善道德也会引领人们以开放、包容的心态对待公民间在生活方式、文化、观点等方面的差异，在社会生活中求同存异。友善有助于人们用更多的理解填充你我之间的沟壑，建立良好的人际关系。

友善道德规范有助于改善不良社会风气。友善作为基础的伦理道德规范，鼓励人们更多地理解、包容、团结其他公民。但这种理解和包容不是没有道德标准的纵容。近年来，公共权力的腐败事件、食品安全问题、"中国式过马路"等公共生活失序现象越来越受到人们的广泛关注。这些问题都根源于对于公共利益的漠视、公私边界的模糊和公民个体意识的过分膨胀。友善道德在增进公民情感、发挥社会凝聚力的同时，有助于人们划分自我与他人、与社会的边界，在行使公民权利的过程中意识到自我行为的社会意义和对于其他公民的影响。这无疑是消除不良社会现象，改善不良社会风气的根本途径。

友善道德规范有助于消解社会心理矛盾。社会发展所带来的变化和问题也势必导致社会心态的波动。改革开放以来，我国经济发展取得了令人瞩目的成就，但由于我国经济机制以及各项制度尚在调整和完善之中，加之人们在天赋、能力、受教育程度等方面的差别，客观上造成了我国社会群体的分化。在这种背景下，社会心态在某些领域出现了失衡的现象。比如仇富心理、仇官心理以及在财富面前的浮躁情绪等。社会心态失衡的主要原因就是由于社会群体之间缺乏相互通达的桥梁。树立友善的道德观念，在个人层面，友善道德能够帮助人们以阳光心态看待其他公民，从积极的角度肯定他人、尊重他人。在群体层面，友善道德能够让人们在群体之间传递友爱的讯息，并且在实质层面予以相互帮助。

友善道德有助于建设社会互信体系。友善内涵是对于诚信的本质诉求，基于友善的诚信有两个向度的伦理意义。第一个向度是"诚"。"诚"意味着公民要胸怀坦荡，实事求是，不遮蔽自己的良知，按照德性生活，恰如孟子所言的"诚者自成"。诚信的第二个向度是"信"。"信"要求公民对他人信守承诺，不诈不欺，充分履行自己在承诺中的义务。需要指出的是，"信"还要求公民敢于信任他人，敢于在社会交往中走出自我防备的心理阴影。友善道德有助于人们秉持诚信之德参与公共事务，勇于担当承诺所赋予的责任，消弭人们心中的隔阂。友善还能通过拉近人们的情感距离，使人们对于承诺有更强的责任感。人们之间的信任程度通常与情感密切相关。人与人之间的情感越密切，相互的信任程度就越深。公民之间的友善交往将为互信的深化创造有利条件。

三 着力在公民道德建设上培育友善伦理道德规范

友善道德规范是公民美德和社会公德的统一，在消除社会矛盾、稳定社会秩序中发挥至关重要的作用。必须在公民道德建设中培育友善，才能为我国的社会主义建设提供坚实的伦理支持。

把友善道德规范当成一种社会需要。在公民道德层面培育友善道德，就必须将其融入社会生活之中，把友善道德当作社会的内在需要。首先，要培养公民的民族认同和社会认同。在社会层面培育友善道德，就必须树立公民的民族自豪感和身份认同感。只有当公民认同所生活的社会体系，认同公民身份，才会主动地参与社会生活，积极地参与社会交往，与其他公民建立善意的情感联系。其次，要在社会制度建设之中彰显友善观念。要鼓励公民的团结合作，通过制度建设在公民之间构筑互利互惠的渠道，让所有社会成员共享社会合作体系的成果。再次，要在社会生活各领域、各层面宣传和提倡友善观念，形成友善文化。要发挥社会教育体系和公共媒体的作用，围绕友善道德规范开展公民互助活动，让人们在社会生活中感受、体验相互友善的温暖。

把友善道德当成一种个体自律。对于公民个人而言，培育友善道德规范，就要实现对于友善道德规范的内化，使之成为道德自觉行为。首先，公民要加强对于友善道德规范的道德认知，明晰友善道德是成为一名合格公民的重要基础，充分认识这一观念对于开展社会生活的意义和作用。其次，要在与他人的交往中培育友善的道德意识和道德规范，在社会生活中学会宽容、忍让和友爱，在坚持道德原则的前提下理解他人，理性地处理人际关系。特别要自觉遵守社会规章、制度，在规范自我行为的同时磨砺道德意志，把他律转化为自律。再次，在社会生活中要做到权利和责任、义务的平衡与对等，在维护和促进自我利益的同时，也要努力完成作为公民所应该承担的职责，爱岗敬业、诚信待人。

把友善道德规范当成一种道德境界。作为一项基础的道德规范，友善道德不能仅仅停留在道德约束的层面，而应该上升为道德境界。如果道德约束是一种消极的道德姿态，那么道德境界则是一种开放的、积极的道德理想。追求友善道德境界的过程就是无私奉献、追求崇高、升华人格的过程。帮助人们树立友善的道德人格，有赖于在社会层面建立正义的道德回馈机制，为公民的道德实践提供广阔的平台。一要形成惩恶扬善的社会风尚，让追求崇高的行为获得社会的肯定和赞扬，树立和宣传道德典范。二要使善行得到善报。当人们见义勇为，无私帮助他人时，要为他们的善行提供有力支持，对于他们的奉献和牺牲进行社会性的补偿。比如建立见义勇为基金、成立道德银行，充分保障道德主体的合理权利。

把友善道德规范当成一种公共秩序。要保障友善道德对于社会生活的有效引领，就必须在公共秩序层面培育友善价值观。建立友善的公共秩序，首先要在公共文化中巩固社会主义核心价值观的核心地位，通过在社会主义价值体系的框架内引导公民寻求共同的价值诉求，能够加深公民认同，避免价值相对主义的危险，确保社会生活在正确的轨道展开。其次，要在公共生活中实现公民利益与公共利益的统一。公共秩序决定了公民实现自我利益和公共利益的方式。友善的公共秩序强调个体利益与公共利益的协调统一。友善的公共秩序毋宁说是一种和谐的力量，在规范公共生活方式的同时，为公民权利和公益提供保护。再次，要在公共道德中塑造公共精神。从私人领域迈向公共领域意味着从熟人社会迈向陌生人社会。社会形态的转变对于人们的道德要求也发生了变化。在这种转变中，人们面临的重要问题是：如何既成为一位好人，又成为一位好公民。以友善为道德规范的公共秩序中，人们不仅要必须遵守社会制度和法律规章，更应该积极地参与公共事务，在公共生活中扮演主体性角色。它本质上呼唤公共精神，期待人们在公共领域的道德自觉。

综上所述，友善作为一种基础的道德伦理规范，引领着人们在纷繁的社会生活中寻求人际之间真挚的道德情感，也在实现自我价值和利益的脚步中追求人性的善和社会的公共价值。在现代多元社会中，友善道德是一种开放的道德姿态，它帮助人们在多元思想和文化中去找寻共同的价值追求，为共同善的实现而努力。在对于共同善的追寻和实现过程中，社会成员建立稳固的伙伴关系。就此而言，"友爱"也是形成社会合作体系不可或缺的道德规范，它是凝结社会成员的纽带，也是建立和谐社会关系的价值基础。将其作为当代中国一项基本的道德规范，既具有道德合理性，也具有政治伦理合理性。

对于公民个体而言，基本的伦理道德规范引导人们本着诚信、友善的态度进入公共生活，培育人们的爱国精神和社会责任感。基本的伦理道德规范所倡导的道德文化帮助人们摆脱私利的束缚，超越狭隘的个体局限，从国家公民的角度理解、履行自己的权利与义务，养成积极向上的心态，成为具有公益精神的好公民。

对于社会而言，基本的伦理道德规范在公共道德建设中扮演着引领者和推动者的角色。基本的伦理道德规范带有天然的公共性，这种公共性特征也鲜明地体现在其所提倡的道德价值中。爱国、敬业、诚信、友善不仅属于个人美德范畴，更是社会道德中的重要概念。我国的社会结构在经济发展中已经发生了深刻的变化，社会流动性日益增强，社会结构也越来越复杂，公共领域的拓展已经成为现代社会的基本特征。增进和谐的社会关系，维持健康的社会秩序，有赖于社会成员之间建立互信互惠的公民合作体系。

爱国、敬业、诚信、友善等道德规范强调个人与社会之间、社会成员之间的相互责任，是人们进入社会生活必须持守的道德原则，同时也是个人自我价值实现的精神动力。基本的伦理道德规范精确把握并充分显现了我国现代社会新的道德关系和道德要求，在道德文化层面促进社会生活的有序展开。这些道德规范不仅是中华民族优秀文化的有机组成部分，融入于我国的传统习惯、风俗礼仪等隐性社会规则之中，对社会行为进行规制，而且更重要的是在由传统向现代转型的文化大变革中发挥着引领和助力功能。

从长远来看，我们要加强基本的伦理道德规范对公民文化建设的引领。基本的伦理道德规范本身包含了公民道德建设的基本内容。爱国、敬业、诚信、友善是我国公民应遵守的基本美德，建设当代的基本伦理道德规范，是价值观内化、培养合格公民的必然要求。多元化是现代社会文化的基本特征。特别是网络的发展和普及，为各种思想、观念在社会中广泛传播提供了渠道。我国社会文化主流是积极、健康的，但也夹杂着陈腐、落后，与基本伦理道德规范相背离的内容。要培育公民个体的基本伦理道德规范，就必须创造积极向上的文化氛围，在社会文化中完整、充分地表达基本伦理道德规范。确立当代中国基本的伦理道德规范，使得道德规则尽量被全社会广泛认同和接受，成为全体社会成员的基本行为规范准则，要引导社会成员逐步建立完善自身行为的正确的价值观和道德规范，将爱国、敬业、诚信和友善等道德规范作为完善自身行为的基本道德规范，使人们能通过自觉遵守道德伦理规范，从而使社会风气良性发展，更好的构建社会主义和谐社会。

第九章 当代中国政治伦理建设

亨廷顿曾经断言"身处正在实现现代化之中的当今世界，谁能掌握政治，谁就能掌握未来"[①]，政治文明是人类文明的重要组成部分，而政治伦理则是现代社会政治文明的价值内核和行动基准。"政治伦理是社会政治生活中调节、调整人们的政治行为及政治关系的道德规范和准则"[②]，我国正处于社会全面转型的关键时期，如何加快政治文明建设步伐是我们面临的关键性问题。因此，以问题为导向，建构中国特色社会主义政治伦理学对实现国家治理体系和治理能力现代化，促进中国政治文明的发展具有重大的理论和实践意义。

第一节 政治伦理研究的问题转向

目前学术界对政治伦理的研究基本上就是基于政治和伦理的关系，由此对政治现象进行伦理审视与规制来进行研究的。然而，这样的研究视角并没有真正从政治本身的真实逻辑来深入思考政治伦理问题。政治伦理学研究有两条基本线索：一条是在伦理的视阈内对政治进行研究，寻找政治的道德正当性，或者澄明政治的价值结构。这也是古典主义政治伦理学的基本方法。如古典主义政治哲学家斯特劳斯所言，政治哲学

[①] [美]塞缪尔·亨廷顿：《变化社会中的政治秩序》，三联书店1989年版，第427页。
[②] 贾红莲：《中国传统政治伦理思想的架构及现代价值》，《中国哲学史》2004年第2期，第67页。

自从在雅典时期形成以来,就具有亘古不变的内涵,即所有的政治生活都在追求着善的价值。他指出,所有的政治活动无非出于两个目的:不让生活变得更坏或者让生活变得更好。[①] 正因为政治本身处于价值的追寻之中,所以阐释政治的价值目的和价值标准就成为政治伦理的首要任务。另一条线索是通过政治与伦理(道德的)的关系来研究,利用二者的结合点、交叉点、互相作用点,形成交叉性研究,即政治伦理化与伦理政治化。这种对于政治伦理的理解试图从道德理论为解决政治问题提供答案,或者通过政治生活的安排实现伦理的诉求。对于政治伦理学来说与其说它是一门应用性科学还不如说它是一门交叉性的新兴学科,是政治学与伦理学的交叉,这样的理解更符合政治生活的道义逻辑。

当然这种政治伦理学的致思结果,产生如下普遍性政治伦理问题:政体的伦理特征、政制的伦理属性、政治生活的道德原则、政治人的道德要求、公民生活的德性等。柏拉图的《理想国》,亚里士多德的《政治学》就作了系统的论述,由政治与道德的结合产生了"正义"观,把追求"善"作为最高的政治目标[②]。中国古代开启"以德配天""敬德保民"的政治伦理传统,形成以"仁"为核心的政治伦理观,通过"孝"的具体化,在此基础上形成了"君臣之道"。可见,古典政治伦理学都是以"至善"价值理念为轴心来规范政治生活。不过中西方具有差异性:古希腊注重政治共同体生活的"正义性",而中国古代注重政治人的"道德性"。中国先秦原始儒家所理解的政治伦理首先是对作为政治治理者的君王或天子的道德价值要求,而古希腊先哲所理解的政治伦理则首先指向了作为政治共同体的国家的价值目标。这一差别是值得关注的,然而并未超出价值目的论的基本向度,或者说,它仍然属于政治与伦理的连贯性价值理解方式。

经典的政治伦理学研究范式最终都走向了形而上学。无论是古希腊的"正义"还是传统儒家所宣扬的"仁爱",都为政治树立了绝对的伦理价值。古希腊"正义"的背后,是自然秩序的安排。无论是柏拉图还

---

① Leo Strauss, What Is Political Philosophy? In *An Introduction to Political Philosophy*: *Ten Essays byleo Strauss*, Hilail Gild edited, Wayne State University Press 1989, p. 3.

② 万俊人:《政治伦理笔谈》,《伦理学研究》2005 年第 1 期,第 5 页。

是亚里士多德，虽然他们对于正义的理解有着精细的区分，但都认为那些拥有理性最多的人应该占据最有利的社会地位。他们根据理性分有划分社会等级的最终理由就是自然秩序。儒家的"仁爱"也内涵着相近的逻辑。儒家并没有从现实的角度论证"仁爱"的必要，而是以断言的方式解释其意义。孔子就对于不同的弟子给予了关于"仁爱"不同的解释。在以后的政治言说和实践中，无论是"六经注我"还是"我注六经"，都没有对"仁爱"的合法性提出质疑。经典的政治伦理研究表现出显著的基础主义立场。对于政治生活，我们会构建一整套价值体系，但我们不需要对之进行证明，这一体系对政治生活的参与者而言更像是"信念"，不证自明。[①] 古典主义政治哲学家认为，这种完备的价值基础是政治生活的起点，离开它，我们将陷入茫然，也无从找到政治行为的正当性依据。

但是这样一种经典的、理想型、目的论范式规范主义的政治论理学模式，近代以来在西方受到了巨大的挑战，这也就带来了政治伦理学研究的问题转向。政治伦理学的问题转向主要有两个机缘：一是政治与伦理的分离或断裂，特别是西方近代以来，中世纪之后，随着科技革命的兴起，随着启蒙运动的兴起，随着产业革命的兴起，人们理想中的那么一种政治和道德的一体化裂伤，认为这样一种理论思想家构建的一种政治和道德的一体化具有巨大的欺骗性，因为人们在具体的政治生活里面看到的是伦理和政治的分离，严重的分离；二是应用伦理学的兴起。

古希腊哲人的这种政治伦理的连贯性价值理解方式，到了古罗马时期便受到律法主义思潮的挑战，一种基于自然法理论的国家律法主义观念逐渐占据上风。至文艺复兴时期，马基亚维利在其名作《君主论》中提出了一种绝对现实主义的政治哲学，它被视之为西方"无道德的政治学"（"the politics without morality"）主张的理论滥觞[②]。无独有偶，中国到了先秦时期，周代以来的政治与伦理的统一性遭到了挑战。以韩非子为代表的法家将国家政治及其运作划分为"道""术""势"三个基

[①] Gilbert Harman, "Three Trends in Moral and Political Philosophy", *The Journal of Value Inquiry*, Vol. 37, September 2003, pp. 415–416.

[②] 万俊人：《政治伦理笔谈》，《伦理学研究》2005年第1期。

本层面①，甚至认为，术、势才是政治的根本，以至于形成了后来的政治《厚黑学》，成为表面上非主流而实际上政治人的人人皆学的官场宝典。

这种政治与伦理的分离或断裂，我们还可以通过西方近代以来的思想轨迹来说明。政治对"道"的疏远甚至背离成为西方近代以来的政治现实，随之出现的是政治与伦理的两分式理论思维模式的逐渐凸显。17世纪英国政治哲学家洛克的《政府论》显然将国家政治限定在政治权力本身的产生、运作和制约的合法性与有效性范畴②。17世纪英国的哲学家霍布斯的《利维坦》基于"丛林法则"提出了国家专制主义主张③。人的自然状态就是一切人对一切人的战争状态。18世纪法国思想家孟德斯鸠所发表的《论法的精神》虽然并未脱离启蒙运动所倡导的基本价值理想，但它所关注的根本问题并不是政治之"道"，而是政治之"法则"原理。政治与伦理的两分随着20世纪末罗尔斯《政治自由主义》一书的出版而被明确地理论化了。罗尔斯的"政治自由主义"有三个基本命题：（1）作为政治自由主义之核心理念的"作为公平的正义"是政治的，而不是形而上学的或道德的；（2）民主政治及其实施者民主政府必须保持政治中立，必须超越于各种"道德学说"之外；（3）国家不是任何形式的伦理共同体，而是严格的政治组织，因而对于民主国家来说，具有头等重要性的是政治秩序或政治稳定性，而不是公民美德甚或个人的美德④。罗尔斯认为对于原则和判断，需要经过"反思平衡"的过程。在任何特定的事件或者语境中，我们都要检验并且调整我们曾认为的普遍性原则，尽量让特殊情景下的道德判断符合普遍性的原则。所以对于罗尔斯而言，不存在无证自明的先验原则，也没有任何形而上学的原则具有超越其他原则的优先性。在政治生活中，原则的达成取决于人们通过协商从"权宜之计"走向"重叠共识"。⑤ 在现代多元社会背景下，

---

① 万俊人：《政治伦理笔谈》，《伦理学研究》2005年第1期。
② 同上。
③ 同上。
④ 同上。
⑤ Gilbert Harman, "Three Trends in Moral and Political Philosophy", *The Journal of Value Inquiry* Vol 37, September 2003, pp. 415–416.

经典政治哲学理论隐含着潜在的危险。比如宗教战争,任何宗教都宣扬善(除了邪教),并因此形成了关于善的理解的完备学说。但如果我们都认为自己所确信的教义和教条是绝对正确、不容任何更改且具有不可辩驳的优先性。那么我们就无法与其他的宗教主张通约,从而产生强烈的排他性,宗教战争就不可避免。[①] 要规避类似于宗教战争的问题,我们只能在特定的情景中与其他道德共同体的成员商谈,寻求关于善的共识,以此重构善的原则。这种政治哲学范式与经典政治哲学寻求善的完备知识的倾向大相径庭。

经典政治伦理学所遇到的最强挑战是近代自孔德以来所兴起的科学实证主义。科学实证主义从根本上重新定义了"知识"概念,认为"科学知识"是"知识"的最高形态。实证主义所追求的知识不再如神学或者形而上学一样期待提供关于"为什么"的完全解答,而转向寻找关于"怎么做"的相关答案。实证主义发现了事实与价值之间的分野,实证主义的社会科学者们主张只有事实判断才具有科学性,社会科学无力为价值判断提供依据,因而要避免做出价值判断。从这一观点看,价值判断无非是描述了一种行为的倾向或者划定了一个必须遵守的原则。[②] 在实证主义影响下,现代政治则出现了对于价值的排斥。政治的价值中立意味着,只有当我们摆脱价值倾向的干扰,才能对政治行为做出科学客观的分析和评价。伦理逐渐走出了政治的中心话语。马克斯·韦伯官僚科层制理论的现代公共行政管理理论,威尔逊的公共行政理论都提出了所谓政治与行政两分的主张,即认为,国家政治关乎价值立场,而政府行政则应保持"价值无涉"或价值中立,使政府行政成为纯专业技术型的职能管理机构和服务机构,尔后出现的所谓"企业化政府"的概念即源于此[③]。

政治伦理学的问题转向也与西方应用伦理学的兴起同步的。应用伦

[①] Gilbert Harman, "Three Trends in Moral and Political Philosophy", *The Journal of Value Inquiry* Vol 37, September 2003, pp. 415–416.

[②] Leo Strauss, What Is Political Philosophy? In *An Introduction to Political Philosophy: Ten Essays by Leo Strauss*, Hilail Gild edited, Wayne State University Press 1989, p. 13.

[③] 万俊人:《政治伦理笔谈》,《伦理学研究》2005年第1期,第6—7页。

理学是以研究如何运用伦理道德规范去分析解决具体的、有争议的道德问题的学问。① 社会生活本身的道德问题是应用伦理学产生的唯一理由。西方应用伦理学是以逻辑实证主义为代表的正统分析哲学土崩瓦解和元伦理学日前暴露出严重局限性的背景下兴起的。应用伦理学产生于20世纪六七十年代,首先在西方兴起,标志着分析哲学中的元伦理学已经走到了尽头。在新实证主义看来,只有元伦理学才是真正科学的伦理学。其侧重于分析道德语言中的逻辑,解释道德术语及判断的意义,将道德语言与道德语言所表达的内容分开,主张对任何道德信念和原则体系都要保持"中立",并在此基础上研究问题。在具体的研究中,有时机械地搬用自然科学的机械符号和公式,具有形式化和脱离实际的倾向,其最大的局限性是价值中立和脱离道德实践。那么西方应用伦理学的兴起,除了分析哲学受到了挑战以外,最根本的原因就是社会生活。20世纪六七十年代,暴露出社会中的很多问题,比如说战争问题、政治革命、生命技术、科技问题、环境问题、"性革命"问题,这些都是社会生活中的具体问题,它需要伦理学家做出回答,这就是应用伦理学产生的原因所在。

但政治驱逐伦理的努力受到了普遍质疑,政治非伦理化被证明既不合理,也不可能。斯特劳斯指出,任何政治行为都无法完全割离价值。离开伦理的关照,社会学者们将无从证明为什么他们关于社会的构想是"好的",而且任何参与政治活动的人也必然带有某种价值倾向。② 我们发现,任何社会制度的安排和政策制定,都是围绕着一定的价值理念所展开的。我们之所以认为社会契约论的理解比君权神授更具有正当性,是因为我们确认自由、平等这些最基本的价值。如果我们完全脱离关于"善"的维度,我们也无法回答为何废除奴隶制是现代政治的必要选择。所以斯特劳斯得出结论:第一,离开价值判断研究社会现象是不可能的;第二,拒绝价值的假设从未得到证明——这种假设认为价值之间的冲突不能由人类理性所解决;第三,政治生活的开展需要先定的"法

---

① 卢风、肖巍:《应用伦理学概论》,中国人民大学出版社2008年版,第61页。
② Leo Strauss, What Is Political Philosophy? In *An Introduction to Political Philosophy*:*Ten Essays byleo Strauss*, Hilail Gild edited, Wayne State University Press 1989, p. 14.

则",这些"法则"并不能由实证的方法所得到;第四,实证主义势必走向历史主义,而两者之间却存在着内在矛盾,历史主义不会认为实证主义的知识是最高的知识形态,而且历史主义对社会科学的研究依然要面对"什么是好的社会"这一问题。[1] 政治与价值的分离不仅从知识的角度而言缺乏可能性,而且会让政治沦为满足物欲的交易。正如卢梭所批评的:古希腊的政治家们总是强调规矩与德性,而我们只讨论交易与金钱。[2] 自卢梭之后,政治开始向伦理回归,政治与伦理的结合促成了政治伦理学的再次转型。

社会生活的政治性凸现、政治问题的集中以及政治与伦理道德的不可分割性是政治伦理学问题转向以及快速发展的重要原因。政治就是正义的治理,这是一个最高的伦理的概念,正义也成为当代政治哲学的主题。从这个意义上来说,中国社会生活离不开政治,经济生活离不开政治,公共生活的各个领域都离不开政治,每个人都离不开政治。在政治的诸领域之中,都可以发现道德的逻辑,任何政治行为都含有道德意义:因为当我们开展政治生活,无论以何种方式,都逃脱不了一个终极价值关怀的问题。在社会文化多元趋势下,政治中的伦理矛盾更加凸显,政治伦理难题不断出现。就目前而言,中国正处于社会转型期,我们的政治制度与伦理规范都在不断调整、完善之中。因此,我们较之以往遇到了更多的政治伦理难题,如稳定与发展的关系问题等。

当我们说政治伦理研究的问题转向时,实际上是遇到了"问题丛",具体包括以下几个方面:第一,社会生活中产生的政治伦理问题,这是由社会生活的其他领域中产生的问题而无法解决转变为了政治性问题,如贫富差距问题、教育资源分配正义问题、司法公正问题等。第二,政治生活本身的伦理问题,如政治忠诚问题、政治反对问题、政治发展问题、国际恐怖活动问题、公权力腐败问题,公民参与问题、政治妥协问题等。第三,政治伦理本身的问题,如政治手段与政治目的问题、政治

---

[1] Leo Strauss, What is Political Philosophy? In *An Introduction to Political Philosophy*: *Ten Essays by leo Strauss*, Hilail Gild edited, Wayne State University Press 1989, pp. 16–24.

[2] Leo Strauss, The Three Waves of Modernity? In *An Introduction to Political Philosophy*: *Ten Essays by Leo Strauss*, Hilail Gild edited, Wayne State University Press 1989, p. 89.

品质与政治行为问题、行政忠诚与行政检举问题、政治伦理话语的重构问题、政治伦理的实践问题等。第四,"政治人"伦理问题,如政治人的人性假设问题,政治人的德性问题、政治人的评价问题等。

第二节 当代中国政治发展及伦理问题

政治伦理学研究必须正视中国政治问题,这其中的问题有两种理解,一是理论问题,或者说是命题,而另一个就是存在的不足。这些其实就是中国政治问题的第一个部分,而当前中国政治生活存在的不足则是体现为以下九个方面:第一,国家政治统一性有所减弱。随着社会阶层的分化,利益群体更加多元,造成群体之间达成共识的难度加大。随着政治民主的深化与公民权利意识的提升,政府权威也有所下降。政治权威的分散在一定意义上是政治文明发展的必然。但是统一思想,形成政治共识、达成政治步调的统一对于国家而言又是非常必要的。第二,压力型体制及增压体制没有得到根本性改善,自上而下的施压导致了压力转移而非压力消解。我们国家现在的体制基本上是一种压力型体制,矛盾往下压,责任往下压,这种至上而下的压力型体制实际上没有解决问题,尤其是基层。第三,各级领导人自利化趋向明显,政治权威丧失。虽然随着群众路线教育的深入以及反腐倡廉的开展,领导人自利化趋向有所减弱,但是我们也不得不承认其仍然存在,特别是一些公务员从以前的有利就干转变为现在的无利就不干,消极行政。第四,权力资本化趋势明显,权力腐败依然存在,近年来我国反腐取得重大成效,但这也提醒我们反腐工作任重而道远。仍然有一些官员顶风作案,过度相信自己的智慧,铤而走险。第五,制度化的公民参与方式不能适应新权术的发展,我们现在的公民参与方式还是停留在20世纪以前的阶段,随着网络技术、新媒体技术的不断进步,公民参与方式的改变和革新势在必行。第六,民众的政治信任与政治认同流失严重,反体制倾向增强。我们现在注重党内治理,强调从严治党,这个方向是对的,但与此同时我们也应当加强民众的政治信任建设,提高公民的政治认同。第七,党内民主建设推进缓慢,政治改革信心严重不足。虽然我国近年来不断推进党内民主,但对于民主的误解仍未消除。一些人将民主与党的领导完全对立,误解了民主集中制这一党的根本组织原则。第八,社会分层、分化、分向明显,群体间差距一度有拉大的倾向,除了原有的城乡二元结构依然存在,城市之间的阶层固化趋势也越来越明显,青年农民工和失业学生成为社会最不稳定因素。第九,官员的政治自保性与责任性相悖离、官员权责不对称、行政效率低下,导致政治合法性危机。

中国政治生活问题存在的诸多问题给中国的政治伦理带来了一系列的难题:

一 政党伦理问题

在坚持党的绝对领导的前提下,如何确保党的先进性和纯洁性。中国共产党作为中华人民共和国合法执政党,为在中华民族复兴中适应时代发展和社会伦理道德,应遵循哪些方面的诉求?政党作为一种政治组织,是特定阶级、阶层或集团利益的代表,拥有严明的组织纪律,具有鲜明的政治主张和政治目标,可以说政党是一个阶级性、功能性很强的组织类型。政党总是代表着特定群体的利益,发出群体性的利益诉求,并且致力于实现利益目标。作为执政党,党的群体代表性和执政的公共性之间必然具有内在冲突。战胜这一冲突是党所担负的重要伦理责任。

政党在某种意义上可以被视为产生集体行为的组织。而执政党的公共性在于其必须突破集体的限制而服务于所有社会成员。这意味着执政党不仅是公共生活的领导者,也是公共产品和服务的提供者。但是政党的公益性在现代社会遭到了巨大挑战。公共产品和服务要求处在政党中的每位个体都做出贡献。但在一个大的集体中,任何个体的贡献又是微不足道的。集体中的成员知道公共产品(公共善)的提供并不完全取决于个体选择,但这种物品(善)却会由所有社会成员分享。美国学者奥尔森(Olson)据此认为公共利益并不会自动地导致公益性的集体行为。在他看来,公益性行为毋宁是个人追逐自我利益的"副产品"。[1] 但是执政党的角色恰恰要求党员不能只追求个人利益。如果执政党成员唯个人

---

[1] Jonathan Hopkin, "Political parties, political corruption, and the economic theory of democracy", *Crime, Law & Social Change*, Vol 27, May 1997, p. 257.

利益是瞻,就必定会滑向政治腐败。这正是西方政党所面临的一大病症,也是我国政党必须正视和警惕的问题。中国共产党对于此问题有着深刻的洞见,从"为人民服务"原则的提出到习近平总书记对于"新时代中国特色社会主义理论"的系统阐述,我党都致力于通过党风廉政建设、党员自我修养促使党员把人民利益置于优先地位,把个体利益与政党利益、人民利益有机结合。

从政党的角度,我们党已经完成了从革命党向执政党的转型,党代表着全国人民的根本利益,并且将维护、促进人民利益作为最高的政治目标。从党员个人的角度而言,则面临新的挑战。政治与经济的融合是新社会环境下的重要特征。商业文明的发达一方面创造了巨额财富,另一方面则表现出经济政治化的冲动,即经济主体旨在通过掌握更多的公共权力而实现利益增长。在这种冲动面前,如何通过有效的制度安排和机制选择保持党员先进性、纯洁性,是党承担的政治伦理使命。

政党认同是公民政治认同的重要组成部分。对于政党的认同能够帮助公民降低政治行为的质疑。现代政治表现出强烈的认同政治特征,任何政治组织、政治领袖和政治行为,获得的认同度越高,就越具有政治合法性。公民的政治身份认同是建立政治认同的核心要素。美国学者卡姆(Kam)研究发现,政党认同既可以影响人们参与政治生活的行为路径,又可以消除人们的政治疑虑。他指出,在美国政党政治中,那些分属某一党派的公民更加信任该党提名后的选择,倾向于确信他们所做出的政治承诺。[1] 共产党处于政治生活的核心地位,是引导社会建设、国家发展的中坚力量。提升政党认同对于巩固党的领导地位至关重要。这就需要提炼并且让人们广泛接受党的价值理念。我们已经确立了社会主义核心价值体系和核心价值观,在其中精炼表达了党的价值内核。如何在社会生活中发挥核心价值的引领作用,无疑是实现政党认同的关键问题。

---

[1] Cindy D. Kam. Who Toes The Party Line? Cues, Values, and Individual Differences, *Political Behavior*, Vol. 27, No. 2, June 2005, pp. 163–163.

二　国家权力制约问题

在坚决反对"三权分立"的前提下,如何实现权力制衡的有效性。权力制衡问题是到目前为止政治学、公共管理学都没有能够完美解决的问题。孟德斯鸠说,一条万古不易的政治经验是,握有权力的人容易滥用权力,直到遇到某种外在限制为止①。因此,要想防止掌权者滥用权力,必须以权力制约权力,对权力的行使进行一定的监督。权力制衡有两种模式,一是横向制衡,也就是行政权、立法权以及司法权分开,但其实我们没有考虑到的是这三权同样可以合并,权力的本质是合谋的,如我们要保持司法独立,要保证公检法三家独立行使这个权利,一旦这三家的权力掌控者相互勾结,腐败更容易滋生,因此横向制衡只能是一种理想的状态。另一种则是纵向制衡,这也就意味着权力制衡要加上一个原理,也就是大权力要制约小权力,那就意味着有一部分权力是无法制约的。在这一模式下,腐败问题始终无法根除。腐败的实质是公共权力的私有化,行政人员通过权力寻租等手段利用公共权力谋求私利。根治腐败就必须对公共权力的行使加以限制。而在纵向制衡中,公共权力的制约总是交于更高级的权力,这就意味着处于最高层次的公共权力无法得到有效约束。只有将横向制约与纵向制约相结合,发挥各自的优势,才是国家权力制约的实现之道。

我国实行"议行合一"的原则,不能单纯的照搬西方的三权分立,中国要实现权利制衡就得使政府等行政机关的权力和代议制的立法机关的权力相统一,行政机关必须由立法机关选举产生,并向立法机关负责,同时保证检察院、法院作为司法机关的独立性,依照法律来审判各类事情。

三　政治中的法治问题

在坚决反对西方宪政的前提下,如何确保宪法的至上性和权威性。都说要把权力关进制度的笼子,只能有一个前提,掌握这个权力的人自

---

① ［法］孟德斯鸠:《论法的精神》(上、下卷),张雁深译,商务印书馆2004年版,第154页。

己要待到这个笼子里面去,问题是谁来做笼子?所以说把权力关进制度的笼子,关键是谁来制定制度。你这个制定制度的人,制作笼子的人本身也应该关到笼子里面去,而不是在笼子之外,这个才有效。因此我们要处理好两个问题,第一个是谁来做笼子;第二个是把什么样的权力关进去,谁来关。解决这一问题的要义在于保持政治权力与法治权力的独立性。这也是法治与法制的主要区别。在传统社会中,法律成为政治权力的工具,法律丧失了自己独立的权威。问题在于,政治权力天然具有扩展的本质。特别是政治效率在某些情况下需要政治权力的扩张。采取有效措施抑制权力扩张的本性,是实现法治的根本方式。

日本学者大木雅夫提出"法治与德治两极互补"的立宪制度安排的构想,宪法被要求伦理化,而运用法的法学家们亦被要求高度伦理性的今天,有必要在新的意义上把握法治主义和德治主义[①]。中国是人民当家作主的国家,在确保宪法至上性和权威性时必须坚持以人为本,将人民民主制度,人民利益制度作为理论基础。同时,我国有着悠久的德治传统和丰富的道德资源。道德治理已经成为维持我国社会秩序的隐形机制。如果说法律为我们提供了外在约束,道德则是提高人民道德、形成自律的内在激励。我们既要防止以道德评判取代法律制约,最终滑向人治,又要防止忽视道德建设而让社会失去人文关怀。因此,我们必须坚持依法治国和以德治国相结合,将权力制约机制与道德约束机制相结合,不断完善社会主义法制建设,建立健全各项法律制度,强化对政治权利的监督,以此从最大程度上来确保宪法的至上性和权威性。

四 公民参与权的保护问题

在不照搬西式民主的前提下,如何确保公民参与国家事务的权力。西式民主,也不是很充分,西方民主制度也在不断地完善,不断地改进。但是公民参与国家事务的权力如何保障,这是我们需要考虑的问题。我国宪法规定:"中华人民共和国的一切权力属于人民。""人民行使国家权力的机关是全国人民代表大会和地方各级人民代表大会。""人

---

① [日]大木雅夫:《法治与德治——立宪主义的基础》,《二十一世纪》1998年第47期。

民依照法律规定，通过各种途径和形式，管理国家事务，管理经济和文化事业，管理社会事务。"我国宪法保障公民的参与权，公民参与权是有宪法赋予的，但是由于我国公共社会依然处于初级阶段，各项法律不完善，公民对参与权的保障意识不够。

公民要形成自觉的法律意识，意识到公民参与权利是法律赋予的宪法权利之一。公民在参与国家政治生活的过程中积极地运用法律，将自身的参与权与国家法律相结合，用法律来保护自身的参与权利，同时提高参与政治生活的积极性。国家要创造条件，保障公民参与权的正常实施，促进公民参与的有序和合法进行。

党的十八届三中全会提出了"完善和发展中国特色社会主义制度，推进国家治理体系和治理能力现代化"的战略任务。国家治理概念的提出意味着公民参与将得到进一步深化。国家治理的要义在于，社会和公民将分享更多的公共权力，在政治参与中分担更多的治理职能和责任。在以往的传统管理模式下，政府处于绝对的中心位置，国家权力无限扩张，国家权力呈现出从上至下的垂直结构。这种权力结构最终导致了政府权力的膨胀、机构的臃肿和行政效率的低下。国家治理则要求国家权力保持合适的限度，国家权力合理退让为社会参与留下更宽广的空间。以公民参与填补国家权力收缩留下的空缺是国家治理有效性的内在要求。在这种趋势下，公民参与不仅要求对于参与权利的维护，更意味着公共权力的重新分配。公民参与程度的深化还会带来另一个问题，就是参与权利与政府权威之间的内在张力。政府的有限性已经得到了广泛认识，正是基于这种认识，我们期待通过多元参与弥补政府决策的不足。那么，当公民参与结果与政府决策出现分歧的时候，如何实现政府的有效主导，也是我们将要面对的问题。

五 政治真实性问题

在坚决反对西方新闻自由的前提下，如何认识政治需要及政治监督问题，政治是一种需要，是公民的一种精神需要，然而目前学术界似乎很少有人提及政治需要这一概念。随着改革开放和现代化建设的逐步深入，人民群众不仅物质文化需要在日益增长，而且政治需要也在日益增长。人民群众的政治需要主要包括：政治安全需要、政治表达需要、政治参与需要、政治监督需要。这四种需要归根结底是政治民主需要，满足这种需要必须执政理念科学，政治制度完善，办事程序公正，政治行为文明，政治环境健康，政治事务透明。

我国是人民民主的国家，人民是社会主义国家的主人，同时人民群众也是政治文明建设的基本力量，实现政治需要必须明确人民群众的政治需要主体地位。人民群众是物质文明、精神文明的创造者，而且创造了和正在创造着政治文明。依法治国是党领导人民治理国家的基本方略，是完善党的领导和实现人民当家作主的基本途径和法制保证，国家必须实行依法治国来保障政治的真实性，保障人民政治需要的实行。

六 政治行为技术问题

在坚持政治目标的至上性的前提下，如何认识政治手段的正当性、如何认识政治人的人品与行为。我们很多政治人的行为无可挑剔，这就能证明他一定是个好人吗？在现代政治伦理语境下，政治手段的正当性判断主要依据两个标准。一是政治手段是否合乎法律和制度规范，是否经过法定的程序。任何僭越合法程序，或者与既定法律条款、制度原则相违背的手段都将丧失正当性。二是公民的认同度。政治认同是政治合法性的另一来源。对于政治手段，获得的公民认同度越高，就越能得到正当性的证明。相对而言，对于政治手段第一条正当性标准的检验更为明确和简单，对于第二条标准的检验则更为复杂。任何政治手段的采取都会有特定的对象并产生利益相关者。而我们往往很难明确界定利益相关者的范围，不同的社会群体所受到的政治手段的影响也具有不同的程度。那么，如何划定政治认同的群体和范围，是我们认识政治手段正当性所面对的困难。

对于政治人的道德，也产生了新的要求。道德是政治参与的重要前提。我国曾提出以德治国的理念。这一理念并不是要以道德取代法律，而是强调政治人的道德资格。对于政治人道德品质的关注也是我国的政治传统。早在数千年前，先贤们就提出了"以德配天"的命题，认为没有道德的人没有从事政治事务的资格。西方也是如此，无论是柏拉图还是亚里士多德，都认为那些分有最多道德理性的人才能参与政治生活。那么，政治人应该具备怎样的道德？以往我们总是依据私德评判政治人的品质。这无疑源于传统社会家国同构的形态。但在现代政治生活中，公共领域与私人领域截然分开，私德的好坏已经不能成为政治人的道德判断标准。作为政治人，我们有着更多的道德期待。政治人首先必须是好的公民，即能遵纪守法，遵从、恪守政治原则和政治规矩。此外，政治人应该怀有积极的道德姿态促进公益的实现。当前，一些官员不求有功、但求无过，为官不为。虽然他们的行为没有违反法纪和制度，但显然不能说他们具备优秀的政治道德。在强调政治规矩的同时培养政治人的担当精神、公共精神是政治道德建设的重大课题。

七　意识形态问题

在全球化的浪潮中，如何坚持意识形态是所有国家共同面对的问题。在全球化浪潮中，各种文化相互交织、碰撞、影响，国家意识形态的交锋不可避免。在任何国家中，作为政治合法性论据的官方意识形态只有一种。意识形态表达着国家的意志，与国家利益密切相关。意识形态在现代政治语境中，面临着三大困难。一大困难源自文化多元主义。多元文化的共存是现代社会的文化事实。在某种意义上，我们的确需要以包容的心态接受文化的多样性。但是，这种多样性在诉诸文化包容的同时，也产生了道德相对主义等错误的观念。更为重要的是，多元文化产生了对于权威文化话语的威胁。在多元文化的熏陶下，持有不同观念的人们试图在文化交往中获得更多的话语权，于是出现了文化大众化的倾向。那么，在文化大众化的倾向中如何巩固、强化意识形态的权威，如何在多元背景中维护意识形态的主导地位，是根本性的政治伦理问题。

意识形态所遇到的第二个困难在于西方文化的侵扰。国际间意识形态的对话较以往任何时候都更为频繁和尖锐。如果说传统社会，意识形态的交往主要通过国家组织的形式出现——比如互派使团，那么网络时代的来临则让这种交往变得日常化。在我们身处的时代，任何人都可以成为意识形态的传播者和交往对象。意识形态的交往已经成为全球化所产生的必然结果。同时，西方国家从未放弃对我国意识形态的渗透和输出。毫无疑问，西方文化在国际层面的强势是一个客观事实。加之他们在经济贸易领域的优势地位，商品全球化的流动为之意识形态传播提供了有力的载体。要抵御外部文化对于国家意识形态的威胁，根本路径在于坚持社会主义政治道路，立足民族文化。正是在这一背景下，我国凝练提出了社会主义核心价值观。只有构建坚强的价值内核，我们才能拥有与其他国家进行对话的根基与实力。在坚决反对西方普适价值的同时，建立、培育、践行好社会主义核心价值观成为我们必须肩负的历史任务。

意识形态在全球化背景下遇到的第三个困难来自民族特殊性与全球化整合性之间的矛盾。全球化一方面带来了文化的多元，另一方面又表现出强烈的统合性趋势。全球化进程内涵着趋同的力量。意识形态建立在国家特有的历史、信仰、语言等特性中。而这些特性在全球化过程中受到了严峻挑战。全球化为人们提供了国际视野，也让很多原本属于民族和国内的问题上升为国际话题。随着人员和资源的国际化流动，国民身份逐渐被国际身份所淡化。国际合作的深化更加速了这一进程。[1] 如何积极应对全球化的统合性力量，保持自己国家、民族的特性，提升国家认同和民族意识，从而捍卫国家的意识形态基础，是政治伦理的又一难题。

第三节　习近平新时代中国特色社会主义思想的政治伦理维度

党的十八大以来，以习近平同志为核心的党中央毫不动摇坚持发展中国特色社会主义，围绕国家治理、社会发展、政党建设形成了习近平新时代中国特色社会主义思想。其充分表达了马克思主义理论的精髓，植根于我国深厚的政治文化传统之中，与现代政治文明理念高度契合，

---

[1] Andreas Theophanous, Ethnic Identity and the Nation – State in the Era of Globalization: the Case of Cyprus, *Int J Polit Cult Soc*, Vol 24, June 2011, p. 47.

是中国特色社会主义理论发展新的里程碑。作为我国当前社会主义建设的指导思想，习近平新时代中国特色社会主义思想建立在坚实的政治哲学基础之上，蕴含着丰富的政治哲学内涵。

一　国家与社会：习近平新时代中国特色社会主义思想的逻辑起点

如何处理国家与社会的关系是治国理政的核心问题，也是政治哲学的理论焦点。无论是强国家、弱社会，还是弱国家、强社会，都无法满足现代国家建设的需求，必然导致社会的失序。我们曾试图将社会置于国家权力的统摄之中，施行以计划经济为标志的国家管理模式。这种权力的安排具有效率高、社会资源统筹能力强的特点，在新中国成立初期发挥了积极成效。但随着社会的发展，这一模式也逐渐显露一些弊端，由于权力主体的单一性，无法对社会复杂的状况和诉求做出及时有效的调整与回应，这就产生了优化国家与社会关系的内在需求。

要满足这一需求，就必须澄明国家与社会的本质联系，阐释两者关系的应然状态。马克思主义对此有着深刻的洞见。马克思在对黑格尔国家社会理论进行批判继承的基础上指明了国家和社会关系的本质。黑格尔认为市民社会充满了私人之间的矛盾，这些矛盾无法在社会层面得以调和，只能诉诸更高的实体，即国家。国家是市民社会利益的统一，代表了绝对精神，所以从家庭、市民社会走向国家存在着"外在必然性"。[1] 马克思肯定了黑格尔对"政治国家"和"市民社会"的二分，但也指出其将国家置于市民社会之上，将后者作为前者附属的观点颠倒到了两者的实质关系。而且如果将国家和市民社会全然割裂，还会导致个人身份的二重对立。每个人既是市民又是国家的公民，如果不能解决国家的"外在必然性"与"内在目的"的二律背反，那么就无法消解社会成员外在规定与内在规定间的冲突。马克思认为家庭和市民社会是国家的现实存在方式，"家庭和市民社会是国家的现实的构成部分，是意志的现实的精神存在，它们是国家的存在方式"。[2] 因此，国家和社会应该有机统一，国家制度安排必须反映人民的具体实在性，国家原则不应

---

[1] 《马克思恩格斯全集》第3卷，人民出版社2002年版，第7页。
[2] 同上书，第11页。

成为人民的外在规定。

西方政治哲学理论对于国家、社会关系经历了从以社会取代国家到倡导社会、国家各尽其责、各守边界的演变过程。自洛克以来，西方政治哲学理论，特别是自由主义理论将国家形成理解为社会契约的结果，强调个人的实体性，着眼于维护个人权利。他们认为国家权力天然对个人权利构成挑战，希望通过建立小政府压缩国家权力空间。但自由主义国家关于"守夜人"政府的谋划暴露出严重的问题。国家权力的弱化导致无法有效配置社会资源，面对市场失灵的后果往往束手无策，而且缺乏为公民提供充分保障的能力。西方数次经济危机产生的灾难性后果已证明了弱国家的乏力。以凯恩斯主义为标志，现代政治哲学理论开始逐渐承认和重视国家对于社会的调节作用。罗尔斯等学者认为国家应为正义的实现提供基本社会制度框架，国家干预是防止社会群体分化的有效手段。

习近平新时代中国特色社会主义思想继承和发扬了马克思主义国家和社会理论，汲取了现代政治哲学先进观念，是现代治理理论与中国实际相结合的结晶。党的十八大确立了实现"国家治理体系与治理能力现代化"的战略方针，意味着社会从一元管理向多元共治的转型。由管理迈向治理是当前政治文明发展的基本趋势。政治学者们普遍认为，治理是实现政治民主的根本途径，是维护人民基本权利的重要手段，也是弥补政府理性不足的有效方式。民主的要义在于以人民的意志行使公共权力，满足人民的利益诉求。西方以往通过投票将权力委托政府的形式无法保证民主的有效性。包括巴伯在内的诸多学者将之称为"弱势民主"，因为投票之后，人民就退出了公共权力的舞台，无法对公共决策施加决定性影响。维护民主有效性的根本途径在于为人民参与国家治理提供畅通的渠道，从而可以持续性地对公共权力施加作用。因此，以多元共治取代一元管理是政治民主的内在要求。

无论是国家权力还是社会权力，如若不受限制，就会膨胀延伸，最终挤压人民个体权力的空间。传统管理将国家作为治理的唯一主体，挤压了社会组织和民众的自主空间，削弱了人民的主体地位。一方面，民众缺乏参与政治的通路，对国家决策只能被动服从；另一方面，国家权力无孔不入，渗透到社会领域的各个方面。一旦国家意志与民众个体意愿发生矛盾，民众权利则面临着被侵犯、甚至牺牲的危险。要切实保障人民权利，就必须在国家权力、社会权力与公民权利之间划分清晰的界限，这也是习近平新时代中国特色社会主义思想的主要内容。

习近平新时代中国特色社会主义思想没有照搬西方的治理理论，而是看到了西方治理诉诸"小政府"隐含的弊端。对于我们有着十四亿庞大人口的泱泱大国而言，国家治理需要坚强的党和政府作为后盾。否则将无法应对市场失灵、社会多元冲突引发的失序，这将对我们所坚持的社会主义道路产生挑战。基于我国现实，习近平新时代中国特色社会主义思想强调正确处理"一"和"多"的关系，既鼓励社会主体的多元参与，又要保证国家在政治道路、思想意识等方面的统一共识。习近平同志在2013年1月5日新进中央委员会的委员、候补委员学习贯彻党的十八大精神研讨班上讲话时指出，道路问题是关系党的事业兴衰成败第一位的问题，道路就是党的生命，历史和现实都告诉我们，只有社会主义才能救中国，只有中国特色社会主义才能发展中国，这是历史的结论、人民的选择。习近平新时代中国特色社会主义思想把社会主义核心价值观作为达成社会价值共识的文化内核。

习近平新时代中国特色社会主义思想传承和发展了马克思主义社会理论。马克思主义社会理论建立在对资本主义市民社会批判基础之上，旨在构建超越狭隘私人范畴的和谐社会。习近平新时代中国特色社会主义思想紧紧把握了马克思主义社会理论的精髓，期待建设充满人际温情、普惠社会成果的共享社会。习近平同志先后就"推动贫困地区脱贫致富、加快发展""让十三亿人享有更好更公平的教育""加快推进住房保障和供应体系建设""始终把人民群众生命安全放在第一位"等问题发表重要讲话，突显习近平新时代中国特色社会主义思想构建互惠互利社会体系的目标和方向。由于我国尚在社会转型之中，受旧有社会管理模式影响，社会权力和治理能力发展不足。习近平新时代中国特色社会主义思想倡导进一步解放和发展社会生产力，进一步解放和增强社会活力。通过提升社会能力填补国家权力合理收缩留下的空间，推进社会主义小康社会建设，是习近平新时代中国特色社会主义思想的主旨所在。

二 以人民利益为本：习近平新时代中国特色社会主义思想的价值旨归

习近平新时代中国特色社会主义思想的本质在于切实维护和促进人民根本利益，巩固和提高人民主体地位。

早在古希腊时期就有思想家提出了"人是万物的尺度"的命题，揭示出人作为认识主体的特殊地位。启蒙运动则拉开了西方人本主义的序幕，以往人要么受到自然秩序的安排，要么匍匐在更高理性的存在面前，自主性受到极大弱化。康德提出"人为自己立法"，实现了人理性主体的复归。如果说康德的人本思想主要涉及价值层面，那么霍布斯、斯密等学者则开始关注世俗生活中人的主体权利。他们认为个人在社会生活中享有维持生命、享受现世幸福、自由选择生活方式等基本权利，这些权利不容侵犯和剥夺。社会契约论改变了西方旧有国家和社会的形成逻辑，认为个人才是社会存在的基础，为个人利益的优先提供了理论依据。这也是现代西方人道主义的基本观点。但从原子式存在方式解读个人与社会关系，从中推导的个人至上理论却存在严重问题。那就是如果每个人的权利都具有优先性，那么相互矛盾如何调和？建立在个人之上的社会生活何以可能？

马克思主义在充分承认西方人本主义思想积极意义的基础上对之进行了批判和超越。马克思主义认为任何剥离现实所得出的人之概念都无法阐释人的本质。只有站在社会实践的维度，我们方能正确把握对人的理解。马克思将人的本质归纳为"一切社会关系的总和"。如何在社会实践中实现人的自由全面发展成为马克思主义人本理论的主题。劳动是人实现自我价值的根本方式。但资本主义私有制却导致了社会分化和劳动异化，削弱了人的主体地位、阻碍了自我实现。西方资本主义虽然打破了封建制度，反对"君权神授"，代之以"天赋人权"的口号，但资本主义私有制导致了社会阶层的划分，经济不平等取代了封建时代人格不平等，成为新的不平等形式。掌握生产资料的资产阶级拥有雇佣劳动力的资格，广大无产阶级只能遭受被剥削的命运。同时，劳动与劳动主体相分离，甚至转变为后者的对立力量。如马克思在《1844年经济学哲学手稿》中所论，"人同自己的劳动产品、自己的生命活动、自己的类本质相异化的直接结果就是人同人相异化"①。在资本生产中，劳动不再是自我实现的方式，而沦为谋生的手段，人也从自由的状态退化为谋利的工具。马克思主义正视资本主义社会的虚伪，提出要将人民群众从资本的约束中解放出来，实现人与自然、与社会、与自身劳动的统一，切实具备自我价值实现的权力。马克思主义人本思想的可贵之处在于不仅高扬个人的独立自主，还洞悉到人作为社会存在的相互关系。所以马克思主义没有滑向个人至上的理论主张，而是顾及个人实现与社会实现的相得益彰，认为我们谋求的是所有人的自由全面发展，每一位社会成员的自由发展都以他人的自由发展为前提和条件。

传统文化也非常注重民生，将是否使民受惠作为"仁政"的标准。"仁"是儒家政治哲学思想的核心，本质在于仁者爱人。孔子在看到民众的悲惨命运时不禁发出了"苛政猛如虎"的哀叹。孟子劝梁惠王行王者之道时提到，要让天下人心悦诚服，就必须在治国谋政中惠及臣民。孟子认为，让百姓过上幸福的生活就是王道的开始——"不违农时，谷不可胜食也；数罟不入洿池，鱼鳖不可胜食也；斧斤以时入山林，材木不可胜用也。谷与鱼鳖不可胜食，材木不可胜用，是使民养生丧死无憾也。养生丧死无憾，王道之始也。"②践行王道、布施仁政，就必须满足百姓的需求，所谓"五亩之宅，树之以桑，五十者可以衣帛矣；鸡豚狗彘之畜，无失其时，七十者可以食肉矣；百亩之田，勿夺其时，数口之家可以无饥矣；谨庠序之教，申之以孝悌之义，颁白者不负戴于道路矣。七十者衣帛食肉，黎民不饥不寒，然而不王者，未之有也"③。唐代李世民看到了人民安居乐业对于国家安定繁荣的决定性影响，指出"民可载舟，亦能覆舟"。

习近平新时代中国特色社会主义思想全面吸纳了马克思主义人本观念和积淀于我国传统文化中的民本文化，将人民利益置于国家治理的首要位置。习近平总书记在十八届中共中央政治局常委同中外记者见面讲

---

① 《马克思恩格斯选集》第1卷，人民出版社2012年版，第58页。
② 《孟子·梁惠王（上）》。
③ 同上。

话时就明确指出"人民对美好生活的向往，就是我们的奋斗目标"。① 总书记的表述是对我党民本理念的深化。以往我们将"为人民服务"作为政治伦理原则，更多强调作为党员的自我责任，而新的表述则着眼于为政者责任与人民利益的统一，将人民诉求作为治国理政的出发点和落脚点。总书记细致分析了人民美好生活向往的内容，"我们的人民热爱生活，期盼有更好的教育、更稳定的工作、更满意的收入、更可靠的社会保障、更高水平的医疗卫生服务、更舒适的居住条件、更优美的环境，期盼着孩子们能成长得更好、工作得更好、生活得更好。"② 党的十八大以来，党中央的各项工作都是紧密围绕人民美好生活期待所开展的。党的十八届五中全会结合人民诉求，提出了"创新、协调、绿色、开放、共享"五大发展理念，第十二届全国人民代表大会第四次会议审议通过的《国民经济和社会发展第十三个五年规划纲要》为发展理念的贯彻落实进行了全面部署。

民主是民本的内在要求，或者说民主精神内含于民本理念之中。以民为本，必须认同人民是公共权力的主人，人民的统治恰恰是民主的原初意义。民主意味公共权力必须按照人民的意愿行使，并且满足人民的期待、维护人民的利益。如上文所言，西方"弱势民主"的形式走上了违背民主本意的道路，人民无法参与公共权力决策的过程，也无法有效表达自己的意愿。由于直接民主的成本高昂、效率低下，现代国家普遍通过权力委托由政府代行公共权力。如何在公权运作中完整地代表民意，保证公权行使的结果符合人民利益，是民主的关键问题。扩大人民政治参与、维护人民在公共领域的话语权成为深化民主的必然选择。习近平新时代中国特色社会主义思想揭示出民主的真谛，习近平总书记在庆祝中国人民政治协商会议成立 65 周年大会上指出，民主不能流于形式、成为摆设，"在中国社会主义制度下，有事好商量，众人的事情由众人商量，找到全社会意愿和要求的最大公约数，是人民民主的真

---

① 《习近平谈治国理政》，外文出版社 2014 年版，第 3 页。
② 同上书，第 4 页。

谛。"① 习近平新时代中国特色社会主义思想敏锐发现了不同国家政治语境的差别，主权在民的民主思想具有广泛的普遍意义，但各国的民主形式必须依托于具体国情进行选择。我们国家不能盲目套用其他国家的民主形式，社会主义制度下的人民民主是经过历史检验的最符合我国国情的民主模式。在此认识基础上，习近平新时代中国特色社会主义思想确立了民主的检验标准——"人民是否享有民主权利，要看人民是否在选举时有投票的权利，也要看人民在日常政治生活中是否有持续参与的权利；要看人民有没有进行民主选举的权利，也要看人民有没有进行民主决策、民主管理、民主监督的权利。"② 在习近平新时代中国特色社会主义思想中，我们看到从民主制度到民主实践的完备理论体系，这无疑是社会主义民主理论的创新成果。

三 廉政与廉洁：习近平新时代中国特色社会主义思想的生态要求

良好的政治秩序离不开健康的政治生态。公共权力的异化是对政治秩序的巨大威胁。如何制约权力，确保权力行驶在促进公意的正确轨道上，一直是政治哲学的基本问题。西方近代权力制衡理论主要希望通过权力的切分形成相互制约的格局。孟德斯鸠由此提出三权分立的思想，目的在于让司法权、行政权、立法权彼此独立，互相监督。西方权力理论试图以制度的方式消除个人道德的不确定性，抑制权力膨胀的冲动。但在三权分立的实践中，权力合谋的现象时有发生，事实证明，以权力制约权力的谋划并不能消除公权的滥用。

我国传统思想也富含廉政的文化资源。与西方近代看待政治权力的视角不同，孟德斯鸠等学者将政治视为必要的"恶"，所以付诸"以恶制恶"的原则规范权力，而我国传统文化则是从"善"的角度看待政治权力。占据我国传统政治文化主导地位的儒家赋予政治权力以道德属性，要求权力的施行必须诉诸道德的方式。道德成为政治生活的中心话语，对道德的关切也成为传统政治文化的显著特征。孔子曾言："为政

---

① 《在庆祝中国人民政治协商会议成立 65 周年大会上的讲话》，《人民日报》2014 年 9 月 22 日第 2 版。

② 同上。

以德，譬如北辰，居其所而众星拱之。"① 唯有以道德引导政治权力，才会令人信服，获得政治权威。所谓"道之以政，齐之以刑，民免而无耻；道之以德，齐之以礼，有耻且格"②。正因如此，我国政治传统非常注重为政者的道德，具备高尚的人格、品质是传统社会从政的基本资格。从政者应该是社会的道德表率，孔子曰"政者、正也"③，就是此意。传统政治文化重政治道德、轻制度、刑法的态度也隐含着风险。

习近平新时代中国特色社会主义思想在充分借鉴中西方权力伦理思想的基础上进一步完善了权力制衡理论，从政治生态的维度系统考量规导权力的内部和外部因素，彰显"廉政"与"廉洁"两大核心理念，形成了"干部清正、政府清廉、政治清明"的完整政治生活理论。廉政是营造权力内部生态的政治哲学范畴，其内涵在于：其一，保持社会主义政治方向。任何政治制度和政策的背后都需要价值的支撑，所有政治安排都由特定的"善"观念所引领。社会主义道路决定了我们的政治价值和政治立场，拥护党的领导、坚持社会主义根本方向是我们坚守政治底线、严以用权的基石。正如习近平总书记在第十八届中央纪律检查委员会第二次全体会议上的讲话中阐明的"严明政治纪律就要从遵守和维护党章入手。遵守党的政治纪律，最核心的，就是坚持党的领导，坚持党的基本理论、基本路线、基本纲领、基本经验、基本要求，同党中央保持高度一致，自觉维护中央权威。"④ 其二，廉政意味着清廉自律。为政清廉是公共权力的特质所决定的。公共权力不同于私人权力，在现代政治语境下，它是所有社会成员让渡形成的，归全体人民共同享有。公共性是政治权力最重要的属性，任何借助公共权力促进私人利益的行为都与其公共性背道而驰。就党员干部而言，更肩负着塑造优良品德的责任。《中国共产党章程》明确定义"中国共产党是中国工人阶级的先锋队，同时是中国人民和中华民族的先锋队，是中国特色社会主义事业的领导核心"。作为先锋队的一员，党员干部必须成为先进文化的代表者

---

① 《论语·为政（第二）》。
② 同上。
③ 《论语·颜渊（第十二）》。
④ 《习近平谈治国理政》，外文出版社2014年版，第386页。

和传播者。所以公共权力的行使者不但要保持权力的纯洁性,更要通过自身努力为人民谋福利,让公权的运行产生积极的社会效果。其三,廉政意味着政治正义。政治正义主要包括两个方面,一是政治程序正义,二是政治结果正义。在程序正义中,行政者必须严格遵守各项制度规范,服从政治规矩。在结果正义中,我们要保证公共权力行使的公开公正,促进社会共享,实现人民基于权利的平等。在公权操作中,我们要秉持正义原则对社会弱势群体予以关怀和支持,均衡社会资源配置。

如果说"廉政"偏重政治内部生态建设,"廉洁"则是对政治生态的整体要求。党的十八大以来,党中央采取一系列措施打击腐败行为。腐败现象的发生既有内在因素,比如制度缺陷、执政者个人品质的腐化堕落;也有外部因素,比如商业文明滋生的拜金主义、官本位思想以及经济政治化的倾向——商业贿赂是其集中表现。要营建健康的政治生态,就必须提倡廉洁的社会风尚,为公权提供充满正气的外部环境。每一位社会成员都要弘扬贵仁重义、勤俭节约的传统美德,常怀仁义之心、恻隐之心、谦让之心、羞耻之心,培养公共意识、公共精神,恪守公民道德,遵从公共规则,消除对权力的盲目崇拜,杜绝以任何方式干扰、侵害公共权力。

四 法治与德治:习近平新时代中国特色社会主义思想的伦理智慧

法治与德治都是政治生活的重要内容,是维持政治稳定、维护政治秩序的主要模式。自古以来,东方和西方政治哲学都崇尚以道德的方式治理国家和社会,认为追求善的价值是政治的主题。柏拉图和亚里士多德都认为政治生活(城邦生活)遵循着自然秩序,自然秩序之中就包含着正义价值,所以政治本身就具有浓厚的道德意味。一如现代政治哲学家斯特劳斯的观点——"一切政治活动都受到善知识的指引,这些知识告诉我们什么是好的生活、好的社会。因为好的社会是政治善的最高追求。"[①] 在西方传统政治哲学中,政治生活的安排以符合道德理念为前提。柏拉图提出社会资源的占有和分配必须以人的理性为标准,那些分

---

① Leo Strauss. *What Is Political Philosophy? In An Introduction to Political Philosophy: Ten Essays by Leo Strauss*, Wayne State University Press, 1989.

有最多理性的人应该成为国家的统治者，次有理性的人则成为国家的保卫者，缺乏理性的人只能远离国家权力。他所言的理性本质上就是道德理性。亚里士多德也表达了类似的观念。依据理性而开展政治生活的最终理由在于对正义的追寻。无独有偶，如上文所论及，我国传统政治思想也彰显了政治的道德意义。数千年前，我们的先贤就提出了"以德配天""敬德保民"的命题，认为统治者唯有具备卓越的道德人格，才能承担其所承载的天命，赢得民心。在我国漫长的历史长河中，实现"仁"的价值一直是各个时期政治生活的道德理想。不论东方、西方，道德也被视为人们摆脱外部束缚，实现主体自由的基本方式。康德认为人们借助道德理性获得了为自己立法的权力，儒家希望通过道德教化达到"随心所欲不逾矩"的状态，以实现个体自由与外界约束的统一。遵照道德而生活，在道德的牵引下达成良好的政治秩序被认为是传统政治的理想状态。

法治是现代政治文明的产物。与人治相对，法治崇尚人格独立与平等，希望通过立法的形式表达人民的共同利益，在社会主体之间划定清晰的权利边界，保障社会成员的自主和自由。法治的第一原则就是善法之治，法律必须表达为人民普遍认同的价值理念、代表全体社会成员的意志、反映人民的根本利益。法治的第二原则是法律的至上，即所有社会主体都受到法律的制约。法律具有独立的权威，这一权威不依赖政治权力而存在。没有人可以僭越和逃脱法律的规约。法治的第三原则是法律面前人人平等，法律对于任何对象都发挥同等程度的效力，任何社会成员，不论其家庭背景、文化程度、社会地位、民族肤色，都会得到法律同样的对待。法治消弭了人治的随意性以及后者所带来的人格不平等。

马克思主义深入表述了法治的意蕴。马克思认为法律既是国家制度的一部分，而国家制度又独立于法律之外。在论及立法权时，马克思论道："立法权是组织普遍东西的权力。它是规定国家制度的权力。它高居于国家制度之上。"[①] 法律具备对国家制度的超越性，国家制度要接受

---

① 《马克思恩格斯全集》第3卷，人民出版社2002年版，第70页。

法律的规范,这一论断彰显出现代法治精神。马克思洞察了黑格尔立法权理论的内在张力,即国家制度是立法权的前提,但在法律的不断完善中,国家制度也得以推进,"他把立法权的作用即它的按照国家制度确定的作用置于同它的按照国家制度确定的使命相矛盾的境地"[1]。要消除这种张力,关键在于人民有权"为自己制定新的国家制度"[2]。将人民意志体现在国家制度之中,实现两者的高度融合恰恰是善法之治的精髓。

马克思主义的法治是与高度发达的道德生活并行互济的治理模式。并不是所有的个体欲求都能表达在法律之中,如果社会道德堕落,每个人都为寻求私人利益不择手段,那么就无法达成普遍的价值和利益共识。只有培育高尚的道德土壤,才能超越黑格尔所言的市民社会人与人之间的对立状态。马克思主义将集体主义作为道德原则,从人与社会的关系看待个人利益与社会整体利益的统一,认为既要维护个人利益,又要保持个人利益与集体利益的一致性。集体主义道德一方面肯定了个人实在性,另一方面又看到个人不能脱离社会存在的事实,从而肯定集体利益的优先地位。集体主义道德原则要求社会成员在关切自我利益的同时要关照他人和社会利益,形成公共性的道德视野。集体主义对于社会和个人的兼顾突破了西方资本主义道德的内在矛盾,契合了法治内在的道德要求。

法治与德治相辅相成、相互支撑。法治蕴含着道德价值,道德价值又通过法治得以贯彻和实现。两者在治理范畴上又各有侧重、各有所长,法治更偏向法律、程序和规则,德治更重视人格的塑造和外部规范的内化。习近平新时代中国特色社会主义思想承袭和发扬了马克思主义理论的法治与德治理念,从辩证的角度看待法治与德治的关系,实现了两者的有机融合,呈现出德法共治的理念。习近平新时代中国特色社会主义思想正确认识到法治与德治的内在联系,消除了过去将两者全然对立、认为它们存在相互替代关系的误解。习近平总书记在中共中央政治局第三十七次集体学习时指出"法律是成文的道德,道德是内心的法律。法律和道德都具有规范社会行为、调节社会关系、维护社会秩序的

---

[1] 《马克思恩格斯全集》第3卷,人民出版社2002年版,第71—72页。
[2] 同上书,第73页。

作用，在国家治理中都有其地位和功能。法安天下，德润人心"，①准确揭示了德法之间的内在统一。

习近平新时代中国特色社会主义思想对法治和德治在政治实践中的作用进行了合理定位。法治是治国理政的基本方式。党的十八届四中全会通过了《中共中央关于全面推进依法治国若干重大问题的决定》，将依法治国作为国家治理的战略任务。习近平总书记在关于推进法治中国建设的重要讲话中论述道"法律是治国之重器，法治是国家治理体系和治理能力的重要依托"②。依法治国的根本问题在于"坚持和拓展中国特色社会主义法治道路"。习近平新时代中国特色社会主义思想明确了我国法治的政治方向，从而为法治赋予了中国话语中的价值理念，规定了法治建设的进路。西方法治的突出问题在于，处于社会上层的群体在立法中拥有更多的话语权，而且由于其政党都带有群体偏向，法治的结果很难顾及所有民众的权益。习近平新时代中国特色社会主义思想所付诸的法治是中国共产党领导下的，以宪法为基准的法治。我们党超越了西方政党的偏私性，代表着人民的根本利益，致力于为全体社会成员谋福利，党的领导是避免法治失效、实现善法之治的坚强依靠。习近平新时代中国特色社会主义思想中的法治追求的不仅是法治形式，更追求法治精神的全面实现。德治为法治提供道德滋养和价值支撑。习近平总书记明确指出"必须坚持依法治国和以德治国相结合"，"要发挥好道德的教化作用，以道德滋养法治精神、强化道德对法治文化的支撑作用"③。德治并不是以道德取代法律，更不是以治理者个人的道德偏好作为判断是非善恶的标准，而是以社会核心价值引导法治的生长，保持其时代生命力，通过道德培育让法治精神深入人心，让法治观念成为社会的道德共识。法治与德治相结合的实践路径既为贯彻落实习近平新时代中国特色社会主义思想建立起强有力的制度规范和秩序保障，又让习近平新时代中国特色社会主义思想的践行充满温暖的伦理关怀，将法治与德治理论

---

① 《坚持依法治国和以德治国相结合 推进国家治理体系和治理能力现代化》，《人民日报》2016年12月11日第1版。

② 《习近平总书记系列重要讲话读本》，学习出版社、人民出版社2016年版，第85页。

③ 同上书，第90页。

推上了新的高度。

第四节　构建中国特色政治伦理学体系

中国特色政治伦理学研究需要确证政治伦理学的核心问题。政治伦理研究的主题应当是人类政治生活，而非一般的道德理念。政治伦理的研究首先是针对人类政治生活中的特殊问题，而不是针对人类生活中的普遍道德问题，而现代民主政治的根本要求是权利优先于权力，就此而论，现代政治伦理只能是人民的权利伦理，所以，国家权力与公民权利的关系问题是政治伦理学的核心问题。

研究公民权利，要简单了解公民的历史演变：古典公民、封建臣民、近代公民与现代选民。公民的最初原型是古希腊城邦的主人。公民的希腊文 polites 由城邦 polis 衍生而来，是指有权参加城邦政治生活的成年男性。古典意义上的公民是以参与城邦政治事务为主要权利和义务的积极公民（社会成员）。在城邦中，国家的最高权力属于公民大会。但公民并不是指城邦中的所有居民，仅仅指根据出身而获得特权并因此具有参与城邦政治事务资格的成年男性。外邦人、奴隶、女性和未成年人都不是城邦的公民，因此也就没有享有国家最高权力的使用资格。

从帝国时期开始的专制国家形态，在世俗生活中的国家最高权力是一种绝对权力，集中为专制君主所掌控。宗教力量的壮大使得上帝在人们的精神生活中拥有主宰人们信仰的最高权力。专制君主则是上帝在世俗生活中的最高代理人，因此也就同时充当了人们精神生活的最高领导者。此时受世俗与精神两种最高权力绝对支配的人们以一种消极服从和依附的姿态臣服于君王的绝对权力，就产生了臣民。臣民是专制国家中臣服于不受约束的极权，缺乏自主与平等意识以及自治能力的国民。

如果说人民主权还是停留在道德层面意义上的理想学说，那么，宪政架构中的公民理念就是人民主权学说坐实为政治制度的基本安排的第一层级。所谓宪政国家就是实施法律主治、以宪法为限定国家权力和保障公民权利的基本法律的国家。在宪政国家中，作为集体概念的抽象的"人民"才得以具体体现为真正享有个体权利的公民。这里的公民不是仅仅具有象征性的宪法文献意义上的人们的总称，而是其权利、义务及参与国家公共生活的一切规则都不带附加条件地落实为宪法条文的宪政制度下的公民。在这种背景下，民主国家才得以实现，"选民"就是在公民已实现基本权利诉求时发展出来的一个概念。民主性较强的国家中的选民不仅仅是指拥有并行使选举权的投票者身份，而更多地意味着公民从消极地为个体权利寻求保障发展到运用自身的能力和权利来积极履行公民参政义务或权利。

国家权力是指统治阶级运用国家机器来实现其意志和巩固其统治的支配力量。国家权力是一种特殊的政治权力，是通过国家政权发生的政治权力关系。国家权力对内具有强制性，对外具有主权性，不允许外来干涉。其所表现的最高统治形式是国家主权，它是国家权力的"最终权力"，是一切国家权力的源泉。政府权力来自于国家主权通过法律的合法授予。现代政府权力按照职能不同，一般分为立法权、行政权和司法权。通常以宪法、法律等加以颁布，由政权机关保证其实现。

国家权力代表着国家的意志，属于最高层次的权力。在传统政治伦理中，国家主权有着不容质疑的至上性，服从国家主权是每一位公民的责任和义务。在现代政治伦理视阈下，国家权力的行使不再是无条件的，而是被普遍认为需要加以必要的限制。其中的根本问题在于国家权力与公民权利关系的调整。传统政治伦理理论认为国家权力包含公民权利，所以公民对于国家权力必须绝对服从。但近代以来，人们逐渐意识到公民个体在国家权力面前的脆弱性。为了防止国家权力对公民个人的侵犯，需要在国家权力与公民权利之间划分界限。密尔（Mill）曾经指出了私人领域的三个方面：一是个人思考并表达思想，二是个人的品味以及关于自我发展的规划，三是与其他人的交往。他指出国家权力不应该干涉个人上述三方面的权利。罗尔斯也看到了个人权利被国家权力吞没的风险，提出个人拥有一些基本权利，这些权利即便以社会整体之名也无法剥夺。但是，我们也不能认同西方自由主义过分强调公民权利优先性的论断。国家权力的行使在特定条件下难免与公民权利产生矛盾，甚至冲突。在特殊情境中，公民权利的牺牲不但是高尚的，而且是必要的。比如当国家主权受到侵犯的时候，甚至要通过牺牲公民生命的方式捍卫国家权力。所以，我们既要防止国家权力的滥用，也要避免倒向个人主义，或者国家虚无主义。

中国特色的政治伦理学研究必须突出"四权"。政治伦理学体系的建构要以"四权"为核心，也就是国家权力、公民权利、政治权衡、行为权变。国家权力是现代政治伦理研究中的重点内容，它往往是发生政治伦理关系的"基地"，以及由于国家本身强势的"恶"的性质，常常又是产生政治伦理问题的"主动方"。以国家权力为轴心的政治伦理学涉及国家伦理、政府伦理、政党伦理、阶级阶层伦理、意识形态伦理、民族伦理、国际政治伦理等。国家权力又是与公民权利不可分割的，没有公民权利的让渡，就没有国家权力，而面对既成的国家权力，公民权利又是被动的和渺小的，所以它是产生政治伦理问题的"被动方"，正因为如此，保护公民权利就成了政治伦理的最高价值目标。以公民权利为轴心的政治伦理学涉及宪政伦理、公民美德伦理、人权伦理、社会治理伦理等。公民权利和国家权力之间是一个双向互动的平行关系，这其中就涉及政治权衡问题，权衡就包含了制约与平衡两个方面。制约主要是公民权利对国家权力的制约，平衡主要是在国家权力与公民权利之间寻找结合点和平衡点，以实现社会的整体和谐。以政治权衡为轴心的政治伦理学涉及政治发展伦理、政治行动伦理、政治制度伦理、政治政策伦理、权力制约伦理。当然，政治权衡就是由政治主体的权变来掌控，这也就涉及行为权变问题，即在政治生活中可能出现相对重的"人为"因素，对"政治人"的道德要求更加严格。以行为权变为核心的政治伦理学涉及政治行为伦理、公务员美德伦理、政治领袖伦理、政治集团伦理等。

中国特色的政治伦理学研究要以"三清"政治为轴心。党的十八大将"建设廉洁政治"纳入党的十八大报告当中，将其作为党的建设的重要组成部分，也是国家政治建设中的关键环节，更是中国特色社会主义政治伦理建设的"轴心"所在。中国特色社会主义政治伦理建设要以中国特色社会主义理论为指导；以中国传统政治伦理为基本元素；以西方政治伦理思想为基本参照。中国特色社会主义政治伦理建设首要的基础就是结合中国实际，中国特色社会主义理论是中国共产党在深刻总结社会主义发展经验，结合中国社会发展实际开辟出来的社会主义发展的现实道路。因此中国特色社会主义政治伦理建设必须首先要以中国特色社会主义理论为指导。中国传统政治伦理是与中国文化传统、中国历史相伴随的，是中华民族人民智慧的结晶。政治道德价值取向多元化、政治道德评价标准的不确定、政治道德人格的缺失和扭曲、政治道德教育失当等社会特征给中国特色社会主义政治伦理带来了巨大挑战，我们需要以中国传统政治伦理为基本元素，吸收其中优秀的资源，加快传统政治伦理向现代政治伦理的转化。以中国传统政治伦理为基本元素是从纵向角度吸收优秀资源，而以西方政治伦理思想为基本参照则是一个横向的对比，吸收西方文明的精华，美德政治伦理、神性政治伦理、非道德主义的政治伦理、权利政治伦理等政治伦理观都能够为中国特色社会主义政治伦理建设提供宝贵的借鉴。

  以"三清"为轴心的中国特色社会主义政治伦理主要包含三个方面：干部清正、政府清廉、政治清明。干部清正也就意味着公职人员要忠诚、干净、担当、正直；政府清廉指政府廉价、高效、负责，权力的运行要透明、公正；政治清明指政治决策英明、政治程序透明、政治态度开明、政治纪律严明。干部、政府以及权力三者是现代政治管理的基本要素，以"三清"为轴心的中国特色社会主义政治伦理建构必须三管齐下，三个方面同时推进，三者缺一不可。干部清正解决的是公职人员的个体问题，同时也是建设以"三清"为轴心的中国特色社会主义政治伦理的微观基础；政府清廉解决的是政府组织问题，是构建以"三清"为轴心的中国特色社会主义政治伦理的关键，政治清明是解决政治宏观价值问题，是构建以"三清"为轴心的中国特色社会主义政治伦理核心。干部清正、政府清廉、政治清明三者是一个有机整体，缺一不可，同时也是一个递进发展的过程。

  干部清正是建设以"三清"为轴心的中国特色社会主义政治伦理的基础。作为公职人员的干部，直接影响着政治权力的运行，干部是否清正也就直接影响到中国特色社会主义政治伦理的发展。干部清正意味着，首先，公职人员要忠诚于国家、忠诚于党和人民、忠诚于社会主义事业。其次，公职人员要正确处理角色冲突，时刻认识到自己所具有的公共性特质，廉洁奉公，以"为人民服务"作为自己行为的最高准则。再次，公职人员要具备担当精神和责任意识，合理使用自由裁量权。最后，公职人员要秉持正直的道德品格，在行使公共权力过程中做到公平公正，为维护人民利益、党的利益、国家利益敢于仗义直言、秉公办事。

政府清廉是建设以"三清"为轴心的中国特色社会主义政治伦理的关键。清廉应当是对政府组织的本质要求。首先，清廉的政府是廉价政府。政府廉价具有双重含义：一是降低政府的行政门槛，二是减少行政运行费用，提高政府决策的科学性。其次，清廉的政府是高效、负责的政府。效率是任何组织的基本目标，作为主导性行政组织，政府也必然具有对效率的追求。政府效率主要表现在：其一，政令通达，任何人都处于行政命令序列之中，在理想状态下任一下属只接受唯一上级的指令，政策可以得到完全执行；其二，有明确的决策部门，决策部门必须担负相应的责任；其三，实现权力集中与权力分散的平衡，既保证政府的有效监管，又要提高非政府部门的自治能力。责任政府则意味着政府必须对权力使用的后果承担责任，敢于担责、敢于接受问责。再次，清廉政府是公开、公正的政府。政府是公共权力的操作者，也是人民的权力委托者，所以政府对于公权的行使必须在人民的监督之下。人民拥有公权行使的知情权，维护、落实知情权是政府不可推卸的责任。政府作为制度、政策的制定者，必须致力于实现社会正义。一是通过公共资源分配为所有社会成员提供平等发展的机会，二是确保人们基于公民身份的权利平等。在社会转型过程中，我国群体间的贫富差距被拉大，经济的不平等导致社会权利的不平等，处于社会有利地位群体聚集着更多的财富和社会资源。在公正的社会中，社会发展的成果不应只由某部分人享有，而应为所有社会成员共享。"让一切创造社会财富的源泉充分涌流，让发展成果更多更公平惠及全体人民"是政府的根本职能。清廉政府的建设是保证公共权力规范运行的根本所在，这也是实现政治清明至关重要的一环。

政治清明是建设以"三清"为轴心的中国特色社会主义政治伦理的核心。一直以来政治清明都是公共权力运行的一种健康状态，也是公众心中最好的形态。政治清明具体表现为政治决策英明、政治程序透明、政治态度开明、政治纪律严明，是一种良性的社会互动与和谐的社会共生的生态系统。干部清正、政府清廉、政治清明三者相互独立，但同时又具有内在的必然联系。清正是公职人员的立业之本；清廉是政府组织的本质要求；清明是公众对于政治生活的期待，政治清明的前提就是干部清正、政府清廉，与此同时清明的政治环境才能够培育出更多的清正干部和清廉政府。

中国特色的政治伦理学研究要致力于话语体系建设。近年来，政治伦理学的研究取得了丰硕的成果，但同时也存在着诸多问题。首先，知识边界不清楚。虽然说目前关于政治伦理的专著非常多，但实际上很多学者对政治伦理学的研究对象，研究问题以及研究的边界，研究的方法并不完备，很多人都回避了这些问题。学者们的研究往往从谈政治与伦理的关系出发，而根本没给政治伦理学研究范围下定义，或者说很多人的研究都局限于政治与道德的关系来研究政治伦理学，这就导致政治伦理学的知识体系不完备、不明确。其次，研究方法比较陈旧。就目前而言我们对于政治伦理学的研究基本还是采用一般的研究伦理学的方法，用伦理学的基本理论来分析一些政治问题，就变成了政治伦理学。然而实际上政治伦理学的研究应该要遵循政治本身的逻辑，来从中阐释伦理道德问题。所以一些规范伦理学的方法也就限制了政治伦理学的问题研究。再次，中国政治伦理学研究的话语体系，没有中国特色，我们现在大部分的政治哲学和政治伦理学的研究都是通过文本进行研究和分析，基本上是按照西方的政治哲学的概念来研究中国的政治哲学的问题。这样的研究方法固然有可取之处，但是这也仅仅是政治伦理学研究当中的一个部分或者说一个方面，我们应当立足于中国的实际来开展政治伦理学的研究。目前中国政治伦理学的话语体系并没有形成，尤其是有中国特色的政治伦理学的话语体系并没有形成，这也就导致我们政治伦理学的研究陷入了困境，出现了诸多的问题。因此，我们需要以"问题导向"拓展当代中国政治伦理学的研究视域；以"视域整合"构建当代中国政治伦理学的研究内容；以"继承创新"形成当代中国政治伦理学的独特风格和中国学派。

以"问题导向"拓展当代中国政治伦理学的研究视域：中国政治伦理学的研究应当要具备历史向度、时代向度、中国向度、世界向度。从纵向上来看，中国政治伦理学的研究一方面要继承中华民族的优秀传统文化，从前人的思想当中吸取营养，同时也需要紧紧跟随时代的步伐，根据时代发展的需求调整自身的研究视域；从横向上来看，中国政治伦理学的研究要时刻围绕中国社会发展的实际情况，建立真正属于中国自身的政治伦理学研究视域，同时也需要不断扩宽自身的视野，站在世界的角度去研究政治伦理，要具备大格局的意识。以"视域整合"构建当代中国政治伦理学的研究内容：当代中国政治伦理学的研究要以"问题导向"拓展视域，同时也要不断整合研究的视界，拓展研究内容。从研究视界上来看，正如前文所说的当代中国政治伦理学的研究需要有中国向度和世界向度一样，其研究视界也要有中国视界和西方视界，需要同时吸取中西方优秀文化的精华，同时不断扩展研究内容，政治伦理、政府道德、公务员道德、公共管理伦理、行政伦理、公民美德等内容都应当是当代中国政治伦理学研究的重点内容。以"继承创新"形成当代中国政治伦理学的独特风格和中国学派：当代中国政治伦理学的研究需要具备中国特色，需要在现有的基础之上形成中国独特的研究风格。这也就需要以中国传统政治伦理的解释系统作为基本话语；以中国独特的政治思想与智慧作为基本知识基础；以当代中国最生动的政治实践作为基本内容。

第十章　当代中国的经济伦理建设

在当代中国经济飞速发展的今天，经济伦理建设是我国经济秩序健康运行的必然要求，是社会主义经济文明建设和精神文明建设的内在要求，是为人民建设美好生活的必然要求。在马克思主义理论的指导下，我国的经济保持着高速的发展状态，发展体系也在不断的完善，保持着非常旺盛的生命力。中国经济在高速增长的过程中，也伴随着出现了一系列的道德问题，越来越多的经济伦理问题出现在大众的视野中，现实生活中逐渐增多的违背经济伦理的事件使人们渐渐产生了对消费的恐惧，渐渐丧失了经济健康发展的信心，这些经济伦理问题影响到当代中国经济的健康长远发展。由此可见，当代中国的经济伦理建设显得尤为必要。

第一节　中国经济高速增长的伦理意义

当代中国的经济高速增长对于经济伦理建设而言，具有历史性的重要意义。中国改革开放四十多年来，经济取得了高速的发展。德国的思想家马克斯·韦伯认为，"任何一种经济模式背后必然存在着一种无形的精神力量，一定条件下，这种精神、价值观念决定着这种经济模式的成败兴衰。"[①] 经济伦理作为一种文化和精神层面的力量，可以在一定程

[①] 田雪飞、郑锦超：《浅析市场经济条件下的道德重塑》，《沈阳建筑大学学报》（社会科学版）2011年第1期。

度上推动经济的健康发展。一定经济伦理的确立会对社会经济的发展及同时代的政治、文化等制度环境产生深刻影响。因此，中国经济的高速增长需要有经济伦理建设作为经济健康长远发展的保障。

经济伦理学是以社会经济生活中的道德现象为研究对象，涵盖宏观经济制度、中观经济组织和微观经济关系中所有与道德有关的问题的一门新兴交叉学科。经济与伦理两者的关系是密不可分的，两者是既相互对立又相互统一的关系。阿玛蒂亚·森在《伦理学和经济学》一书中谈到，如果将经济学和伦理学这两者严重分离，这一分离将会铸就当代经济学的重大缺陷。在阿玛蒂亚·森看来，伦理学的考量将会切切实实影响到人类在经济生活中的实际选择和实际行为，而影响人类在经济生活中的实际选择和实际行为正是伦理学将要在经济生活中所要发挥的积极作用。经济学与伦理学研究的是同一个对象，都是人类所处的社会和社会存在着的社会现象。经济学呈现的是世界是怎么样的，目的是追求的是人类自身的利益，做一个"经济人"；伦理学呈现的是世界应该是什么样的，目的是追求美德，追求美好的事物、履行道德义务，做一个"道德人"。在现实生活中，对经济学这门学问的研究离不开对人类本身的研究，离不开对人类的道德情感和道德行为的研究。伦理学是关于道德的学说，道德则是调整人与人以及人与社会之间行为规范的总和，而人与人之间最基本、最重要的关系则是经济利益关系。因此，经济学不能局限于只将利益作为其研究的基础和内容，同时要考虑人类经济行为中"该不该"的问题，保证人类经济行为在道德和伦理上的合法性。伦理学也不能局限于只研究道德，而无视伦理行为的经济条件和经济功能。经济与伦理之间是相辅相成、相互促进的关系，任何孤立看待两者关系的说法都是不可取的。市场经济其实也是一种"道德经济"，伦理道德作为决定人类行为的一种主要力量，实际上也是决定经济发展的一种重要因素。中国经济的高速增长，具有一系列重要的伦理意义。

我国是社会主义市场经济体制，从全球化视角来看，社会主义市场经济下的道德规范，无论是从总体体系来对待，还是从其中的任何一个具体要求来对待，都必须保持伦理建设和经济发展的双重目标。如果只强调经济发展，而不顾及经济活动和经济行为中的伦理要求，不顾及伦理的调节作用，不顾及资源的有效配置和经济的发展，同样也是不道德的。我国市场经济的健康长远发展，离不开经济伦理的规范与引导。经济伦理是在市场经济的发展上逐步形成和发展起来的，在市场经济运行的每个环节都需要道德观念予以规范和引导。经济伦理建设是社会的经济发展到一定阶段的必然要求，是进行法制建设的有效补充，是为人民创造美好生活的必经之路，是构建社会主义和谐社会的重要条件。

一　中国经济高速增长，有利于促进社会的分配正义

党的十九大报告中明确指出："中国特色社会主义进入新时代，我国社会主要矛盾已经转化为人民日益增长的美好生活需要和不平衡不充分的发展之间的矛盾。"这是一个全新的理论判断，也是立足于当代、展望未来的科学判断，表明中国进入到了一个新的时代。[1] 根据中国经济情况发展的实际情况可以做出如下的判断：这个时代的主要工作是解决好发展不平衡不充分的问题。所谓发展不充分就是指经济发展的过程中该发展的经济问题没有发展好，对现实的问题发现不够、发育不良、发而不达，最后造成想发展而发展不了、发展不好的结果。这些问题主要体现在以下几个方面：一是社会经济发展的动力不充分，社会负能量对经济有一定的负面影响，如何调动每一个人的工作积极性成为未来改革和经济发展的重点；二是人均收入和人均 GDP 不够，经济发展总量不能取代人均发展量，我国的人均 GDP 在国际排名相对靠后，在未来的发展中，中国还是要坚持以发展经济为重点，经济不发展，其他的一切问题都是空谈；三是经济发展水平和质量较低，经济发展对环境的破坏严重，社会资源消耗过量，离"既要金山银山，又要绿水青山"的目标还有一定的距离；四是发展的好处没有为全体人民所共享，经济发展的凝聚力不足，人民对目前社会发展的评价不一，社会共享没有形成全民共识，更没有有效的制度安排；五是中国发展与世界发展没有完全同步，任何一个国家的发展和任何时期的发展都离不开世界环境，中国发展如何引领世界，解决世界难题，成为中国能否充分发展的关键。

---

[1] 金玢兵：《新时代我国社会主要矛盾变化的理论依据和现实渊源》，《浙江海洋大学学报》（人文科学版）2018 年第 3 期。

经济伦理学中的效率是指由收入分配差距所导致的经济效率,即收入分配的差距在某种程度上对劳动者具有激励作用,能促进社会财富的增长;公平是指作为平等的社会主体,每一个社会成员都具有平等占有社会财富的权利,效率和公平在矛盾论角度是一对矛盾,既相互对立又相互统一。改革开放之后,我国倡导"效率优先、兼顾公平"的发展理念,在秉承"效率优先"的理念的引导下,中国的社会经济飞速的发展。改革开放四十多年来,在中国经济高速增长的情况下,"公平"理念的呼声越来越高,我们开始更加关注公平,开始以公平为焦点。习近平总书记曾在《求是》杂志撰文指出,"实现社会公平正义是由多种因素决定的,最主要的还是经济发展水平",他同时还指出"我们必须紧紧抓住经济建设这个中心,推动经济持续健康发展,进一步把'蛋糕'做大"。习近平总书记用"蛋糕做大"比喻经济的高速发展,用"分蛋糕"比喻分配问题,他一方面强调要想方设法地把"蛋糕"做大做好,以利于全国人民都能分得一份较大的"蛋糕";另一方面强调要将已有的"蛋糕"公平合理地分配给每个社会成员。我们要正确把握和处理好效率与公平的关系,才能解决经济发展中的"分配正义"问题。收入分配公平不仅是经济持续发展的基础,也是重要的社会发展目标。分配是指社会的经济资源配置过程,主要是对劳动力、资金或资本、生产资料等资源的分配。分配主要分为初次分配和再次分配,初次分配主要依据效率原则,再次分配主要依据公平原则,再次分配是国民收入在物质生产部门内部进行分配后,还必须在全社会范围内进行再次分配。分配作为继生产之后的第二环节,在经济活动中起着稳定经济的支配作用。在初次分配中,不管收入差距的大小,都是收入分配中可能会出现的不合理差距,都是收入不协调的表现,都要求政府进行第二次分配予以协调,缩小分配差距,实现分配正义。

分配正义既是一个经济学的分配问题,又是一个道德价值取向的问题。正义作为分配伦理的价值量之一,是人们在经济活动中进行利益分配所必须遵守的行为准则,平等是指导并保障分配活动正义进行的一项重要的道德规范。随着中国经济的高速发展,效率已经达到一定的程度,"正义分配"就成为必然取向。在经济领域中,分配的公平不仅要使人们平等的追求幸福,而且要一直补偿那些受到分配不公的人们,在再次分配中秉承"分配正义"的原则,缩小收入差距。正确处理好效率与公平的关系有利于促进社会的分配正义,实现经济公正和社会公正。在中国经济取得高速发展时,可以倾向于更加注重经济秩序中的"公平正义"伦理标准,这对社会经济的发展与经济关系的构建具有规范及导向作用,公平正义作为经济秩序中重要的伦理价值原则,它是善的社会关系的内在维度。中国经济高速增长构成社会实现分配公平和分配正义的前提与结果,当中国的经济整体取得高速增长时,经济总量的增长是社会存在与进步的重要决定力量。中国经济的高速增长,具体地说是生产工具的不断变革,抽象地说就是效率的持续突破,效率获得突破的阶段,也是人类的物质与精神产品实现实质突破的阶段,人类的生存环境也都能够大为改观。所以说,中国经济的高速增长,有利于促进社会的分配正义。

二 中国经济高速增长,有利于提升人民的获得感

党的十九大报告指出:"中国共产党人的初心和使命,就是为中国人民谋幸福,为中华民族谋复兴。"我国现阶段的社会主要矛盾已经转化为人民日益增长的美好生活需要和不平衡不充分的发展之间的矛盾,要解决这一社会主要矛盾就需要大力发展经济。通过学习习近平总书记治国理政的思想,可以发现其中蕴含着一项十分重要的经济伦理思想,其核心理念是"以人民为中心"的思想,以人民为中心的发展思想不仅回答了改革为了什么人的问题,而且回答了如何让人民群众共享改革成果的问题。"以人民为中心的发展思想,这是马克思主义政治经济学的根本立场,体现了社会主义经济发展的根本目的。要坚持把增进人民福祉、促进人的全面发展、朝着共同富裕方向稳步前进作为经济发展的出发点和落脚点,发展人民民主,维护社会公平正义。"① 因此,在经济的发展过程中,我们要始终坚持以人民为中心的发展思想,加强党的建设,始终把服务民生,提升群众获得感作为核心工作,只有充分体现党

---

① 《人民日报人民要论:发展中国特色社会主义政治经济学》,人民网,2016年2月23日,http://opinion.people.com.cn/n1/2016/0223/c1003-28141080.html.

的"初心",才能赢得最广大人民群众的拥护和支持。

中国经济高速发展给人民群众带来了全方位的获得感,充分体现了以人民为中心的发展思想。"获得感",顾名思义,就是让人民群众有一种收获的喜悦,是一种实实在在的得到,是一种肉眼可见的幸福感。"获得感"的提出,使人民得到的幸福感有了可以进行指标衡量的可能性,"获得感"更加贴近民生、体贴民意。当中国的经济得到快速的发展,人民的获得感得以充分地体现。

在生活水平上:我国经济快速发展,人民手中的财富快速增加,物质生活水平稳步上升,针对一些贫困地区和贫困山区,中央积极开展扶贫工作,帮助很多贫困的小村庄改变了原有的模样,增加了村民的收入,村民们的获得感也随之大大提升。

在教育方面:教育是最基础的民生工作,也是广大人民最切实的获得感。国家投入更多的资金在教育事业上,在基础教育方面,国家推行九年义务教育,"不收学费、杂费",使人民依法享有平等接受义务教育的权利,在高等教育方面,设立各项国家奖助学金以及国家助学贷款项目,给人民减轻了教育方面的经济负担,同时不断优化教育资源,让更多的学生更加方便地享受优质教育资源,实实在在的增加了广大人民在教育方面的获得感。

在医疗方面:国家投入财政支出进行医疗改革的同时,投入资金建设更多的优质医院,建立完善的医疗网络,为人民提供更人性化的医疗服务,建立健全医疗保健福利制度,通过国民收入再分配的途径筹集医疗保健基金,用来补偿医疗保健服务费用,使社会成员在疾病的治疗和预防方面享受免费或优惠待遇的制度,增加了广大人民在医疗服务方面的获得感。

在社会治安方面:国家投入大量资金进行社会治安的维护,据2016年全球犯罪与安全指数显示,中国是治安保障最好的国家之一,这背后是更广范围、更高水平的平安中国建设,是国家投入大量资金越织越牢的社会治安防控网,是国家为人民建设的良好社会治安环境,人民在社会治安方面获得了踏实的安全感。

"党的十九大报告还强调,我们要不断满足人民日益增长的美好生活需要，不断促进社会公平正义，形成有效的社会治理、良好的社会秩序，使人民获得感、幸福感、安全感更加充实、更有保障、更可持续。"① "获得感"已成为衡量一个区域和一个国家经济社会发展质量的重要参考指标。正是在国家强有力的经济支援的前提下，人民群众才能得到全面全方位的获得感。

三 中国经济高速增长，有利于提升人民的幸福感

古希腊的梭伦是第一个提出"幸福"概念的人，在他看来，人的幸福是上天赐予的，并且具有实质性的幸福内容，最基础的则是至少具备财富，且财富水平必须达到中等以及中等以上。亚里士多德在《尼各马可伦理学》一书中也谈到幸福，幸福是作为最高善而存在的。幸福意味着最美好、最善良、最快乐，幸福感是值得人们欲求的一样美好事物。亚里士多德也认为幸福必须有一定的经济基础作为保证。

一般来说，人民的经济收入是增加幸福感最重要，也是最直接的因素。从客观层面分析，经济因素是提升人民幸福感的重要物质基础。人通过劳动的手段谋生，这是人类最基础的生存方式。劳动使人发挥人应有的价值和意义，人的社会本质力量得以彰显，人民通过自身的劳动使得手中的经济收入增多，主观的个人努力是提升人民幸福感的重要途径之一，人民从劳动的过程中直接得到幸福感；人民通过收入的增加，最先满足人的物质性需要，拥有消费的自由，从而拥有更多的选择权和自由权，通过自由支配金钱消费各种各样的商品满足人在物质层面的各种需求，能够最大可能地促进人的愿望的达成，通过满足消费欲望从而增加人民的幸福感；人民通过收入的增加，经济自由可以为其他自由选择提供物质基础，马斯洛需求层次理论提到当人从生理需要的控制下解放出来时，才可能出现更高级的，社会化程度更高的需要。当人民的物质基础得以满足，人们才可能开始有追求精神方面的需求，文化需求更能增加人民的幸福感，彰显出个人在获取情感享受方面的满足，追求个体的更多权利。

---

① 王志民：《中国特色社会主义新时代判断的历史逻辑》，《唯实》2018 年第 3 期。

中国经济的高速增长能够促进社会的发展，国家的经济发展可以为人民的幸福提供足够大的空间。人类的进步，能够调动社会热情与活力，通过对帕累托最优的不断靠拢，最大可能地进行财富的积累，满足人的发展需要。幸福感不仅关乎物质生活的改善，同样关乎精神世界的成长，中国的经济发展为物质生活提供了基础的保障，也为精神世界的满足提供了条件，只有当物质生活和精神生活都得以满足，人民的幸福感才是全面的幸福感。

第二节　经济发展中的道德问题

自改革开放四十多年以来，在经济全球化的大背景下，我国的经济得到快速的发展，人们手中的物质财富急剧增加，国民生活水平总体上有了很大程度的提高，社会的各个领域和各个层面都发生了巨大的改变，这些变化一方面可以不断改善社会整体的条件、提高人民的生活水平，另一方面也带来了众多的、全新的道德问题，使得经济发展的领域面临前所未有的道德上的严峻挑战。人的价值观和道德观出现极度混乱的情形，经济领域必然也伴随着出现了一系列道德失范的现象，道德伦理和道德规范成为可有可无的非必需品，给经济的健康长远发展带来了严峻的挑战。

一　交易伦理：诚信危机日益严重

在中国上下五千年的文明发展史上，"诚信"一直以来都占据着一个极其重要的席位，为追求美德的中国人所推崇；在西方社会，诚信也以其独有的魅力俘获追求自由的西方人的芳心。诚信是当代经济社会正常运行的基础，是商人们顺利进行商业活动的最基本要求，是构建理想企业的核心理念，诚信应该是商业社会里每个人都必须信奉的最基本的道德信条。在中国经济高速增长的过程中，市场上出现了各种各样的诚信问题，中国的经济领域面临严重的诚信危机，诚信危机使得众多企业的国内竞争力和国际竞争力受到损害，阻碍经济的健康长远发展。市场经济讲求信用，市场经济发展越快，越需要市场主体具备诚信的优秀品质，这是市场经济的内在要求和客观需要，也是现代文明的基础和标志。诚信问题是每个经济社会都会遇到的问题，我国社会主义经济制度要保持良好的运转，需要积极建立适合我国国情的诚信伦理体系和经济伦理体系。

经济领域是人类交往最普遍、最广泛的领域，经济交往是人类形成和发展的重要基础。经济交往过程中最重要的一项经济活动是交易活动，交易活动是指在人与人之间进行的权利与利益互换的经济行动，是交易双方出于自主意愿进行的互动形式。在现实的经济活动中，当前我国的经济发展领域中普遍存在着诚信问题，在生产环节，企业出现造假现象，以次充好，以劣质材料冒充优质材料生产商品，更严重的是用变质的原材料生产食品，这种违背诚信的行为严重地伤害了人们的身体健康；在交换环节，企业售假，商品的价值和价格严重不对等，出现合同欺骗现象；在消费环节，缺乏信用的事件也屡屡发生，小商贩偷工减料，对商品进行名不符实的收费，出现农药售假、黑作坊制作的黑心馒头和双汇瘦肉精等众多诚信问题事件，这些不讲诚信的交易行为直接损害了人们的利益，也增加了交易的不可信度，给中国经济的长远健康发展埋下了严重的隐患。

诚信危机中最主要的问题是交易的诚信问题，交换和交易能够在现实生活中进行的第一个伦理保障是交易双方都受到诚实守信的道德约束，商品交易双方的商品价值对等和经济利益平衡是交易活动顺利进行的前提。在交易的过程中，交换的商品和利益必须达到一种相对平衡的状态。违背诚信的交易行为正是打破了交易的平衡，消费者进行消费的对象没有得到"质"和"量"的保障，这种不诚信的交易行为频繁出现，将会给市场经济的健康发展造成极大的损失。道德诚信和经济健康发展两者的松散联系使得以前的大公无私、舍己为人、诚信友爱的价值观正逐渐被享乐主义、拜金主义、极端利己主义严重腐蚀，现实生活中各种虚假广告出现，甚至大量假冒伪劣商品盛行，交易活动中"你欺骗我，我欺骗你"成为一种常态，消费者几乎出自本能的对一切交易行为予以怀疑。当这些不诚信现象逐渐成为我们经济社会生活中的一种普遍现象时，会在很大程度上阻碍社会主义市场经济的健康有序发展。

英国古典经济学家亚当·斯密在他的论著中提出"经济人"和"道德人"的概念，他指出"经济人"在追求利益最大化的过程中，同时又是道德的载体，经济活动必须要有道德基础作支撑。无论是政府还是个人，在享有一定的道德权利时，也相应的背负着一定的道德责任，只有做到道德权利和道德责任的统一，在"道德人"理念的支撑下，才能为社会主义市场经济发展奠定良好的道德基础。"诚信作为个人的美德，将构成普遍信任和普遍交易的必要条件。"[①] 伦理道德体系建设对于社会主义市场经济的稳定就具有非常重要的实践意义。

二 消费伦理：不合理消费理念日渐出现

消费是指人自主购买和享受个体所需的物质产品和精神产品的经济行为。消费是社会生产和再生产过程中的重要环节，消费领域是凸显人的社会存在的一个重要领域。在当代的社会发展中，随着经济的高速发展，物质财富的急速增加，人们手中的收入增多，人们的消费方式和消费手段日益丰富，创造出新的生产的需要，带动经济的发展。消费是人们最重要的生活方式之一，消费给人们带来了生活的便利，也带来了精神上的愉悦，但是这种生活方式几乎占据了人们生活的全部，不可避免的会出现一些不合理的消费方式，比如超前消费心理和高消费心理，这些不合理的消费心理和消费方式表现为人们所追求的消费并不是真正意义上的消费，而是虚假的消费，是一种只为了满足消费带来的快乐而消费的不合理消费理念。消费行为具有可见性，每个个体的消费行为对周围的人都具有潜移默化的影响，在这种情形中，消费具有伦理性，与此同时，消费行为又具有自主选择性，任何人和任何群体都不得对个体的消费行为进行强制性要求，因此，我们需要建立一种社会规范对个体的消费理念和消费行为进行适当的规范和引导。

国民经济学中提到两种典型的消费观，一种是消费节约观，另一种是消费奢侈观。消费节约观主张节约是资本主义经济社会中生产更多财富的基础，极力反对铺张浪费的消费行为；消费奢侈观主张奢侈消费是

[①] 万俊人：《道德之维》，广东人民出版社2000年版，第175—230页。

扩大生产的动力,极力抵制节约并推崇奢侈的消费方式。消费奢侈观追求体面的消费方式,追求无节制的物质享受,把物质层面的享乐盲目的视为最高的人生目的和人生价值。消费奢侈观中有两个极具代表性的消费心理:超前消费心理和高消费心理。超前消费心理是指消费者本人的消费行为不符合消费者本人当前的实际支付能力。比较具有普遍性代表的服务项目是支付宝提供的"蚂蚁花呗"和"蚂蚁借呗"服务平台,"蚂蚁花呗"提供的服务是帮助消费者预支一个月的额度,享受"先消费,后付款"的购物体验。"蚂蚁借呗"提供的是贷款服务,申请的门槛是支付宝的芝麻分在 600 分以上,再根据芝麻分数的不同,提供 1000—300000 元不等的贷款额度,消费者的消费水平越高,能够提供的贷款额度越大,对消费者本人的实际薪资没有具体的考察,"蚂蚁借呗"的还款最长期限为 12 个月,给消费者提供较大的还款空间和还款自由,进一步吸引了受众使用这两款服务平台。

在消费主义盛行的大背景下,这两款服务受到了广大消费者,尤其是 80 后和 90 后消费者的喜爱。一方面,"蚂蚁花呗"打破了传统购物平台"一手交钱,一手交货"的限制,将服务扩展至更多的线上线下消费领域,可以更好地服务消费者;另一方面,这两款服务提倡的是超前消费行为,在某种程度上引导消费者越过温饱型消费而直接进入小康型消费模式,无形中让消费者心理上出现一种"我很有钱"的错觉,把平台提供的超前消费服务当成自己的实际收入和实际的赚钱能力。线上购物平台也极具便利性,消费者不用出门,只用动动手指就可以购买来自全世界的商品,这也给消费者的消费行为提供了一个十分便利的条件。

在多种条件和因素的影响下,消费者的消费欲望日益膨胀,有时消费者的消费行为可能都不是出于真实的消费欲望,而只是为了追求和享受消费带来的一时的快乐,获得暂时性的心理上的满足感。高消费心理是指消费者进行超出消费者实际能力的消费行为,通常表现为高的消费水平,在衣、食、住、行等物质消费需求中不考虑个人的实际支付能力而一味的追求奢侈化的消费行为,具体表现在衣饰服装上热衷追求时尚和潮流、购名牌、趋向高档化消费;在饮食方面追求高品质,追求物欲型消费;在住宿方面,趋向于不考虑个人经济情况直觉性的居住高档化的酒店，不予考虑经济实惠的旅馆；在出行方式上趋向于选择舒适快捷的出行方式，如滴滴打车、出租车、高铁和飞机等出行方式，公交车、地铁和火车这类价格优惠但舒适度较低的出行方式很少在他们的考虑范围之内。高消费心理的人群经常陷入金钱困境，哪怕是负债累累，也要东拼西借借钱满足自己的消费欲望。超前消费心理和高消费心理人群在消费的过程中，他们的消费需要得以满足或许使个人得到快乐，但是会妨碍他人的生活，使社会处于病态，因而必须加以引导。

在当今社会下，随着经济的快速发展，人们观念的更新，在过去被认为不合理的超前消费行为在今天成为了被社会认可的正常消费行为。多元的消费方式应该是被允许的，我们并不完全否认这种消费方式，也不会倡导一种消费模式对另外一种消费模式的霸权主义。我们在此加以说明只是表明现象和性质的区分，事实和价值的区分，盲目的消费行为和不切实际的消费行为日渐增多，甚至不惜频繁更换未过时的消费品，这种消费行为将会带来过度消耗资源的后果，对生态环境具有极大的破坏，我们不能只追求我们这一代人的快乐，也要考虑下一代人的生存环境。当代人在利用大气、淡水、海洋、土地、森林和其他能源等自然资源的时候，也应该考虑为后代人保留和提供生存和发展所必需的自然资源，不能妨碍、透支后代人对资源的利用。过分追求消费带来的快乐容易助长人们的享乐主义，享乐主义把享乐作为人生的追求和实现人生幸福的手段，极大的夸大享乐的重要性，把挥霍金钱的快乐过度美好化，这种追求享乐主义的风气一旦传播开来，会直接造成社会风气的败坏、人性的丧失和道德的沦丧。如果人们一味的为了享受消费带来的快感和满足感，将会导致出现持续的、不可控制的消费欲望，人们最终会被"消费"这种生活方式所奴役，人的价值和意义消失殆尽在这无尽的消费欲望中，必然会影响到社会的发展和进步。

消费的出现是为了什么？消费对人类而言，是满足人类的最基本的生存需要，是一种低级的占有物质的方式，以自我享受为目的的消费只存在于资本家的世界中。不可否认的是，每个个体在通过自己的合法辛勤劳动得到合理的报酬之后，享有自主平等自由消费的权利，消费不应仅仅是局限于满足人类的最基本的生存需要，它的更高层次意义是要达到人类在消费中对物质资料本质的占有，享有对物质的自由，而不是被物质束缚，出现物与人的异化。在深层次的哲学层面思考，亚里士多德认为，虽然趋乐避苦是人的本性，但是人不能只出于本性追求快乐，追求快乐的方式有很多种，物质快乐只是快乐的其中一种，物质快乐是一种外在的快乐，外在的快乐难以持久，我们应该追求精神的快乐，精神快乐是一种内在的快乐，它可以带来持久的快乐，我们要做一个有德之人。消费伦理是保证消费行为的道德正当性与经济合理性的有效方式，人们要培养正确的消费意识，使消费行为具有道德上的正当性，同时也具有经济上的合理性。

三　财富分配伦理问题

在我们的社会生活中，财富分配作为经济现象中最基本、最重要的一环而为人们所熟知。所谓财富分配，是指物质资源、机会权力、国家福利等社会资源依据一定的规则、方法和程序在各个利益主体和社会范围内进行的分配活动，因此财富分配决定着特定社会秩序及利益格局的形成。从表面上看，财富分配是一种物质财富上的分配行为，但其内在含义却意味着一个国家、民族的伦理价值取向与道德规范秩序。公平与正义是分配伦理的基本原则，而我国正处于经济发展状态初期阶段，还没有形成经济——伦理相适应的一套完整体系，故而在财富分配上还出现了许多矛盾与困境，不公平与非正义现象时有发生。

其一，按劳分配原则实施的现实困境。

马克思的按劳分配论是对空想社会主义分配理论的继承和发展，马克思设想在社会主义社会人们实现了平等，但依然是靠劳动获取生产资料，因此按照等量劳动分配来实现公平和效率。

我国目前还处于社会主义初级阶段，实行的收入制度为按劳分配制度，然而，由于按劳分配制度主要是实行机会公平原则，实际操作过程中难以兼顾结果公平，这种由机会平等所带来的收入差距可能造成结果上的不平等，继而出现了许多有待改进之处。

首先，由于每个人的天赋资质不同，在智力、能力、体力等许多方面都存在差异，即使是在同一起跑线上，所花费的时间、精力、金钱都相同，也会造成劳动成果上的不同，亦或者是天资相同，而所处的环境不同，获得的条件不同，最终也会造成劳动成果上出现差异，从而加大了按劳分配真正符合分配公平要求的难度，客观上造成了收入分配差距。其次，现代生产是高度发达的社会化大生产，劳动分工日趋细密和复杂，工厂、企业都实行流水线生产方式，任何一种产品都不是单个劳动者独立劳动的成果，这就导致了很难直接计算每个劳动者的劳动价值，并且在现实生活中缺乏科学的劳动度量工具和统一的劳动度量标准，所以要实施真正的按劳分配原则是非常困难的，从而导致社会分配不公。再次，按劳分配一般限于社会生产的环节，其进行分配的并不是全部社会产品，而社会分配所涵盖的不仅是经济分配，所以按劳分配难以涵盖其他社会非经济项目的分配，例如社会工作机会和其他社会基本善的分配项目，从而使得分配差距和不均等不可避免。最后，按劳分配的前提是社会中的所有劳动者都可以自由平等的获得其劳动的机会和权利。然而现如今我国生产力水平还处于比较低下的状态，生产资料严重短缺，失业人口数量居高不下，社会还不能为每一个劳动者提供必须的工作机会，亦无法保证均等的就业机会，使得社会产生的失业问题影响了劳动者劳动权利的获得，必然有人被剥夺参与按劳分配的基本权利，从而导致社会分配不公现象。

其二，"功利主义"之风横行。

功利主义是一种主张以产生的实际效益的数量和质量作为道德评判标准的伦理学说，并且认为快乐和痛苦是具有"可加减性"的。约翰·穆勒认为："功利主义的行为标准并不是行为者本人的最大幸福，而是全体相关人员的最大幸福"，[①] 并将其总结为"最大多数人的最大幸福"。客观来说，功利主义对于现代社会构建与具有中国特色的社会主义市场经济相适应的伦理道德来讲，仍然有着积极意义。例如：功利主义要求人们将自身的幸福尽可能地与社会整体利益切合；边沁认为功利主义是立法最重要的指导思想、立法完善的动力来源，并强调人道主义精神，鼓励人们追求利益和需求，有利于弘扬人们的进取精神，发挥每个人的

---

① ［英］约翰·穆勒：《功利主义》，商务印书馆 2014 年版，第 7—31 页。

潜能;① 调动劳动者的积极性; 等等。

然而，功利主义产生的历史背景——资本主义社会，使其存在着无法避免的巨大局限，并走向道德误区。首先，功利主义认为人的本性都是趋利避害的，其目的论具有享乐主义倾向。随着经济体制的不断改革和对外开放的深入和发展，传统的利益关系和社会格局被打破，提供了人们追求利益的条件，激发了人们寻求财富的欲望，功利主义思潮在中国逐渐兴起，备受一些人的推崇与青睐，在社会生活中形成了唯利是图的歪风邪气，"一切向钱看"成了社会行为准则和人生哲理，为此不惜一切手段，钻政策、法律的空子，打擦边球，见利忘义，以权谋私，挪用公款公车，行贿受贿，贪污腐败，堕落不堪，造成社会主义道德风尚的滑坡。

其次，表现为对公平的忽视，功利主义认为，只要增进全社会幸福总量的制度就是公平正义的，也就是说它只注意到了幸福具有"可加性"，而并不关心总量在社会成员之间的分配是否平等。如果我们将对社会贡献的大小作为衡量社会分配的唯一标准，则必然会使弱势人群被剥夺权利，遭受不公，最终社会所增加的总量大部分被社会中的强势群体夺走，而导致了富人越富，穷人越穷的局面，加剧两极分化，走向分配不公正。

最后，功利主义所谓的最大化效益是以牺牲少部分人——社会中的底层人民的基本权利和利益为代价的。功利主义所追求的是尽可能多的利益和幸福，由此可见，效率和效益最大化乃是功利主义的唯一目标。在我国很多企业都是奉行功利主义，都是以效率和效益最大化为唯一目标，为了获取利益不择手段，藐视法律，罔顾人伦。只注重了机会平等而忽视结果平等，这样所造成的贫富悬殊越来越大，达到一定程度会导致矛盾激化，使社会底层人民产生心理失衡，影响社会安定和谐。

四 市场营销伦理问题

市场营销伦理是用来判断市场营销活动正确与否的道德标准，即判

---

① 靳帅:《边沁功利主义立法思想研究》，安徽财经大学，硕士学位论文，2018年。

定企业营销活动是否符合了整个社会的利益,是否侵犯了消费者的基本权益,能否给国家和人民带来幸福等等。营销伦理的内容包括营销目标,如企业目标是赢得利润,或赢得美誉,或是为了给消费者带来满意的产品,促进社会进步等等;营销态度,包括营销观念和环境设置,良好的营销态度是企业优良服务意识的具体体现;营销责任,是企业对整个社会和消费者所应当承担的义务,企业应在企业利益与社会利益发生冲突时,优先选择社会利益;营销纪律,这是企业营销工作的行为规范,促使并督促企业营销人员在工作中遵守法律法规,履行自身职责;营销荣誉,例如社会对企业的社会价值所做出的客观公正的评价,企业自身对在社会进步中的作用的自我主观意识等等;营销良心,这是企业的自觉意识,即企业能够对营销行为的动机和过程进行自我审视和自我监督,对营销行为的结果做出正确评价。在这个物欲横流的社会,大部分企业都或多或少地出现了营销伦理失范的现象。

其一,企业以利大于义作为其营销理念。

很多企业在营销的过程中,经常会出现卖家行贿,买家吃拿回扣的现象,俗称"提篮子",这使得最终端消费者蒙受巨大的损失,全然不顾消费者的利益。这种现象不仅存在于企业的营销过程中,更存在于企业的整个经营活动中。如对有关监察部门的贿赂,商业贿赂其所派生的重大贪腐案件比比皆是,官商相护的案例数不胜数,如2010年河南省煤矿安全监察局局长李九成被查处收受贿赂2535.72万元,礼金69.88万元。安全生产监督管理局副局长付永水被查处收受贿赂384.16万元。商业贿赂已成为"潜规则"和企业之间竞争的"法宝",泛滥至市场的各个角落。显而易见,"商业贿赂从根本上背离了市场经济对公平竞争的要求,破坏了正常的交易秩序,它不仅增加了企业运营的成本,而且把那些规矩经营的公司排斥在竞争之外"。[1] 这种行为扰乱了公平竞争的市场经济秩序,破坏了社会的公平和公正,带来了不良之风,对整个社会和市场经济都带来了不良的影响。

其二,营销手段违背市场秩序和市场规则。

---

[1] 郭惠峰:《浅析国有企业商业贿赂特征、成因及对策》,《企业导报》2012年第16期。

我国某些企业的产品策略同道德标准背道而驰主要表现在：从企业设计生产产品的动机看，企业为牟取暴利，存心欺骗消费者，如虚假广告，变相涨价，哄抬物价，违背诚信原则，将假冒伪劣产品充当正品出售给顾客等等；从企业采取的营销手段上看，商家采取欺骗、诱惑、强制的方式，操纵消费者的需求，过度刺激消费者的欲望，甚至出现强买强卖的情形；从后果看，消费者所购买的产品并不能给自身带来最大幸福，甚至有可能降低自身幸福感，获得感，而使消费者产生经济损失；产品的包装及标签未提供真实的商品信息，而故意隐瞒其对社会资源造成的浪费，对环境造成的污染及对产品使用者造成的损害等；企业为了压垮竞争对手而实行垄断价格或差异性歧视价格等等。在生活中，假冒伪劣产品随处可见，消费者被骗案例频频发生。据《中国消费者报》所公布的一项数据显示，我国95%的公民都买到过次货假货。在伪劣商品中，占比数量最大的是各类护肤品、化妆品以及药品。而商家的打折的噱头，也往往是在原价基础上翻番再打折，欺骗消费者。企业违背了公平公正的社会原则，欺骗消费者，损害了消费者的合法权益。其不正当的竞争手段使同行企业遭受巨大的损失，不利于形成健康的市场竞争机制，对整个社会都会造成危害。

在人类历史发展的长河中，经济与道德的关系即经济伦理问题一直是人们关注和研究的一个重大的现实问题和理论问题。自1978年，中国进入改革开放时期，国民思想不断受到外界文明冲击，社会不断进步，经济增长点层出不穷，科学技术突飞猛进，人民生活水平大幅提升。我国在各个领域都取得了傲人的成绩，"党的十九大报告进一步强调，要加快完善社会主义市场经济体制，努力提高人民道德水准、思想觉悟、文化素养，提高全社会的文明程度"。① 我国社会主义市场经济为我国物质文明、精神文明更快更好更稳的建设发挥了很重要的作用，总的来说就是"经济基础决定上层建筑"。同时，由于我国社会主义市场经济只是初步形成，还在逐渐完善之中，那么伦理道德问题的出现自然也是符合历史进程的。这些暴露出来的经济伦理问题又反映了我国现有的经济

---

① 闫妍、杨丽娜：《决胜全面建成小康社会》，《人民日报》2017年10月28日。

制度和社会秩序之中所存在的缺陷与漏洞，从而为全面深化社会主义市场经济改革提供准确方向，促进制度优化，概括来说，就是经济伦理失范是经济转型时期不可避免的，也是不可或缺的。现如今，中国正处于社会主义初级阶段，我国经济正处于转型时期，没有形成完全与之相适应的新的伦理体系，而传统的经济伦理体系在飞速变革的社会大背景下对经济主体不能产生有效约束力，于是，在这个真空时期，经济主体的经济行为缺乏正确的伦理思想引导和规范约束，导致大量经济伦理失范行为出现，其中一些人价值观缺失，观念没有善恶，行为没有底线。

在经济社会快速发展的大背景下，本节所探究的一些在经济快速发展中所面临的伦理问题对于我国怎样发展经济，如何有效制定经济政策，如何完善经济——伦理体系等问题具有十分重要的理论意义与实践意义。

第三节　经济秩序与伦理秩序

在国家治理体系中，伦理秩序既是"生成"的，也是"建构"的。强化"伦理秩序"意在拓展和挖掘国家治理现代化进程的动力机制和价值深意。建构或提供一种与社会主义市场经济，法治国家和民族精神的发展相适应的，满足人民幸福生活需要的社会伦理秩序，是国家治理现代化的重要维度。在阿玛蒂亚·森所著的《伦理学与经济学》一书中，他指出经济学可以联系到"伦理学"与"政治学"。且亚里士多德在《尼各马可伦理学》的开篇就把经济学科与人类行为目的联系起来了，指出了经济学对财富的关注，亚里士多德把社会成就取得与"对个人有益的东西"这一目标联系在一起，"就个人而言，实现的目标只是可得，但对于一个国家和民族来说，这一目标的实现可能有更为卓越、神圣的意义"[1]。

一　中国社会主义经济伦理建设的意义

中国社会主义经济伦理当代建构对于我国社会主义道德建设和社会

---

[1] 亚里士多德：《尼各马可伦理学》，商务印书馆2003年版，第138—176页。

主义市场经济发展具有重要的理论指导意义。如今，我国已经从世界大国跃升为世界强国，判断一个国家和民族是否强大要从多方面因素考虑，经济实力只是其中一个部分，政治、军事、文化、道德等等都要被列为考量范围。而中国社会主义经济伦理道德的建设，不仅规范了经济市场中的商业动机和商业行为，促进我国道德建设，使得我国国民在经济高速发展中，保持健康的心态和良好的素质，更让我国经济在稳中求进、稳步发展，避免出现泡沫经济、金融风暴，导致国家经济损失惨重。

其一，中国社会主义经济伦理建设是社会主义道德建设的有机组成部分。

我国早在春秋战国时期，就已经很重视经济伦理建设了，据《荀子儒教》记载，孔子在鲁国整顿各种商业欺诈行为，规定卖羊不可给羊肉注水，卖牛马的不可漫天要价，又有先秦墨子的"兼相爱，交相利"、"利人乎即为，不利人乎即止"，王安石的"理财乃所谓义也"等等。到了近代，随着社会主义改造和社会主义革命的完成，进入社会主义建设时期，我国各届领导人都在不断进行中国特色社会主义经济伦理构建，在社会主义建设初期，毛泽东提出了社会主义的集体主义经济伦理观。这一思想的提出与当时人们对社会主义社会的意识形态和社会制度的认识有关，主要以集体主义的意识形态为主，虽然在1956—1978年这一历史时期中遭遇到了重大挫折，但是这表明在社会主义建设时期，社会主义经济伦理已经在社会主义道德建设中具有很重要的地位。改革开放以来，我国进入到社会主义建设新时期，首先是思想解放，人们不断受到外来文化和思想的熏陶，逐渐冲破传统思想的枷锁。邓小平同志的"三个有利于"让我国经济伦理在形式上回到了功利主义，强调物质和利益的重要性，"不管黑猫白猫，捉到老鼠就是好猫"。邓小平的这一举措解放了国人的思想，促进了社会经济的迅速发展，实践证明了功利主义具有道德价值意义。邓小平的社会主义新功利论经济伦理是社会主义建设新时期道德领域的一次突破。之后，胡锦涛同志提出的科学发展观确立了"以人为本"的核心价值观，进一步拓展了我国社会主义经济伦理的价值视域。由习近平总书记提出的社会主义核心价值观也进一步丰富、深化了社会主义经济伦理的内容。

其二，中国社会主义经济伦理建设是社会主义市场经济发展的必然趋势和客观要求。

我国目前所提出的公正论正是社会主义经济伦理建设的重要内容和必然趋势，首先，我国社会主义市场经济的最基本要求就是公平公正，且这种公平公正正是以我国市场经济发展为基础的，因为当一国经济尚未发展到一定阶段，人民温饱问题还未解决，则不会考虑到公正问题，只有当人们衣食无忧时，思想教育层面的问题才会凸显出来，人们才会开始考虑公正问题，为了生活的更优化，人们也必然会考虑到公平公正这类伦理问题。其次，我国是法制化国家，市场经济在法治框架下运行。法治市场经济能够有序、高效运行的一个基本前提是此"法"必须是"善法""良法"，是能够赏罚分明、公平正义的法制，这一要求实际上表明了法治市场经济的伦理经济本质。最后，法律是强制性规定与规范、禁止、制裁相结合，当出现"动机是否合理"时，法律便无法涉及，便转入伦理学，采用道德约束的方式。

二 社会伦理对市场经济的意义和作用

其一，伦理学作为经济失灵的调整措施。

导致经济失灵有两种情况：一是交易双方存在不同的认识。如果合同的一方对交换物具有优越的知识，另一方就会被迫相信他，经济上的重要知识是一种道德问题，因为观察者和法庭这些外部因素并不能证明行为人在其行为中有没有这种知识，或者有意识的使用这种知识，只有当事人本身通过自己的责任感，而不是受到外部约束才能确定知识是否是按照知识本来的作用被使用的。对是否正当合理使用知识的外部监督和控制，只能惩罚那些在知识使用中的严重失职人员，而对于平时经济社会生活中的琐事、细节无法起到有效作用。二是行为人对其本身行为资源进行垄断。每个人对自身的知识能力，如行为、能力和意愿等资源或美好愿望都具有垄断权，即是否按照合同最佳地使用。这种对使用个人本身的垄断权是无法由经济上和法律上的外部因素决定的。这种利用自身垄断地位获得不正当收入的行为不考虑公平标准，违背了公平竞争的原则，将妨碍交易关系中经济效益的建立，并导致共同经济资源的不良分配。

以上两种情况，伦理学中给出了一些解决方法：1. 合同中的不确定性一方面可通过相互信任来接受，或者通过昂贵的法律监督和惩罚部分减少。若交易双方都以诚信为交易准则，则能够大大降低交易费用的支出，提高市场能力，减少市场失灵的概率；2. 行为人能够无条件的按照道德进行交易，即把道德行为和个人行为动机都视为企业整体经济利益，公司利益视为个人利益，不管他人是否为公司做出了贡献，只尽自己最大努力去工作；3. 个人能够无条件的按照道德进行交易。无论他人是否这样做了，自己都不会破坏规则，而按照道德进行交易，当所有人都这样做时，企业才能达到最好成绩。伦理学降低了社会经济交易中的成本和国家监督和制裁的费用，作为一种调整措施，对于经济失灵起到了很好的缓冲作用，促进了我国经济的健康发展。

其二，促进市场的公平交换。

公平交换是依靠等值原则进行的，即每个人都在交换过程中得到了应属于他的东西，等值交换创造了成就与回报的平等。那如何确定每个人在交换中应当得到的东西呢？那么就要求交易双方必须维护价格公平与事实公平。价格公平要求实际价格与市场价格相结合，且交易是互利的，无一交易方的财产受损。市场价格的形成是由市场形式、经济法律和宪法的框架条件和历史形成的市场原始条件决定的。市场中的交换价值是适应个人需要的，是随着社会形态和条件的改变而改变的，在不同的时期，不同地域、物品的交换价值都存在差异，这是合乎有关提出的经济规律实行的价格。公平交易必须按照市场价格提出的准则来决定下属规则，其作用就是由劳资双方对实际价格使市场价格个体化的方式和行为做出裁决，并对其价格做出质询。要完成公平交易就要做到以下两点：第一，认为市场价格为合理价格。在双方进行交易之前，首先能接受市场价格是合理的，因为市场价格形成的条件和通过竞争形成的价格是判断价格公平的根本标准，竞争市场上的价格都认为自己是一种公平合理的价格。第二，个体价格与市场价格相结合，个体价格要合理并要以市场价格优先。在合理市场价格中，个体价格合理性也存在着问题，因为每个个体交易的时间、地点都具有独特性。虽然市场价格和个体价格是不一致的，不过合同双方在竞争市场中，可以拟定有一般市场价格和个体价格关系的余地，这在道德上有很重要的回旋余地。交换的基本原则是对双方有利，在通过合同交易时要以互利交换为原则，即双方都能从中获利，财产不能受到损失。这种公平交换也被称为等值交换，是一种道德原则，不是一项规则或法令，而是一种行为习惯和道德习惯。

事实公平则要求不得进行虚假货物交换。虚假货物交换违反公平原则，并产生不正当收入。由虚假货物交换所产生的不正当收入的情况有以下几种：1. 卖方利用自己已有的权位或买方已存在的困境，如债权人利用债务人无过失的无偿还能力，这一点我们要分清为贷款风险支付较高的公正价钱和利用债务人困境之间的区别；2. 由交换双方首先造成一种虚假困境，这种收入的产生违反了经济活动中的交换公平和事实公平，因为这种困境的产生是为了生产虚假产品，并没有创造出经济效益，和强盗并无区别，如通过不正当地解雇当地的工人，制造和利用困境来牟取不正当利益；3. 通过怂恿买方自我欺骗或利用买方的无知，来获得不正当收入，当买方陷入一种虚荣、自我欺骗、追求声望的自我陶醉中时，卖方过度吹捧从而在交易中抬高价格，获取更高额的收入；4. 弄虚作假欺骗买方为获取不正当收入的第四个类型，如贩卖假冒伪劣产品。上述不正当行为已经部分受到了法律的禁止，但是那些"应当""自愿"的情形，就只能由伦理学进行限制，因此经济伦理学的规定便是要求助于行为人的自由意志，并要求经营者在法律禁止不了的行为中做出取舍。

三　市场经济发展对经济伦理的影响

其一，经济基础对我国经济伦理建设的影响。

自我国古代以来，我国的哲学家、思想家对于人们追求个人私利，发展商业就持反对态度，从战国时期的"奖耕战，抑商贾"，如孔子的"君子食无求饱，居无求安"，朱熹的"存天理，灭人欲"，到秦汉后的"重农抑商""崇本抑末"，宋元时期的"专卖"法乃至明清"海禁"，均是重农抑商政策的体现，这些政策深深制约和影响着中国历史和经济的发展。在封建体制下，统治者们正是用这种对人们正常欲望的束缚，来巩固自己的君王地位，逐步让老百姓丧失了追求财富的动力，思想逐步变得固化，软弱无知，产生知足常乐的心态，容忍着统治者的荒淫无度，人们追求利益的合理性在道义上被彻底否定了，使得人们对财富的正常渴望也无形中被扭曲。我国走上经济改革的道路后，鼓励一部分人先富起来的观念让我国无产阶级中出现了第一批"富人"。他们的出现使人们被压抑已久的对财富的渴望重新被点燃，那些长时间处于社会底层的人们其物质欲望一旦释放，所形成了对金钱的渴望有如洪水猛兽，人内心的道德、道义甚至人性几乎全都被淹没在这股喷薄而出的饥渴感中，而此时，法制的不健全、制度的不完善使得人们对物质追逐的欲望几乎没有外在相应的束缚，更加快了人们心中道德沦丧的速度。在我国形成的有史以来从未有过的对金钱的欲望，使得这段时期国民的道德素质，伦理意识严重下降。随着我国经济建设不断完善，人们生活物质水平不断提高，伦理建设自然而然也被提上日程。

其二，经济全球化对我国经济伦理建设的影响。

中国的发展离不开世界，世界的发展需要中国。2001年，中国加入了WTO，这标志着中国即将进入到一个全新的时代。经济全球化对中国的政治、经济、文化产生了深刻的影响，同时也对中国的经济伦理产生了巨大影响。

经济全球化使得世界市场与中国市场紧密联系，在经济全球化影响下，中国国民的消费方式、消费观念、消费群体等都发生了极大的改变，并伴随着很浓重的国际色彩。在经济全球化影响下，中国消费者的消费伦理观念呈现出新的特点：个性化、多样化消费趋势明显，如新兴科技产品，电子产品等都受到广大年轻人的喜爱；超前消费群体数量日益增多，且日趋年轻化，如支付宝的"蚂蚁花呗""蚂蚁借呗"还有网络上各种借贷app的出现，使得越来越多的人开始关注超前消费；国际产品消费量逐渐增多，越来越多的人开始使用进口产品，海外代购逐渐发展成为一种职业；精神文化消费地位日渐突出，出国旅游成为一种新型的消费方式；等等。同时，在这些新的消费特点背后，伴随着许多问题：一是大量存在不合理消费现象。如因为各式各样的原因将金钱花在不应该花费的事物上，或者产品消费比例严重不合理。二是大众消费中的感性因素大于理性因素占据主导地位，表现为过度超前消费，虚荣心过胜，盲目攀比等等。三是出现大批消费主义者。消费主义主要指人类过度消耗自然资源和物质财富，以消费为首要，而导致自然资源枯竭，环境恶化，生态环境遭到破环。经济全球化通过多种因素给我国消费者的消费观念带来了深刻而巨大的影响，使中国的消费伦理观念发生了巨大的变革，因此，中国必须结合现实状况，建立合理、和谐的消费伦理观。

其三，网络经济的发展对我国经济伦理建设的影响。

随着互联网的不断发展，网络经济已经成为我国经济发展不可或缺的一部分，成为了我国一个新的经济增长点。网络经济极大地改变了世界经济的增长模式，中国也"乐在其中"，电子商务的出现，极大地降低了企业的运营成本，改变了企业的生产理念、营销手段和物流模式，商家进货渠道增多，并且不再拘泥于线下门店销售方式，增加了商机，各大商家都充分利用网络经济增加企业的效益。由于电子商务行业进入的门槛低、机会多、空间大，大批待就业人员开始从事这一行业，与此同时，随着微信在我国的广泛运用，微商的出现也是络绎不绝。并且电子商务与物流行业两者是无法分割的，电子商务的兴起必然会带动物流行业的发展，进而使我国产生了又一个经济增长点。网络经济的出现使得我国失业率明显降低，有效缩短了我国贫富之间的差距。但是任何事物都有两面性，网络经济在带来经济效益的同时严重冲击了人们的价值观念、道德观念，网络经济对于中国传统伦理文化的冲击具体表现如下：a. 使用虚假信息进行网络信息传递。如在网络上面进行虚假广告，用言语恶意中伤别人的行为；b. 网络信息污染严重，各种色情信息、垃圾邮件、无用信息层出不穷，严重地污染了网络经济环境，并对青少年的身心健康造成了威胁；c. 网络黑客利用互联网进行经济犯罪，据有关新闻报道，有些民众的"微信钱包"中的钱"突然消失"，不知去向；d. 通过互联网侵犯个人隐私权，"人肉搜索"变得愈来愈简单，当我们因某些需要出示个人信息时，被一些商家或个人有条件或无条件的泄露在网络上，个人隐私权遭到了极大的侵犯。这些现象都极大地破坏了市场经济的诚信基本原则。所以，我们迫切需要构建适应新中国新时代新发展的新型经济伦理文化。

综上所述，进一步加强伦理学与经济学之间的联系，无论对于经济学还是伦理学都是非常有益的。经济伦理学界定了对经济生活和文化范围的道德要求的一般表达方式。经济的发展方式和手段不仅仅是由市场规则来指导的，而是由人来决定的，是由经济的期望，社会的规范，法律的限制，道德的约束总和一起来决定的。胡塞尔对道德要求做了如下表达："在可能达到的情况下，愿意明智的做到最好"[1]，这是对经济伦理学的另一种表达方式：行为的动机和目的在明智地考虑副作用的情况时，必须是为了完善经济可行性和获益下的行为，并在可能达到的情况下实现最佳效果。总之，在最终的道德和经济的决策中，不存在不可逾越的鸿沟，在新时代的背景下，我们更应该将伦理和经济合理结合，创造出更健康，更和谐，更稳步发展的中国经济！

---

[1] 埃德蒙德·胡塞尔：《手稿 F1, 21, 20》，引自罗特。

第十一章　当代中国的文化伦理建设

自近代至今，中国文化伦理经历了"从手段到目的"的重要的历史命运转折，中国文化的发展也摆脱了政治时代和经济时代而进入伦理时代。与此同时，20世纪50年代之后，西方社会也开始了文化发展的伦理转向，伦理价值成为衡量和评价当代西方文化的一个主要标准。虽然中国文化和西方文化沿着不同的路径发展，所取得的文化成果也大相径庭，但是两者都具有某些共同的特征，那就是以伦理或者道德思维引导人类文化的价值方向。文化伦理蕴含着"文化"与"伦理"二者之间的内在联系，同时也显示出文化发展的价值追求。

第一节　文化强国战略的伦理意义

古往今来，纵观中外，文化对于一个国家、一个民族来说都是极其重要的存在，是国家和民族不断发展、不断进步的灵魂。放眼当今世界，国与国之间的文化交流愈加频繁，各种思想、文化相互碰撞，极大地丰富了世界文化，文化多元化已经逐渐占据主流地位。随之而来，各国在文化领域的较量越来越多，文化领域的建设对于国家而言，变得越来越重要。人们在多元文化的冲击碰撞下，思想日新月异，价值观念朝多元化演变，中国传统的道德文化在不断地与新时代交融碰撞、创新变更，推动着中国特色社会主义文化事业的发展，使我国提高国家软实力，努力推进中国特色社会主义事业的发展，把我国建设成为社会主义文化强国，使文化软实力和文化影响力在国际地位上大大提高。习近平总书记在党的十九大报告中指出:"文化兴国运兴,文化强民族强。没有高度的文化自信,没有文化的繁荣兴盛,就没有中华民族伟大复兴。"① 这充分表现了文化自信的重要性和关键性。文化自信对于世界上任何一个民族和国家而言都是极其重要的,是指引族人精神方向之所是,是关乎国家命运兴衰的关键,正如习近平总书记所言:"文化兴则国运兴,文化强则民族强。"他在党的十九大报告中强调,文化自信是一个国家、一个民族发展中更基本、更深沉、更持久的力量。我们夺取新时代中国特色社会主义伟大胜利,实现中华民族伟大复兴的中国梦,必须高度重视文化自信的力量,更加自觉坚定文化自信,奋力推动社会主义文化繁荣兴盛。我国历来极其重视并运用文化战略,党的十七届六中全会提出"坚持中国特色社会主义文化发展道路,努力建设社会主义文化强国",这一战略思想无疑会在中国文化发展史上留下浓墨重彩的一笔,文化强国战略具有重大的伦理意义。它可以弘扬、繁荣中华优秀传统文化,有利于增强民族凝聚力,有利于丰富发展中国特色社会主义文化理论。

第一,文化强国战略可以弘扬、繁荣中华优秀传统文化。中华优秀传统文化根植于华夏大地,这片土壤上诞生了极具特色、光辉灿烂的文明。

谈及中华传统文化,有的人也许会赞叹中华传统文化博大精深、源远流长、兼容并蓄、和而不同。但是,相当多的一部分人对此概念并不了解。从内容上来看,"中华传统文化首先应该包括思想、文字、语言,之后是六艺,也就是:礼、乐、射、御、书、数,再后是生活富足之后衍生出来的书法、音乐、武术、曲艺、棋类、节日、民俗等。"② 根据此定义可知,所谓的传统文化,就是与我们的生活息息相关,与我们生活融为一体的,被人们所享受、发展、传承的东西。中华传统文化对于炎黄子孙和华夏大地而言,其重要性不言而喻,它支撑着世世代代的中华

---

① 习近平:《决胜全面建成小康社会 夺取新时代中国特色社会主义伟大胜利——在中国共产党第十九次全国代表大会上的报告》,人民出版社2017年版,第40—41页。

② 《文化自信,文化强国》,百度,https://baijiahao.baidu.com/s?id=1600794988536810055&wfr=spider&for=pc,2018年5月18日。

子女不断地创造出优秀的文明成果，它承载着中华民族历朝历代的道德传承，它是各种各样的文化思想、价值观念的集合。在中华传统文化体系里，最具有代表性的是儒家文化和道家文化，其代表人分别是孔子和老子，还有许许多多的出色文化，可谓形形色色、包罗万象。概括来说，它是中华民族悠久历史中政治、经济、思想、艺术等各类物质和非物质文化的总和。文化是软实力，是决定一切的内在驱动力；文化又是社会意识形态，是中华民族思想精神，是社会政治和经济的根本。曾经在这个世界留下过灿烂辉煌文明的不止华夏文明，还有著名的四大古文明，除了华夏文明外，还有埃及文明、美索不达米亚文明、印度河文明，值得所有华夏子女骄傲的是，四大古文明中唯有华夏文明在浩浩荡荡的历史长河中，战胜了层出不穷的困难，历经5000多年的时光洗涤，仍得以保存、发展，创造了人类文明发展史上的奇迹。

随着时代的发展，中华优秀传统文化也在不断地适应现代社会的发展要求，在这一融合过程中，依靠着深厚的历史基础及广大的实际基础，它已成为中华民族发展和传承之根本，如果丢掉了优秀的传统文化，就如同割断了精神命脉，它是至关重要的文化软实力，是中华文化与其他文化区别开来的重要特征。人们在中国特色社会主义事业发展的进程中不断加深对中华优秀文化的认识，可是，依旧有人对中华传统文化的认识充斥着错误观点，例如教条主义和历史虚无主义。前者的主要观点就是把传统文化视为一块难以分割的铁板，没有理性的分析，没有客观的看待就直接照搬照抄、通盘肯定。后者的主要观点就是把传统文化视为负担，持极端的否定态度，认为传统文化不值一提，应该要彻底丢弃，重新建构没有中国传统文化的新文化。所谓文化强国，对内表现即文化自信，即肯定中华优秀传统文化的价值，以科学的态度对待中华优秀传统文化，既不是通盘照抄，生搬硬套，又不是全盘否定、妄自菲薄，而是辩证地继承、创造性地转化、创造性地发展。马克思主义教我们要辩证地看待问题，任何事物都有其两面性，对待传统文化，应该去粗取精。习近平总书记强调："要认真汲取中华优秀传统文化的思想精华和道德精髓……，深入挖掘和阐发中华优秀传统文化讲仁爱、重民本、守诚信、崇正义、尚和合、求大同的时代价值。"中华传统文化既有精华又有糟粕，我们应取其精华、去其糟粕，批判性地继承其中的优秀文化，紧紧把握个中精髓，古为今用、除陈创新，有区别地对待，有选择地继承。习近平总书记启示我们："要处理好继承和创造性发展的关系，重点做好创造性转化和创新性发展。"对待传统优秀文化，不能囫囵吞枣，而是要"咀嚼消化"，把优秀传统文化与新时代相结合，使之适应当代文化，在新时代的土壤上开花结果，赋予其新的时代内涵。把优秀传统文化与大众口味相结合，让阳春白雪与下里巴人互相转化，衍生出让大众喜闻乐见的传播方式，增强其生命力。一个国家不仅要发展硬实力，还要兼顾软实力，提高国家文化软实力，在国际舞台上向全世界人民展示属于中华民族的独特魅力，继承中华优秀传统文化是我们这个时代应尽的责任，继承的同时也要弘扬时代精神，把传统与现代结合创新，不断传播新的文化成果。一种文化之所以能生生不息就在于它不断地扎根土壤，不断发展创新，不断涌入文化活力，内外交流传输。我国优秀传统文化既要立足我国国情，结合当代需要，又要面向世界，攫取世界文明精髓，形成面向现代化、面向世界的先进文化。

  文化强国战略把文化发展放到了一个重量级的战略位置，文化强国的文化，能够引领时代潮流，为文明的未来发展指明方向。对中华传统文化进行深入挖掘，将弘扬、繁荣中华优秀传统文化，使之拥有新的时代意义，将这份生命力源源不断地发挥出来。习近平总书记对待中华传统文化的态度为全国上下做出了明确的表率，以科学的态度对待，强调创造性地转化和发展，弘扬、繁荣中华优秀传统文化。把建设社会主义文化事业与弘扬中华优秀传统文化有机结合，于中华民族而言，无疑具有重大的现实意义和历史意义。

  第二，文化强国战略有利于增强民族凝聚力。文化在国家、社会的发展中起着不容小觑的作用，文化基因和精神家园是一个民族安身立命的根基、身份归属的标识，是联结维持一个民族、一个国家不断发展的最深厚的力量。它使整个民族凝聚在一起，不断地向前发展，一个社会的团结安宁离不开文化的作用，文化是国家精神的驱动力。

  文化是意识形态领域的经典类型，它不是短时间内形成的结果，而是要经过人们长时间的内化作用而形成的，它具有群体性、系统性和历史性的特点。群体性，即不是个别人的思想观念，而是已被某个群体、阶级或社会集团所接受的思想观念，代表这个群体的利益并指导其行动；系统性，即不是支离破碎的想法和观念，而是形成了体系；历史性，即是在一定的社会经济基础上形成的。因而，文化一旦形成，不会被轻易摧毁，它强大的力量性保证了国家民族之间的凝聚力。中华优秀传统文化源远流长、博大精深、经久不衰，集个性与包容于一体，被广大人民群众认可接受，在5000多年的历史中，为稳定民族保驾护航，发挥其特殊的文化力量，足以见此力量的强大，这就是人民群众团结一致所展示出来的力量。

纵观历朝历代，有许多通过文化来增加民族凝聚力、实现民族稳定的例子。董仲舒提出罢黜百家，独尊儒术的文教政策，这在中国历史上是一个具有划时代意义的历史事件。自这一政策在汉武帝时期实行后，除去个别朝代，之后的历朝历代几乎都沿用了这一政策，该政策在封建政治中沿袭了相当之久，长达两千年，在文化事业发展建设中和各民族思想价值的塑造中，产生了巨大而深远的影响。中华优秀传统文化使得我国各地区、各民族相互团结在一起，共同努力地维护着国家的稳定统一，文化为人们团结一致、共同聚力提供了精神支撑。面对外部文化的冲击，我国正面临着一定程度上的文化认同危机，文化强国战略着眼于重建文化自信，增强文化认同感，提高中华民族的凝聚力。

文化强国战略有利于增强民族凝聚力，民族凝聚力是一种文化软实力。软实力是文化和意识形态吸引力所表现出来的力量，文化建设在国际舞台上常被拿来比较，是各国相互较量的一个重要指标。从表面上看，文化确实很"软"，但在实际上，它是一种无法忽视的强力。一个国家想要提高综合国力，可以从硬实力和软实力两个方面着手，双管齐下，不仅要注重硬实力的提升，还要注重软实力的提高。增强民族凝聚力的关键在于提高文化认同感，所谓文化认同即某个群体或阶级都对一种文化表示认同，是一种个体被群体的文化影响的感觉。这种感觉会给个体带来极其强烈的归属感和安全感，同时它也是个体与个体之间紧密联系在一起的奥秘。如果在国家民族中缺乏这种文化认同，那么彼此之间的信任和交流也会随之变得平淡，整个民族的凝聚力也会被大大削弱。"文化认同在心理上表现为个体对于所属文化以及文化群体产生归属感，进而在行为上表现为对这种文化所包含的价值体系、精神结构进行不断的内化、保持与发展。"[①] 提高人民的文化认同感可以使国家在激烈的国际竞争中占据有利地势，使人民紧紧地团结在一起，共同为社会主义事业的建设添砖加瓦。文化强国战略的制定与实施意味着社会主义文化强国的建设已经摆在了国家战略级的重要位置，显而易见的是这将会进一步发展我国文化事业，提高文化认同感，增加民族凝聚力。

第三，文化强国战略有利于丰富发展中国特色社会主义文化理论。文化强国战略思想是基于实现中华民族伟大复兴的目标，在中国特色社会主义文化理论不断完善发展中总结经验教训，全面把握国际大局，深入挖掘当今我国文化实际建设中的问题的基础上逐步产生和发展起来的。文化建设历来备受重视，人们对文化事业建设的认识也不断加深，文化建设理论也因此得以日臻完善。党的历代领导集体都在文化建设理论上有所建树，文化强国战略思想正是基于前人的努力才日趋完善。

毛泽东分别于1940年和1942年发表了《新民主主义政治与新民主主义文化》的讲演和《在延安文艺座谈会上的讲话》，前者完整地阐述了新民主主义的文化纲领，提出要建设民族的、科学的、大众的文化；后者从文学艺术的角度丰富了新民主主义文化的科学内涵。毛泽东的新民主主义文化思想对当今文化建设仍有重大启示。他的新民主主义文化强调了文化的民族性、科学性、大众性。强调文化的民族性是为了维护民族独立，民族文化的繁荣就是中华民族文化的繁荣，两者相互促进、不可分割；强调文化的科学性是为了实事求是，有些人并没有从封建迷信思想中解放出来，旧社会的糟粕势必要在科学性面前溶解，建设文化要遵循客观真理，将理论与实践想结合；强调文化的大众性是因为文化是面向人的，是面向群众的，只有被群众广泛接受和认可的文化才能够为社会主义文化建设提供驱动力，文化建设要面向人民群众，服务人民群众。毛泽东的民主主义文化理论是我国社会主义文化建设的重要成果，引导后人不断学习和探索，为后续建设文化强国做理论奠基。

---

① 栗志刚:《民族认同的精神文化内涵》,《世界民族》2010年第2期。

邓小平同志结合当时的时代背景和现实问题，创造性地提出了社会主义精神文明建设理论。高度发达的物质文明和高度发达的精神文明对于建设社会主义国家来说都是不可或缺的。没有精神文明的建设不能叫做建设社会主义。唯有两个文明双管齐下、强强联合才能彰显中国社会主义社会的特色。邓小平理论中包含了丰富的内涵，在精神文明建设方面也提出了不少看法，精神文明建设既有思想观念、伦理道德的建设，又有科学技术、教育文明的建设，在坚持马克思主义理论的指导下，立足于我国国情，实事求是，理论与实际相结合，将中华优秀传统文化继承并发扬光大，还要加强党的建设等等。社会主义精神文明建设理论的问世意味着我国的文化建设理论已迈入一个全新的发展阶段。

江泽民同志在毛泽东的民主主义文化理论和邓小平的社会主义精神文明建设理论基础上，将文化建设理论继续发展、完善，经过深层次的挖掘、探索，提出了三个代表重要思想，这一思想在文化建设上的主张是中国共产党要始终代表中国先进文化的前进方向。这一主张表明我党在文化建设方面处于主导地位，肯定了马克思主义在国内意识形态的引领作用，极大地促进了中国特色社会主义文化理论的建设。

胡锦涛同志提出了构建社会主义核心价值体系的要求，"文化软实力"的概念是他在党的十七大报告中首次提出，"全面建设小康社会为出发点，对文化建设提出新的要求，回应全国各族人民群众对文化工作产生的新期待"。[①] 建设社会主义核心价值体系，不仅有利于引导全社会在思想道德上共同向上，也是增强民族凝聚力、提高国家竞争力的迫切需要。这一思想标志着我党对文化建设的认识更上一层楼。

习近平同志提出的文化强国战略进一步丰富了中国特色社会主义文化理论，这一战略的提出是基于对深入前人的理论经验不断总结学习，是基于对当代我国文化建设中出现的实际情形的深入思考。首次将文化强国抬高到国家战略层面，该战略具有重大而深远的意义，致力于把我国打造成一个文化强国，提高我国文化软实力，这一战略目标不是凭空

[①] 胡锦涛：《在新的历史起点上开创宣传思想工作新局面》，《人民日报》2008年1月24日。

妄想，而是结合我国历史经验教训和当时实际需要所提出的。我国有着深厚的文化底蕴和丰富的文化资源，借助既有的文化根基可以弘扬繁荣中华优秀传统文化、赋予其时代内涵。我国要全面推进中国特色社会主义事业，政治、经济、文化、社会、生态五个方面都需要不断地建设发展，文化建设事业的进一步推进需要文化强国战略。国际舞台上综合国力的竞争日趋激烈，想要在这个舞台上获得优势，必须大力发展文化，使中华民族精神立于世界精神之巅。我国正处于文化转型阶段，于内于外都面临着巨大的挑战，需要不断引导升级文化产业，弘扬发展中华优秀传统文化，对文化体制进行持续性改革，提高文化软实力，在国际交流中树立大国形象。文化强国战略不仅进一步丰富了中国特色社会主义文化理论，更重要的是，在关键转型时期，文化强国战略作为国家层面的战略，使得我国文化地位在关键转型时期得到了极大的提高，是社会主义文化建设理论的再次进步。

第二节　文化自信的道德心理机制

文化强国战略的提出具有重大的伦理意义，文化自信是实现文化强国战略的关键点。文化自信是文化伦理建设的基本保障，只有保持对自己文化所具有的生命力、创造力的执着信念，才能够从真正意义上建设中国特色的文化伦理。在建党95周年庆祝大会的重要讲话中，习近平总书记指出："我们要坚持道路自信、理论自信、制度自信，最根本的还有一个文化自信"，"文化自信，是更基础、更广泛、更深厚的自信。"文化自信成为继道路自信、理论自信和制度自信之后，中国特色社会主义的"第四个自信"。那么究竟什么是文化自信？如何把握其内在机理，是践行文化自信的重要前提。文化自信作为一种民族文化心理或心态，至少包括文化自觉、文化自知、文化自省、文化自成几个基本要素，并且这些要素是呈层次性的，形成一个有机整体。

一　文化自信概念内涵及本质特征

"文化自信，是一个国家、一个民族、一个政党对自身文化价值的充分肯定，对自身文化生命力的坚定信念。"[1] 文化自信并非是文化与自信的简单结合，而是在把握自身文化发展的历史传统，熟知现代文化基本内容，明确未来文化发展方向的基础之上对自身文化做出的肯定性体认。这也就意味着文化自信包括了对传统文化的尊重，对现代文化的信任，对未来文化的追求。

具体来看文化自信应该包含三个方面的内容：其一，文化自信的基础是文化内容自信。文化内容的先进性和科学性是文化自信的基础所在，新时代中国特色社会主义文化是以具有深厚底蕴的传统文化为基础，以马克思主义为指导，坚持世界观和方法论的统一，同时在包容了地域文化和民族文化的基础上积极吸收西方文化注重的先进要素，通过社会主义核心价值观彰显文化本质，体现文化特色。中国特色社会主义文化的实力和魅力铸就了新时代的文化自信的基础和灵魂。

其二，文化自信要彰显文化的现实解释力。文化自信不是文化自大，也不是过度阐释和夸大文化的作用，而是要在全面准确把握文化内容的基础之上充分运用文化来阐述和解答现实生活中的重大问题，彰显文化的现实解释力，充分体现文化的历史厚度和现实广度。当然，文化的现实解释力并不意味着要强行将现实的问题与文化生搬硬套结合起来，为了解释而解释，将预设的答案硬塞进文化当中；同时更不能望文生义、以偏概全，在对文化的内容把握不足的情况之下利用仅仅表面看上去"形似"的文化理论去解释现实问题，往往导致解释显得苍白无力，从而使人们对文化失去信心。新时代的文化自信要能够为国人提供深刻而自觉的价值追求，要能够为人们的安身立命提供指导，要能够提供一种民族性、世界性兼具的价值观念，帮助人们解决现实中诸多的复杂问题。

其三，文化自信要大力传播新时代中国特色社会主义文化。现代社会文化的交流和竞争日益增多，文化自信的重要任务就是要争夺文化话语权。我们需要用自己的文化和理论对诸如"自由""平等""民主"之类的看似普遍的概念进行深入解读，同时更要加强新时代中国特色社

---

[1] 云杉：《文化自觉 文化自信 文化自强——对繁荣发展中国特色社会主义文化的思考（中）》，《红旗文稿》2010 年第 16 期。

会主义文化在全世界范围内的传播，要积极构建具有中国特色的文化体系，通过各种平台增强自身的文化话语权。只有这样才能够从容面对来自西方世界的无端指责和批评，以中国特色社会主义文化赢得世界的认可和尊重。

新时代的文化自信要坚持以文化内容为基础，充分彰显文化的现实解释力，大力传播中国特色的社会主义文化，与此同时我们更应当坚持充分把握文化自信的主体性、指向性、象征性以及包容性等特征。

首先，文化自信具有主体性特征。文化自信首先是一种相对稳定的心理特征，是作为文化主体的人实践的基本产物。作为生命个体的人既存在于社会当中同时又是存在于文化当中，既进行着客观世界的改造，同时又改造着主观世界。文化其实就是人的精神追求，人的主体精神就是文化自信的核心所在。人是文化的主体更是文化的目的，文化的最终价值其实就是实现人的自由全面发展，文化自信其实就是要充分彰显人在社会实践活动中的主体性。新时代我们倡导文化自信，一方面是强调人的主体性地位，同时我们也应当强调自身文化的主体性地位。中国作为一个具有悠久传统文化的大国，强调文化自信首先就要关注自身传统文化的主体性地位，在此基础之上不断吸收外来文明的精华。在多元文化不断碰撞和交流的今天，我们既不能固步自封，完全隔绝与外来文明的交流，更不能摒弃自身的传统文化，采取全盘西化的文化战略。

其次，文化自信具有指向性特征。历史主体的所有行动都是主观能动性和价值指向性的有机统一，历史主体按照价值取向的驱动和指引积极活动，力求最大限度实现和满足自身的利益和需要。从某种程度上来看，文化自信其实是一种文化主体在文化选择过程之中的价值诉求和价值取向。作为个体理性的精神价值追求，文化选择是以个体明确的价值指向性为基本尺度的，因此文化自信具有明确的指向性。中国的文化自信要以新时代中国特色社会主义理论为指导，以中华民族优秀传统文化为核心，充分处理好现代文化与传统文化、本土文化与外来文化之间的关系，体现中国文化的特色。

最后，文化自信具有包容性特征。文化一直以来都是人类社会当中不可或缺的角色，特别是随着全球化时代的到来，民族历史开始向世界历史转变，人类文化的交流和碰撞日益激烈，亨廷顿的"文明冲突论"就明确指出不同文化之间存在差异且这种差异是不可弥合的。现代社会"人们之间最重要的区别不是意识形态的、政治的或经济的，而是文化的区别"[1]，文化差异带来的冲突不断加深，如何在多元文化的碰撞当中处理好自身文化与外来文化的关系成为首要议题。文化自信不仅仅是文化主体审视自身的民族文化，形成理性的认知，同时更需要文化主体在与其他民族文化的碰撞当中以理性的态度吸收其他文化的优秀成果。"每一种文化的发展和维护都需要一种与其异质并且与其相竞争的另一个自我的存在。自我身份的建构牵涉到与自己相反的'他者'身份的建构，而且总是牵涉到对与'我们'不同的特质的不断阐释和再阐释。"[2]因此，文化自信具有包容性特征，要包容异质文化，在不断的碰撞和交流过程中争取相互促进、相互发展。

二 文化自信的历史根基及现实依据

文化自信是一种非常基础、广泛、深厚的自信，建立与培育中华民族的文化自信尤为重要。通过对文化自信的含义、历史根基及其现实依据进行分析，得出培育文化自信在当今社会有其积极的现实意义。一个丧失了文化自信、丢掉了文化根基、遗忘了文化传统的民族注定走向灭亡。要想屹立于世界民族之林，我们中华儿女就必须坚定的弘扬中国优秀的传统文化、红色革命文化与社会主义先进文化。只有坚持"文化自信"，并自觉以习近平新时代中国特色社会主义思想为指引，才能在改革开放的新征程上更加迈开步子、迈稳步子。

习近平总书记曾在十二届全国人大一次会议闭幕会上坚定表示："实现中国梦必须走中国道路，必须弘扬中国精神，必须凝聚中国力量。"这"三个必须"体现出中国梦的实现必须坚持改革开放，改革开放必须提倡中国精神，大力弘扬中国精神就必须要以中华民族优秀文化

---

[1] [美] 塞缪尔·亨廷顿：《文明的冲突和世界秩序的重建》，周琪等译，新华出版社 2002 年版，第 6 页。

[2] [美] 爱德华·W. 萨义德：《东方学》，王宇根译，生活·读书·新知三联书店 1999 年版，第 426 页。

为载体，坚持文化自信即是实现中国梦和中华民族伟大复兴的题中之义。党的十八大以来，继"三个自信"即道路自信、理论自信、制度自信之后，习近平总书记旗帜鲜明地提出了文化自信。他指出"文化自信，是更基础、更广泛、更深厚的自信。在5000多年文明发展中孕育的中华优秀传统文化，在党和人民伟大斗争中孕育的革命文化和社会主义先进文化，积淀着中华民族最深层的精神追求，代表着中华民族独特的精神标识。"[①] 只有坚定文化自信的这三个历史维度：古代优秀的传统文化、近代共产党人的革命文化、新时代社会主义的先进文化才能为中华民族的伟大复兴提供强大的精神引擎。

其一，文化自信的历史根基。

习近平总书记曾在同澳门大学学生交流时说，"五千多年文明史，源远流长。而且我们是没有断流的文化。要建立制度自信、理论自信、道路自信，还有文化自信。文化自信是基础"。[②] 文化自信之所以如此重要就在于文化是一个国家、一个民族传承和发展的根本，如果丢掉了，就等同于割断了这个国家、民族的精神命脉。"求木之长者，必固其根本；欲流之远者，必浚其泉源"。中华民族之所以绵延五千多年，历经万般磨难经久不衰就是因为其文化底蕴深厚。从历史维度来看，具体有以下三种：

首先是古代优秀的传统文化。坚持文化自信就是以古代中国优秀的传统文化为基础。从中华文化源远流长的历史来看，中华民族具有五千多年连绵不断的文明历史，创造了博大精深的中华文化，为人类文明进步做出了不可磨灭的贡献。中国传统文化是中华民族数千年来文化的综合，是中国文化自信的源泉，是推进中华民族实现民族崛起和伟大复兴的源头活水，更是实现中国梦的根本动力。一个民族有一个民族的文化，一个不懂得珍惜、爱护、继承、发扬自己民族文化的民族是没有未来的。所以，在这个时代，我们必须树立高度的文化自信，树立更大的文化担当，去挖掘、继承和发扬我们中国传统文化的精华。这是对中华

---

① 习近平：《在庆祝中国共产党成立95周年纪念大会上的讲话》，《人民日报》2016年7月2日第2版。

② 习近平：《习主席的一堂文化"公开课"》，微信公众号《镜鉴》2014年12月21日。

民族古老文化的继承与自信，也是文化自信能够生成的历史根本。

我们的文化自信需要坚实的"基础"，那么这个"基础"从何而来呢？它就来自中华民族五千多年的文化底蕴。中国传统文化中的仁爱思想、民本理论、重义轻利、家国情怀等是中国人民集体智慧的结晶，它滋养着一代又一代勤劳勇敢的中国人民艰苦奋斗、自强不息。习近平总书记指出："中华文明经历了5000多年的历史变迁，但始终一脉相承，积淀着中华民族最深层次的精神追求，代表着中华民族独特的精神标识，为中华民族生生不息、发展壮大提供了丰富滋养。"[1] 中国优秀的传统思想文化不仅仅是我们中华民族的精神命脉，也是中华文化之所以能在世界文化激荡中站稳脚跟的根本原因。建构文化自信，首先就要打好"根基"，进一步弘扬中华优秀传统文化。

其次是近代红色的革命文化。坚持文化自信就是以近代共产党人的红色文化为核心。红色文化就是广大人民群众在中国共产党领导下，在实现中华民族的解放与自由的历史进程中和新中国社会主义三大改造时期，整合、重组、吸收、优化古今中外的先进文化成果基础上，以马克思列宁主义的科学理论为指导而生成的革命文化。

2017年10月31日，习近平总书记带领新一届中央政治局常委同志前往上海和浙江嘉兴，瞻仰上海中共一大会址和嘉兴南湖红船，宣示党中央的坚定政治信念。在瞻仰浙江嘉兴南湖红船时，习近平总书记指出，我曾经把"红船精神"概括为开天辟地、敢为人先的首创精神，坚定理想、百折不挠的奋斗精神，立党为公、忠诚为民的奉献精神。我们要结合时代特点大力弘扬"红船精神"。红船精神正是中国共产党人革命文化的发端之处，它孕育于中华民族"救亡图存、保家卫国"的历史背景之下。中国共产党正是在领导中国革命的征程中形成了井冈山精神、长征精神、延安精神和西柏坡精神，这些精神是红色文化的精髓，是激励人们开拓进取、矢志不渝的强大精神支柱，实现中华民族的伟大复兴需要弘扬这些红色精神。和平建设时期形成的大庆精神、"两弹一星"精神、抗洪精神、抗震救灾精神、载人航天精神，就是红色文化得

---

[1] 习近平：《习近平谈治国理政》，外文出版社2017年版，第260页。

以传承的重要体现。

最后是现代先进的社会主义文化。坚持文化自信就是以现代中国特色社会主义文化为引领。所谓社会主义文化就是以马克思列宁主义为指导，以社会主义核心价值观为灵魂，旨在培养有理想、有道德、有文化、有纪律的社会主义接班人，发展面向现代化、面向世界、面向未来的，民族的、科学的、大众的社会主义文化。在习近平新时代中国特色社会主义思想的指导下，弘扬社会主义先进文化，不仅能够推动社会主义文化蓬勃发展，朝着建设社会主义文化强国的目标不断前进，而且是实现中华民族伟大复兴的题中应有之义。

当前，国内外环境正发生深刻变化，综合国力的竞争已逐渐从经济领域拓展至社会文化领域，文化的强弱已经成为衡量一个国家综合国力的重要标志。我们只有坚持以中国传统优秀文化为基础、红色革命文化为核心、社会主义先进文化为引领，不忘初心、砥砺前行，站在新的历史起点上，不断深化改革、创新发展，完善社会主义文化总体系，提升社会主义文化的吸引力与活力，才能实现社会主义文化强国的战略目标。

其二，文化自信的现实依据。

坚定文化自信，不是没有缘由的，它有着很强的现实针对性。在我们发展和建设社会主义现代化国家的道路上，曾一度出现失误，其根本原因就是对自身文化不自信的表现。当下一个时期，由于受西方多元主义思潮的影响，有人主张照搬照抄西方的发展模式来指导中国的现代化建设，有人则盲目自大的宣称只有回归传统文化才能拯救当今中国之乱象，还有的人干脆对现实抱着一副虚无主义的玩世不恭。"坚定文化自信，是事关国运兴衰、事关文化安全、事关民族精神独立性的大问题。"[①] 因此，我们必须坚定文化自信，要勇于同这些文化乱象和不良思想倾向作有理有据的斗争，要敢于亮剑、善于击剑。只有在坚定文化自信的道路上，处理好洋为中用、古为今用的关系，才能更加积极健康地发展更具特色的社会主义文化，这些都是坚持文化自信的题中应有之

[①] 习近平：《习近平谈治国理政》（第二卷），外文出版社2017年版，第349页。

意。总的来说，文化自信的现实依据主要体现在以下三个方面：

第一，坚定文化自信事关国运兴衰。首先，坚持文化自信是实现中华民族伟大复兴的必然要求。文化不仅是一个国家和民族繁荣强大的重要支撑，更是一个国家和民族的精神血脉。中国古人的自强不息、共产党人的革命热情与奉献精神都深深地影响着一代又一代的中国人。当前，我们正处于决胜全面建成小康社会、夺取新时代中国特色社会主义伟大胜利、实现中华民族伟大复兴的关键时期。只有坚定文化自信，才能为中华民族的伟大复兴提供不竭的动力支持。其次，坚持文化自信是深化改革的时代要求。习近平总书记在党的十九大报告中明确指出，"全面深化改革总目标是完善和发展中国特色社会主义制度、推进国家治理体系和治理能力现代化。"① 只有在深化改革的进程中坚定文化自信，才能真正落实道路自信、理论自信和制度自信，文化自信是核心。最后，坚持文化自信是提升国家综合国力的题中之义。当代国家间的竞争已日益从经济领域拓展至社会文化领域，一个国家文化影响力的强弱在一定程度上影响着这个国家未来的发展走向。"文化软实力"是能否实现"两个一百年"奋斗目标和中国梦的关键所在。要加快建设社会主义文化事业，提升文化软实力就必须坚定文化自信。

第二，坚定文化自信事关文化安全。文化安全主要指一个主权国家的文化生存与法治免受威胁或危险的状态。它具体可细分为语言文字安全、风俗习惯安全、价值观念安全和生活方式的安全等多个方面。随着经济全球化的不断扩大、政治多极化的不断发展，地区国家间的文化冲突继经济、政治、军事冲突后成为了另一个社会关注的焦点。文化安全日益成为影响国家文化传承与发展的重要因素之一。"乱国之主，务广于地，而不务于仁义，务于高位，而不务于道德，是舍其所以存，而造其所以亡也。"② 当前一段时期，改革开放使得西方一些腐朽文化趁机钻了进来，为了确保国家文化安全必须坚定"四个自信"，并自觉以文化自信为引领，大力弘扬中国特色社会主义核心价值观，注重道德文明建

---

① 习近平：《决胜全面建成小康社会 夺取新时代中国特色社会主义伟大胜利——在中国共产党第十九次全国代表大会上的报告》，人民出版社2017年版，第19页。

② 魏徵、褚亮、虞世南、萧德言：《群书治要》，中国书店出版社2012年版。

设，加快建立起与发展社会主义市场经济相适应的社会主义道德体系。文化安全其实就是道德安全的问题，只有培育出爱祖国、爱人民、爱劳动、爱科学、爱社会主义的社会主义公民，才能真正抵御来自西方资本主义腐朽文化的侵蚀，而这一切都是以坚定文化自信为前提的。

第三，坚定文化自信事关民族精神独立性。中华民族精神是中华民族在漫长的社会历史发展过程中逐步形成的，它是中华各族人民社会生活的反映，是中华文化最本质、最集中的体现，是各民族生活方式、理想信仰、价值观念的文化浓缩，是中华民族赖以生存和发展的精神纽带、支撑和动力，是创新社会主义先进文化的民族灵魂。民族精神是一个民族在长期共同生活和社会实践中形成的本民族大多数成员的价值取向、思维方式、道德规范、精神气质的总和，是一个民族赖以生存和发展的精神支柱。中华民族精神的基本内容是以爱国主义为核心的民族精神和以改革创新为核心的时代精神的统一。坚定文化自信就是自觉以中国传统优秀文化为基础、红色革命文化为核心和社会主义先进文化为引领，大力发扬以爱国主义为核心，团结统一、爱好和平、勤劳勇敢、自强不息的伟大民族精神。只有以文化自信为支撑，继承与发展中国的传统文化，才能真正彰显出属于我们中华民族自己的精神品格。

其三，文化自信的道德心理机制建构。

文化自信作为一种民族文化心理或心态，至少包括文化自觉、文化自知、文化自省、文化自成几个基本要素，并且这些要素是呈层次性的，形成一个有机整体。其中文化自觉是对于文化的具体功用的高度觉悟；文化自知是对自己祖国的文化有比较全面而深刻的了解；文化自省是基于深刻的文化反思，对传统文化的谨思慎省；文化自成是文化自信的最高境界，即自我更新、自我完善、自我成就，具有强烈的对外输出功能的最佳状态。

一是文化自觉：对文化功用的高度觉悟。

要文化自信，首先要有文化自觉。所谓文化自觉就是要能高度认识到文化在社会发展和国家治理中的作用，是一种文化上的觉醒和觉悟。文化自觉是民族自信心增强的一种反映。早在20世纪初期，新文化运动的倡导者们就提出了文化自觉的概念，20世纪80年代，许苏民先生也曾经提出中华民族的文化自觉问题。但作为一种人们普遍关注的社会思潮，却始自1997年在北京大学举办的社会文化人类学高级研讨班上费孝通先生的讲话："文化自觉只是指生活在一定文化中的人对其文化有"自知之明"。我所理解的当下中国的文化自觉主要是指文化在社会生活中具有不可替代的重要作用并成为社会的普遍共识。

我国正处于由单一的经济转型向社会全面转型的重要历史时期，这一转型具有时间长、负载重、速度慢等特点，就要有一个好的"制动"系统，这个系统就是文化。文化总是时代的"先行者"，也是社会运行的"润滑剂"，更是"制动器"。从人类历史进程来看，社会的转型通常首先表现为文化的转变。比如西方工业革命集中表现为以"自由、平等、博爱"为内核的现代性价值观念的确立，或者说，是由新兴的价值体系所引领。我国历史也是如此，"三民主义"引导了旧民主革命，而马克思主义则指引了我们新民主主义革命和社会主义建设。虽然生产力与生产关系的矛盾是催生社会转型的内因，但文化先行似乎是社会转型的常态。社会转型遇到的首要问题是价值冲突，只有解决价值冲突，社会转型才有明确的方向。因为"文明特别是思想文化是一个国家、一个民族的灵魂。无论哪一个国家、哪一个民族，如果不珍惜自己的思想文化，丢掉了思想文化这个灵魂，这个国家、这个民族是立不起来的"；"没有文明的继承和发展，没有文化的弘扬和繁荣，就没有中国梦的实现"。我们有了这样的思想认识并使其成为全党全民的共识，文化自信就有了坚实的基础。

二是文化自知：对中国文化的充分了解。

文化自知就是指我们要对自己祖国的文化有比较全面而深刻的了解。首先我们要全面了解中国的传统文化。中国传统文化是中华文明演化而汇集成的一种反映民族特质和风貌的民族文化，是民族历史上各种思想文化、观念形态的总体表征，是指居住在中国地域内的中华民族及其祖先所创造的，为中华民族世世代代所继承发展的，具有鲜明民族特色的、历史悠久、内涵博大精深、传统优良的文化。中国传统文化是中华民族几千年文明的结晶，是以儒家文化为核心内容，同时包含有道家文化、佛教文化等其他文化形态。中国传统文化博大精深、包罗万象，渗透在我们生活的方方面面，构成我们的精神家园。

同时，我们还要了解当代的中国文化。当代中国文化就是中国特色社会主义的文化，最为核心的就是社会主义核心价值观。社会主义核心价值观是社会文化的内核，是对马克思主义的高度凝练与概括，是我国优秀传统文化与时代精神融合的结晶。社会主义核心价值观首先具有社会主义本质，揭示了我国社会主义建设的价值规律，指明了我国社会的发展方向。社会主义核心价值观既有历史的向度，又指向未来，既是马克思主义理论发展的成果，又形成于中华文明历史积淀之中。它所承载的科学性、历史性、民族性使之被人民群众所普遍接受。从社会主义核心价值观的提炼过程不难发现，它虽然具有价值构建的意味，但植根于深厚的民族文化之中，是中华民族同胞认同共识的结果。这就决定了在社会发展的历史进程中也只能在社会主义核心价值观的引领下进行。只有如此，我们才能确保社会发展的结果符合中国人民的共同理性、符合社会发展的历史规律、符合中华民族的根本利益和道德期待。将社会主义核心价值观作为当代中国文化的核心是坚持正确政治方向，确立"道路自信、理论自信、制度自信、文化自信"的必然选择。

三是文化自省：对传统文化的谨思慎省。

光有对中国文化的了解还不足以产生文化自信，因为了解也有可能产生文化虚无主义和文化悲观主义，只有基于深刻的文化反思，理性地分辨出文化的优劣，才能有真正的文化自信，从而避免文化的悲观自贬或者文化的盲目自信。文化自省就是对中国文化的审慎反思和科学合理的评价，主要是避免两种倾向："自我中心论"和"全优论"。文化上的自我中心论就是认为只有自己的文化是好的，排斥其他文化。科学的文化自信就是以开放包容的心态正确对待西方文化以及其他东方国家的文化。我国文化转型全球化趋势的不可避免性，使我们清醒地认识到经济的全球化必然会带来文化的竞争与融合，经济的相互依赖必然带来文化的取长补短。以往我们在世界文化的交往中都处于防御性的态势，更多着眼于在外来文化渗入的条件下如何保持自身民族文化的特性，在合理吸纳外来文化的同时抵御不良思想观念的侵入。时至今日，我国综合国力已经大幅增强，成为国际社会的重要力量。我国正以更为主动的姿态参与国际事务，并制定了"一带一路"的外交战略，全球化的进程在加剧南北经济差异的同时也在客观上维护了西方文化的强势地位。只有取得与西方文化平等的对话地位，才能打破世界文化的旧有框架，既保持好自身文化的优势，又形成多元文化体系相互对话的格局，千万不能因为文化自信而导致中国文化的"唯我独尊"。

对待传统文化也不能有"全优"的思想，即认为所有传统文化都是好的，甚至把封建文化等同于传统文化不加分析批判地乱弘扬，传统文化中的糟粕是一定要剔除的，即使传统文化的精华也有一个现代转换的问题。所以，我们一定要牢记，我们是大力弘扬中华民族优秀传统文化而非所有传统文化。同时对中国优秀传统文化从内容到形式都要进行现代性的观照和转换。"中华优秀传统文化已经成为中华民族的基因，植根在中国人内心"。在传统文化的滋养下，我们形成了独有的价值体系、思维方式和行为习惯。这就是为什么现代的价值构建必须从中吸取营养。不可否认，传统文化植根于当时的社会环境，必然受到历史局限，因此在传承过程中必须对之进行甄别和扬弃。我们正处在民族历史的节点，承载着传承优秀传统文化的责任，如何将优秀传统文化融入现代话语之中，为其注入时代的活力，是我们跨越现代型历史断裂必须回答的问题。一个民族没有深刻的文化自省，就不可能有真正的文化自信。

四是文化自成：由被动防御转向积极主导。

自成就是自己成全自己，获得成熟与成功。文化自成就是中国文化能达到自我更新、自我完善、自我成就，具有强烈的对外输出功能的最佳状态，也即文化自信的最佳境界。要实现文化自成，当务之急是要实现从文化防御到文化主导的转变。不可否认，我们的文化建设长期处于被动防御的状态，采取的是一种"堵"的方式，这一方面是没有自信的体现，另一方面也不能产生文化自信，因为由"怕"生"堵"，由"堵"而"慌"。防御性文化根本上仍然属于输入性文化，必须根据外来文化的输入情况随时调整文化策略，但这种调整总是存在滞后性，总是处在被动的局面，同时，防御性文化难以建立自己的文化话语，文化生长很容易受到外来文化的干扰，甚至难以脱离外来文化的言说框架。这些年我们的文化话语体系西化现象令人堪忧，在世界文化舞台上中国声音不强，甚至可以说百年来中国的文化对世界几乎没有什么贡献。当前的文化交往已经发生了颠覆性的变革。基于个体的文化交流取代了原来以国家组织的文化交互，成为文化互动的主要形态。在这种条件下，防御的成效大为降低，不构成捍卫自己文化体系的有效选项。树立和巩固我国文化的世界主体性地位，从文化防御走向文化主导是我国文化转型的必然趋势，也是文化自信的必然要求。这种文化主导还意味着我们的国际文化交往重心要从接收外来文化调整为输出民族文化。我们以商业贸易为平台，向世界其他国家输出我国的价值观和文化元素，成为文化输出的重要途径，取得了很大的成功。我们在世界各地通过办孔子学院来宣传中华文化，也是初见成效。文化主导意味着我们要从世界文化的跟随者变为世界文化的领导者，在今后的国际对话中，我们要采取主动型战略，以我国的价值观为导向作为解决国际问题的基本准则，提高文化的国际权威，面向世界讲好"中国故事"，在世界文化舞台上唱响"中国声音"。这才是真正的文化自信。

第三节 文化多元与核心价值观建设

在人们的传统观念中，文化既是一种社会现象，又是一种历史现象。文化产生于人类的生活生产中，短期内无法形成沉淀，它的产生需要一个漫长的时期。除此之外，文化还是一种历史现象，人类的生产生活就是人类创造社会、创造历史的生产生活，在这个过程中，文化慢慢形成。更具体地来说，文化就是一个国家或民族中的价值观念、生活习惯、传统民俗、道德伦理、历史地理等等被该群体广泛接受、认可并不断传承的意识形态。多元文化的发展并存在世界范围内流行，中国也不例外，并且我国历来便有多元文化并存的传统。随着我国改革开放事业的不断推进以及深度参与全球化的进程，人们的思想意识、价值信念、道德观念、行为方式等方面已发生了翻天覆地的变化，这意味着目前我国文化发展正朝着多元方向发展，当代我国多元文化的存在已是毋庸置疑的事实，多元文化对一个国家民族的方方面面产生直接或间接的影响，政治、经济、文化及日常生活等方面无一不被渗透影响着。我国多元文化主要表现为中国特色社会主义文化、中国传统文化和西方文化。中国特色社会主义文化就是在马克思主义指导下与我国国情结合后所创造出的文化，它是我国多种文化中毋庸置疑的核心文化；中国传统文化是中国古代封建社会的主体文化，主要代表由以老子为代表的道家文化和以孔子为代表的儒家文化，中国传统文化博大精深、包罗万象、源远流长，是中国古代政治、经济、思想、历史、习俗、艺术等的总和。西方文化就是以西欧、北美为代表的现代文化，具体内容包括普遍标准、价值观、习俗等。事物总是充满两面性，一方面，多元文化为社会发展注入活力，使人们的生活充满勃勃生机。另一方面，多元文化中也存在着某些消极因素，这些因素会消解甚至威胁到核心价值观。如何将多元文化中的积极因素融入到我国核心价值观的建设中，同时，如何处理多种文化的冲突对立，这是我国社会主义文化建设不可避免的问题，解决这一问题需要一个长期的、不断调整的过程。

多种文化思想相互碰撞、相互影响，呈现复杂的情形，面对多元文化的发展格局，应当加强培育社会主义核心价值观，发挥引领作用。挖掘多元文化中有利于丰富社会主义文化建设事业的积极因素，两者相融相益。"社会主义核心价值观是社会主义核心价值体系的内核，体现社会主义核心价值体系的根本性质和基本特征，反映社会主义核心价值体系的丰富内涵和实践要求，是社会主义核心价值体系的高度凝练和集中表达。"[①] 核心价值观总共二十四个字，这二十四个字是社会主义核心价值观的基本内容，分别在国家层面、社会层面和个人层面做出了要求。第一，在国家层面的价值目标是富强、民主、文明、和谐；第二，在社会层面的价值目标是自由、平等、公正、法治；第三，在公民个人层面的价值目标是爱国、敬业、诚信、友善。我们要积极培育和践行社会主义核心价值观，争取早日在国家层面、社会层面和公民个人层面达到价值目标。

在多元文化格局中加强培育建设社会主义核心价值观，发挥主流文化对其他文化的引领作用，既是必要的也是迫切的。这是由多元文化的

---

① 中共中央办公厅：《关于培育和践行社会主义核心价值观的意见》，中国共产党新闻网（http://cpc.people.com.cn/n/2013/1223/c64387-23924110.html）。

固有特点和文化强国战略的实际需要所决定的。

　　社会主义核心价值观在多元文化中的引领是由其自身特点所决定。多元文化的核心特征就是文化的多样性，不同文化的价值导向不同，这些价值导向具有异质性和多元性的特点。多元文化的价值在于一元主导多元交织、碰撞、融合、并存。多元性意味着多样性，异质性意味着复杂性、差异性，这些特性决定了不同的文化对于社会发展的作用在性质、效果上是不同的，文化既有可能推动社会的发展，也有可能阻碍社会的发展。这种复杂性、差异性为社会主义核心价值观引领多元文化提供了逻辑起点。以史为鉴，以他国经验为鉴，面对文化的多元趋势，如若不进行妥善处理，就有可能导致人们以偏激的思想去认识问题，甚至有可能激化矛盾，外部敌对势力趁虚而入，造成动荡的局面。因而，培育和建构社会主义核心价值观，引领其他文化的发展和促进多元文化的繁荣是十分必要的。面对各种各样的文化，显然不能对所有文化一概而论，而要多加甄别、分析性质、多做研究，确立社会主义核心价值观的主导地位，对其他文化加以引领疏导。引领是一种积极的、包容的态度，而不是霸道的态度，价值的多元性应该以兼容并包的态度承认多种文化的共存，并且在相互对话中不断发展，友好地交流、碰撞、融合，因为多元文化之间不是一种完全天然对立的关系，多元文化代表着世界文化发展的必然趋势。

　　社会主义核心价值观在多元文化中的引领是实施文化强国战略的实际需要。"我国已进入改革发展的关键时期，经济体制深刻变革，社会结构深刻变动，利益格局深刻调整，思想观念深刻变化。"① 我国正处于转型的关键阶段随着经济发展和利益分配的多样化、社会生活与社会组织结构的多样化、各种思想文化的多样化，人们的价值观念呈现出多元并存的情形。从总体上来说，我国意识形态领域的主流是积极健康的。从局部来看，仍然存在一些问题。文化的激荡交融可以使人们的思想观念变得活跃丰富，但是也有可能使人的价值观念出现困惑迷茫甚至无所适从。"多元并存，新旧交替"造成了价值失范、道德倒退、信念不坚

---

① 《中共中央关于构建社会主义和谐社会若干重大问题的决定》，中国政府网（www.gov.cn/govweb/gongbao/content/2006/content-453176.html）。

定等问题,这将进一步影响社会的安定团结,不利于文化强国战略的开展与实施。"不能对各种社会思潮掉以轻心,任其泛滥,否则就会犯历史性的错误。"[1] 总结经验教训可知,对待文化思潮、价值观念不可漠然视之,多种文化的冲击必然造成混乱,必须培育和建设社会主义核心价值观,发挥核心价值观对其他非主流文化的引领作用,确立核心价值观的轴心地位,才能够在社会主义文化事业的进程中避免出现群龙无首的混乱局面,才能够有效提升社会主义意识形态的吸引力和凝聚力,积极促进文化强国战略的实施,增强国家文化软实力,提高中华文化国际影响力。

社会主义核心价值观虽然在多元文化中处于引领地位,但两者也是相互影响的。一方面,社会主义核心价值观在多元文化发展中处于不可动摇的引领地位,是推动多元文化发展的基础,促进多元文化兼容并蓄;另一方面,多元文化的发展在某种程度上会影响着社会主义核心价值观的建设,多元文化中的积极因素可以为核心价值观的构建提供正面素材,创造良好的文化环境,其中的消极因素则会阻碍核心价值观的建构。

培育和构建社会主义核心价值观有利于促进多元文化兼容并包。社会主义核心价值观在多元文化发展中处于不可动摇的引领地位,是推动多元文化发展的基础。每种文化都有其独特性,都代表一定的价值观念,多种文化碰撞交融,其中难免会有冲突的部分,不利于文化的交流与发展。任何一种先进文化都有着"兼容并包的特点",而社会主义核心价值观正是这样一种先进文化,它包含着非常丰富的内容。"富强、民主、文明、和谐",富强就是国家强大,人民富足;民主就是人民民主,就是人民当家作主;文明标志着一个社会的进步;和谐是中国传统文化的基本理念,中国人讲究和而不同。"自由、平等、公正、法治",自由是指人的意志自由、存在和发展的自由;平等指的是公民在法律面前的人人平等,并由形式平等不断向实质平等发展;公正指社会公平正义;法治指依法治国。"爱国、敬业、诚信、友善",爱国就是热爱祖

---

[1] 《中共中央关于加强和改进思想政治工作的若干意见》。

国，人们以振兴中华为己任；敬业即要求公民要有社会主义职业精神，爱岗敬业；诚信即诚实守信；友善强调公民之间应互相尊重、关心、帮助，彼此和睦友好。这些内容都是在尊重差异的前提下，在持续创新的基础上所得出的，是兼容并包的结果。这充分显示了核心价值观的先进性和自觉性，因为在多元文化发展格局中，核心价值观与其他文化并不是一种对立的关系，不是消灭或者拒绝其他文化的发展，如果采取这种简单粗暴的做法，就有可能使社会主义核心价值观与其他文化成为坚定的敌对关系，敌对关系是一种以消耗自身价值为代价的关系，有可能使自身文化被削弱，最后得不偿失。而理性对待，使多种文化并存发展，在发展中相互学习、相互借鉴，共同促进文化大繁荣。在现实中，培育和建构社会主义核心价值观的过程就是在包容文化多样性中达成共识，在尊重文化差异中达成共识，是多元文化共同发展的过程。

多元文化的发展也影响着社会主义核心价值观的培育与建构。一方面，多元文化中的积极因素可以为核心价值观的构建提供正面素材、创造良好的文化环境。"随着科学技术的快速发展，特别是信息技术的普及，现代传播媒介、传播技术日新月异，这在很大程度上缩短了时空距离，促进了文化交流和信息传播，既有利于文化的多元发展，也有利于不同文化之间的交流融合，更为社会主义核心价值观的培育提供了良好条件和有利平台。"[1] 多种文化乘着科技的快车迅速传播到世界各地，大量的文化素材可以成为培育和建构核心价值观灵感来源，多元的文化在不断的汇聚融合中达成共识，形成了核心价值观。一些先进的思想观念可以与中国特色社会主义相结合，不断拓宽特色文化的内涵与外延，赋予其新的时代意义，使社会主义核心价值观保持先进性。另一方面，多元文化中的消极因素则会阻碍核心价值观的建构，扭曲文化心理，使文化心理失衡，具体表现有文化自卫心理和文化崇拜心理。文化自卫心理即"一种是因顾恋传统而强化民族本位、放大民族自我意识的文化民族主义，这在许多知识分子身上表现为文化自卫心理"[2]。这种心理使人以非客观的态度去看待自己的文化和外来文化，对自己文化的优点长处大

---

[1] 季芳：《多元文化时代社会主义核心价值观培育》，《人民论坛》2015年第10期。
[2] 车美平：《多元文化与社会主义精神文明建设》，《山东社会科学》1999年第4期。

加赞赏，对其缺点短处视而不见；对外来文化一律贬低排斥，不能客观对待。交流文化需要一个健康的心态，保持客观、保存平常心，既要发扬自己文化的长处，也要改进不好的地方；既要肯定外来文化的优点，也要思辨其不足之处。文化自卫心理表面是以捍卫民族文化为己任，实则不堪此任，因为发扬自身文化不可闭门造车，而是与外来文化碰撞交融，只有真正懂得自身文化的优劣，有着强烈的文化自信，才能做到扬长避短、去粗取精，才能理解他山之石，可以攻玉。文化崇拜心理即"因现代化先行国家的影响和示范效应而崇拜西方、轻视本国文化全盘接受的方式来实现对传统文化的彻底否定。"[①] 一些人不加分辨、不加思考把外来文化当作金科玉律，更有无知者将这视为个性的显现，对我国优秀的传统文化一律否定，自以为"洋气"，以此为骄傲。在多元文化的冲击下，有些人会呈现这些心态，十分不利于多元文化的发展和核心价值观的构建。有效良好的文化交流应该是以包容的心态，友好地交流，取长补短，在促进中发展。

如何在多元文化的局面中培育建设社会主义核心价值观，发挥其引领作用是一项意义深远、责任重大的任务。该任务可以从建构引领主体和优化运行机制两方面着手。

一方面，建构社会主义核心价值观引领多元文化的主体。从不同的角度来看，主体包括执政党、政府。首先，执政党作为引领的主体，"政党是指代表一定的阶级、阶层或集团的利益，旨在执掌或参与国家政权以实现其政纲的政治组织"。[②] 中国共产党在中国特色社会主义事业中发挥着领导作用。执政党在文化引领中的作用有：具有独特的社会功能，在思想上拥有领导权，通过社会价值观念实现社会整合，依靠社会主义核心价值观维持和巩固执政地位。执政党不同于一般的党派，它的地位是特殊的，是无与伦比的。执政党拥有更多的资源、更强的能力，能力越大，责任越大，在社会主义核心价值观引领多元文化的过程中应充分发挥其价值作用。构建执政党可以从改革和完善党对意识形态工作的领导、完善各项制度打造民主服务型政党、加强党的自身建设，始终

[①] 车美平：《多元文化与社会主义精神文明建设》，《山东社会科学》1999 年第 4 期。
[②] 《中国大百科全书·政治学》，中国大百科全书出版社 1992 年版，第 407 页。

保持党的先进性、坚持执政为民的价值理念等方面着手。意识形态是政党的政治灵魂，拥有先进的思想文化才能让人民群众自觉靠拢，才会被人民群众主动选择，保持社会主义核心价值观的先进性是执政党必须肩负起的责任，唯有如此才能更顺理成章地在多元文化中起到引领的作用。政府作为引领主体应发挥政府在引领中的作用，其作用包括掌握引领社会思潮的领导权和创造完善的外部环境。政府全面干预社会主义核心价值观对多元文化的引领，可以运用行政和法律的力量来加强效果，完善的外部环境可以保证思想政治教育的整体性和一致性，完善硬件和软件设施，使国人在长期的生活实践中自觉地树立起社会主义核心价值观。自觉的力量不可忽视，它可以使人们在各个领域的实践中由于惯性而自觉向核心价值观靠拢，真正起到对多元文化的引领。自觉使人自律，这将加速社会主义核心价值观对多元文化的引领。除此之外，社会主义核心价值观可以通过引领政府从而引领文化。主要可以从引领政府政策的导向、引领队伍干部建设、引领理论队伍三方面进行。在社会主义核心价值观建设中，政策就相当于导向，各种政策对人们的价值取向、道德行为有着直接的影响。多多宣扬践行社会主义核心价值观的先进典型，逐渐完善激励机制，把精神鼓励与物质鼓励相结合，吸引人们自觉践行核心价值观。除此之外，人的选择和任用也是很重要的，要任用有实践力量的人，因而在这个引领过程中，领导干部是关键，要充分发挥领导干部的示范和向导作用，为人民群众做出榜样。

另一方面，优化社会主义核心价值观引领多元文化的运行机制。主要可以从教育机制、传播机制、保障机制三个方面着手。以思想政治教育为载体启动教育机制，因为思想政治教育可以对教育对象进行激励教育、说服教育，把社会主义核心价值观融入到国民教育的全过程。以大众传媒为载体启动传播机制，因为社会主义核心价值观社会教育成功的关键在于顺畅地在群众中传播该价值观，社会主义核心价值观传播的顺畅关键在于传播机制的有效建立。传播机制应当包括主渠道引领的机制、主阵地引领的机制、反馈机制、有效传播机制。主渠道引领的机制主要是发挥媒体的作用。媒体是各种文化思潮传播和扩大影响力的主要渠道，也是社会主义核心价值观引领多元文化的主渠道，必须建构充分、有序发挥媒体主渠道作用的机制。主阵地引领的机制即发挥党和国家机关、高等学校等场所的作用。党和国家机关在国家和社会运行中起着支柱性的作用，因而必须建构提高各高级领导干部素质的机制。反馈机制是指大众传媒通过监测社会环境、舆论监督功能来帮助公众形成正确的价值认知、判断。以法律、政策、制度为载体启动保障机制。思想文化建设既要自律也要他律，自律的作用毕竟有限，自律他律相结合，双管齐下，更为有效。社会主义核心价值观引领多元文化不仅是一个理论性的问题，更是一个政策性的问题，因而需要政策的保障。想要把政策落实，更具体来说，则需要制度的保障。各部门各尽其职、相互配合，共同积极参与这个过程。

从这两个方面着手，可以促进培育和建构社会主义核心价值观，核心价值观得到更好的发展，将有利于增强它在多元文化中的引领作用。

第十二章 当代中国的社会伦理建设

当代中国社会经济发展迅速，科技技术进步，社会进程加快，人民生活水平显著提高，物质上得到满足致使公民更加关心国家和政治事务，关心相关政策法规，公民政治参与意识逐渐增强。中国特色社会主义新时代下，"社会治理"的现代化实现是"国家治理"现代化的前提和基础，它是公共社会发展和成熟下的产物，在处理社会事务中发挥着重要的作用。无论是公共社会的构建，还是社会治理的推进，都处于社会伦理之中，建设当代中国的社会伦理是化解社会冲突和矛盾的有效措施，也是构建社会主义和谐社会的重要步骤。

第一节 社会治理中的伦理道德问题

随着世界全球化和社会多元化时代大背景的发展和日益强化，开放性逐渐增强，实现社会治理体系和治理能力现代化及其体制的创新，是党和国家在新时代社会发展中需要解决的重要任务。社会治理在进行社会事务处理过程中，更加强调沟通与合作的重要性，强调以对话和互动的形式，构建社会治理多元主体之间的共建共治共享的新格局。

一 社会治理的内涵研究

完善和发展中国特色社会主义制度，推进国家治理体系和治理能力现代化是党的十八届三中全会提出的全面深化改革的总目标。社会治理作为国家治理的重要环节，是治理体系在社会秩序构建中的应用模式，

"社会治理是社会建设的重要任务，实现社会治理现代化，是实现国家治理现代化的前提和基础"。①"党的十八届三中全会完成全新改革理念的转折与升华，由'社会管理'变换成'社会治理'"②，将"治理"一词正式写入了党的文件中。党的十八届五中全会提出要"构建全民共建共享的社会治理格局"。党的十九大报告中进一步提出"打造共建共治共享的社会治理格局"。③"社会管理"向"社会治理"的转变，社会治理格局的构建和打造，反映出多元共治在新时代社会发展中的重要实践意义，也是我国社会治理制度日趋完善的真实写照。

随着现代化的进步和发展，人们的思想认知也相应地会与时空环境和时代特征相匹配，进而创造或开辟出自己的历史进程，社会治理的多元化和多样性在中国特色社会主义新时代中逐渐展露出来，并得到了多方面的认可和应用。关于社会治理的内涵，在不同的研究领域和学科背景下有着不一样的意义，明确社会治理的定义，首先需要理解治理这一重要概念。最早使用"治理"一词的是1989年由世界银行提出的，它就非洲的情形提出了"治理危机"这一术语，进而得到政治研究的普遍运用。"治理"一词在世界上的使用非常广泛，定义也纷繁复杂，人们普遍更为认同的定义是在1995年全球治理委员会提出的"治理是各种公共的或私人的个人和机构管理其共同事务的诸多方式的总和。它是使相互冲突的或不同的利益得以调和并且采取联合行动的持续的过程"。④"治理"（Governance）与"统治"（Government）不同，虽然两者都需要权威，但是"统治"的权威必须是政府机关，而"治理"的权威则并不一定是政府，治理是对单一垄断式的管理模式的否定，是公共机构和私人机构的结合，是政府机构和公共社会的合作。

因此，我们可以从三个方面把握和认知"治理"：首先，"治理"的主体是多元的。治理是一个行动的过程，实施这一行为的主体是不确定

---

① 张诚、刘祖云：《公共领域视域下社会治理现代化的实现》，《宁夏社会科学》2018年第5期。
② 糜晶、沈荣华：《开创新时代社会治理新格局》，《理论探讨》2018年第5期。
③ 习近平：《决胜全面建成小康社会 夺取新时代中国特色社会主义伟大胜利——在中国共产党第十九次全国代表大会上的报告》，人民出版社2017年版，第49页。
④ ［美］戴维·赫尔德、安东尼·麦克格鲁、戴维·戈尔德等：《全球大变革：全球化时代的政治、经济和文化》，杨雪冬、周红云、陈家刚等译，社会科学文献出版社2001年版，第70页。

的，在经济全球化和社会多元化的时代背景下，治理主体也呈现出多方面和多层次的特征。其次，"治理"的过程强调协商。治理往往会在利益双方出现冲突和矛盾时产生，它所需要做的是化解风险和危机，而治理在应对危机时，更加注重双方的协商和对话，特别是在国家治理中，要对社会矛盾和社会分歧进行最大限度地化解与消除。社会矛盾并不能直接采取暴力进行化解，可以通过协商的方式依靠多元主体之间共同的智慧，形成社会凝聚力，从而达成普遍共识，共同化解困难。最后，"治理"的目标指向为共赢。政府、市场和社会等多元主体的合作协商，其最终目的在于实现共享或者共赢，治理强调解决问题，是化解小格局中的摩擦和冲突，是为了打造平等和谐，秩序稳定的社会大格局，共赢的目标才是最有利的结果和价值追求。

"社会治理是一门科学"[①] "社会治理是一个有自身内在逻辑与自身价值追求的渐进过程，是治理主体由单元向多元转变、治理形式由管制向互动转变、价值中心由'政府本位'向'社会本位'转变的过程"[②]。社会治理是建立在社会基础上所构建出来的治理模式，它具备"治理"的一定特征，又有着自身的专向性，社会治理的出现是社会文明进步的阶段性显现。总之，社会治理是多元主体以利益共赢为前提，以合作与对话为基础，以共同体的价值追求为取向，以结果共享为目标的化解社会矛盾和冲突的具备公共性和权威性的治理模式。

党的十九大报告中提出的"打造共建共治共享的社会治理格局"，"共建""共治""共享"都明确反映出"公共性""合作"和"对话"的重要性，强调"共享"的价值目标，整体看来，突出了三个方面的重点：

社会治理主体的多元性。社会治理主体并非单一的个体或机构，而是具备多元性。党的十八届三中全会上强调要改进社会治理方式，"坚持系统治理，加强党委领导，发挥政府主导作用，鼓励和支持社会各方面参与，实现政府治理和社会自我调节、居民自治良性互动"。这也就

---

① 《推进中国上海自由贸易试验区建设 加强和创新特大城市社会治理》，《人民日报》2014年3月6日第1版。
② 糜晶、沈荣华：《开创新时代社会治理新格局》，《理论探讨》2018年第5期。

意味着，在治理的过程中既要充分发挥党组织核心引领，总揽全局、协调各方的全面领导作用，也要积极提高市场、社会组织和公众的创新力和创造活力，综合社会各方面的力量，在多元主体的协作下发挥集体的智慧，共同解决治理过程中存在的社会问题。

社会治理过程的合作性。"现代社会治理之所以强调合作，主要是因为依靠合作可以消除政府中心主义或社会中心主义带来的治理失效。"① 以政府为中心的管理模式，只强调政府的权威作用，而忽视了其他多元主体的力量和作用，"治理"是一个多方力量共同合作的过程，单一的治理主体容易降低工作效率，可能会存在思维的局限和考虑问题的不全面。多方协商、对话的方式，一方面能发动更多的社会力量，加速矛盾问题的化解，另一方面也有利于提高社会的凝聚力，在对话的过程中，增强对党和政府的认同感和向心力，更有利于政策措施进一步的推广和实施，从内部化解社会冲突和矛盾。

社会治理结果的共享性。社会治理主体的多元性也就意味着社会问题的解决是多方利益斡旋的结果，是共同参与、合作对话的结果，是多方力量一起努力的结果。因此，社会治理的成果也理应得到共享。"社会治理的根本目的在于增进全体人民的福祉，让所有参与者都有机会参与治理、分享治理成果、有更多获得感，而不是为了一部分人甚至少数人。"② 社会治理应当立足于维护最广大人民的根本利益这一出发点，以寻求共识和公共精神为行动导向，让改革发展的成果惠及全体公民，确保治理过程中的公平公正，真正实现治理主体的多方共赢，治理结果的全面共享。

二 伦理视域下的社会治理

随着社会主义市场经济的发展完善，民主政治的深入进行，社会治理主体从单一走向多元，治理模式从政府中心走向共同参与。社会治理将政府从单纯的社会管理的身份中脱离出来，向公共服务者的新角色过

---

① 夏锦文：《共建共治共享的社会治理格局：理论构建与实践探索》，《江苏社会科学》2018年第3期。

② 同上。

渡。"国家权力逐渐从社会领域和公共生活中合理退让,为社会治理留下了广阔的空间。"① 国家权力退让所创造出的公共权力的空白,为多元主体的社会治理提供了发展的空间,对空白的填补成为新时代亟待有效解决的重要环节。"人类社会的治理文明是在人类有了群体意识以及秩序追求的时候出现的。"②马克思说过人是社会关系的总和,个体在社会中形成关系时,就不能脱离政治和伦理问题,也就意味着,社会治理将个人置于社会中联结起来,创造出多元主体的合作条件,形成与"社会管理"不同的政治文明和价值取向。社会治理是政治行为,也是伦理道德问题,社会治理既凸显了公共社会的特征,同时也要求治理主体遵行共同的道德准则,它是权力意志、法的精神以及伦理精神的结合。

从伦理道德层面来看,"社会治理的伦理观是社会治理主体的世界观、价值观和人生观在社会治理活动中的体现,也是贯穿于社会治理体系中的实质性价值理念。"③ 研究伦理视域下的社会治理既需要考虑多元主体治理行为的正当性,也应当明确治理过程中遵循的价值原则。

其一,社会治理的基本道德原则是公正与平等。在亚里士多德看来,公正"是具有均等、相等、平等、比例性质的那种回报或交换行为"④。"如果两个人不平等,他们就不会要分享平等的份额。"⑤ 社会治理呼吁社会各方面共同参与,就理应确保实施规则和利益回报的公平公正,只有在保障利益不受侵害的前提下,才能真正发挥社会群体的积极性。杜威说:"公正即是德行,并非德行之一种。公正的行为,即是应该的行为,公正即是责任之履行。"⑥ 公正的根本问题是权利与义务,强调权利与义务的等利交换,公正的行为是权利的获得和义务的履行。治理主体所应承担的义务没有完成,或是并未获得应得的权利时,公正就失去了意义,社会治理也会很难继续进行下去。马克思认为确保真正实

---

① 李建华:《现代德智论》,北京大学出版社2015年版,第58页。
② 张康之:《论伦理精神》,江苏人民出版社2010年版,第1页。
③ 张康之、李传军:《行政伦理学教程》(第二版),中国人民大学出版社2009年版,第41页。
④ 《亚里士多德全集》(第八卷),中国人民大学出版社1992年版,第103页。
⑤ [古希腊]亚里士多德:《尼各马可伦理学》,廖申白译注,商务印书馆2003年版,第134—135页。
⑥ 杜威:《道德学》,中华书局1935年版,第408页。

现公正,要加强和完善社会治理的制度建设。"鉴于以往任何国家都无法避免治理人员作为社会公仆的身份异化,社会治理要想彻底摆脱政治羁绊体现民主属性,无产阶级就必须进行制度建设,完善社会治理制度和机制。"① 防止个人权力在社会管理中的异化,将权力限制在法律的牢笼里,通过法律制度的规定限制个人权力的异化。除了制度层面的规定以外,还应当要坚持人与人之间的平等关系,公务员等国家公职人员并没有凌驾于普通公民的权力。社会治理主体只有建立在主体平等的公正基础上,才能拥有对话和协商的自由性,否则只会是权力的压制,并不能真正实现社会治理这一创新性的策略,致使社会民主仍停滞在"社会管理"的层面上。总之,公正是对平等对待的要求,是基本利益不受侵害的确保,社会治理是多方参与下的治理模式,在多方利益的结合中,要以平等与公正为基本道德原则,保证社会治理的公正性。

其二,信任是社会治理稳定运行的基础。改革开放40多年来,伴随着商品经济的发展,城市化运动的演进以及现代信息技术的革新,社会流动速度加快,传统的以地域为主的交往模式逐渐瓦解,人们从熟人社会的圈子中走出来进入陌生人社会,进而陌生人社会得以正式生成。从传统熟人社会向现代陌生人社会的社会结构转型是社会发展的必然趋势,社会结构的转变客观上要求与之相匹配的道德基础作为支撑。社会管理向社会治理的转变正是顺应新时代发展的需要,逐渐摆脱了传统的单一管理模式中的中心——边缘的治理结构。政府与社会的主要治理形态是参与治理,以政府为主导,吸纳社会力量进行治理,在治理结构上主体地位的不平等性依然存在。因此,政府和社会的关系更倾向于合作治理的方式,在合作和对话中需要互相信任这一道德基础起到桥梁作用,共同构建治理主体之间和谐稳定的合作关系。"任何建构社会秩序和互动的社会框架的连续性的长期努力都必须建立在社会行动者之间相互信任的稳定关系的发展基础之上。"② 信任是社会秩序持续稳定的道德基础。人们身处于社会生活中,信任是一个普遍的人际关系,它是从陌

---

① 沈杰:《马克思恩格斯社会治理思想探微》,《河海大学学报》(哲学社会科学版)2015 年第 4 期。

② Seligman, Adam B., The problem of Trust. Princeton:PrincetonUniversity Press, 1997, p. 14.

生人走向熟人的必要一步，同样，置于社会治理中也不能逃脱。社会治理不是短期的治理模式，他需要具备长期运行的条件，在治理主体的伦理关系上，信任起到重要的支撑作用。传统信任更多的是特殊信任，这种信任模式主要建立在血缘、地缘、朋友等具有亲密关系的人群中，而在社会治理中更加强调构建的是陌生人中的系统信任。所谓系统信任是指"一种范围扩展的信任模式，主要是基于抽象系统（包括象征符号和专家系统）对时空缺场的陌生人的信任"。[①] 社会流动性加快，空间转换和交通工具的便利，致使人们不再局限于狭小的空间，信任的范围也会随着时代的变化和社会的发展有所扩大，传统的熟人社会的信任模式向陌生人中蔓延，这种普遍信任不可否认是有道德风险的，但同时也是社会发展的润滑剂，能够有效地化解不必要的冲突与矛盾。避免道德风险的有效途径之一就是需要具备权威性的主体的引领和见证，政府的参与是信任达成的关键，同时政府在社会治理主体中也应当作为合作的一元，而不应当具有特殊的权利和地位，只有这样建立起来的信任关系才具有可靠性和长久性，才能在相互依存中真正达成社会共识。

其三，以人为本和利益共享是社会治理的中心目标。人是目的而不是手段，社会治理强调以人为本的价值观和利益的共享性。社会治理由单一向多元主体的转向和融合，是将国家与社会组织以及公民之间的关系由分离走向结合，也是对治理风险的分散。"社会治理的政治性、公共性和社会性决定了其价值指向与单纯的经济管理活动追求个人利益、部门利益、集团利益最大化的价值指向截然不同。"[②] 社会治理是一项为大多数人谋幸福，而不是为少数人获取利益的政治活动，它更加注重社会整体的效益和价值。"管理"的社会以金钱为本位，追求利益的最大化，这种以利益为导向的社会管理活动，忽视了"以人为本"的出发点，长期以往下去，容易激化社会矛盾，不利于社会协调可持续发展。社会治理遵循"以人为本"的治理原则，坚持最终的利益成果由全体人民共同享有，才能真正协调社会利益，化解社会矛盾，真正走向"善治"的治理目标。人民是国家的主人，社会治理的主体是人民，社会治

---

① 徐尚昆：《转型时期社会治理中的信任重构》，《中国特色社会主义研究》2017 年第 1 期。
② 范逢春：《创新社会治理要实现"五个转变"》，《光明日报》2014 年 7 月 20 日。

理的最终目标也是为了人民，正如马克思所说未来社会的发展前景"将是这样一个联合体，在那里，每个人的自由发展是一切人的自由发展的条件"。社会治理的权力来自于人民，这也就要求它最终需要服务于人民，因此治理主体并不是单一的，社会治理的顺利实施需要提高人民的参与度，人民既是治理结果的共享者，也是治理过程的见证者和创造者。社会治理蕴含公共性，人无时无刻不处于关系之中，无法完全脱离社会而成为独立的个体，这就必须产生交往和互动，公共性是把考虑他人和集体利益摆在了个人利益的前面，它是社会成员的共同利益诉求，也是人类共同体的最终归宿。因此，对于社会治理的最终结果，它是在人民作为治理主体共同参与时产生的，它所获得的利益成果也应当实现共同体成员的共享。

第二节 有效社会治理与善治

"社会治理"的主体是"复数"，具有多元主义的特征，它是以共享共赢为目标，通过合作、交流与协商而形成的治理模式。区别于政府的权威，社会治理更加强调社会组织的力量，鼓励公众参与进来，有利于增强社会创造活力。治理需要树立共同的伦理价值观，社会治理模式得到普遍认同和有效展开对社会发展和政治文明能够起到一定的促进作用，如何正确的实现社会治理，则主要从两个方面着手：有效社会治理和善治。

一 有效社会治理

"社会管理"向"社会治理"的过渡，打破了传统社会中的单一垄断格局，社会结构也顺应新时代的发展要求发生了全方位的转变。有效社会治理是要保证社会治理的合理有效推进，社会治理能够正确地处理好政府与社会组织以及公民之间的关系，保障社会治理过程中不会受到社会各界力量的干扰和阻碍，实现社会治理和谐有序的展开。

其一，要完善社会治理体制，"打造共建共治共享的社会治理格局"。党的十八届三中全会以来，就创新社会治理体制进行了理论和实践上的双重探索,并提出了一系列的社会治理的转型模式。十八届三中全会通过的《中共中央关于全面深化改革若干重大问题的决定》中提出在全面深化改革的过程中,要做好统筹设计和远景规划,积极改进社会治理方式,激发社会组织活力,全方位的实现社会治理体制的有效部署。这是"社会治理"这一概念在党的正式文件中的第一次亮相,是创新社会治理体制的初步成果。党的十九大报告上提出了要"打造共建共治共享的社会治理格局",新型治理格局的构建是对以往创新社会治理体制的经验总结的成果,是新时代新发展新矛盾共同推进的产物,也是实践过程中的又一前进和创新。

创新社会治理体制要从改进社会治理方式、加强社会治理制度建设、激发社会组织活力、加强预防和化解社会矛盾机制建设、健全公共安全体系以及加快完善互联网管理领导体制建设六个方面着手。第一,社会治理方式的改进。社会治理主要包括系统治理、依法治理、综合治理和源头治理四种方式,习近平总书记指出,"治理和管理一字之差,体现的是系统治理、依法治理、源头治理、综合施策"[1]。社会治理强调政府和社会各方力量的良性互动,运用法制思维化解利益矛盾,强化道德约束,坚持标本兼顾,重在治本的治理方式。第二,社会治理制度建设的加强。"完善党委领导、政府负责、社会协同、公众参与、法治保障的社会治理体制,提高社会治理社会化、法治化、智能化、专业化水平。"[2] 通过法制化手段,对社会治理主体,社会治理过程以及社会治理结果做出体制化的监督和保障,确保社会治理的全面、和谐和公平公正。第三,激发社会组织活力。社会治理主体包括政府和社会多方力量,要明确政府和社会的关系,政社分开,在治理过程中,政府要适当放权,给各社会组织自由发挥提供空间,更好地发挥社会组织的创造活力。第四,加强预防和化解社会矛盾机制建设。社会治理是社会转型和发展的结果,是一条不断探索和创新的路,未来的发展方向是有预期

---

[1] 2014年3月5日习近平总书记在参加他所在的十二届全国人大二次会议上海代表团审议时的讲话,《人民日报》2014年3月6日。

[2] 习近平:《决胜全面建成小康社会 夺取新时代中国特色社会主义伟大胜利——在中国共产党第十九次全国代表大会上的报告》,人民出版社2017年版,第49页。

的，但是我们不可否认它在化解社会矛盾的治理过程中可能会面临不可预估的风险。创新有效预防和化解社会矛盾体制可以降低或者避免风险带来的潜在危害，具体来说，党的十八届三中全会主要给出了健全重大决策社会稳定风险评估机制、改革行政复议体制和改革信访工作制度三项有效措施。此外，"中国特色社会主义进入新时代，我国社会主要矛盾已经转化为人民日益增长的美好生活需要和不平衡不充分的发展之间的矛盾。"① 社会主要矛盾的新时代转变是社会治理中需要解决的重要问题，要加强化解社会矛盾机制建设，正确处理好主要矛盾和次要矛盾以及人民内部矛盾问题。第五，公共安全体系的健全。社会治理主体需要树立正确的安全发展理念，建立和完善公共安全体系，健全食品、药品安全监管机构，加快社会治安防控体系建设，加强社会心理服务体系建设，遏制重特大安全事故的发生，把安全问题放在重中之重，为社会治理构造稳定秩序的社会环境。第六，加快完善互联网管理领导体制建设。社会发展速度加快，信息传播和网络技术在社会生活中占据越来越重要的位置，社会治理体系和治理能力的创新不仅要求在理念上的革新，还需要治理技术的变革，信息技术和网络科技的运用是必不可少的环节。信息化的大数据时代能提供系统化、全面性的数据收集，有利于整体性治理，网络信息安全和智能化既可以科学规划治理系统，提高社会治理的效率，也能确保国家网络和信息的传输保密性和安全性，更好的为社会治理提供服务。

其二，要重构社会信任机制。社会治理的有效性在道德层面上需要建立健全信任机制，与传统的特殊信任不同，新时代的社会信任更强调构建在陌生人之间的信任关系，进一步增强共同体的凝聚力和社会认同感。社会分化和阶级分层的社会，个人身份将每个人局限在自己的范围内，打破固有的界限和舒适圈，将信任由特殊走向普遍，是社会治理得以实现的有效途径。社会治理所构成的治理主体是多元的，真正将社会治理主体所形成的共同体得以融合是社会治理能力现代化的关键因素，而普遍信任或者说系统信任是问题解决的重要方式。第一，信任要建立

---

① 习近平：《决胜全面建成小康社会 夺取新时代中国特色社会主义伟大胜利——在中国共产党第十九次全国代表大会上的报告》，人民出版社2017年版，第11页。

在公正上。社会治理的最终目标是要实现利益的共享，治理的过程是多方力量合作共赢的结果。在社会治理的共同体中所构建的是与特殊信任不同的陌生人之间的信任关系，它没有特殊信任的稳定和无条件，这种以利益为中心的信任建立起来的信任关系更脆弱，更容易瓦解，也更需要形成公平公正的合作环境。因此，利益的获得应确保公平公正的前提，在合作对话的过程中，治理主体之间应当摆在平等的位置上，才能确保各方的话语权，把问题摊开来进行讨论，公正平等的环境能够使得参与各方增强自信心，加速各方力量的融合，放心的将自己的"后背"交出来，达成治理主体之间完全的信任，最终获得利益的共赢。社会贫富差距加剧，分配不均以及阶层分化的严重，导致个体与个体，个体与群体，群体与群体之间存在着明显的矛盾、冲突以及敌对，为合作、对话和信任增加了难度。社会分配的公正公平也是信任实现的重要环节，打破阶层的固化，提高主体之间的社会共同体感，从心理上对信任达成认同。第二，信任需要法律规范的约束和保障。在陌生人之间建立信任关系，除了道德层面的要求之外，还需要"刚性"的规定，需要具有权威性的法律规范的约束才能真正建构起稳定的社会交往框架，否则这种信任关系具有不可靠性，随时有可能面临猜疑和关系的破裂危机。信任放在陌生人社会中是利益与风险的搏斗，社会治理区别于个人垄断，而是将各方利益集团纳入体系之中，各方所代表的利益群体不同，也就意味着在进行协商和对话中存在博弈，如何确保政策法规顺利实施的同时，也能满足各方力量利益的不受侵害，既能保证结果的权威性，又能代表最大多数人的利益，这就需要建立健全法律法规制度，用法的权威性来确保社会治理过程的合法性、合规范性。此外，法律规定具备的强制性和惩罚性，可以从心理上和实质实践中打击那些潜在或已存在的违背信义的行为，消除机会主义的投机行为。"法律面前人人平等"的价值观念，从起点上确保治理主体的公正平等，防止特权的存在凌驾于法律之上。法律自身也需要确保公开、透明，法律在治理主体中获得权威性，就在于它的明确条文规定和可监督性，治理主体对法律已达成一致的认可和信任，这时候在社会治理问题的规定上才能对这一公权力实现信任，成为社会治理中权威性的彰显。

其三，要明确治理自由的限度。随着人们对社会政治生活的关注度越来越高，想要参与进去的渴望和积极性也会增加，社会治理主体的多元性，可以增强治理过程中的创新活力，同时社会秩序可能会造成与"社会管理"下的政治活动的差异，如何明确社会治理中主体的自由限度，确保秩序和活力的平衡是亟待解决的重要问题。亨廷顿曾经说过："人当然可以有秩序而无自由，但不能有自由而无秩序。"[①]"只有在秩序的基础上，社会才能存续。"[②] 因此，在社会公共生活中，秩序的重要性不言而喻，秩序是社会稳定和谐的重要力量。社会治理强调多元主体的共同参与，并赋予治理主体之间平等的权利和义务，社会组织在参与过程和实施过程中拥有了一定程度上的自治权，但是这种自由是有限度的，它的存在不能打破秩序的稳定，要把握和平衡自由和秩序的界限。秩序的稳定也并不意味着要禁锢刚性的稳定，它强调构建的是一个"伸"与"缩"相对平衡的社会状态，是在稳定的社会秩序中寻求所需要的创造力和推动力。在社会管理中，更加侧重于政府的管控，这虽然能够保证社会秩序的稳定，但长期的权力固化和管控过多可能会产生独断的行为，也很难真正发挥出集体的力量，积极性没有得到调动。相似地，如若过于强调自由，主张自治至上就有可能造成秩序的不稳定，或是自治主体自身的不充分发挥，俨然是揠苗助长。因此，社会治理强调要积极发挥社会组织创造力，实现政府治理和社会调节，居民自治良性互动。这种合作与互动的治理模式一方面需要加强法律体系的规范力度，制定出合理的规则和界限，才能更好地在实施过程中依法办事，依规则而行。另一方面需要提供公正合理的资源分配，不断开发技术、智力和社会关系，提供物质上的支持，激发社会组织的创新活力和积极性。

---

① [美]塞缪尔·亨廷顿：《变化社会中的政治秩序》，王冠华等译，三联书店1989年版，第7页。

② [美] E. A. 霍贝尔：《初民的法律：法的动态比较研究》，周勇译，中国社会科学出版社1993年版，第12页。

二 善治

随着社会发展的日新月异，社会变革加快，社会的不确定性日益增加，寻求与社会环境相适应的新的治理方式成为国家和政府不断探索和创新的重点。"善治"是社会治理所要达到的最高层次，是政府与社会组织和公民之间的和谐关系的目标追求。俞可平认为善治包含合法性、法治、透明性、责任、回应、有效、参与、稳定、廉洁和公正十个因素，是多方面综合的结果。他把"'善治'界定为公共利益最大化的公共管理。善治是政府与公民对社会公共生活的共同管理，是国家与公共社会的良好合作，是两者关系的最佳状态"[1]。当今中国在进行社会治理的过程中，也不断强调和重视"善治"的意义，由"社会管理"向"社会治理"的转变是一个发展的过程，也是一个不断向"善治"靠近的过程，目前看来，政府主要采取三条路径来更好地实现社会治理的"善治"。

其一，推进智慧治理。党的十九大报告强调要加快建设创新型国家，创新是引领发展的第一动力，要提高社会治理的智能化水平，并首次提出"智慧社会"的概念，强调要瞄准世界科技前沿，强化战略科技力量，用科技创新引领时代潮流。"智慧社会"顾名思义，是以互联网、大数据、人工智能、虚拟现实、新兴技术等科技化手段构造出来的全新社会形态。"智慧社会"的构建为社会治理提供了新的内在动力，运用创新技术和文化的力量，建构智慧治理的新格局。"智慧治理新时代是走向善治的新时代"[2]，在治理过程中，科技力量的渗入所带来的有益成分，更好地加速"善治"新时代的到来。首先，信息化时代的到来，社会发展和信息传播速度加快，传统的管控式的社会管理模式难以适应新的社会治理的发展要求。新时代下的社会治理格局中，要正确把握政府与市场、社会组织、人民群众以及各种社会力量的关系，坚持以人民为中心，加强创新引领作用，构建服务型、精细化、智能化的政府，解决职能交叉，职能不清的科层管理模式，提高办事效率，增强社会治理的

---

[1] 俞可平：《善治与幸福》，《马克思主义与现实》2011年第2期。
[2] 傅昌波：《全面推进智慧治理 开创善治新时代》，《国家行政学院学报》2018年第2期。

协同性、整体性和系统性。其次，网络信息系统在社会治理中的运用，可以更好地服务于政府和其他社会主体，"没有信息化就没有现代化"，信息服务平台的构建，有利于数据的共享，跨越了时空、地域、部门和系统的局限，将社会治理主体更好更快地连接起来，同时信息的共享和交换，有利于对治理过程的监督和检测，一旦发现问题和异常，可以高效地应对和解决。此外，智慧治理的事实，网络数据的应用和信息的共享，支持政务公开，能够增强治理过程的透明性、公开性。最后，政府部门在推进数据融合的同时，还要注意信息安全，建设全面的信息安全保障体系，并应用法律的途径制定相关的法律措施和规范，这有利于在社会治理过程中提高信息传播的安全性和稳定性，增强治理主体之间的信任感，政府和其他社会力量能够更好地展开合作。智慧治理强调发挥智慧的作用，这种智慧不仅局限于网络技术，也包括其他各方面的领先技术的应用，社会治理是要发挥集体的力量，寻求适宜于新时代发展需要的治理方式。人是理性的动物，群体的力量要大于个人的，政府放权，让更多社会群体参与进来，才能真正动员全部力量共同解决问题，智慧社会需要的是社会共同体相互合作打造出来的社会形态，智慧治理是与时代相结合下的产物，是"善治"的重要表达，也是共同价值观的完美呈现。

其二，德与法的结合。良好的社会秩序是构建"善治"的基础，没有"良序"就不可能迈入"善治"。社会秩序的稳定既需要刚性的规制的力量，也需要道德的规范作用。一方面，规制力量具有强制力，将界限设置在一定的范围内，并形成一种公共性的认可，使得身处于规制力量的共同体中的人们不能做出违背规则的事情，否则会受到整体的不满和愤怒。社会治理主体的结合就需要规制力量的约束，这是社会契约的自愿达成，在这个协商、对话与合作的自治共同体中，人们行使和拥有着一定的权利，也需要保证制定的规则能够继续执行下去，利用共同体的力量，强制治理主体中的每个个人行为的不违规，一旦出现违规的情况，给予一定的处罚。规制力量具有一个临界点，当他过弱的时候，所起的作用可能不大，难以真正发挥作用，确保社会秩序的良好，相反，如果规制力量过大也可能会激发反作用，类似于官逼民反，农民起义的现象在中国古代统治极端强化下时有发生。因此，强制力量在社会治理中要保持在合理的范围内，规则的制定是治理主体进行具体内容商谈的前提。法制是最强的规制力量，它是通过暴力机关发挥强制力量，确保社会秩序的稳定，超越法治的强制力量则是不适宜的，话语权的过大，会打破规则，引发社会失序。另一方面，道德在一定程度上来看，也具有一定的规制力量，它是通过社会习俗、社会舆论发挥作用，但是这种规制力量是不具备强制性的，道德力量主要体现在人们的自律上，个人的道德水平越高，那么会发生冲突和矛盾的概率就会降低，社会秩序也就越稳定。道德力量的形成需要学习和教育的培养，但是一旦形成就具有自主性，会自动在社会治理的主体中发挥作用，并且具备较低的成本。无论是强制力量还是道德力量，都具有自身的优缺点，它们并不是两个独立的实施路径，是可以相互结合，共同在社会治理中发挥作用的。道德与规制的力量或者说德与法的结合，需要明确两者之间的比例。新时代社会文明虽然有所进步，人们的道德素质也有所提高，但是每个人的道德水平还具有一定的差距，不足以达到道德在社会治理中占据主导地位，在现实事件中，还需要依靠法律规制的强制力来保障社会治理的原则制定，当然我们也期待着以道德为主导的社会治理的自主性在未来能够真正得以实现，那将会是更高层次的社会治理模式。

其三，社会治理主体关系的平等。"彼得斯认为，具有国家中心倾向的'旧治理'（old governance）的核心概念是'掌舵'，关注政府的核心机构如何对政府的其余部分，以及对经济和社会加以调控。社会中心倾向的'新治理'（new governance）的核心关注是政府的核心机构如何与社会互动、达成彼此能接受的决策，或者关注社会如何趋于更加自我掌控，而不是受政府，特别是中央政府的指令。"[①]这也是"社会管理"与"社会治理"概念与意义的明显差异，社会管理强调政府中心主义，政府把控整个经济和社会发展过程，公众影响力较小，而在"社会治理"中则将政府看作为治理主体中的一员，强调社会组织和公共社会的自治，主动权掌握在社会参与者自己的手中，真正实现政府与其他社会

---

① 郁建兴、王诗宗：《当代中国治理研究的新议程》，杨帆译，《中共浙江省委党校学报》2017年第1期。

力量的良好互动，而不是绝对的命令。党的十九大报告提出社会治理的当前目标是"打造共建共治共享的社会治理格局"。无论是共建、共治还是共享都强调了治理的公共性，这是一个共同体成员之间的治理行为，它不可能存在于个体之中，治理主体的多元化要求党委、政府、社会组织和群众在治理过程中要保持平等的社会关系，明确职责和分工，不越权不集权，实现"善治"。关于"善治"的论述有很多，俞可平指出，"善治就是使公共利益最大化的社会管理过程"，社会治理的公共性以及治理主体的多元性和平等关系都为利益最大化和结果共享提供了前提和基础，只有建立在平等和公正上的主体关系，才能实现信任的构建，从而更好地发挥集体的智慧和力量，为共同体的利益奋斗。利益的最大化不仅是整体利益的增加，也是个人利益的满足，把公共利益作为主要出发点来进行社会治理的开展，才是公共理性的作用发挥和"善治"的实际表达。治理主体的多元化寻求更多的社会力量参与和加入进来，无论是政府还是市场都可能存在治理失效的情况，引入社会力量能够增强公民的主动性，发挥社会的能动性，更好地服务于公共利益和社会力量，这些参与者没有等级上的差别，他们都应当是在自己的身份和能力范围内发挥着作用，因此，也需要一个平等的对待，才能更好地将社会关系稳定和维系下去，逐渐走向"善治"的治理模式。新的社会治理模式在中国特色社会主义新时代富含着积极的价值判断，是治理主体自觉选择的结果，反映了我国公民的政治参与意识的提高，集体荣誉感和使命感的增强。虽然在实施过程中可能会面对国家建构和社会治理之间的冲突，但是已经逐渐形成了的平等、公正的价值理念能够很好地帮助我们做出正确的选择，同时政府的鼓励和支持也会逐渐放松对社会政治生活的完全掌控权，社会治理的实施也将会愈加顺利。

第十三章　当代中国的生态伦理建设

生态环境问题是当代全人类面临的一个重大问题，直接关系着世界上所有国家、所有组织，乃至于所有个体的切身利益，关系到整个人类发展的基本命运。生态伦理是在人与自然的关系出现严重失调的形势之下被提出来的，旨在构建出一种新型的人与自然的关系。纵观人类发展的历史，人类的社会生产方式与自然生态环境之间的关系大致经历了三个阶段：即农业文明阶段、工业文明阶段以及生态文明阶段。农业文明阶段人类的生产方式与生态环境之间具有直接同一的肯定性；工业文明阶段人类的生产方式与生态环境之间具有相对独立的否定性；而生态文明阶段人类的生产方式与生态环境之间则是进入一种重新同一的否定之否定阶段。作为生态文明的重要组成部分，生态伦理从理论和实践两个层面推动着生态文明的建设。

第一节　生态文明与生态伦理

生态文明是人类文明的最新形态，是对传统文明的继承、批判以及超越，是一个结构复杂的综合性概念；生态伦理是人类对于人与自然界共存亡的这一形势的新认识，体现了人类生态自然观的转换。作为生态文明中极其重要的组成部分，生态伦理是生态文明建设的伦理发展。

一　生态文明的内涵及其特征

生态文明是一种正在生成和发展的文明范式，是继工业文明之后，人类文明发展的又一个高级阶段[1]。它是人类在改造自然的过程中为实现人与自然之间的和谐所做的全部努力和所取得的全部成果，表征着人与自然相互关系的进步状态[2]。作为实现美丽中国梦的"阿基米德点"，生态文明将通过自身强大的理论解释力、实践指引力和生活渗透力，强有力地支撑起撬动社会变革与历史进步的伟大杠杆，从而开启新的时代。它不仅仅是国家和政府面向未来所提出的高屋建瓴的治理理论，而且理应转化为直接关系人民群众切身利益的实实在在的自觉实践，更应该成为一种人人能参与、人人能受益的美好的生活样态。

人与自然的关系是人类文明的基础所在，文明的转型其实就是从人对自然的认知发生改变的结果。原始文明时期，人类生产力水平极其低下，对于自然的利用和开发极为有限，此时人类对自然的态度更多的是畏惧。农业文明时期人与自然处于一种相对协调的状态，由于生产力水平相对有限，人类的生活方式以农牧业为主，对于自然的开发和利用的范围和强度相对较小，如此人类对自然的破环和冲击力度也就处于环境的承载范围之内。人类的活动对自然带来一定程度破环和冲击，而自然则是处于一种自我修复的状态当中，如此人类与自然处于一种动态平衡，人类对自然抱着敬畏的心理，尚未形成明确的征服和统治自然的心理，两者才能得以和平共处。工业文明时期，人类开始了文明史的第二次大飞跃，随着科学技术的进步，人类的生产力水平大幅度提升，对自然的开发利用的程度和规模不断扩张，延续了数千年的农业文明体系逐渐被打破。人类对于自然不再是敬畏，自然被人类当作被征服的对象。科学技术的进步带给了人类征服自然的勇气和信心，也给人类开发自然提供了巨大的便利。人类开始毫无节制地开发和利用自然，从自然中获取暴利，这一时期人类的生产力水平和生活水平都得到了史无前例的巨大提升。然而进入20世纪下半叶，隐藏在工业文明所带来的巨大财富背后的危机开始逐渐显现。面对日益严重的生态破坏和环境污染问题，人们开始反思自身的生产方式和生活方式，一种新的文明观——生态文明观开始出现并对人类产生重大影响。

---

[1] 杨通进：《能够拯救人类的上帝——生态文明》，《生态文化》2007年第6期。
[2] 李景源、杨通进、余涌：《论生态文明》，《光明日报》2004年4月30日A1版。

生态文明概念的提出旨在解决人类对自然过度开发和利用而带来的诸多问题，探讨人类文明未来发展的新趋势。我国学术界对于生态文明的关注和研究始于20世纪90年代前后，著名的生态学家叶谦吉先生在全国生态农业问题讨论会上首先呼吁加强生态文明建设，之后诸多学者对于这一问题展开了深入的研究和探讨，政府也将生态文明建设纳入社会建设的重要目标当中。"刘思华则把生态文明纳入与物质文明、精神文明并存的现代文明的范畴之内，随后，2002年，党的十六大报告则把生态文明作为全面建设小康社会的目标之一；党的十七大正式提出了建设生态文明，把生态文明作为国家政治思想理念的提出，标志着我国生态文明建设的正式开始。"[1] 对于生态文明的理解可以从广义和狭义两个方面出发，从广义上来看生态文明是一种人类文明的发展阶段，从狭义上来看生态文明是社会文明的重要组成部分。广义的生态文明是与农业文明、工业文明相对应的存在，是人类社会的重要发展阶段。人类社会经历了原始文明、农业文明以及工业文明三个发展阶段，目前人类正处于从传统的工业文明向现代生态文明转变的过渡时期。作为新时期的文明形态，生态文明以生态为核心，是对传统工业文明所带来的种种弊端的深刻反思，努力构建人与自然和谐统一的生存状态，实现全方位的和谐。狭义的生态文明是与物质文明、精神文明以及政治文明相对应的第四种社会文明形态，是作为现代社会文明体系的基础而存在的。物质文明为人类社会的发展奠定坚实的物质基础，精神文明为人类社会的发展提供智力保障，政治文明为人类社会的发展提供良好的社会环境支持，生态文明则是要求人类在社会发展的过程中要以文明的态度对待自然，努力改善人与自然之间的关系。

　　总而言之，作为人类文明的最新形态，生态文明是对传统文明的继承、批判以及超越，是以尊重自然和保护自然为基本宗旨，以可持续发展为基本手段，以实现人的全面发展为基本目的。综合而言，生态文明包含了以下几个方面的内容：人与自然和谐的价值观、可持续发展的生产观以及科学合理的消费观。人与自然和谐的价值观所确定的是人与

---

[1] 钟明春：《生态文明研究述评》，《前沿》2008年第8期。

自然并非是一种征服与被征服的关系，而是一种相互依存、和谐共处的关系。作为人类社会发展的重要依托，其已经成为人类生存和进步的基本条件，自然消亡人类也将必然走向消亡。人类的发展需要不断从自然中获得基本的条件，但是随着人类需求的增强以及索取方式的不科学，自然正面临着前所未有的压力，人类的索取已经超出了自然的承载能力。因此人类在索取的同时也应当要尊重自然、保护自然，要树立起符合自然规律和自然法则的文化价值观。可持续生产是符合自然规律和自然法则的文化价值观的基本实践，自然作为一个庞大的生态系统而存在其资源和承载能力是有限的，人类社会的发展应当在自然的承载能力范围之内进行。人类社会应当树立可持续生产观，要对自然资源展开综合利用、循环利用、可持续利用，要在最大程度上降低对生态的破坏，实现资源的循环利用。社会生产与社会消费是密不可分的，有需求才会有生产，树立可持续生产观的同时必须树立科学合理的消费观。人类的消费是为了满足人类的基本需求，但不能够仅仅局限于此，而是在满足自身需求的同时不能够破坏自然环境，更不能损害后代的利益。现代社会中我们更应当强调一种合理消费、科学消费、绿色消费，实现人与自然的和谐共处，实现社会的可持续发展，努力保护后代人的基本利益。

　　人与自然和谐的价值观、可持续发展的生产观以及科学合理的消费观作为生态文明的基本内容也就带来了生态文明的基本特征，即整体性、和谐性以及可持续性。整体性是生态文明社会的基本前提属性，是对工业文明时期人类只关注经济增长不顾自然环境、只关注人类自身发展不注重自然界的科学反思。纵观整个工业文明时期人类的发展史，其实就是一部人类尝试着去控制和征服自然的历史。人类通过对自然开展无止境和无节制的掠夺和破坏换来社会生产力的提升，最终带来的也只有是自然的惩罚，生态破坏、环境污染等诸多问题成为人类发展道路上最大的障碍。人与自然本身就是作为不可分割、有机统一的整体而存在的，两者相互依存、共同发展。人类的发展离不开自然，社会的进步需要从自然当中获得能量，生态文明首先就是将"人——自然——社会"明确为一个整体的生态系统，并从这个整体出发去规范人类发展的基本行为。生态文明强调"人——自然——社会"这一复合生态系统的整体利益，反对为了局部利益或者短期利益而损害整体的长远利益，反对只顾经济效益不顾生态保护的发展模式，将人类、自然与社会组合成为一个有机的统一体，实现人类社会与自然生态之间的协调发展。生态文明从整体出发实现了三个"共一"，"万物共一、人类共一、天人共一，也就是说，在一个生态文明的新社会里，人们的理性达到了万物同源。天人一体的最高境界，并在溶入全球一体化的浪潮中发出理性的光辉"[1]，这也就将人与自然、人与社会、人与人的发展统一起来，这也体现了生态文明的根本要求。

和谐性是生态文明的本质特征，体现的就是人与自然和谐共处的文明形态。生态文明要解决的基本问题就是人与自然的和谐，进而实现人与社会、人与人之间的和谐。生态文明是对工业文明的扬弃和超越，是对工业文明时期人类掠夺式开发自然的反思，"在生态文明观看来，我们在处理人与自然的关系时，不应把人的主体性绝对化，也不能无限夸大人对自然的超越性。人是自然物，是自然界的一份子，人类在改造自然的同时要把自身的活动限制在维持自然界生态系统动态平衡的限度之内，实现人与自然的和谐共生、协调发展"[2]。生态文明的和谐性体现的是人与自然并非是一种利用与被利用、征服与被征服的关系，而重点强调人与自然是一个整体生态系统当中的重要组成部分，人与自然的和谐是人类社会可持续发展的基本前提条件，也是生态文明社会的基本目标。可持续性是实现和谐性的基本手段和途径。人类社会的发展从原始文明到农业文明和工业文明时期，人类对自然的开发和利用不断扩张，对自然的掠夺和破坏也在不断加剧，特别是进入后工业文明时代，生态破坏、环境污染等问题已经严重威胁到人类的生存和发展，也制约着人类文明的进步。可持续性强调的是人类的发展既要满足当代人的基本需求又不能损害后代人的基本利益，强调社会的经济发展要与人口增长、资源开发以及环境保护等方面相协调，"由仅有经济发展转向寻求经济、社会与生态同步推进与共同发展的方向发展。只有沿着这个方向发展，

---

[1] 任恢忠、刘月生：《生态文明论纲》，《河池师专学报》2004年第1期。
[2] 李刚：《建设生态文明是人与自然和谐发展的必由之路》，《理论导刊》2008年第8期。

才能保证现代文明发展的可持续性"①。生态文明的实质其实就是要实现"经济——社会——生态"这一复合系统的可持续发展。

二 生态伦理的内涵及其特征

生态文明的建设首先是一种生态观念的变革,这种变革就是要确立生态伦理观。生态伦理是生态学与伦理学的交叉和渗透,其实就是重新审视人与自然之间的关系,希望将人与自然的关系确立为一种新型的道德关系,表现出人类对自然的人文关怀和伦理情怀,其核心就是要求人类社会在发展的过程当中要正确对待自然,坚持人的发展与自然的保护同样重要。伴随工业革命而产生的工业文明是极具创造力和活力的人类文明体系,为人类带来了极其丰富的物质财富,社会生产力得到了极大幅度的提升,为人类的工业化发展提供了强劲的动力。然而工业文明在带来快速发展的同时也带来了诸多问题。工业文明时期人类所创造的社会财富远超过去数千年人类所创造社会财富的总和,而其对自然环境所带来的破坏同样也是远远超过了过去数千年的总和。气候变暖、土地沙漠化、水资源污染等等问题直接威胁着人类的生存和发展。工业文明时期的种种弊端日益凸显,人类开始反思自身的生产方式和生活方式,期望找到一种发展理念能够缓和人类和自然之间的矛盾,能够在保证当代人利益需求的同时不损害后代人的基本利益。生态伦理理念也就是在这种"反思"当中应运而生,成为工业文明向生态文明过渡的理念支撑。生态伦理其实就是人类对于当今社会出现的生态退化等生态危机而开展的人类与自然关系的伦理反思,是一种保护生态环境的道德理念以及行为规范,从道德的角度重新审视自然,主张尊重自然,追求与自然协同发展。

关于生态伦理的研究存在着诸多流派,目前在理论上还不能够形成一个统一的观点,但其中有很大一部分的重叠和共识。整体来看生态伦理思想以"人本主义"和"自然主义"为最基本的价值判断标准和界限,其形成了"人类中心主义"和"自然中心主义"两个阵营。"人类

---

① 刘思华:《生态文明与可持续发展问题的再探讨》,《东南学术》2002年第6期,第62页。

中心主义"将人看作是宇宙的中心，人类的利益是至高无上的，人类之对于自身以及后代具有道德义务，而其他的存在物仅仅是人类的附属品或者说是人类支配和统治的对象。"人类中心主义"将自然当作是一种客体存在，虽然承认自然具有满足人类需求的价值，但并不承认自然的固有价值，认为自然仅仅是人类实现自身利益的载体或者手段。"自然中心主义"则包含了动物权利论、生物中心主义以及生态中心主义，动物权利论主张将人类的道德关怀扩展到动物，因为动物具有内在价值而不仅仅是相对于人类的工具价值；生物中心主义则主张所有生物的内在价值是平等的，其相对于动物权利论具有了更进一步的拓展；而生态中心主义在生物中心主义的基础之上提出生态伦理不仅仅要关注生物更要关注无生命的生态系统，不仅要承认自然客体之间的基本联系更要将其看作是一个整体。

生态伦理是人类对于人与自然界共存亡的这一形势的新认识，体现了人类生态自然观的转换，其核心就是承认自然是有价值的、有权利的，自然界是一个完整统一的系统。首先，自然界是有价值的，"我们就要承认不仅人是目的，而且其他生命也是目的；我们不仅要承认人的价值，而且要承认自然界的价值。在这里，价值主体不是唯一的，不仅仅人是价值主体，其他生命形式也是价值主体"[①]。也就是说自然界不仅仅具有外在价值，同时也具备内在价值，自然界并非仅仅具有满足人类的基本需求，为人类提供生存和发展所需要的资源的工具性价值，其本身也具有价值。自然是内在价值和外在价值的统一，同时其也是有权利的存在，"环境伦理试图通过承认人之外的生命体与自然物也具有与人同等的权利和价值，来防止人对自然的破坏"[②]。自然界的权利要求人类在与自然相处的过程中需要尊重自然、保护自然，在从自然索取生存和发展所需资源的同时要与自然和谐共存，共同发展。自然界是一个完整的、统一的系统，"我们所面对着的整个自然界形成一个体系，即各种物体相互联系的总体，而我们在这里所说的物体，是指所有的物质存

---

① 余谋昌：《生态人类中心主义是当代环保运动的唯一旗帜吗》，《自然辩证法研究》1997年第9期。

② 岩佐茂：《环境的思想》，中央编译出版社1997年版，第99页。

在，……只要认识到宇宙是一个体系，是各种物体相互联系的总体，那就不能不得出这个结论来"①。自然界不仅仅是一个统一的生态系统，更是一个相互联系的整体，为了维护生态的平衡，人类要充分认识自然界的价值并且保障自然界的权利，将人与自然看成是一个统一的整体，将生态伦理的理念根植于人类的全面发展当中。

生态伦理的核心是承认自然是有价值的、有权利的，自然界是一个完整统一的系统，这也就意味着整体性、协调性以及正义性应当成为其最基本的原则。正如生态伦理的核心一样，整体性是生态伦理的首要原则，整个世界就是一个统一的生态系统，人类与自然同时处于这个系统当中谋求自身的发展。

整体性体现在两个方面：一是人类社会本身是一个统一体，是由单个的个体组成的有机系统。随着全球化的进一步推进，整个世界已经连接成一个整体，生态环境问题也成为一个全人类面临的共同问题。面对工业文明给生态环境带来的巨大破坏和冲击，全人类应当共同努力，通过开展广泛的全球合作，转变生产方式和生活方式，共同承担起生态保护的责任。二是人类和自然是一个整体，两者组成一个统一的有机系统，人类从自然当中寻求资源以满足自身生存和发展的需要，但与此同时人类在开发和利用自然的同时也应当尊重自然的基本规律，维护人类以外其他主体的基本利益，实现全方位的和谐发展。

协调性原则是要求人类在认识人与自然的整体性的基础之上把握好人类的生存、发展与生态保护之间的关系，将工业文明时期两者的对立关系转变成一种协调发展的关系。协调性原则体现在以下两个方面：一是人类发展需要从自然获取资源，谋求生存与发展是人类的本性，人类要想生存并且取得发展就需要从自然界获取物质资源；二是资源具有有限性，人类需要依靠自然资源获得生存及发展，但是资源最大的特性就是有限性，如果人类无计划、无节制的开发和利用自然，资源总有枯竭的时候。如何处理和协调好人对自然资源基本需求的无限性与资源的有限性之间的矛盾关系是我们不可回避的问题。

---

① 恩格斯：《自然辩证法》，人民出版社1971年版，第54页。

协调人的需求无限性与资源有限性之间的矛盾，处理的是当代人与自然之间的关系，正义原则处理的则是当代人与当代人、当代人与后代人之间的利益分配问题。正义原则强调的是整个生态系统之内的所有成员都有享有系统所提供的种种资源以获得生存和发展的权利，同时也都应当承担维护生态系统平衡的义务。这有两个方面的具体体现：一是代内正义，也就是现如今整个世界是一个相互联系、共同依存的整体，无论是发达国家还是发展中国家都应当公平的享有权利并承担相应的义务。然而由于国家与国家、地区与地区之间的发展水平差异较大，发达国家与发展中国家在享有权利和承担义务方面存在着极大的不公平。发达国家和地区将大部分的资源消耗高、污染严重的产业向欠发达的国家和地区转移，这也就造成了事实上的"不公平"。二是代际正义，也就是当代人在考虑自身的生存和发展的同时也需要考虑后代人的利益，并将其付诸于实践，进而实现可持续的发展。

三 生态文明与生态伦理

生态文明是一个结构复杂的综合性概念，生态伦理就是其中极其重要的组成部分，它是生态文明建设的伦理发展，从理论和实践两个层面促进生态文明的建设。

生态伦理观指引生态文明建设的基本方向。在生态文明复杂的结构和丰富的内涵当中，生态伦理一直都是极其重要的组成部分和具体体现。生态伦理将道德关怀的范围扩展到自然界、到生态系统，用伦理的规范去处理人与自然的关系，这是对工业文明时期所产生的种种生态环境问题的完美回应。当今社会严重的生态环境呼唤生态文明的建设，自然界已经对人类在工业文明时期所开展的无止境的破坏和掠夺展开反击，对人类的发展提出了挑战。建设生态文明首先就需要树立正确的生态伦理观，将自身的角色定位从自然的征服者转变为生态系统当中普通的成员，只有这样才能够重新审视人类的发展模式，反思经济增长方式，为生态文明的建设指明正确的方向。必须要指出的是生态伦理观的建立并非是对工业文明的全盘否定，而是要对工业文明时期人类的生产方式和生活方式展开深刻的反思和批判，探索新的文明发展模式。生态伦理是生态与伦理的结合，生态学揭示了自然界各个系统之间的联系，展现了人类与自然相互依存的关系；伦理学则是将伦理规范应用于人类与自然界的关系处理问题之上，结合生态学所展现的各种关系，为人类的行为提出具体的规范。传统工业文明时期工具理性备受重视，而价值理性则遭到抛弃，片面性的发展带来严重的后果。生态文明建设的过程当以整体性、协调性、公正性等伦理原则为指导，正确处理人与自然的关系，构建人与自然的新的文明形态。

生态伦理观的树立有助于提升人们的生态伦理意识。传统的伦理观完全是以认为核心关注的是人与人、人与社会之间的关系问题而忽视了人类对于自然的伦理关怀，这也就导致了人与自然之间关系的日益紧张。生态伦理重新审视人与自然的关系，注重对自然的伦理关怀，培养人们的生态伦理意识，强调人类的发展不能够仅仅关注眼前的利益，也不能够只关注人类自身的利益，而是要将人与自然紧密结合起来，追求自身利益的同时也需要考虑自然的利益，追求当代人的利益的同时也需要考虑后代人的利益。

生态伦理体现的是一种责任意识，是基于人、自然以及社会三者之间相互依存关系而提出的一种责任要求。生态责任的履行需要具有相应的责任意识和行为能力，而对于自然界来说其并不能够自觉意识到自己应当履行的责任，因此其无法成为承担责任的主体，生态责任的履行更多依靠的还是人。这其中不仅仅是作为个体而存在的人，同时也应当包括社会的集体、国家等组织。当代社会所面临的种种生态危机并非完全是因为个体缺乏生态责任意识，同时也是因为社会群体、社会组织缺乏生态责任意识。生态伦理观的树立有利于人们生态责任意识的培育，特别是社会团体生态责任意识的培育。生态文明的建设需要社会个人、社会团体的共同努力，形成普遍认同的生态责任意识是建设生态文明的基本前提，这是推进生态文明建设的内在动力。

生态伦理观的树立有助于改变人们传统的生产方式和生活方式。工业文明时期，人类是作为自然的征服者而存在，人类将自己当作是自然的主宰，无止境地对自然进行开发，向自然索取生存和发展所需要的资源，正是这样一种生产方式和生活方式带来了生态的破坏、环境的污染。生态伦理观的树立最直观的作用就是改变传统文明中的思想观念和行为方式，实现人类角色定位的转变。人们要运用生态伦理的基本观念和原则调整自身的行为方向和生活方式，运用科学合理的方式充分利用自然同时要努力保护自然，维持人与自然之间的平衡，实现和谐发展。生态文明的建设也必须要改变人类现有的生产方式和生活方式，这是生态文明建设的具体途径之一。诚然，从自然获取资源满足自身生存和发展的需求是人类的基本本性，但是传统的生产方式和生活方式在获取资源的同时给自然带来的破坏已经严重超出了自然环境的承载能力，这也就直接导致人类陷入经济增长越快环境污染越严重的恶性循环当中。生态文明的建设首先就需要改变这一现状，生态伦理对合理生产方式和生活方式的倡导能够有效缓解人类发展和自然生态保护之间的矛盾。

第二节　生态伦理建设的制度化

生态伦理建设是生态文明建设的重要组成部分，也是现代道德建设过程中不可或缺的重要环节。随着传统伦理在解决工业文明发展模式带来的弊端过程中出现失效，生态伦理制度化已经逐步成为生态道德建设的未来趋势，这也符合生态伦理作为一种调节人与自然关系的特殊伦理的重要特征，更是生态文明建设的重要实践要求。

一　生态伦理建设制度化的基本依据

生态伦理建设是道德建设的重要内容，生态伦理建设制度化是当今社会发展的重要需求，也符合生态伦理作为一种调节人与自然关系的特殊伦理的重要特征。纵观生态伦理的发展历程我们可以发现从某种程度上来看其就是伦理关怀从人扩展到自然的过程。生态伦理的出发点是确立自然的价值和权利，从而运用伦理原则和道德规范去调节人类与自然的关系，从而实现人与自然的和谐发展。生态伦理需要规范的是人的行为，因为人才是具有道德意识的，只有人才能从道德的角度去思考问题。人类应当运用自身的道德理性去承担起维护生态平衡、保护自然环境的基本责任，要成为自然道德权利的代理人。但是值得注意的是，并非每一个人都能够自觉遵守相应的伦理原则和道德规范，当社会的个体或者某个团体在面对自身利益需求和生态责任的时候，在利益的驱使之下可能会选择牺牲自然环境的利益而获得自身的利益。为了规范社会成员的基本行为，生态伦理建设制度化势在必行。

伦理制度化就是要将伦理道德要求赋予社会制度的强制约束力，将伦理要求规范以社会制度的形式确定下来，使其具备硬性的约束力。伦理制度化的核心就是借助制度的力量推动道德的力量，这是现代社会道德建设的重要途径。随着改革开放的推进，不同的伦理观念在社会中的影响日益增强，多元价值观的冲击使得社会主导道德观的约束力逐步在减弱，加之城市化的快速推进，以往建立在熟人社会基础上的传统道德观念被冲破，熟人社会的农村逐步被陌生人社会的城市所替代。传统道德观念的约束力有所减弱，为了加强主导道德观念的约束力推动伦理制度化，将伦理原则以制度的形式确定下来成为现今道德建设的重要趋势。伦理制度化能够使伦理原则和道德规范作用的发挥得到制度的支持，保证社会成员对其遵守和践行，规范社会秩序的运行。纵观社会发展历史我们可以发现，伦理制度化是可能的而且是必要的。伦理和道德是规范社会运行的两种最基本的规范和力量，两者从来都不是相互分离而存在的，而是密切相关的。伦理观念是法律体系的基石，法律的践行则推动着人类的道德思考。生态伦理建设的制度化是生态伦理建设的重要手段和路径，也是其未来发展的重要趋势。

生态伦理评价的不仅仅是社会个体的行为，也不是社会某一部分人的行为，其关注的是全人类的行为，是对全人类行为的评判和约束，其应当是人类的集体行为准则。正是如此，生态伦理原则的实施和践行就可能陷入公地悲剧。因此生态伦理原则的践行需要制度化，通过制度去约束个体和集体的行为，将伦理原则和道德规范以制度的形式确定下来，以强制力保障伦理原则和道德规范作用的发挥。从这个意义上来看，生态伦理是一种强制性的伦理，"在制定环境政策时，我们有时'把道德转化为法律'，至少是在最基本的或公共的生活领域。我们必须制定出某种关于公共物品——大地、空气、水、臭氧层、野生动植物、濒危物种——的管理伦理。这种伦理是一种经开明而民主的渠道而达成的共识，是有千百万公民自愿维护的——在这个意义上，它是人们自愿选择的一种伦理，但它是被写进法律中的，因而又是一种强制性的伦理"①。与传统意义上的伦理规范不同，生态伦理观念并不仅仅是存在人们的信念当中，其约束力也并不是仅仅依靠个体的自觉，而是以制度的形式确定下来，以强制力保障其实施，"自觉遵守取决于一个前提：即使那些不愿意服从的人也被要求那样做。这样一种伦理不仅要得到鼓励，而且要得到强制执行，否则它基本上是无用的。"② 生态伦理的制度化是生态伦理实现其实践指向的客观要求，更是生态文明建设的基本要求。毫无疑问，关于生态伦理、生态文明的研究我们取得了重大的理论成果，中国传统思想资源、西方生态伦理思想都为我国生态伦理和生态文明的发展奠定了坚实的理论基础，但是我们必须通过制度化，通过可操作规范的制定和实施，实现伦理原则和道德规范转变为具体的行动。

二 生态伦理建设制度化的实现路径

伦理制度化是将伦理原则和道德规范赋予强制力，通过社会制度的实施推动伦理原则和道德规范的实践。生态伦理制度化就是将一系列的关于生态伦理的伦理原则和道德规范通过制度的形式确定下来，并将其操作化成为一系列的可实现的目标，使其成为一种具有强制力量的具体制度。当然在多元化发展的时代，生态伦理的制度化是一个极其复杂的过程，简单的普遍标准去统一人们的认识和行为已经是不现实的，因此生态伦理的制度化需要从理论和实践两个层面推进，通过不断的协商和协调去完成。

理论上，生态伦理建设制度化首先需要得到学理上的论证并且通过理论平台的搭建恰当处理利益相关主体的观点。生态伦理建设制度化需要大力发展生态伦理学这一应用学科，通过生态伦理学的发展重点关注与生态保护相关的实践性问题，特别是其中涉及的制度设计、实践决策方面的问题。现代社会是一个多元发展的时代，生态伦理建设制度化的过程其实就是各方利益协调和均衡的过程，生态伦理学的构建为多方利

---

① ［美］霍尔姆斯·罗尔斯顿：《环境伦理学》，中国社会科学出版社2000年版，第335页。
② 于树贵：《环境保护：对民主与权威的考验》，《中国青年报》2001年2月20日第4版。

益主体和利益相关者能够就那些充满争议的生态环境问题自由发表自己的观点,并通过理论平台进行对话和商谈,最终达成一定的基本共识。因此生态伦理学的首要任务就是促使生态共识的达成,其"不在于寻求某种作为绝对知识的、可以解释一切的终极的道德真理体系,而在于对现存的不同立场进行调节从而达成共识"①。

形成基本共识之后,生态伦理建设制度化则可以从两个方面推进,一是生态伦理自身制度化,二是通过生态伦理的基本原则对现有的制度进行调整和改进。生态伦理自身制度化就是将生态伦理的基本原则和规范通过制度的形式确定下来,使其成为人们必须要遵守的行为准则,并通过强制措施对不遵守规范的个人和集体采取一系列惩罚措施,这其实就是制度创建的过程。这个过程其实就是制定出能够指导社会个人、社会组织具体行为的具备可操作性的制度。例如环境许可制度等,对于符合生态伦理基本原则的行为以及实施行为的主体予以鼓励,而对于违反相关原则的行为以及实施行为的主体要予以严厉的惩罚。

需要注意的是生态伦理自身制度化需要包含两个方面的内容,一是人与人的生态伦理关系,二是人与自然的生态伦理关系。生态伦理需要处理好当代人与后代人之间的利益关系,追求一种人际正义;同时更要处理好人与自然之间的利益关系,追求一种种际正义。通过生态伦理的基本原则对现有的制度进行调整和改进是一个制度改良的过程,现有的制度和法律在生态伦理建设方面依旧存在诸多的不足,我们可以将生态伦理相关原则和规范融入其中,对其进行调整使得社会政治、经济、文化、法律等方面的制度能够符合生态伦理的相关要求。生态伦理制度作用的发挥离不开多方制度的协调和统一,其实也就是生态伦理原则逐步渗透到社会的多个方面,共同发挥作用。就中国而言,我们应当在政治、经济、法律等多个层面同时着手推进,将生态伦理的原则和规范融入到现有的制度当中。社会政治制度的层面要加强政府在生态保护方面的基本职能,大力构建公众参与机制的同时将生态伦理的基本原则和规范融入国家相关制度当中,特别是要注重强化政府的生态职能,并将此

---

① 甘绍平:《应用伦理学:冲突、商议、共识》,《中国人民大学学报》2003年第5期。

项任务作为绩效考核的重点内容。社会经济层面则需要建立科学严格的环评制度，项目的建设需要经过环评环节，积极调节企业与自然生态之间的关系。法律层面则需要将生态伦理基本原则融入相关法律法规，突破传统的法律观念，明确法律并非仅仅是调节人与人之间的关系，制定和实施关于生态环境的法律也最终是为了人的最终利益。

三　生态伦理建设制度化的基本限度

生态伦理建设制度化是推进生态伦理的重要手段，也是推进生态文明建设的重要路径，但我们也必须认识到其应当是具有一定的限度的，在具体实施的过程中其可能需要面对一系列的困难。

首先来看，生态伦理建设制度化本身就具有伦理制度化的共同的限度。将生态伦理建设制度化也就意味着其可能会出现制度僵化的情况。制度具有相对的稳定性，通过制度的形式将生态伦理的相关原则和规范确定下来也就意味着在一定时期之内其具备一定的稳定性。然而生态环境是一个变化多端且极其复杂的系统，随时随地都可能出现新的问题，而制度是根据现有的状况而制定的，其可能具备一定的预见性，但也无法完全考虑到未来能够出现所有的情况，面对随时出现的新情况，作为制度确定下来的伦理原则和道德规范可能会出现滞后的情况。制度的稳定性在某些情况之下无法及时处理新出现的问题，也就可能成为僵化的桎梏。另一方面来看，借助强制力来落实和贯彻生态伦理的原则和规范，使得生态伦理原则和规范的社会约束力得以实现可能带来道德泛化。"现代西方社会中人们生活质量的降低以及人的片面的、畸形的发展之重要原因，就是规则和制度在个人主义道德中'已经取得了一种新的中心地位'，而道德主体性和德性概念被边缘化"[①]，环境伦理和环境制度之间边界的模糊可能带来人的主体地位和主体意识的丧失，从而出现道德泛化。

除了制度僵化、道德泛化等伦理制度化可能出现的共同限度之外，生态伦理建设制度化还存在着其特有的困境。作为超越了人际伦理而存

---

① ［美］A. 麦金太尔：《德性之后》，龚群等译，中国社会科学出版社1995年版，第293页。

在的种际伦理的生态伦理将伦理关怀从人拓展到自然界，其首先可能面对的就是人类中心主义价值和非人类中心主义价值的双重困境。从人类中心主义价值立场出发看生态伦理的建设，其核心应当还是规范人与人之间的行为，调节人与人之间的环境利益，其终极目的还在于人而无关于生态环境。那么生态伦理当中的环境理念的发展和推进可能会受到阻碍，生态伦理的建设也可能陷入僵局。而从非人类中心主义的价值立场出发来看生态伦理建设的制度化，作为非人类存在的自然也就与人类拥有着同等的价值地位，也就是说自然遭到破坏其也拥有应当能够通过多种手段保护其权利。然而作为非人存在的自然并不具备自主意识，通过何种途径来保护其权利，个人或者组织是否能够成为其代理人，如何成为其代理人，这些问题在实际操作过程中都具有极大的困难。人是有自主意识的存在，而自然并没有，人与自然的对话性问题如何解决，即便是自然能够被组织或者个人所代理，如何确保相关的代理制度能够完全体现被代理的自然的愿望和利益，这些暂时无法得到很好的判定。

价值困境是生态伦理制度化面临的首要困境，而制度落实困境则是生态伦理制度化面临的最直接的现实困境。生态伦理制度化之后以强制力保障伦理原则和道德规范的实践，特别是对于破坏自然生态的行为以及实施行为的个体或组织要采取严厉的惩罚措施。但是需要注意的是，如何界定惩罚的标准是一个相对困难的问题，而且存在一个时间差的困境。环境问题的危害性有可能不会在短时间显现，其危害的潜伏性较强，可能延续几十年甚至于上百年，如何判定行为可能带来的后果极其困难。如果一直等到行为结果出现才采取惩罚措施可能会出现行为实施者已经无从查找的尴尬境地。除此之外，国家利益与生态保护之间同样存在冲突，"国家利益与全球环保的公益性之间的矛盾难以解决，在环境问题上很难达成一致，造成许多问题议而不决，决而不行"[①]。全球化浪潮当中，国家为了获得快速的发展可能采取牺牲自然的手段和方式获得自身的发展，这也就与生态伦理的基本原则是相悖的。在无政府社会为主要特征的国际社会当中，缺乏一个统一的组织或者机构来规范国家

---

① 曾建平：《环境伦理制度的困境》，《道德与文明》2006年第3期。

的行为，生态伦理制度化也就自然会陷入困境。

第三节　生态文明建设的日常生活化

生态伦理的建设是推动生态文明建设的重要途径，生态伦理建设制度化是为了将伦理原则和道德规范施以制度的力量，推动其运行。而生态文明的建设不仅仅需要制度化，更需要日常生活化。在时代变革与历史进步的呼声中，如何把抽象而宏阔的生态文明理论落实为具体且细致的日常化生态实践，把生态文明的基本精神理念渗透和融合到衣食住行等方方面面，就成为了政治家、学者和人民群众所共同关心的话题，这也是生态文明的日常生活化所要试图解决的问题。

一　生态文明的日常化与生活化

对生态文明日常生活化的理解是建立在准确地把握"生态文明"与"日常生活"这两个概念内涵的基础上的。日常生活是相对于非日常生活而言的。关于日常生活，胡塞尔、A·赫勒以及国内的相关学者已经进行了深入的探究并做出了清晰的界定，结合已有探究我们可以看出，所谓的日常生活是指"人的社会生活视野之外的个体生活实践，是最接近于人的本真存在的自在自发的存在方式和对象化形式，是一切人类文化与文明的源头活水，对于其他存在方式具有前提性和先在性"[1][2]；而非日常生活是指"处于人的个体生活视野之外的社会生活实践，是人类自为自觉的超越性的存在方式和对象化形式，是人的升华后的存在形态"[3]。按照日常生活与非日常生活的上述界定以及各自的内容分层，我们可作出如下判断：生态文明作为人类所追求的超越化、反思性的生态世界图景、思维方式、价值理念、文明形式和生活样态的总括，是全人类实践智慧的结晶，就其一般内涵以及类本质特征而言，它属于非日常

---

[1]　[德] 埃德蒙德·胡塞尔：《欧洲科学危机和超验现象学》，张庆熊译，上海译文出版社 1988 年版，第 58、81 页。
[2]　[匈] 阿格妮丝·赫勒：《日常生活》，衣俊卿译，重庆出版社 1990 年版，第 32—33、132 页。
[3]　邹广文、常晋芳：《日常的非日常化与非日常的日常化》，《求是学刊》1997 年第 1 期。

生活领域。生态文明的日常生活化在形式上是非日常生活的日常生活化以及类本质的个体化。

作为一种全新的理论样式和更高的文明形态,生态文明所标识的理想世界并不是自动生成的,她需要栖居于生活世界之中的所有个体的共同努力——日常生活化的生态实践;需要把非日常生活领域的生态价值理念转化为具体的日常行为实践。生态文明如果仅仅停留在理论、理念层面,漂浮于精神世界之中,不通过具体实践对象化到日常行为里,那么,这种生态文明就是被阉割了实践根茎的不完整的文明。因此,空谈理论,徒有理念是远远不够的。只有走出"灰色的理念世界",走下冰冷的"理论圣坛",进入"寻常百姓家",并全方位融入到人民群众的日常生活之中,生态文明才能发挥出应有的实践指导作用和价值引领功能,也才能因此获得长久的生命力和取得完整的存在形态。

生态文明的日常生活化正是遵循这样的逻辑——从理论到实践,从理念到行为,从国家政府的宏观治理到人民群众日常生活的方方面面——提出来的。这也正是当下中国大力推进生态文明建设的基本要求和必然走势。党的十八大报告中已明确提出"面对资源约束趋紧、环境污染严重、生态系统退化的严峻形势,必须树立尊重自然、保护自然的生态文明理念,把生态文明建设放在突出地位,融入经济建设、政治建设、文化建设、社会建设各个方面和全过程。"[①] 这包涵了两层含义:其一,生态文明建设和经济建设、政治建设、文化建设、社会建设一样重要,是中国特色社会主义"五位一体"总体建设布局的重要组成部分;其二,生态文明建设是通过对经济建设、政治建设、文化建设、社会建设的全面渗透和全过程融入来实现的,这已经内含了生态文明日常生活化的要求。因为,一切通常意义上的社会活动——经济建设、政治建设、文化建设、社会建设……最终都需要个体来完成,并且都要以日常生活为活动场域和存在基础。因此,生态文明理念对上述社会活动的各个方面的渗透以及全过程的融入究其实质就是对人民群众日常生活的全方位、立体化容融,亦即生态文明的日常生活化。但遗憾的是,目前学

[①] 胡锦涛:《坚定不移沿着中国特色社会主义道路前进 为全面建成小康社会而奋斗——在中国共产党第十八次全国代表大会上的报告》,人民出版社2012年版,第39页。

术界对此却尚且无人进行深入挖掘和探究，与推进生态文明建设的政策理论宣传、制度规范设计、古今中外经验借鉴……所掀起的学术喧嚣形成鲜明对比，生态文明的日常生活化至今还是未经开垦的理论盲区。

尽管生态文明的日常生活化目前尚且无人探究，也没有一个现成的定义，但通过总结散落在各种论著中的只言片语以及顾名思义式的联想，如生态文明建设作为对工业文明的反思和对未来文明的理想形态，也必然要求将生活方式建设放在首位[1]。生态文明是人类告别非生态的生产方式和生活方式的理性选择[2]。我们还是能够大致把握其基本内涵的。生态文明的日常生活化从字面理解至少包括两个方面的内容：生态文明的日常化与生态文明的生活化。

生态文明的日常化是指日常生活主体——人民群众通过全方位、不间断的生态实践使生态文明的基本精神理念固化为日常行为活动规范和评价准则的过程。"日常"（everyday）包含着时间维度，在实践意义上，日常生活既涉个体持久性的行为，也包括占据个体日常时间的一切活动。生态文明的日常化不仅意味着生态文明的基本精神理念要全面地渗透到个体的一切活动之中，而且意味着内聚生态文明精神理念的个体活动要具有持久性。亦即，在日常生活领域进行全方位、不间断的生态实践。全方位、不间断的日常生态实践仅仅是生态文明日常化的重要手段，其根本目的是为了使生态文明的基本精神理念与日常行为活动融为一体，并凝固在日常行为规范之中以稳定的形态自然而然地被人们所引用。对于个体而言，生态文明的日常化是一个行为活动对生态文明精神理念从有意识的勉强迁就、不自觉地被迫遵循，到无意识的自然展露、发自内心的主动引用的过程，这也是个体内化生态文明理念，从而完成生态社会化的必经过程。对于共同体而言，生态文明的日常化意味着人们的日常行为活动从不一定具有生态文明精神理念的、无章可循的自发状态，进入到了已经深切领悟到生态文明精神理念内涵的、有规矩可依的自由状态。因此，生态文明的日常化也是共同体从没有保护生态环境

---

[1] 陈红兵：《生活方式与生态文明建设——兼论佛教生活方式的生态价值》，《南京林业大学学报》（人文社会科学版）2008 年第 3 期。

[2] 方世南：《生态文明与现代生活方式的科学建构》，《学术研究》2003 年第 7 期。

的意识到达成保护生态环境的共识,并将其固化为共同体日常行为规范和行为评价准则的过程。不管是个体还是共同体,生态文明精神理念的"日用而不知"都是生态文明日常化所达到的最高境界,这也是全面实现生态文明的重要表征。如果日常生活中的个体或者共同体中的每一个成员能够在举手投足之间不经意地表露出生态文明的基本精神理念,那么,人们无疑已经进入到了实现高度生态文明的时代。

与生态文明的日常化相对应,生态文明的生活化是生态文明日常生活化的另一个重要方面,它是指通过开展和参与贴近生活的、人性化的生态实践活动使生态文明的基本精神理念逐步内化为日常生活主体之生态人格的过程。贴近生活的、人性化的生态实践活动仅仅是生态文明生活化的重要载体。活动形式的生活化和人性化其根本目的是为了激发起人民群众的参与兴趣和实践热情,从而积极主动地投身到日常生态实践中,以此逐步养成生态人格。何为生态人格?符合生态建设需要又能满足人类自身自由全面发展的人格,即为生态人格。它是个体人格的生态规定性,是伴随着人类对人与自然关系的反思以及生态文明的发展,基于对人与自然的真实关系的把握和认识而形成的作为生态主体的资格、规格和品格的统一,是生态主体存在过程中的尊严、责任和价值的集合[1]。与日常化所要求的行为规范的统一性、稳定性以及实践活动的反复性有所不同,生活化主要体现了行为活动的人道化、多样化、个性化、灵活化和通俗化。正因为如此,具有生活化特征的生态实践活动不仅能使生态文明的基本精神理念渗透并融合到日常生活的方方面面,而且能够使之被最广大的人民群众以最喜闻乐见的形式接受,从而在广泛的精神理念传播与深入的行为活动参与中使人民群众逐步养成生态人格。生态人格的养成标志着一个人完成了生态社会化,并且具备了成长为生态公民的基本条件[2]。

生态文明的日常化和生活化,前者侧重于蕴含生态文明精神理念的日常行为规范的强化和日常行为评价准则的确立,后者则从生态实践活动本身出发,侧重于日常行为主体之生态人格的养成。尽管侧重点各不

---

[1] 彭立威:《论生态人格——生态文明的人格目标诉求》,《教育研究》2012年第9期。
[2] 杨通进:《生态公民论纲》,《南京林业大学学报》(人文社会科学版)2008年第3期。

相同,但殊途同归:二者都是为了使生态文明的基本精神理念在日常生活中得到全面地贯彻落实并使其成为日常生活的有机组成部分。在具体的实践情境中,二者也是相辅相成的。日常行为主体之生态人格的养成离不开生态文明的日常化,生态文明的日常化也需要借助于人道化、多样化、个性化、灵活化和通俗化的生态实践活动才能达成。可以说,在具体的实践情境中,生态文明的日常化和生活化是不分彼此的,如上区分仅是为方便把握各自内涵。

在了解生态文明的日常化、生活化的各自内涵以及二者关系的基础上,我们尝试着对生态文明的日常生活化进行界定:所谓生态文明的日常生活化是指日常生活主体——人民群众通过全方位、不间断的生态实践,使生态文明的基本精神理念固化为日常行为规范和评价准则,并以此逐步养成生态人格,最终促使生态文明的基本精神理念全面贯彻落实到日常生活之中,并成为其有机组成部分的过程。

二 生态文明建设日常生活化的必要性

倘若足够细心,我们可能会发现:诸多非日常生活领域中的棘手难题,通过日常生活化的方式往往就能迎刃而解。同样,作为非日常生活领域的生态文明的日常生活化也能帮助我们解决大力推进生态文明建设过程中所遇到的诸多难题,比如,广大人民群众生活方式的转变,生态意识及其思维方式的养成等。仅凭直觉我们能够感受到生态文明的日常生活化能给国家、社会以及人民群众带来实惠和福祉。但是通过理性的反思我们却又难以讲明生态文明为何要日常生活化。为了更好地回答这个问题,我们需要对中国的生态文明建设现状,生态文明理念的产生源泉及形成方式,日常生活所具有的天然优势进行深入考察。考察中国的生态文明建设现状,旨在回答生态文明日常生活化是否必要;考察生态文明理念的形成,日常生活所具有的天然优势,目的是为了探究生态文明日常生活化何以可能。通过是否必要以及如何可能的探究,我们希望对生态文明为何要日常生活化做出更加令人信服的回答。

其一,中国的生态文明建设现状不容乐观,目前悬停于单向性的政策指令和学术性的理论思辨层面,生态文明所蕴涵的基本精神理念难以内渗到人民群众的日常行为实践之中并固化为日常行为规范、行为评价准则或者生态人格。中国的生态文明建设主要是由国家和政府以发展战略、政策指令等为形式载体，依循从国家战略到地方政策再到人民群众日常生活的推进逻辑，采取自上而下的方式实施的。2007年，生态文明第一次被写进中央文件，在党的十七大建设生态文明精神的号召下，各地掀起了生态文明建设热潮；2012年，党的十八大把大力推进生态文明建设确定为国家的发展战略，各地再次掀起了推进生态文明建设的浪潮。据不完全统计，目前已有14个省如浙江、山东、贵州等建设生态省，1000多个市如宜春、贵阳、杭州等建设生态市[①]。不可否认，通过国家层面的战略推进和地方政府的政策实施，我们在保护环境和节约资源等方面取得了一定的成就，但是也应该看到，在具体的战略分解、政策制定及实施的过程中，生态文明所内涵的基本精神理念依旧难以融合并固化到人民群众的日常行为实践中，因"难接地气"，生态文明建设仍旧悬停于政策指令层面：推进生态文明建设的国家意志和大多数人民群众的日常行为实践彼此分离，无法实现有效对接和深度交融，人民群众在日常行为实践中普遍缺乏生态意识和生态理念，难以形成日常行为的生态规范或评价准则，更不可能养成生态习惯或者生态人格。其原因是多方面的，与人民群众的基本素质（如生态知识储备、环境道德修养、个体领悟能力等）有关，更与国家、政府层面的政策制定、宣传及实施策略相关。

固然，国家战略的分解、地方政策的制定与实施最终都要依靠人民群众来完成，但在当代中国民主制度尚待完善、公共资源仍旧集中的压力型制度环境中，地方政府依据国家战略所制定的推进生态文明建设的具体政策并不一定能够深度契合和全面反映人民群众的日用常行，更不一定能够清晰地回答并解决人民群众最关心、最直接、最现实的利益问题。加之，日常生活中公共参与平台、机会、路径与机制的匮乏，人民群众在推进生态文明建设过程中就越发地表现出冷漠态度。我们可以想象：没有群众参与的政策制定、说教式的政策宣传、强制性的政策实

---

① 余谋昌：《生态文明：建设中国特色社会主义道路——对十八大推进生态文明建设的战略思考》，《桂海论丛》2013年第1期。

施、远离日常生活的执行策略以及非人性化的政策行为模式不仅不可能让生态文明的基本精神理念内渗到人民群众的日常行为实践中，更不可能固化为日常行为规范、评价准则或生态人格，而且相反会激发起人民群众的强烈反感和抵触情绪。倘若，生态文明得不到最广大人民群众发自内心的真诚认可，也并不能在日常生活中自觉自愿地付诸实实在在的行动，那么，它只能成为无源之水无本之木，终究走向殒灭。除了国家、政府在推进生态文明建设过程中存在着政策上的不足，学术界关于推进生态文明建设的相关探究也存在着问题。就现有的学术成果而言，其研究基本停留在理论思辨层面，几乎没有学者对人民群众在日常生活中践行生态文明精神理念的现状及问题做调查和探讨，更没有人提出将生态文明基本精神理念内化为人民群众日常行为实践的可行措施或有效策略。这也在一定程度上恶化了中国本已不容乐观的生态文明建设局面。正因如此，我们不得不呼吁生态文明的日常生活化。

其二，生态文明所蕴涵的基本精神理念形成于人民群众的日常生活实践，只有回归到日常生活中才能更有效地指导和引领人民群众的行为实践。人民群众的生活除了日常部分之外，还包括社会物质生产、知识生产等非日常部分。现实生活中每个人也都有可能超越日常生活而进入非日常生活领域，但任何人都不可能完全脱离日常生活。因为"人自身之'在'，总是与日常生活息息相关；离开了日常生活，人的其他一切活动便无从展开"①。可以说，非日常生活是建立在日常生活基础之上的，不存在不以日常生活为基础的非日常生活。因此，生态文明所蕴涵的人与自然和谐共处，尊重自然、顺应自然、保护自然等基本精神理念无疑也植根于日常生活实践，作为一个非日常生活范畴，它是对人民群众在处理人与自然关系过程中所积累的诸多实践经验的凝炼化、系统化和理论化。众所周知，人类的日常实践依次跨越了手工工具时代，蒸汽、电气化时代和信息化时代，相应地，人与自然的关系也经历了由原始的和谐到相互对抗，再到更高水平的和谐这样一个肯定——否定——否定之否定的辩证发展过程。在这个过程中，人类对人与自然关系的认

---

① 杨国荣:《日常生活的本体论意义》，《华东师范大学学报》(哲学社会科学版) 2003 年第 2 期。

识也在日常生活实践中一步步走向成熟：从原始文明时期对自然的神化性崇拜和依附，到工业文明早期对自然的适应性改造和支配，工业文明后期对自然的大规模改造和主导，再到信息时代对人与自然关系的历史性反思。人类在征服自然的豪迈与大自然报复的血泪交替史中逐渐总结出了一个朴素的真理：人与自然要和谐相处，人类应该尊重自然、顺应自然并保护自然，这正是生态文明所蕴涵的基本精神理念。这一理念的产生泉源及形成方式决定了它必须回归到丰富多彩的日常实践之中才能获得生命的活力，从而更好地发挥指引作用。

然而，对于绝大多数人民群众而言，生态文明所蕴涵的基本精神理念往往是抽象的，难以被直观地认识和把握。也正因为如此，在现实生活中，有的人把它当成了于己无关的外在律令，有的人则将其看成了无关痛痒的宣传口号，这些现象在一定程度上反映了当下国家所强力推进的生态文明建设与人民群众日常生活实践的脱节。身处经济、社会高速发展的时代，高压力、快节奏的生活使人民群众在忙碌中无暇光顾和思索具有理论化、抽象性的生态文明精神理念。相反，人们更愿意在一种愉快的、轻松的和大众化的氛围中去感受和学习紧贴日常生活的、现成的社会规范和要求。因此，生态文明的基本精神理念必须回归到人民群众的日常生活中，紧扣人民群众的生活实际，反映人民群众的切身利益，才能从根本上发挥指引作用，从而有效避免生态文明建设过程中理论与实践、理念与行为"皮肉相离"乱象的蔓延。那么，如何才能让生态文明的基本精神理念回归到人民群众的日常生活实践中呢？生态文明的日常生活化就成为必然选择。

其三，日常生活所呈现出的以"自然"与"人化"之"合"为特点的存在形态，可以有效地避免天人相分、主客对立所造成的生态危机。以"饮食男女"为典型的日常生活尽管具有行为上的因循守旧、观念上的思不出位等弊端，[①] 但其本身也具有天然的优长。日常生活既包含"饥则食，渴则饮"的自然之维，也包含着"赞天地之化育"的人化

[①] 在生态文明的建设过程中，如果能充分利用日常生活的特点，把人与自然和谐相处、尊重自然、顺应自然、保护自然等生态文明理念变成因循性的日常行为和不加思索的观念定势，那么，因循守旧、思不出位对于生态文明建设而言就不能称之为疲敝。

之维，日常生活的自然之维主要表征了大自然对人的基本生存欲望的满足，日常生活的人化之维则确证人对自然的敬畏和对其规律的主动顺应。自然之维与人化之维在日常生活世界中是辩证统一的，这集中体现在男女关系上，对此，马克思曾做过精辟的论述"这种关系通过感性的形式，作为一种显而易见的事实，表现出人的本质在何种程度上对人来说成为自然，或者自然在何种程度上成为人具有的人的本质"①。以饮食男女为显证，日常生活的自然之维和人化之维不仅是辩证统一的，而且都把自然理解为了内在的东西，并在顺应自然的基础上实施"人化"，这直接导致了人们在日常生活中"以理论的态度对待自然"而非"以实践的态度对待自然"②。在"以理论的态度对待自然"的前提下，自然性得到了充分彰显，"人化"也打上了自然的烙印。

此外，在日常生活中，人们通常按照"常识"行事，"常识"作为日常观念，最初来源于原始巫术、图腾崇拜和远古神话等原始思维，③这种思维本身就饱含着人对大自然的崇拜与敬畏。一般情况下，依"常识"而行并不会导致人与自然的严重对立与冲突。因此，基于日常生活两个维度的辩证统一以及"常识"对日常行为指导的生态性，我们可以看到：在日常生活领域中，人与自然处于总体和谐的状态。这或许也是以日常生活为主要内容的前工业文明社会之所以没有出现人与自然尖锐对立甚至出现生态危机的重要原因。当然，人的生存与发展并不仅仅局限于日常生活领域，随着生产力水平的提高，日常生活领域中的衣食住行等基本生存条件得到了极大的改善，人类已经不再满足于大自然对基本生存资料的恩赐，而以征服者、支配者的姿态在工具理性的指引下对大自然进行无节制的索取。人与自然逐渐从"合"走向了"分"，从彼此互为主客发展为了一方对另一方的绝对支配与肆意掠夺，人与自然的关系也从日常生活意义上的总体和谐逐渐蜕变为相互对立、彼此冲突，生态危机由此产生。反观人与自然关系的蜕变历程，反思生态危机的产生原因，我们渴望回归到日常生活中人与自然的和谐状态（"否定之否

---

① 马克思：《1844年经济学哲学手稿》，人民出版社2018年版，第77页。
② [德]黑格尔：《自然哲学》，梁志学等译，商务印书馆1980年版，第6、9页。
③ 邹广文、常晋芳：《日常的非日常化与非日常的日常化》，《求是学刊》1997年第1期。

定"意义上的)。如何才能做到呢？生态文明的日常生活化成为了基本诉求。

三 生态文明建设日常生活化的具体路径

生态文明的日常生活化不仅是人类的基本诉求，而且是目前中国大力推进生态文明建设的必然走势和迫切要求，那么，如何才能实现呢？这需要人民群众、国家政府以及社会各界（尤其是学术界）的共同努力。与之相应，实现生态文明的日常生活化也应该从以下三个方面着手：

其一，培育具有实践理性的生态公民。尽管，中国的生态文明建设主要是由国家和政府推动的，但事实上，人民群众才是生态文明日常生活化当之无愧的、真正意义上的实施主体。生态文明日常生活化的实施效果如何以及最终能否实现，不仅取决于国家战略、政府政策的制定、实施是否贴近民生、反应民意，还取决于广大人民群众是否具备了基本的生态素养。因此，就实施主体而言，实现生态文明的日常生活化亟需培育具有实践理性的生态公民。所谓具有实践理性的生态公民是指：具有生态人格且自觉致力于生态文明建设实践的现代公民。

具有实践理性的生态公民起码包含三个方面的要求：一是已经养成了生态人格（具有生态意识、生态责任等）；二是具有环境人权意识、世界主义意识且取得现代公民资格；三是具有实践理性，亦即能够把已经养成的生态人格，所具有的环境人权意识、世界主义意识自觉地运用到具体的生态文明建设实践之中。具有实践理性的生态公民的培育须从两个方面努力：一方面，国家、政府要施行渗入式、制度化的教育。具有实践理性的生态公民的养成需要国家和政府从全局着眼，以制度化的方式把"生态环境——道德伦理——公民权利"教育渗透到国民教育的方方面面，并落实到家庭教育、学校教育和社会教育中，从娃娃抓起，从幼儿园开始，从日常生活中的点滴实践做起。对此，国家、政府以及社会要为生态公民的培育创造环境：加大人财物等方面的投入；鼓励成立相关教育培训机构并予以政策支持；进行全方位、多样化的宣传；将生态公民的培育作为各级政府的基本职责并纳入到绩效考评体系中。总之，我们应打开思路、放开手脚，运用一切行之有效的制度措施和政策手段来培育具有实践理性的生态公民，将"生态环境——道德伦理——公民权利"教育固化为国民教育的基本内容，把生态公民的培育确立为国民教育的基本目标，并将其作为推进生态文明建设的重要抓手。另一方面，公民个体要加强"生态环境——道德伦理——公民权利"的自我教育。国家、政府所施行的渗入式、制度化教育最终要依靠公民个体的自我教育来落实。因此，公民个体在"生态环境——道德伦理——公民权利"方面的自我教育是培育生态公民的关键。公民个体在日常生活中不仅要树立生态环境的自我教育意识，积极主动地加强理论知识学习，而且要通过具体的日常生活实践提高生态修养，塑造生态人格，树立环境人权意识、世界主义意识，培育实践理性，并自觉地付诸到生态文明建设实践之中。概言之，一个人之所以能被称为有实践理性的生态公民，不仅仅是因为他（她）通过接受"生态环境——道德伦理——公民权利"教育或自我教育，具备了生态人格、公民意识等基本素养，更是因为他（她）能把上述已有的"储备"通过理性的方式运用到具体的日常生活实践中。

其二，在保证人民群众参与权的前提下，构建、制定日常生活化的生态文明建设制度、政策，并以人性化的方式和人民群众喜闻乐见的形式进行落实。在培育生态公民的同时，国家和政府还应该从生态文明建设制度、政策的制定、落实方面入手，深入反思目前存在的不足并予以改进。如前所述，目前中国在生态文明建设方面存在的最大问题是：生态文明建设的国家战略以及具体的实施制度或政策与人民群众的日常生活实践无法实现有效的对接。因此，我们应该从改进生态文明建设制度、政策的制定、落实方式视角思考如何推进生态文明的日常生活化。生态文明理应成为人人能参与，人人能受益的全新的生活样态，因此，在生态文明建设制度、政策的制定、落实视域下，生态文明的日常生活化的本质就是人民群众对日常生态实践的全面、深度参与。一切有关生态文明建设的国家制度、政策的制定、落实都应紧密围绕"人民群众是否能参与？人民群众是否乐意参与？"展开。"是否能参与？"不仅关乎人民群众对生态环境公共事务的参与权和利益表达权，而且直接决定了生态文明建设制度、政策的科学性、合理性与可行性。"是否乐意参与?"则反映了人民群众的参与意愿,这与人民群众的基本生态素养有关,也与生态文明建设制度、政策的制定、落实方式有关。在充分保证人民群众参与权与利益表达权的基础上,一项生态文明建设制度或政策是否能得到全面贯彻落实,是否能与人民群众的日常生活实现有效对接,其关键在于执行与落实的方式是否贴近生活、是否具有人性化,政策执行落实的手段及措施是否是人民群众喜闻乐见的。因此,制度、政策层面的生态文明的日常生活化须从两个方面入手:一方面,与生态文明建设相关的所有制度、政策从制定到落实,要能够保证人民群众的全过程参与;另一方面,在保证参与权的前提下,要充分考虑政策、制度的制定、落实方式及载体,所制定的生态文明建设制度、政策要紧贴人民群众的日常生活,同时要采用人性化的方式,以人民群众喜闻乐见的形式予以落实。这两个方面,前者是生态文明建设制度、政策"日常化"的前提,后者是"生活化"的要求。只有同时满足了"日常化"前提和"生活化"要求,制度、政策层面生态文明的日常生活化才能见效。

其三,批判性地汲取中华传统文化中已有的生态营养,为实现生态文明的日常生活化提供可资借鉴的理念与经验。生态文明的日常生活化尽管是一个崭新的概念,但是它所指陈的事实或活动从人类诞生之时起就已经存在。因此,经过数百万年的历史文化积淀和实践经验累积,现代人在实现生态文明日常生活化方面并不缺乏可资借鉴的理念和经验,中国尤其如此。对此,有西方学者甚至认为"中华文明作为一个整体,在受到西方的影响之前就真的是合乎生态的。……它确实包含了一种生态维度;而这种维度在西方只以只言片语的形式存在。因此,在古代中国的智慧中有许多资源可以帮助我们,在中国实现一种生态文明的可能性就要大于西方——因为,与自然相疏离,这几乎充斥西方历史的所有文化里"①。对生态文明建设来说,中华传统文化是否比西方历史文化优越,我们不敢妄加评论,但不可否认的是:在以儒、释、道为主干的中

---

① [美]小约翰·柯布:《文明与生态文明》,李义天译,《马克思主义与现实》2007年第6期。

华传统文化中，的确富含着可供借鉴的宝贵资源。儒、释、道各家均提出了"天人合一"的思想（其中以儒、道为主）。"从总体上来说，'天人合一'作为一种中国古代特有的哲学理念与思想智慧，以'位育中和'为其核心内涵，深刻包含了我国古人对于'天地人'三者关系的极富哲理的特定把握；蕴藏着丰富的生态思想资源，具体包括：'太极化生'之生态存在论思想；'生生为易'之生态思维；'天人合德'之生态人文主义；'厚德载物'之大地伦理观念以及'大乐同和'之生态审美观。"①"天人合一"所提供的生态思想资源虽然存在着一定的历史与时代局限，甚至有反科学的、迷信的色彩，但这并不足以否定其借鉴价值。在大力推进生态文明建设的时代背景下，中国古代"天人合一"思想可以从宏观思维、个体理念及行为实践等角度为人与自然的和谐相处提供有效指导。

与儒家思想进路不同，中华传统文化中的佛学思想以及佛教生活方式能从另一个维度给我们提供启示。佛学所主张的"依正不二""三世间""中道缘起""众生平等"不仅肯定了人与自然的平等，而且要求人与自然和谐相处，这本身就是一种生态哲学；与此相应，佛教所追求的精神超越、节俭惜福、慈悲利生的生活观念，以及戒杀护生、素食积德的生活实践，本质上就是一种生态化的生活方式，就是生态文明的日常生活化。"佛教尊重生命，没有'事实'和'价值'之间的界限，人与自然之间的界限"②，因此，佛学所提供的生态智慧或理论，佛教所主张的修行方式，能够把事实和价值自然而然地融合在一起，从而为人与自然的和谐相处提供了深刻的理论解释和现成的实践路径——一种实实在在的，人人都能采取的生活方式。除了儒、释，道家思想以及道教的修行方式也富含我们可资汲取的生态营养。"道家提出了"道法自然"，认为天人一体；主张"尊道贵德"，肯定万物平等；认为"万物莫不有"，充分认识到了自然价值；以此为基础，提出"效法自然，无为而

---

① 曾繁仁：《中国古代"天人合一"思想与当代生态文化建设》，《文史哲》2006年第4期。
② 罗尔斯顿：《尊重生命：禅学佛教能帮助我们形成一种环境伦理学吗？》，《Zen Buddhism》1989年，第11—30页。

治；约养持生，崇俭抑奢；见素抱朴，少私寡欲；虚无恬淡，返璞归真"①。对"术"（技术）持批判态度，主张"无以人灭天"（庄子）。与上述主张相承，与佛教修行类似，道教在"内丹""外丹"的修炼中也规定了诸多戒律（如食素、不杀生、不纵欲等），也提倡清心寡欲的生活方式。这些戒律及所提倡的生活方式严格遵循"道法自然""无欲无为"的理念，因此，能为实现生态文明的日常生活化提供有益参考。值得重视的是："知行合一"始终贯穿于以儒、释、道为主体的中华传统文化给我们提供的生态资源之中，这些资源不仅是理论理念，而且本身就是修养实践方法（或生活方式），因此，"知行合一"也是实现生态文明的日常生活化过程中我们理应汲取的重要理念与经验。中华传统文化生态营养的汲取主要是由学术界来推动的，对此，学者们理应在关注生态文明建设现状（主要是对人民群众在日常生活中践行生态文明理念的现状及问题做调查和探讨）的基础上，对传统文化进行仔细梳理，并以批判的态度，吸收并转化其中的精华，以为当下服务。

至此，我们已能大致看出实现生态文明日常生活化的基本运思：从实施主体着手，培育具有实践理性的生态公民；从生态文明建设的制度、政策入手，保证人民群众的全面、深入参与；并在充分汲取中华传统文化生态营养的基础上，实现上（国家治理或宏观理论层面）与下（个体行为或日常实践层面）的对接、交融，从而使生态文明的基本精神理念转化为人民群众（个体）的日常生活实践。

---

① 余谋昌：《环境哲学：生态文明的理论基础》，中国环境科学出版社2010年版，第21—56页。

第十四章　当代中国的网络伦理建设

随着政治、经济、文化以及科技的不断发展，全世界正走向"地球村"，人与人之间的联系日益紧密，而这其中网络技术的进步扮演着不可或缺的角色。网络技术的发展突破了时间和空间的束缚，将整个世界带入网络社会时代，进入"时空压缩"的发展阶段。从历史发展看，伦理道德的内容会随着时代的变迁进行渐进式的调整。随着人们生产、生活方式的变化，交往方式也会发生改变，相应地，规范这些生产、生活和交往方式的伦理道德也会随之做出相应地渐进式调整。但是，网络社会的出现大大加速了这一过程。"网络向人们展示了全球联网的广阔前景，将每个人互相联接起来，将所有计算机设备联结起来，提供了对任何一种可能想象得到的信息的前所未有的、无可比拟的访问能力。"[1] 尤其是近几年新媒体技术的飞速发展，更是为人类带来了全新的生存生活环境，深刻影响了人们的交往方式、思维方式乃至整个生存方式。虚拟社会、赛博空间、云计算、大数据等概念离人们的生活越来越近。网络无处不在，它蕴藏了巨大的潜能，不断形成着新的社会交往空间。但遗憾的是，与之相应的伦理道德规范却没有跟上，甚至在不少领域出现伦理"真空"。网络社会是一种特殊的社会存在方式，是一个虚拟世界和现实世界结合的社会，是人类生存的第二空间。网络空间带来了全新的现代文明，同时也引发了一系列的全新的伦理问题。诚信危机、虚假信息、隐私侵犯、网络犯罪等道德失范现象层出不穷，如何构建当代中国

---

[1] ［美］鲍勃·海沃德：《Internet 现象评析》，《网络与信息》1997 年第 5 期。

的网络伦理成为网络社会必须面对的重大课题。

第一节 虚拟世界与现实世界

网络是一个由计算机、服务器、传输设备相连接，并通过"传输控制协议（TCP）"和"网络间协议（IP）"而形成的技术范畴，诞生于上世纪40年代。当人类社会进入20世纪90年代以来，网络以一种无可阻挡之势迅速燃遍全球，几乎将全世界所有的国家和地区都联接在了一起。而网络的建立和发展，又为人类开拓了一个新的生存空间——即网络空间。正如原始社会以石器为标志、农业社会以铁器为标志、工业社会大生产以蒸汽机为标志那样，网络则是信息时代的重要标志。网络既是有形的，因为它离不开通信设备以及计算机等材料，又是无形的，因为它所蕴含的是浩如烟海的信息流。正是这种特质，导致网络实际上成为了一种信息载体、一种生存空间和一种生活方式。网络社会是一个虚拟的社会，但同时其也具有现实性。作为人类生存的第二空间，网络因为有了人的参与而被赋予了社会意义，从而形成网络社会。网络社会是一种新的社会形态，也是一种新的社会模式，是人类的网络活动结成的社会关系与作为机器和媒介而存在的网络的有机结合。网络社会不同于我们现实存在的社会，但由于现实社会密不可分，是人类社会发展进程中的特殊展现，代表着人类社会生产方式和生活方式的新变化和新发展。它是一个虚拟的社会，但同时又是人们对现实社会理想化的再现；它是技术的产物同时又超脱了技术的界限而延伸到人类的现实生活，是虚拟性与现实性的统一。

一 作为虚拟世界的网络社会

"媒介是人体的延伸，任何一种新技术或新媒介的出现，都是人的一种新的器官的延伸。"[①] 网络不仅延伸了人的视觉、触觉、听觉，更重要的是彻底改变了人的生活交往方式，创造出了一个全新的世界和崭新

---

① ［加拿大］马歇尔·麦克卢汉：《理解媒介：论人的延伸》，何道宽译，译林出版社2011年版，第50页。

的人类环境。人们在网络空间中结成了各种各样的社会关系，最终使网络空间变成拟社会化的"网络社会"。以计算机为结点的"物的网络"与以人为结点的"人的网络"的复合使得网络空间既成为我们生活的一部分，又成为我们生活的空间。网络社会是一个由数字和符号构建而成的一个虚拟社会，网络社会的形成和快速发展意味着"人类从现实性的生存方式和思维方式进入到虚拟性的生存方式和思维方式"[①]，人们在这样一个数字化存在的虚拟空间当中以一种崭新的生活方式开展自己的活动。网络社会的虚拟性主要表现在数字化、信息化、超时空化以及构造性等几个方面。

网络社会的数字化其实就是作为人类现实社会的延伸，网络社会建立的基础就是数字信息的编译、控制以及传播交换，人类在网络社会当中的所有活动都是通过数字化的信息所表现出来的。在数字化的基础之上，人们通过网络平台可以在任何时间、任何地点进行交流，无论是声音、图像还是文字都能够通过数字化技术处理之后在网络中进行组合和传播。这也就直接改变了人们的交往方式，人们获取信息的能力空前增强，获取信息的速度也得到前所未有的提升，获取的信息内容更为形象生动。数字化带来信息传播高效、快速的同时也带来了网络社会的最大特性——匿名性。网络社会信息的传播都是通过数字化来完成的，网络主体在传播和接受信息的过程中对于对方信息的了解极其有限。现实生活中人与人的互动表现为"现实人——现实人"，而网络社会中则表现为"网络人——网络人"。现实生活当中人与人的互动或多或少会有一定的"身份感"，会对对方的信息有一定的了解，而网络社会当中人与人的交流过程中双方的"身份感"随着数字化的出现而消失，互动双方可能都不知道对方的社会地位、社会角色，甚至于对方的性别都无从知晓。互动过程当中能够获取的信息也只有对方的兴趣、爱好之类，换一句话说在网络的世界当中人与人之间的交流是完全平等的，是不存在身份、地位差异的，在网络这一虚拟的空降当中，"网络社会中'个人——个人'的关系可以简单地

[①] 陈志良：《虚拟：人类中介系统的革命》，《中国人民大学学报》2000年第4期。

归结为'情感人——情感人'的关系"①。

网络社会的虚拟性的第二个表现就是信息化,信息化的过程其实就是网络发展的过程,是通过网络技术手段提升开发网络资源的能力,进一步推动"网络人"生活方式变革的过程。网络社会中符号按照一定的规则排列组合之后就形成信息,一种抽象但又同时无处不在,一种不同于物质和精神但又具备物质和精神某些特性的存在,作为一种中介联系着物质和意识。网络社会中信息是无处不在、无时不在的,网络主体可以在任何时间、任何角落通过网络与任何地方的其他的网络主体进行各种形式(声音、图像、文字等方式)的信息交流,获取自己生活中所需要的各种信息资源。网络将世界不同地方、不同时间的信息资源整合到一起,信息的普遍享有成为网络社会的重要特征,世界任何角落的个人或者机构都能够通过网络获取其他地方的信息资源,不同地方的信息资源也能够通过网络为人们所开发和利用,网络社会的信息资源也逐步成为人们生产和生活的必需品。

网络社会的信息化其实也反映出其超时空化,信息的传播已经打破了时间和空间的界限,信息资源通过网络这一传播媒介实现了快速、跨区域的传播,这也就意味着人类社会在时空范围的跨越式扩张。网络社会打破了物理空间的束缚和局限,它不能像现实世界一般为人们的交流提供一个实体的区域,但是作为一个交流平台,网络社会为人们提供了一个虚拟的空间,在这样一个虚拟空间当中"网络人"的"空间感"逐步淡化甚至于消失。现实社会当中人们对于人和物的认知都是通过感觉器官来接触,而在网络社会当中"网络人"无论是人还是物都不需要处于同一时间和空间当中,交流完成了对时间和空间的超越。网络社会的虚拟性的最后一个体现就是其构造性,它在网络技术快速发展的基础之上由人所构造出来的。作为一个自由开放的空间,网络社会没有身份、地域的限制,"在这里,人类的想象力有了它的用武之地,人类的确能从中获得现实社会中无法获得的创造力与契机"②,只要网络参与者遵循

---

① 童星、罗军:《网络社会及其对经典社会学理论的挑战》,《南京大学学报》(哲学·人文科学·社会科学)2001年第5期。

② 默然:《网络时代的哲学问题评述》,《学海》2000年第6期。

一定的规则，网络社会随时为之开启。

　　网络社会具有虚拟性，"网络人"同样具有虚拟性。网络活动的主体就是"网络人"，其虚拟性主要表现为隐匿性、想象性、多样性以及随意性。隐匿性是网络社会最为重要的特征之一，网络打破时空界限通过信息符号实现人与人之间的交往，这也就为"网络人"的隐匿提供了现实基础。"网络人"在网络社会当中可以全部或者部分隐匿自己的现实情况，包括身份、地位甚至于性别等等，然后通过自己赋予的符号去构造一个网络"自我"，一个与现实世界完全不同的"自我"，用自己计划好的面貌在网络社会当中呈现出来。"网络上人际互动的公共性，使个人可以轻易地把自己呈现在公众的面前，这就像是站在舞台上，表演者在后台隐藏了部分的真实身份，在前台则尽力地扮演着观众期待的角色"[1]，"网络人"在网络社会当中可以轻而易举的掩饰、凸显并创造一些信息，这也就带来了"网络人"的隐匿性。"网络人"的隐匿性也就带来了想象性，这主要体现对于网络角色的塑造。网络的隐匿性为"网络人"实现"自我创造"提供了现实的基础，特别是在网络游戏当中"网络人"对于游戏角色身份的塑造其实就是实现自己想象中"自我"的另一个身份的愿望，"人们通过这种虚拟的、现象的再创造，表达了一种探索新的身份的特征（维度）的愿望，它同时也是一种逃离'真实生活'条件限制的愿望"[2]。网络世界中角色的塑造可以是多样的，一个人可以塑造出一个或者多个不同的角色，给"网络人"带来不同的感受和体验，这也就是"网络人"多样性的重要体现。与现实世界的固定单一角色不同，网络世界给"网络人"带来更为自由的空间，带来更为复杂多变的环境，"网络人"可以根据自身的喜好调整自己的角色，便显出灵活、丰富的多样性。正是由于隐匿性、想象性以及多样性的存在，"网络人"在网络空间也就自然而然会呈现出随意性。"网络人"可以随时随地变换自身的角色，身份标识也可以随意塑造，通过网络符号很难辨识出真实的身份，有时候甚至于"网络人"自己都可能会将自己的网络身份和真实身份混淆。

---

[1] 黄厚铭:《面具与人格认同——网络的人际关系》，《中国科技纵横》2002年第12期。
[2] 邹智贤、陆俊:《论网络"自我"》，《求索》2001年第1期。

二 作为现实世界的网络社会

网络社会的虚拟性将其与现实社会划出一道明显的界限，也表现出其与传统社会最大的不同，但是我们也不得不承认网络社会在具有虚拟性的同时也是与现实社会分不开的，其具有一定的现实性。网络社会能称之为社会首先其就具备现实性，这是社会最明显的特点。社会——不管形式如何——是什么呢？"社会是人们交互活动的产物"[1]，"诸现实的个人相互联系、交互作用、彼此交往，其结果造成社会，社会就是这种联系、交往、作用本身"[2]，社会是人与人相互交往而形成的结果，网络社会亦是如此。虽然说网络社会是以网络为依托和中介发展起来的，但从根本上来看人依旧是其存在的主体，其从根本上体现的依旧是现实的人与人之间的交往，"当人们之间的交往达到足够的频率和密度，以至于人们相互影响并组成群体或社会单位时，社会便产生和存在了"[3]。网络社会将"人——人"的交往模式转变为"人——网络——人"，但其最终所体现的依旧是"人——人"的关系，是人与人之间交往的产物，网络发挥的更多的是一种中介的作用。由此看来，尽管网络社会与传统的现实社会有着不同的生活表达方式，但其依旧处于社会生活的范畴之内，具有现实性。

从本质上看，网络社会实际上属于人类社会的有机组成部分，是现实社会在网络空间的延伸。网络社会并不是凭空产生的，网络社会的参与主体也并非是凭空出现的，而网络社会运行所遵循的各种要素和所需要的各种要素同样也不是突然冒出来的。无论是从网络社会的基础来看，还是从网络社会的参与主体，抑或网络社会运行的各种要素来看，均直接或间接地来源于现实运行当中的社会。这就天然地决定了，网络社会与人类现实社会的不可分割性。沿着这一逻辑进一步推演可以顺理成章地说，网络社会无疑是人类社会的有机组成部分。网络社会并不是凭空产生的，而是构筑于一定现实社会之上的。网

---

[1] 《马克思恩格斯文集（第十卷）》，人民出版社2009年版，第2页。
[2] 康健：《试论网络社会及其特殊的现实性》，《中共中央党校学报》2002年第8期。
[3] 袁亚愚、詹一之：《社会学——历史·理论·方法》，四川大学出版社1989年版，第39页。

社会是伴随着新的技术的出现和发展而发生、发展的，但是这并不意味着网络社会就是一种"空中楼阁"。事实上，如果没有现实社会的积淀，就必然无法催生网络这一新的技术，也无法推动网络社会的出现和发展。在这个意义上，网络社会实际上是构筑于现实社会之上的。反过来说，如果没有现实社会作为基础，网络社会也是不可能出现并发展的。网络社会的参与主体也并非是凭空出现的，而是现实生活当中的活生生的个体在网络社会的符号化体现。网络社会的参与者虽然表现为"符号化"的虚拟个体，但其本质上仍然是活生生的"现实人"；网络社会的运行过程，实际上就是这些现实的主体之间进行互动、发生关系的过程。通俗地讲，现实社会的参与者与网络社会的参与者实际上是一种"本原"与"镜像"的关系——现实社会的参与者是"本原"，而网络社会的参与者则是"镜像"；如果缺少现实社会参与者这一"本原"，网络社会参与者这一"镜像"是不可能存在的。换言之，网络社会的参与者虽然是一个个"符号化"的虚拟主体，但是这些主体在现实社会是有对应的活生生的、具象化的人的。这一点注定网络社会脱离不开现实社会的限制。

与此同时，网络社会的在线活动，还必须依赖于现实社会为其提供的物质基础。"从社会发展来看，传统现实社会中的人全部或大部分将成为基于互联网架构的电脑网络空间的网络社会的成员，由此构成了一个与现实社会相对应的网络社会，网络社会与现实社会彼此互补、完善，推动人类不断进步。"从这个角度来看可以轻而易举地发现，网络社会是一个主体以符号化的方式存在和参与，并构筑在一定的现实社会为其提供的一定的物质和资源基础之上的。事实上，网络社会是一种虚拟状态的、不可见的范畴，而其外显的、为人所能够感知到的东西，实际上是诸如电脑、数据设备、传输设备等东西。这些东西无疑都是现实社会为网络社会所提供的。在这个意义上自然可以说，网络社会的在线活动，必须依赖于现实社会为其提供的一系列物质层面的基础。网络社会并非是凭空产生的，而是在现实社会的技术和积淀到了一定程度而自然或不自然地生发出来的东西；同时，网络社会的参与主体是活生生的现实的人在虚拟世界的映射，也就是说，现实社会的参与主体是"本原",而网络社会的参与主体则是"镜像",二者之间这种"本原"与"镜像"的关系注定网络社会要以现实社会为根基;此外,网络社会所赖以存在的资源,诸如终端设备、电脑、数据传输设备等,以及图片、文字等信息,实际上都源于现实社会。这些论证就不可辩驳地论证了网络社会与现实社会的关系问题。

网络社会具有现实性,同样"网络人"也具有现实性,无论"网络人"如何被塑造、改变都不可否认的是参与网络社会在根本上还是现实的人,"都被我们所从事的活动所塑造着,每一个我的表现都是从一个意境的脉络下出来的真实——真实只是一种经验、一种存在"[1]。"网络人"的身份可以被随意塑造,但是具有一定程度的限制性。因为"网络人"在身份塑造的过程中或多或少依旧会受制于其现实身份的特质,特别是受制于现实人的知识结构、知识储备等因素。"真实世界的身份终究无法完全抹去,这是因为真实世界仍有它的优先性"[2],现实生活中的个人性格、生活方式、价值取向等方面深深影响着"网络人"身份和角色的塑造,甚至于很大一部分网络角色都是现实生活的直接反映。"网络人"可以随意更改和塑造其身份代码,但不能随意改变身份代码背后所反映的特性,这其实也是网络身份被认同的过程。网络社会是人与人通过网络长期互动而形成的,其也具备一定的游戏规则,网络身份的认同同样"不是一场虚幻、虚构的游戏,而是经由社会共同建构的真实"[3]。网络身份的塑造需要加注"网络人"的想象,但网络身份的认同依旧是所有"网络人"互动的真实的过程。而在这种互动的过程中所建立起来的网络人际关系也同样具有现实性,因为"个人的人格认同总是在一定的社会脉络中形成,并且是在与他人的长期互动中,逐渐发展出一个关于个人自我的认知,包括个人对于我是谁、是怎样的一个人、如何变成现在这个样子,以及我期待未来要做什么、想成为怎么样的

---

[1] [美] 马克·波斯特:《第二媒介时代》,转引自李婷玉《网络中的自我与人际关系》,《广西社会科学》2001年第4期。

[2] 曾国屏、李正风、段伟文、黄铠坚、孙喜杰:《赛伯空间的哲学探索》,清华大学出版社2002年版,第125页。

[3] 黄厚铭:《面具与人格认同——网络的人际关系》,《中国科技纵横》2002年第12期。

人"①。虽然说网络人际关系是建立在面具的背后,"网络人"寻求网络身份认同的过程当中,其面具也恰恰成为"网络人"的网络人格的重要组成部分,成为制约"网络人"行为的重要规范。

三 作为虚拟现实世界的网络社会

网络社会同时具备现实性和虚拟性,我们也就不能简单的将其概括为是现实的或者是虚拟的。网络社会是以现实为蓝本的虚拟,是现实性与虚拟性的统一或者称为虚拟现实。"世界正在经由从 A 到 B,即由原子(Atom)时代到比特(Bit)时代的转变,计算机科学与技术的进步在其中无疑起着关键性的作用"②,网络社会出现之前传统社会是以原子为中心的存在,而网络社会的发展比特所占据的地位越来越重要,成为一个新的空间,一个独立但又没有摆脱现实社会的网络空间。网络空间是独立的,是没有实体存在的,但是其并不是存在于现实生活之外的,而是在一般生活领域之外形成了一个独特的赛博空间,是虚拟性与现实性的统一。虚拟现实是"自从自然界创始以来人类可以利用的第一种新水平的客观上可共享的现实"③,这也成为网络社会的虚拟与现实统一的本质所在。与传统社会"被以各种形式分割成为片断和碎片的一部分、一部分的现实"不同,作为虚拟现实世界的网络社会实现了现实的共享。传统社会当中现实也是可以共享的,但是那是被分割的现实处于分享状态之下,其更多的带有被独占的性质,而网络社会则是不同于一般的社会现实,虚拟现实首先是现实然后才是对现实的虚拟,是可以为大家所共享的客观现实。

网络社会不能简单地概括为是"现实的"或者是"虚拟的",同理"网络人"也不能被定义为"现实的"或者是"虚拟的"。网络社会当中,"网络人"的现实性和虚拟性很难被绝对分离开来,诚然,"网络人"是在一个符号的世界当中开展的,"在'超现实'中,事物与观念、

---

① 黄厚铭:《面具与人格认同——网络的人际关系》,《中国科技纵横》2002 年第 12 期。
② 康健:《试论网络社会及其特殊的现实性》,《中共中央党校学报》2002 年第 8 期。
③ [加]德克霍夫:《文化肌肤——真实社会的电子克隆》,汪冰译,河北大学出版社 1998 年版,第 61 页。

对象与再现、现实与符号之间的界线'被爆破了',现实、实在的根据也随之消失了,存在的只是由高技术生产出来的没有原型而互相模仿的各种符码"①,但是其活动是不可能独立于现实生活的,而是与现实生活重叠交织在一起的,准确说来"网络人"的网络生活应当是与现实生活并行交织且相互作用的。"网络人"通过符号组合成信息来完成在网络社会中的活动,不同的符号代表着不同的信息,也就是说"网络人"在网络社会当中得以存在或者说是证明自己的存在就需要通过符号来建立区别于其他人的存在形象,这本身就带有一种塑造和扮演的性质。"网络人"的塑造和扮演使得网络主体在网络社会当中比现实社会获得更大的自由度。"网络人"在现实生活当中无法选择自己的性别、年龄、地位,同时也受制于习俗、时间、空间等因素的束缚,而在网络社会当中这一切都是可以得到改变的,性别、年龄可以被隐藏,社会地位可以被回避,习俗、时间、空间等限制条件可以被打破,一些在现实生活中无法得到的体验在网络社会当中都可以实现。"网络人"选择一种身份去塑造和扮演的过程就是其网络虚拟身份构造和完善的过程,虽然这也许仅仅是一个符号的存在,但不得不承认这个过程是现实人的情感投入的过程,其不再是冷冰冰的符号,而是充满着情感的生命。虚拟与现实之间的界限被打破,两者并行交织、相互作用,网络主体作为"现实人"和"网络人"同时存在,在现实社会和网络社会当中都是以真实的情感去获得生命的体验。

第二节 网络化时代的道德问题

因特网的出现使得人类社会的交往形态、交往模式、交往过程都发生了翻天覆地的变化;"网络蕴藏着无尽的潜能,承载着无尽的信息,不只对于信息资源的共享和信息资源的快速传递起到了无与伦比的巨大作用,而且正在融入人的生活,改变着人类社会经济、政治和文化的传

---

① 王治河:《扑朔迷离的游戏——后现代主义思潮研究》,社会科学文献出版社1998年版,第73页。

统观念"①。与这种变化相伴，人类社会生活的一部分逐渐从线下转移到了线上，从而导致现实社会中的伦理规范必然要作用于网络空间。作为一种技术，网络创建了一种全新的交往方式和生活方式。一方面，人们的网络行为被赋予了"数字化"的特点。在网络上，主体所看到、听到的形象、声音实际上都是数字的终端显示。极端一点说，人也变成了一种符号化的存在。而这种存在往往使得人与人之间的现实联系减少。另一方面，网络为人们提供了充分施展各种能力的空间，给予人一种前所未有的自由感。此外，网络还打破了国家概念当中特有的"地域"和"国境"的概念，使得人与人之间的联系突破了时间和空间的限制。伴随着交往方式的变化，人们之间的伦理关系同样也发生了变化。一方面，虚拟社会的泛滥使得人们的社会责任感逐渐淡化和削弱；另一方面，网络社会中的人际关系逐渐陷入淡漠；此外，网络的匿名性使得侵犯他人隐私和网络犯罪的成本大大降低了。"这种'技术步伐比伦理步伐急促的多'的现状，很可能对现实社会构成某种威胁。"② 与之相伴，网络伦理问题也就随之产生了。

一　网络欺诈多发

所谓网络欺诈，指的是"部分网络使用者利用自己掌握的先进网络技术，在网上非法散布虚假信息，或者篡改各种保密数据，盗取某些知名机构的信息，诱导网民，非法获取他人信息、实物或金钱的网络犯罪行为。"③ 网络上曾经大行其道的网络钓鱼行为就是典型的表现——即通过大量发送声称来自银行或其他机构的欺骗性邮件，意图诱使收信人给出敏感信息，并以这些敏感信息而获利。还有一些人利用网络交易平台，以网络渠道出售假冒伪劣产品，从而诈骗消费者的钱财。还有一些人以销售网络游戏中的虚拟货币的名义诈骗钱财。此外，还有一些人利用情感手段，借助网络空间的虚拟性、匿名性特征设计情感陷阱等进行

---

① 黄寰：《网络伦理危机及对策》，科学出版社2003年版，第17页。
② [美]理查德·A. 斯皮内洛：《世纪道德：信息技术的伦理方面》，刘钢译，中央编译出版社1999年版，第86页。
③ 鲁兴虎：《论网络社会交往中的个人诚信缺失现象及其治理》，《道德与文明》2006年第5期。

诈骗。

在网络信息时代，人们的工作和生活越来越离不开网络。网络正在以无形的方式嵌入人们的日常领域当中。也正是因为如此，网络诈骗的可能性也就日渐增多。综合地看，网络诈骗大致逃不出以下几个特征：一方面犯罪成本低，伴随着网络技术的发展，犯罪分子只需要一台终端，就可能将犯罪的触角伸向世界各地。特别是各种软件的开发，更使得犯罪的成本大大降低。另一方面，犯罪过程隐蔽性高。由于网络的匿名性、虚拟性等特征，导致实施网络欺诈的犯罪分子可以隐藏于网络背后进行违法活动。从过程来看，犯罪行为和传输信息大多以数字化的方式呈现，同时冲破了现实空间的束缚，极大地提高了网络欺诈的隐蔽性。此外，在犯罪之后的调查和取证过程，由于相关信息以电子化的方式存在，极易被删除或修改，而犯罪行为发生的时间较短，导致调查取证的难度很大。

由于网络欺诈的简单化、匿名性、隐蔽性等特征，导致网络诈骗具有间接性，进而催生了各种形式多样的网络欺诈类型。其中比较有典型性的包括：在一些知名网站上以显著低于市场价的价格发布热门产品，采取折扣优惠、低价甩卖等方式进行欺诈，并且打出承诺牌，例如"保质保量""假一赔十"等，从而骗取买家的定金。以"中奖"的名义吸引顾客关注，然后以税费、手续费、保险费等名义欺骗顾客向指定账户汇款。在网站上大打广告，以低额的风险值和高额的投资回报率来吸引投资者，从而欺诈钱财。还有以帮助受骗者解决某些事宜而进行的交易，例如可以承诺帮助解决工作、出国等难题，从而引诱受骗者支付款项等。

在当前网络空间中，网络诈骗发生的频率还是很高的，这一点从相关网站的报道当中可见一斑，同时也直观地反映在主体所接受的各类信息当中。网络诈骗的多发，一方面要求道德主体要严格自律、遵守诚信，另一方面也对主体甄别信息、辨别真伪的能力提出了要求。对于在网络社会当中的主体而言，首先必须要严格自律，要以诚信的道德品质来规范、约束自己的行为，绝不进行网络欺诈，从而净化网络空间、整肃网络环境；其次，道德主体在网络生活和网络交际的过程中，还必须坚持敏锐的逻辑，发现可能存在的骗局，特别是注意甄别网络信息的真伪，不要轻信"天上掉馅饼"的好事，不要盲目听从网络欺诈者的摆布，从而降低受到损失的风险程度，维护自己的正当利益。

二 网络谣言盛行

网络伦理失范问题的第二个表现是网络谣言盛行。事实上，谣言古已有之，并不稀奇。但是互联网技术的发展普及，作为一种谣言传播的"革命性"技术，极大地助推了谣言的传播速度和传播领域，使得网络谣言的危害范围更大、危害时间更久。在这一点上，也可以说网络谣言本质上也是谣言，是谣言的一种形式，是传统谣言与新技术结合而催生的一种负面力量。互联网技术的发展为人类的交流带来了极大的便利，同时也为网络谣言的散布和传播提供了极为便利的条件。在当今的互联网时代，散布和传播一些不确定性甚至于谬误的网络谣言变得非常简单，论坛、贴吧、微信朋友圈以及微博等等都成为网络谣言传播的重要工具。近年来，网络谣言愈演愈烈，特别是在发生重大自然灾害或者是重大公共事件的时候各种版本的小道消息借助网络不断传播，严重危害了社会的稳定，破坏了社会的秩序，导致人心惶惶，并引发了一系列的伦理危机。

"谣言是一种以公开或非公开渠道传播的对公众感兴趣的事物、事件或问题的未经证实的阐述或诠释。"[1] 谣言自古以来就有，实际上并不稀奇。历史地看，谣言的破坏力相当强大，正所谓"三人成虎""众口铄金，积毁销骨"等等表述，都无可辩驳地体现了谣言可怕的力量。随着网络时代的到来，谣言的传播又多了一个途径——互联网。谣言传播的内容一般具有不确定性，同时内容又是与公众的生活密切相关或者涉及到某一个重大的社会事件，极具吸引眼球的力量。在这个意义上看，网络谣言其实质也是谣言的一种，本质来看其并非一种新生事物，只是其传播途径与以往的谣言不同。借助互联网传播这一"革命性"手段的加速，网络谣言的传播速度更快，影响的地域、人群范围更为广泛。网

---

[1] 巢乃鹏、黄娴：《网络传播中的"谣言"现象研究》，《情报理论与实践》2004 年第 6 期。

络谣言就是在互联网的环境之下，网络使用者通过互联网对一些公众事物、事件或问题进行阐述和诠释并进行传播，而这其中的内容是未经证实的。

近年来，网络谣言的大肆传播对正常的社会秩序易造成不良影响，严重损害了一些公共人物、公共组织以及政府的形象。例如北京尔玛互动以一批网络推手为骨干，大肆造谣，而该公司成立7年以来，年收入已达到上千万元，严重扰乱社会正常秩序，危害社会和谐。2011年3月11日，日本东海岸发生9.0级地震之后，国内出现食盐将短缺的谣言引发了大范围的抢盐风波。这一系列的网络谣言的散布和传播严重扰乱了社会秩序，给社会带来了不可估量的损失，严重危害了社会的稳定。与此同时大量网络谣言的传播也带来了一系列的伦理危机，阻碍了我国精神文明建设的步伐。

简而言之，伴随着网络技术发展，网络谣言开始以一种令人难以想象的速度泛滥起来。对于道德主体而言，网络诚信提出了两个方面的要求，一方面是不主动制造、传播谣言，另一方面是要理智地看待网络言论，辨别网络谣言。只有这样，才能阻止网络谣言的盛行，也才能够提高个人修养，推进网络诚信建设。

三 侵犯个人隐私

伴随着人们更多地开展网络社会生活，现实社会当中保护个人隐私的权利受到了前所未有的挑战。例如，中国互联网协会评估并发布的"2009年中国网络诚信十大事件"当中，"《中华人民共和国侵权责任法》的颁布"位居首位。从这一点就可以从侧面体现问题的严峻性。换句话说，在网络空间当中保护个人隐私成为网络诚信必须面对的重大考验。在网络空间当中，人们提供的信息和资料是以数字信息的方式存在的，客观上就便于为黑客所窃取，而个人隐私的泄露无疑会使个人尊严遭到侵犯，导致正常的工作、学习和生活受到严重影响。

近年来，伴随着我国网络技术的迅猛发展，侵犯他人隐私权的问题时有发生。根本地看，网络隐私权与传统隐私权的保护不同。在网络空间当中，在一定程度上隐私成为了一种"价值"，成为某些组织和个人可以利用的资源。与此同时，由于一般网络主体的计算机能力的限制，一旦面临黑客入侵的时候，往往没有"招架之力"。同时，一些需要用户真实信息注册的网站也未能做好用户隐私的保护，导致用户隐私为人所窃取，从而使得网络隐私权的问题变得更为突出。

但是，对于个人隐私权的侵犯除了这种典型的非正义形式之外，还有另外一种披着正义外衣的侵犯方式，即人肉搜索。通常来讲，所谓人肉搜索，指的是综合利用现代信息科技及网民大规模参与等手段来搜寻和共享特定信息的网络活动。[①] 近些年来，关于人肉搜索的案例层出不穷，甚至获得了国外媒体的关注。[②] 结合实践来看，当前我国的人肉搜索一方面是对被搜索人个人信息的披露，另一方面也是对被搜索人行为的惩罚。[③]

在某些主体看来，人肉搜索是在法律不能起到作用的角落对主体实施惩罚的一种方式，从结果来看，效果往往很显著。例如2016年1月上海地铁鸡爪女事件，在很短时间内，当事人的相关信息就被搜索地一览无遗，包括姓名、工作单位、电话等。但是，这里需要反思的是，这种道德审判本身是否是"道德的"？无疑，当事人的行为是违反社会公德的，应当受到相应的惩罚，但以这样一种赤裸裸的暴力形式是否妥当，可能是值得商榷的。更进一步说，当事人的行为虽然违反了社会公德，然而人肉搜索者却也侵犯了该当事人的正当权利。这一点在未来互联网发展过程中值得引起关注。

网络技术的发展不但可能导致对个人隐私的侵犯，对知识产权的侵犯的情形同样非常严峻。高速网络信息流通和全球性信息传播给现有的知识产权制度带来了巨大冲击，其中版权受到的冲击最大。这一点同样属于网络诚信的范畴。

网络发展伴生的对知识产权的侵犯，一方面是由于我国对知识产权保护力度不强导致的，另一方面则是由于网络技术发展为侵权行为实施

[①] 杨孟尧：《网络社区"人肉搜索"初探》，《东南传播》2008年第7期。

[②] Tom Downey, "China's Cyberposse, New York Times", *Sunday Magazine*, Mar. 7, 2010, p. 38.

[③] 刘晗：《隐私权、言论自由与中国网民文化：人肉搜索的规制困境》，《中外法学》2011年第4期。

提供了技术支持。在现实社会当中，人们在认识世界、改造世界的活动中获得知识，依法享有其专利使用权即知识产权。与现实社会当中的知识产权不同的是，网络知识产权依托于网络相关制度而建立。但是，网络自身的开放性特征，使得成员可以自由地在网上发布信息，加之大量免费可供使用的信息，为一些人利用网络侵犯他人知识产权提供了便利。

具体地看，一方面，网络作品的匿名性加大了网络对作品版权认定的难度；另一方面，网络信息的迅速传播是其区别于现实社会信息传播的重要原因，如何实现知识产权保护与信息传播迅速性之间的平衡也是网络诚信的重大难题。此外，不同国家和地区对于知识产权的保护标准和保护水平存在显著差异，对于侵权行为的认定也不同，在一定程度上导致了问题的泛滥。这些问题的解决，都需要网络诚信的作用。

四 网络黑客泛化

"黑客"一词是英文"Hacker"的音译。从黑客诞生至今，世界各地对其的定义不尽相同。例如日本1998年出版的《新黑客字典》就把黑客定义为"喜欢探索软件程序奥秘，并从中增长其个人才干的人。他们不像绝大多数电脑使用者，只规规矩矩地了解别人指定了解的狭小部分知识"。事实上，这一定义给黑客蒙上了一层"狭"的外衣。"目前来讲，比较通用的解释是特指对电脑系统的非法入侵者。伴随着网络技术的泛滥，黑客文化或者说黑客伦理逐渐盛行起来。例如，史蒂文·莱维（Steven Levy）就曾总结过黑客伦理的六条基本信条。"[1] 这些信条在互联网发展中也曾起到过不可小觑的作用。也正因如此，黑客哲学得到了一大批网络主体，特别是青少年的热衷。

黑客哲学的泛化带来的并不是正面效应。例如在世纪初那场由中美撞机事件引发的网络黑客大战中，每天发生的黑客攻击事件不在少数，造成的直接和间接后果也不小。但在网络舆论场中，并未对这种行为过多谴责，而更多地体现为一种宽容。这一现象的出现，除了事件本身所

---

[1] 严耕、陆俊、孙伟平：《网络伦理》，北京出版社1998年版，第96页。

包含的民族情感原因之外,更深层次的本质在于黑客哲学的泛化问题,即人们在评价黑客行为的时候采用了不同的价值标准。这已经成为网络诚信建设不可忽视的一个问题。

事实上,无论如何来刻画黑客哲学,其本质还是在于崇尚信息自由,反对信息垄断。而这些信念一旦走向某个极端,无疑可能会导致严重的后果,例如一些黑客肆意破坏网络环境,或者为了满足自己的自由污染网络环境、阻塞网络交通。从实践当中看,这些行为也并不鲜见。但是,无论如何,无论黑客的行为动机如何,其行为本身在伦理层面是得不到辩护的。同理,无论后果如何,非经授权进入他人系统本身就是对他人正当权利的侵犯,就是网络失信的表现。这一判断是应当明确的。这一问题同样也需要给予强烈的关注。

第三节 网络社会的伦理规制

网络虽然为社会生活提供了空间,但本质上看,网络仍然仅仅是一种载体,而非一种伦理道德的主体。因此,如何诱导广大网民规范网络生活、建立健康的道德规范、发挥网络正面影响,无疑是必须正面应对的问题。网络空间虽然是一个虚拟平台,但是它仍然是一个由人所创造、并以人为主体运行的一个"平行世界"。同理,网络关系是一种新型的人际关系,与现实社会同样是公共空间,因而必然无法抛弃道德伦理的规范。这也从侧面表明网络伦理必然基于现实伦理,否认就会让人无所适从。反过来说,在一定的意义上,现实社会伦理的许多理论模型实际上是为网络社会伦理所"继承"的。正如弗兰克纳所言:"为什么人类社会除了公约与法律之外,还需要一套道德系统?这主要是因为如果没有这一系统,人与人之间就丧失了共同生活的基本条件。于是社会便只有两种选择,要么是回到我们所有的人或我们大多数人的状况比现在要恶劣得多的自然状态,要么是回到以暴力威慑来避免任何行为过失的极权主义专制统治。"[①] 无论是在现实社会还是在网络空间,主体的行

---

① 甘绍平:《伦理智慧》,中国发展出版社2000年版,第5—6页。

为是真实的，这也就注定了规范主体行为的道德必然也是真实的。否则只会导致主体行为的偏差，甚至最终摧毁整个社会赖以存在的根基。在虚拟的网络世界当中，同样存在着主体之间的交互行为，而与这种交互行为相伴的，必然是相应的道德规范，以便塑造主体之间的关系的正常运行。而规范这种真实的交互行为的道德，自然而然地也就成为了一种真实的道德。这种真实的道德，无疑源自现实社会运行当中所塑造和传承下来的规范，并结合网络技术催生的虚拟空间进行适应性调整，最终形成的一系列规范。"在实践中，通常表现为根据网络信息的特点建立适应网络社会的新法律规范与道德标准。"[①] 无论是从哪个层面，抑或哪种含义上讲，网络道德都必然是真实道德。简而言之，网络社会从根本上归属于人类社会的有机组成部分，而网络社会道德问题实际上根源于现实社会。这两个方面实际上是"一个硬币的两个面"，相辅相成、缺一不可。

一　网络社会需要真实道德的规制

"网络社会从它诞生的那天起，便宜快捷、方便、自由和平等的特质对人类社会的深度变革被人们广泛认同和接受。"[②] 这些特征在为人类生活和社会发展带来便利的同时，同样深刻地成为了网络社会中各种问题的根源所在。在互联网中，单一的个体无法逃避海量的信息轰炸和信息污染，无法保证个人隐私不被泄露，也无法保证自己能够遵守与现实社会同等程度的自律；传统的道德观、价值观、人生观、世界观受到了重大冲击甚至在某些主体身上表现为彻底颠覆，进而出现一系列不道德甚至反道德的思想或行动。这一现实情境，对于网络空间中的个体产生了重大影响。作为网络交往的主体，如何来应对冲击、回避影响，成为需要深刻思考的问题。

沿着这一逻辑来思考，下一个问题必然就是：在网络交往中的个体，是否需要遵循一定的道德规范？当然，这一问题的答案，自然是毋

---

① 张帆、李敏：《论网络"虚拟空间"的道德培育》，信息技术与教育研讨会，2006年，第93—102页。

② 杨礼富：《网络社会的伦理问题探究》，吉林大学出版社2008年版，第15页。

庸置疑的；而关于这一问题的思考，实际上就将真实道德的理念凸显了出来。简单地说就是，在网络空间过程中，个体虽然是以一种符号化的方式而存在并参与社会交往的，但其必须遵循的、一定的道德规范却是真实的。换言之，即便在网络空间中，个体也必须遵循一定的真实的道德规范，以便净化网络空间、消弭网络暴力。沿着这一逻辑继续推演，可以顺理成章地发现，网络诚信的本质是一种真实的道德规范，而非一种虚幻的乌托邦。

其一，网络交往的虚拟性呼唤真实道德。网络是一种以数字化的方式，构筑在现实空间之外的、与现实空间相映照的虚拟空间。网络交往的虚拟性，回避了个体的人在社会地位、经济收入、宗教信仰、价值判断等方面的冲突以及现实世界的偏见与利益矛盾等，为个体交往塑造一种自由、新鲜的环境氛围，这一点是值得肯定的；但与此同时，网络交往的虚拟性同样弱化了个体的道德感，催生了传统道德的弱化，最终导致了一系列道德滑坡现象的出现。特别需要提出的是，网络世界的道德滑坡也有可能反射到现实空间并产生一些影响；事实上，这一迹象已经有了一些苗头，对现实社会的正常运行也产生了一定的影响。

网络交往的虚拟性呼唤着真实的道德规范。强化网络主体的道德规范，是应对当前可能出现和已经出现的种种问题的一剂良方。在一个虚拟的交往规则体系当中，一系列问题的出现很大程度上源于主体自觉或不自觉地放松了对自己的道德要求，并借助网络的力量得以放大。从这个角度切入，自然而然地，要想应对这些问题，有必要强化网络交往主体的道德建设，塑造网络交往道德规范。简而言之，网络社会的良性发展必然需要真实道德的规范，才能规范个体在网络空间的行为，塑造和谐的网络空间。

其二，网络交往的开放性呼唤真实道德。网络空间是一个开放的体系，任何个体都可以不受年龄、职业、阶层、收入等的限制而进入这个系统。然而，网络交往的开放性特征，在很大程度上瓦解了"熟人社会"的交往规则，"陌生人社会"开始取而代之。伴随着社会交往规则的改变，社会道德规范体系也会产生不同的效果。熟人社会的有效运行，依靠的是人际关系的形塑和地域文化的约束；在这一场域中，人们所受到的限制比较多，其行为也会比较严谨；但是，一旦进入开放的社会当中，大量熟悉的抑或不熟悉的个体掺杂进社会交往圈中，改变了原有的社会交往规则，导致原本构筑的道德防线趋于崩溃，进而导致一系列不诚信的行为开始显现。

网络交往的开放性呼唤着真实的道德规范。在一个开放的网络世界里，人人都可以自由地加入交流，从而使得交往主体呈现为"陌生人"的特征。恰因如此，不少主体正是由于这种开放的、虚幻的"自由感"而放纵自己，产生了一系列网络失信问题。为了应对这一问题，有必要强化主体的道德意识，促使个体以真实的道德为标准来约束自己在网络空间当中的思想与行为，遵循必要的社会运行法则，最终塑造一个诚信、和谐的网络环境。

其三，网络交往的平等性呼唤真实道德。传统的交往结构依托于等级和权威而运行，交往主体因其在政治地位、经济地位、文化地位等方面的不同而出现差异，在某些方面或某些历史阶段甚至表现地极为悬殊。俗语所谓的"门当户对"实际上就蕴含着这种理念。这种等级差异的交往结构在网络化时代受到了巨大冲击，并在很大程度上被消解了，网络交往呈现出显著的平等性特质。

在网络空间当中，个体可以不受身份、年龄、性别、职业、阶层等自然因素和社会因素的影响，可以按照自己的思维与逻辑进行行为。与现实的话语结构相比，网络交往无疑更多地体现了平等和公平，有力地推进了作为个体的人的自由与解放。但从另一个角度来说，恰恰是这种平等与公平，使得不少网民产生了一种无拘无束的"放松感"抑或"自由感"，进而容易在虚拟空间中将内心深处的不道德释放出来，甚至作为一种对现实社会遭遇不满的非理性泄愤。这成为网络诚信问题层出不穷的重要原因之一。

网络交往的平等性呼唤着真实的道德规范。网络社会是一个平等的社会，但这种平等是以主体对他人的尊重为前提的；换言之，道德主体要善于运用平等的规则，充分尊重他人的平等权力，否则只会出现暴力、谩骂、欺诈等网络乱象。具体地说，交往主体应当强化道德规范，有效约束自身行为，以诚待人、以信待事，从而维护网络交往的平等性并塑造一种和谐、良性的网络氛围。

结合上述分析来看，网络社会虽然是一个数字化空间，但仍然需要真实道德的规范。特别是网络自身的虚拟性、开放性、平等性等特质，在给人类社会带来巨大便利的同时，同样招致了诸多问题。因此，有必要借助真实的道德，强化交往主体的行为规范，塑造诚信、和谐的网络空间。

二 网络社会伦理规制的核心原则

网络社会伦理规制最为核心的内容在于要强化主体的道德自律；与此同时，也必须辅之以他律作用，强化道德规范体系建设，但最终的着力点仍然需要落在外在规则的内化——即主体自律上。唯有如此，借助由内而外和由外而内两种力量的共同作用，形成个体的诚信自觉，才能塑造一个有序、和谐的网络氛围。

其一，要强化道德自律。在网络空间当中，主体经常处于类似于"无他人在场"的环境当中；这是主体放松对自己道德要求的重要原因。因此，在未来构建网络诚信的过程中，借助儒家"慎独"美德培养主体诚信势在必行。在儒家理念当中，君子应当"慎其独也"，也就是说，即便在独自一个人的时候，也要保持表里如一，诚心实意地坚持对"善"的追求——在这里，"善"实际上就包含诚信理念在内。"慎独"原则对于推进网络伦理建设至关重要。"慎独"的本质是提倡个体的道德自律，即道德主体独立地对事物进行分析和判断，并以其坚定的道德信念对自己的行为做出选择和评价。在网络空间中，提倡"慎独"原则尤具独特的价值。较之现实空间，主体在虚拟的数字化空间中所受到的监督更少；主体必须借助内心的强大信念来面对网络中可能的诱惑，强化意志力和道德实践能力，以"慎独"来对抗、战胜自己的不道德的思想，使自己的一言一行符合道德要求，并及时纠正自己的失范行为。在这里，有必要指出的是，在强化道德自律的过程中，既不能简单地将传统的道德规范直接视同为网络社会的道德规范，又不能抛开传统道德"另起炉灶"。网络空间的道德虽然与植根于物理空间的现实道德不同，但却与其有着千丝万缕的联系。因此，作为"评价人们的上网行为，调节网络中人与人、人与社会之间关系的行为规范"[1]的网络道德,必须立足于现实社会道德,并结合数字化空间的特征来推演;进一步说,强化网络自律必须与现实道德规范建设有机联系起来。简单地说,网络社会是一个比现实社会更加复杂、更为开放的空间;主体在网络空间中更容易出现失信行为。恰因如此,主体必须以"慎独"原则为指引,努力强化道德自律,约束自己的思想和行为,以便塑造一个良性、诚信的网络环境。

其二,要强化制度他律。与道德自律一样,制度他律同样是建设网络伦理的重要一环。实际上,为了解决网络空间中诸多失范问题,国家已经先后出台了一系列监督管理办法,借助各种行政管理制度和法律制度,对互联网运行的不同环节进行了明确的规定。当然,毋庸讳言的是,当前相关立法和监管办法还趋于滞后,仍然需要适时地改革相关制度,以契合网络发展的实际、维护网络主体的权益。制度他律的存在,可以为主体提供行为指导,促使其较为容易地做出何种行为正确、何种行为错误的道德判断。与此同时,当主体在反复践行外在制度的过程中,就可能将这种他律内化为自觉的道德意识,制度他律也就实现了向道德自律的转化,"诚信的内指形式和外指形式相统一"[2]。因此,进一步强化制度他律,引导主体的价值判断和行为选择,对于网络伦理建设大有裨益。

此外,还有必要强调的是,道德自律和制度他律都是建设网络诚信的重要内容;甚至在现实世界当中,后者所起到的作用比前者更为"立竿见影"。但是,较之现实生活世界,网络世界终究是一个更加自由、更富于创造力的空间;在这个空间里,必要的他律自然是需要的,但过度的他律,反而可能扼杀网络世界的活力、阻碍网络世界的持续良性发展。有鉴于此,未来的改革实践中,还是应当更加强调伦理自律的作用,并辅之以必要的制度他律,以他律来推动自律,从而塑造一种诚信、和谐的网络环境。

---

[1] 尹翔:《网络道德初探》,《山东社会科学》2007年第1期。
[2] 王银娥、袁祖社:《虚拟世界环境下网络非诚信治理路径探究——基于制度伦理学的视角》,《齐鲁学刊》2015年第1期。

总而言之，作为虚拟世界的真实道德，网络伦理是净化网络空间、塑造网络秩序的重要着力点；未来，在构建网络诚信的过程中，应当强化道德自律和强化制度他律并行，但前者起着更为关键的作用。

三　网络社会伦理规制的制度安排

从制度安排的角度看，网络诚信建设应当着力从以下方面入手：首先，应当健全相关法律法规。只有借助法律法规，才能切实地遏制网络失范行为；其次，应当完善网络行为道德规范。当前的网络环境中，明确的网络行为道德规范尚处于欠缺之境，需要进一步完善。唯有如此，网络主体才能树立良好的伦理意识，进而内化为道德自觉。

其一，要健全网络运行的法律法规。党的十八大报告提出，要"加强网络社会管理，推进网络依法规范有序运行"。由此可见，网络法规体系的建立健全对网络诚信具有根本性、强制性的规约作用。从一个更大的范围来讲，要依法治国，就必须依法治网，实现网络空间的法制化，才有可能切实地遏制网络失信行为。

当前，虚拟社会给道德主体的自由度，在一定意义上说，已然超出了现有社会道德和法律水准所能适应的范围了，进而导致的道德问题，特别是诚信问题层出不穷。此外，加之网络本身存在的蔓延迅速、涉及面广、防范难度大等特点，恰恰凸显了网络法律法规在网络诚信建设的基础性地位。在这个意义上，网络伦理失范问题的泛滥，是两方面共同作用的结果：一方面是虚拟社会给道德主体提供了足够的空间，另一方面则是网络本身存在的特征更加激化了问题和矛盾。也可以说，通过法律手段来规范不道德的行为乃至违法犯罪行为，恰恰是作为法治社会进行道德建设的基本战略。对于网络社会当中出现诸如网络欺诈、网络谣言、侵犯个人隐私、黑客行为等网络失信现象，用相应的法制手段才能取得更为显著的效果。

从国际经验来看，许多国家从20世纪七十年代就开始制定有关计算机犯罪的相关法律制度，并伴随着后期网络的发展而不断修正。相较而言，目前网络立法比较健全的国家包括美国、英国、澳大利亚、新西兰、德国、瑞士和日本等。当然，这些国家的共同特征是网络发展起步比较早，遇到问题的情形也比较多，从而客观上促使这些国家开始探索网络立法的问题。在这个意义上，也可以认为，网络诚信法律体系的建设是一个发展的问题。

当前，我国虽然对于网络个体的行为和网站主体进行过相关规定，但结合现实来看，目前的规定已然无法适应当前网络急速发展的需要，从而呼唤着更加健全的网络诚信体系。特别是与发达国家相比，客观上我国互联网起步比较晚，在相关法律和法规的制定实施上存在一定的落后也就不足为奇了。加之近年来互联网技术日新月异的发展，导致网络失范的现象也并不鲜见。

从具体的法律法规方面看，我国先后颁布过《电子计算机系统安全规范》《计算机信息网络国际联网安全保护管理办法》《计算机场地技术要求》等诸多法律法规。此外，在《刑法》《民法通则》中也对网络诚信起到规范作用。例如，《刑法》第二百一十七条规定："未经著作权人许可，复制发行其文字作品、音乐、电影、电视、录像作品、计算机软件及其他作品的"行为视为"侵犯知识产权罪"；第二百八十七条规定："利用计算机实施金融诈骗、盗窃、贪污、挪用公款、窃取国家秘密或者其他犯罪的，依照本法有关规定定罪处罚。"客观地说，这些法律法规在规范网络行为、消解网络失信、净化网络空间方面起到了不可忽视的作用，但是如何使这些法律法规在新时期发挥出更大的作用，是理论工作者和一线操作者必须面对的重大问题。

未来在推进相关法律法规制度建设的过程中，应当强调以制度的作用为个人守法和互联网环境的和谐发展创造良好的氛围。要坚持以制度机制对造福人类、对人类社会起着发展促进作用的网络技术予以提倡和普及，对于损害他人利益或谋取不正当利益的网络犯罪，应当给予严厉的禁止和惩处。特别要对网络色情、暴力等危害青少年健康成长的行为给予严厉的制裁。

从具体的操作层面看，应当形成专门性的网络法规，特别是《网络法》《网络知识产权法》与《网络隐私保护法》等。目前针对网络违法犯罪的处理条款，仍然散见于《刑法》《民法》和《中华人民共和国计算机信息系统安全保护条例》等法律法规当中，在操作层面存在一定的困难。下一步应当考虑在已有法律法规的基础上,制定出一部专门、全面的网络法,这对于规范网络主体行为、消解网络失信、净化网络空间极有必要。

其二,要完善网络行为道德规范。网络伦理建设制度安排的第二个方面,体现在要完善网络职业道德规范上。在当前我国的网络环境当中,仍然缺乏明确完善的网络行为规范。唯有建立完善、健全的网络道德规范,网络主体才能够树立起良好的信息伦理意识,从而成为行为主体的内在性的道德自觉。在目前的现行规范当中,比较典型的包括以下几个:

"在美国,计算机伦理学会制定的'计算机伦理十诫',为网络主体在网络空间当中工作、生活划定了大略范围。"[①] 在我国,《中国互联网行业自律公约》为建立健全互联网行业自律机制、规范从业者行为方面起到了重要作用。例如第九条规定了互联网信息服务者应当遵守的自律义务:第一,不制作、发布或传播危害国家安全、危害社会稳定、违反法律法规以及迷信、淫秽等有害信息,依法对用户在本网站上发布的信息进行监督,及时清除有害信息;第二,不链接含有有害信息的网站,确保网络信息内容的合法、健康;第三,制作、发布或传播网络信息,要遵守有关保护知识产权的法律、法规;第四,引导广大用户文明使用网络,增强网络道德意识,自觉抵制有害信息的传播。此外,还有一些地方政府也作出了有益的尝试,例如北京市工商局推出的"红盾"标识,对合乎规范的电子商务网站颁发红盾标识,而将不良信用的企业纳入预警系统,以便规范商务网站行为。

但是,伴随着网络社会的进一步发展,网络空间面临的情况愈发复杂,问题也愈发突出。因此,进一步完善网络职业道德规范体系也就显得极为必要了。未来,至少可以从以下三个方面来强化网络职业道德规范:其一,要结合网络实际,因地制宜地完善已有的网络从业者行为规范,建立新的更加细致的行为规范,从而更好地净化网络空间、推进网络社会正常高效地运行。其二,要推进网络守则建设。网络守则是为规

[①] 陆俊、严耕:《国外网络伦理问题研究综述》,《国外社会科学》1997年第1期。

范、约束道德主体在网络社会当中的行为，要求网络主体共同遵循、自觉遵守的行为准则。通过在网络伦理领域提出倡导性的、规范性的原则，以简单明了的方式确定下来并要求网络主体遵守，有助于让网络主体知道什么该做、什么不该做，为网络主体参与虚拟空间社会交往提供行为范式，进而内化为自身良好的道德修养，消减直至消解网络失范行为。其三，要推进网络团体公约制度建设。网络社会是由不同的团体组成的复杂集合体，这些团体可以制定自己的行为公约，并在大家认可的情况下予以颁布，并对违规者施加一定的惩罚。这些公约的约束能力虽然不及法律，但又强于道德律令，从而可以在相当程度上弥补法律法规制度的不足。这样，多方共谋、多措并举，推动网络社会伦理建设，从而规范网络行为、净化网络环境，塑造一个诚信、有效的网络空间。

第十五章　构建中国特色社会主义伦理学

无论从确立中国特色社会主义理论自信，还是从建构中国社会发展的伦理秩序，抑或是从推进伦理学自身发展的需要而言，建设中国特色社会主义伦理学已然成为一个紧迫的问题。对我们身处的社会生活领域和面临的社会文化问题做出理论审视或判断，不仅是学人对学术研究责任担当的表现，亦是对生活世界积极反思的努力，这种责任和反思正是社会主义文化建设与繁荣的助推力。波澜壮阔的中国特色社会主义建设实践为我们提供了伦理思想和道德生活的场域，我们需要何种伦理理论指导、佐证和推进中国特色社会主义建设？尤其"在21世纪的文献中，中国崛起已成为一个公理性观点"[1]，中国特色社会主义道路已经初步展现具有世界意义的发展价值的当今时代，我们应该怎样建设中国特色社会主义伦理文化以彰显文化价值自信？从理论内涵、发展逻辑、理论方法等方面对中国特色社会主义伦理学建设路向的思考，即是基于这样的理论努力。尤其在2017年5月中共中央印发《关于加快构建中国特色哲学社会科学的意见》并强调"坚持和发展中国特色社会主义，必须加快构建中国特色哲学社会科学"的新形势下，这种理论努力更显必要和紧迫。

---

[1] David Scott, "The Chinese Century"? The Challenge to Global Order, Hampshire: Palgrave Macmillan, 2008, p. 14.

第一节 理论命题：何谓中国特色社会主义伦理学

"中国特色社会主义伦理学"是具有中国特色、问题导向和中国经验的当代伦理学新范式，它有别于传统的"马克思主义伦理学"，也不是中国传统伦理学的当代延续，更不是西方伦理学的中国化，而是中国伦理学发展在新的历史条件下提出的全新的理论命题[①]。

一 提出建设中国特色社会主义伦理学，是基于原有伦理学理论已经表现出时代的滞后性这一客观事实

我国现有伦理学理论体系为中国社会的当代转型和社会主义道德建设做出了重要的贡献，但是不容回避的是，国际形势和社会主义建设已经发生了日新月异的巨变，由于未能完成传统伦理现代转型以及以前苏联马克思主义伦理学为基础的伦理学体系与中国话语之间存在间隙，该理论体系已经明显地滞后于世界伦理理论的前沿和中国的现实道德生活。

这种滞后性的主要表现是：其一，现有伦理学理论建设依然未能完全实现传统伦理的转型、继承和创新，显示了伦理学理论建设的"先天不足"。一方面，克服传统伦理的封闭性特征和倾向，实现传统伦理创新有待继续努力。中国有着丰富的传统伦理文化资源，为世界文明和人类进步做出了突出贡献。但长期以来，我国传统伦理文化缺乏与其他伦理文化的交际，表现出鲜明的同质化特征，基本属于"同质异构性的内部文化"。[②] 因此，两千多年的伦理文化发展基本循着一元化道路发展——儒家伦理由此走向传统伦理的中心地位。这种一元化伦理知识结构最大的弊端就是缺乏自我批判能力、导致伦理体系的固化，无论"我注六经"还是"六经注我"，都以儒家伦理原典为真理，这就使传统伦理难以适应开放的现代伦理结构，难以对当下新的伦理诉求做出回应。同时，造成的另一弊端就是，致力于维护血缘宗亲的儒家传统伦理强调对

[①] 李建华：《中国伦理学：意义、内涵与构建》，《中州学刊》2016 年第 3 期。
[②] 万俊人：《论中国伦理学之重建》，《北京大学学报》（哲学社会科学版）1990 年第 1 期。

宗法伦理的服从，伦理道德成为服务君主专制政治统治的工具，不仅使伦理外化成为"精神枷锁"、压制人的主体精神，而且伦理要求范化为政治伦理规范、道德成为政治人格的衡量标准，这与尊崇人性、倡导自由、追求平等的现代伦理理念相距甚远。另一方面，继承"传统"时我们需要更理性、更求实。历史上我们似乎很难平和地对待自己的传统，辉煌时我们傲视世界、唯我独尊，陶醉于传统；受西方文明威胁和凌辱时，我们厌弃的往往又是最不能离舍的传统。这种困扰直到近现代我们似乎仍然未能正确地、彻底地解决好，常常在自傲和自卑中彷徨，既缺少海纳百川的虚怀若谷，又缺少面向未来的自强自信。同样地，不能正确处置"传统"，中国伦理学建设就难以发展和创新，因为纵贯古今、绵延数千年的中国传统伦理有着完整的理论主题、范畴术语、运思方式和言说体系，在一定程度上仍有诠释真理、指导生活的力量。避免中国传统伦理陷入合法性危机，就是要挖掘、孵化其对现代伦理问题继续发问、解答的权力，并以现代性关怀浇灌之、培育之。就此而言，中国特色社会主义伦理学建设不是要不要传统的问题，而是如何实现传统的现代转化的问题。

其二，在马克思主义伦理中国化过程中，我们热衷于套用前苏联马克思主义伦理学的基本理念、学术框架和学术方法，对马克思主义的深层思想重视不够，在马克思主义思想中提炼马克思主义伦理观念"火候不足"，显示了伦理学理论建设的"消化不良"。造成的不良后果就是：一方面，囿于前苏联模式的伦理学框架而不加批判的搬用，导致中国伦理学呈现出知识内容和研究范式上的滞后性。另一方面，由于缺乏深层反思与检验，我们对伦理学的认知偏离了辩证唯物主义方法论原则，从而"误读"或窄化了伦理学的研究对象和方法。受前苏联伦理学影响，伦理学的研究对象被定义为"道德现象"和"道德关系"，而道德则被理解为"调整人们相互关系的行为原则和规范的总和"，这种片面性理解缩小了伦理学的研究领域，使伦理学仅仅成为了规范性的学科。①

其三，社会主义改革和建设实践不断产生新情况、新矛盾、新问

---

① 万俊人：《论中国伦理学之重建》，《北京大学学报》（哲学社会科学版）1990年第1期。

题，这种严峻挑战造成了理论与实践对接的"时间差"，显示了伦理学理论建设的"应接不暇"。现实世界总是不断变化的，如何适应这种快速变化，对之加以研究、诠释和总结，产生新范畴、形成新理论、创新言说语式，将是消除伦理学理论"滞后性"、实现不断创新的基本理路。

二 提出建设中国特色社会主义伦理学，是因为现行的伦理学没有体现中国特色

所谓中国特色，乃是包括伦理文化主体地位、衡量标准、个体独立性、话语权力等表现出来的一种总体特征。我国当代主流伦理学由于受苏联伦理学范式的影响深重，对马克思主义伦理思想理解上的隔膜感和对中国社会现实认识上的疏离感，不仅造成了对这种"异域新说"转化中的无力，还造成了伦理学的言说方式和建设路径未能完全融入中华民族的特殊语境，导致了一种理论思维的眩惑与迷失。

现行伦理学中国特色的缺失主要表现为：一是从理论建设角度而言，现有伦理理论缺乏民族维度。近现代以来，贫穷落后挨打的事实使得中华民族致力于救亡图存的过程中对西方的"科学""民主"吹捧有加，对中国传统伦理文化的断然决然的排斥不仅使我们如同"将婴儿和洗澡水一同倒掉"一样否定了中国传统伦理的合理性，更为严重的是全面摧毁了我们的道德自信。无视伦理文化的形成与民族历史的必然联系，无视伦理观念和道德机制源自独特的民族生活方式和历史境遇，致使伦理理论缺乏民族认知和民族认同。中国伦理学的发展如果失去了共同的语言、共同的伦理信仰和珍贵的民族传统，就成了"无根"的伦理学，这样的伦理学是谈不上走向世界的。因此，正视中国传统道德文化、充分发掘传统道德资源，将优秀的传统道德元素融入伦理学体系，建立系统化的民族伦理理论，我们依然任重道远。

二是从学术范式而言，现有伦理范式缺乏中国特质。在全球化大背景下，国际文化交往实践日渐频繁，中国与不同国家伦理文化交流逐渐增多。但是在这一过程中，一方面由于缺乏对中国传统伦理文化历史的理性分析，更由于一定程度和一定范围存在的"既然落后，传统都坏"的历史虚无主义影响，另一方面由于异文明（主要是强权意识形态）的

强势，西方伦理思想和伦理话语的涌入似乎势不可挡，中国伦理学界出现了大量引入西方伦理理论，甚至倾向于借助西方伦理学学术方法研究中国伦理问题的现象。这就造成了我们的伦理学无论是学科划分、知识提炼、分析工具的采用还是学术评价，都热衷于借用国外既有的范式，却在一定程度忽视了从中国的道德脉络和道德叙事中形成属于自己的伦理思维、言说方式和研究范式。

三是从价值立场而言，现有伦理立场缺乏中国态度。伦理学是价值之学，任何一种伦理学理论都有自身的价值立场。处于一定道德共同体的人们由于所处的社会条件、道德要求、时代特征的共同性，会在长期的社会生活实践中形成趋同性的价值理念，并以这种价值理念凝聚社会共识。共同的道德立场和价值理念通过伦理学的基本理论和伦理原则反映出来。例如西方自由主义将个人自由置于伦理话语的中心位置、功利主义重视个人利益的基础上强调群己权界并重视社会利益、社群主义关照共同体的利益等等。如何将社会主义共同体的伦理立场展现于中国特色社会主义伦理学中，例如以集体主义作为伦理原则，或者以国家、社会、个人层面的社会主义核心价值观作为价值主题，建立中国独特的学术理论流派，仍需作筚路蓝缕地探寻。

三 提出建设中国特色社会主义伦理学，是因为现行中国伦理学理论难以形成世界对话权

当前，全球话语权"西强我弱"的格局依然明显。尽快摆脱"国大声弱"的困局，需要提升中国的国际话语权。但是我们常常关注于政治交往、政治主张的政治话语权力，而忽视了更重要的向世界传递价值观念和伦理主张的道德话语权力，因为道德话语权力赢取的价值认同和道德信赖，有时候甚至能够带来比单纯的经济实力或政治话语影响更大的国际认同和国际道义支持。一方面，提升中国道德话语权力主要是通过对话伸张本国、本民族的道德诉求，增进其他国家、民族对自己的道德理解和道德认同。20世纪50年代中国提出的"和平共处五项原则"，不仅仅是外交政策理念，更是中国伦理价值宣言，不仅赢得了第三世界国家对我们的赞同和拥护，也赢得了国际社会对新中国的信赖和尊重。另

一方面，伦理学的国际对话除了向世界传递我们的价值观念、伦理主张和道德内涵，更要以我们的道德理论影响、引导其他文化群体对于道德的理解和价值判断。但是，毋庸讳言的是当前中国伦理道德的话语体系还未承担起为中国崛起所应该赢得的合法性、正当性。例如，美国的"自由民主"价值观念似乎比中国的"亲、诚、惠、容"的价值主张更具影响力；再如，中国奉行的"以邻为善、以邻为伴"外交理念和"睦邻、富邻、安邻"的外交方针尚未发挥出有力的价值影响和道义力量。因此，如何形成中国独特道德话语体系，在伦理对话中形成比较优势，甚至成为道德价值的引领者；如何通过学术整合，在国际伦理学的舞台上发出中国伦理学集体的声音，这是中国伦理学不可回避的问题。

习近平总书记提出要着力构建体现中国特色、中国风格和中国气派的中国特色哲学社会科学。而构建中国特色社会主义伦理学则是繁荣中国特色哲学社会科学的重要任务。中国特色社会主义伦理学就是与中国特色社会主义理论体系相对应的伦理学理论体系，是改革开放以来以邓小平伦理思想为其最初形态，其后以及未来中国伦理学的发展理论所构成的具有中国经验的伦理学新范式和新体系。当前伦理学面临的主要任务或目标就是构建先进的伦理思想体系、优良的伦理规范体系以及促进这种伦理思想和伦理规范得以贯彻实施的伦理道德运行体系。因此中国特色社会主义伦理学必须立足于中国独特的伦理文化传统、基本国情和社会现实，承载独特的时代使命，适合中国社会主义发展道路的伦理学新形态。

中国特色社会主义伦理学是植根于中国道德土壤的伦理学，从而体现中国特色。植根于中国传统伦理文化资源、承续中华民族伟大的道德传统、具有独特气质和风骨，是中国特色社会主义伦理学的传承特色。一是伦理价值观念的中国特色。中国几千年积累的伦理资源、道德智慧、极具特色的伦理道德思想体系，是中国特色社会主义伦理学的文化之根。传统道德文化不仅强调个人修养和人格完满，更强调对国家社会的责任和奉献。例如"闲居非吾志，甘心赴国难"[1]"士不可以不宏毅，

---

[1] 曹植：《杂诗六首》。

任重而道远"①"见危致命，见得思义"② 等等，展现了"以天下家国为己任"的社会责任感，这是与西方伦理文化相比较的最大差异，这种价值理念依然是构建中国特色社会主义先进伦理价值体系的宝贵资源。二是道德思维方式的中国特色。中国传统伦理的天人合一、和谐共生等伦理观念，从整体性视角对待社会道德生活，在处理人际与社会关系中倡导兼顾个体性与社会性的统一，这是与西方伦理学相比较最具有中国特色的独特道德思维方式。三是道德关怀的中国特色。人类社会的自私贪婪、道德沦丧势必导致社会动乱、战乱频发，甚至导致国家分裂、人类消亡。中国传统道德文化中"由德生和""以德促和"的道德观念，不仅体现广博的道德关怀，更是一种生存的道德智慧。需要指出的是，当代伦理建设不能照搬传统伦理以规导现代社会。那种谋求将传统伦理作现代移植，并试图将它作为现代道德体系以规导当代社会的理论努力，实际上是无视中国社会发展与国际大势的崭新面貌按照历史"刻舟求剑"。因此，中国特色社会主义伦理学必定是传承先进传统伦理观念、凝聚当代中国的道德共识、以现代道德思维对社会生活进行伦理反思、以中国道德话语表达新时期伦理诉求、以普遍认同的道德生活方式实现伦理价值。

中国特色社会主义伦理学是立足于当代中国实践的伦理学，从而体现中国风格。中国特色社会主义伦理学的中国风格在于其独特的实践性品格，体现在对实践思考的学术努力中：一是反映中国独特的国情。中国国情具有显著的特点，例如中华文明是世界文明史上唯一延续发展至今而没有中断过的文明，这种文明传统造就了中国人看待世界、社会、人生独特的价值体系和道德精神；中国是一个社会主义国家并形成了中国特色社会主义发展道路，历史和实践证明中国道路是成功的，这种成功不仅仅是经济发展的成功，也是文化价值和伦理道德建设的成功，展现了团结、和谐、进取的民族精神；中国是一个正发生深刻变革的国家，勇于探索、改革创新、珍惜和平、具有包容和国际担当。因此，中国特色社会主义伦理学的建构和发展不可能脱离自身的历史文化，不可

---

① 《论语·泰伯》。

② 《论语·子张》。

能脱离中国人的精神世界，也不可能脱离当代社会发展进步。二是立足于中国独特的道德实践环境。中国社会正处于转型变革时期，日渐增多的道德问题和道德诉求给伦理学带来了崭新挑战。独特的道德实践环境为伦理学的重塑提供了广阔的道德场域，如何探寻新的研究方法和伦理方式，有效实现社会主义核心价值观引领、凝聚道德共识，正是展现中国特色社会主义伦理学中国风格的应有之义。就此而言，中国特色社会主义伦理学的中国风格不是理论思辨，而是一种实践目的。

中国特色社会主义伦理学是着眼于中国乃至世界重大问题的伦理学，从而体现中国气派。以社会道德现象为研究对象的伦理学既是哲学理论科学，也是社会价值科学，更是一门实践科学，以"问题"为中心是伦理学的重要特征。首先，具有强烈的问题意识是中国特色社会主义伦理学的基本特征。马克思曾言："问题就是公开的、无畏的、左右一切个人的时代声音。"[①] 马克思超越常人的理论敏锐性就在于他善于捕捉时代问题，"在前人认为已有答案的地方，他却认为只是问题所在"[②]。中国特色社会主义伦理学研究尤其应该聚焦人民群众普遍关注的社会热点问题，如经济建设中的效率与公平问题、政治建设中的民主与法制问题、文化建设中的先进文化与大众文化问题、社会建设中的和谐与民生问题等等。其次，以我国改革开放和现代化建设的实际问题为中心，勇于进行新的实践和新的发展，这是中国特色社会主义伦理学的现实向度。"全部社会生活在本质上是实践的。"[③] 关注实践、从实践中来、到实践中去，这是中国特色社会主义伦理学发展的动力源泉。再次，中国特色社会主义伦理学关注国际问题，对世界发展给予价值关切，展现大国的伦理责任担当。《中国的和平发展》白皮书（2011年）提出以"命运共同体"新视角寻求人类共同利益和共同价值；党的十八大报告倡导在谋求本国利益和发展的同时，要以"人类命运共同体意识"给予他国合理关切，促进共同发展。构建"人类命运共同体"既是"和平与发展"世界主题的历史延伸，也是新形势下国际交往伦理建设的时代要

---

① 《马克思恩格斯全集》第40卷，人民出版社1982年版，第289页。
② 《马克思恩格斯全集》第45卷，人民出版社2003年版，第21页。
③ 《马克思恩格斯选集》第1卷，人民出版社1995年版，第56页。

求。随着中国在国际交往的影响和地位不断提升，中国在建构新时期的国际交往伦理应该付出更多的努力和贡献更大的力量，如在完善全球治理机制，为世界经济健康稳定增长提供保障；加强对话协商以解决矛盾分歧，共同维护和平发展；促进合作共赢，让各国人民共享发展成果；推进开发包容，尊重多样性和差异性，增强发展活力等等方面，贡献中国方案的伦理智慧。

中国特色社会主义伦理学的"中国特色""中国风格"和"中国气派"，不仅要求深化对中国伦理现实观照的理论自觉，也要有效对接中国社会发展的重大问题需求，还要给予世界发展以价值关切和价值倡导，这是中国特色社会主义伦理学的发展要求、时代蕴含与鲜明特色。

第二节　发展逻辑：马克思主义伦理学中国化的历史进程

任何一种伦理文化都是继承历史上的伦理文化并结合所处时代的社会现实所创造和发展的。如何传承马克思主义伦理学，这是中国特色社会主义伦理学建设要廓清的理论前提性问题，也是获得更广泛理论认同和理论自信的重要问题。置言之，不明晰马克思主义伦理学发展的中国进路，中国特色社会主义伦理学建设就难以迈开理论创新的步伐。

一　马克思主义伦理学实现伦理思想史的革命性变革和道德认识飞跃是中国特色社会主义伦理学的理论基点

一方面，马克思主义伦理学实现了伦理思想史上的革命性变革，其现实性和批判性品格是中国特色社会主义伦理学的传承基因。从其产生而言，马克思主义伦理学是在反对资产阶级的斗争实践中形成的，反映了无产阶级斗争的需要和利益，是无产阶级关于人和人之间道德关系的理论概括；还是批判吸收人类优秀伦理思想成果而形成的，如古希腊伦理思想以及法国唯物主义哲学家、德国古典哲学家、空想社会主义者的伦理思想等。从创立的影响与效果而言，马克思主义伦理学不仅结束了"旧的伦理思想以抽象的人性或神性来研究人类道德的神话"，而且"抛弃了旧的伦理思想割裂主观与客观关系的错谬"①，从而使伦理学真正成为一门同生活实践密切联系的科学。

马克思、恩格斯运用科学的世界观和辩证唯物主义和历史唯物主义方法论，在揭露资产阶级道德本质的不断斗争中于19世纪40年代初步确立形成了马克思主义伦理学。在《莱茵报》时期的实践促使马克思、恩格斯完成了从唯心主义向唯物主义、从革命民主主义向共产主义的转变。在对资产阶级剥削、不公平的批判和政治斗争中，尤其是关于林木盗窃案的辩护失败，使他们窥探到道德与物质利益的紧密联系，并认识到工人阶级不断觉醒的道德意识是消灭这种不公平的革命动力。在对黑格尔法哲学的批判中马克思主义伦理思想初步建立了正确的方法，即"对物质生活关系"即市民社会②的先在性肯定。在《德法年鉴》时期马克思、恩格斯通过《论犹太人问题》和《〈黑格尔法哲学批判〉导言》对"政治异化""宗教异化"进而对"人的异化"的批判，促使其伦理思想彻底完成向唯物主义和共产主义转变。马克思从人的异化揭露资本主义金钱统治的本质，并且指出"这种异己的本质统治了人，而人却向它顶礼膜拜"③。这个金钱的"神"是道德乱象的重要根源，因此，要使人类解放就要"否定私有财产"，"推翻那些使人成为受屈辱、被奴役、被遗弃和被蔑视的东西的一切关系。"④"使人的世界和人的关系回归于人自身。"⑤ 这样，马克思、恩格斯在政治斗争实践中同时完成了其伦理任务的定制。在历史唯物主义创立时期，马克思、恩格斯完成了向历史唯物主义和科学共产主义的转变，实现了伦理学方法与逻辑的统一，马克思主义伦理学正式"出场"。而这个过程是在不断的实践斗争和理论思考中得以展开：《1844年经济学哲学手稿》通过对"异化劳动"的剖析来分析现实社会问题，对"历史经济的动因"的探寻成为马克思伦理致思的基本方法；《神圣家族》中通过对布鲁诺·鲍威尔伦理

---

① 王泽应：《20世纪中国马克思主义伦理思想研究》，人民出版社2008年版，第2页。
② 《马克思恩格斯选集》第2卷，人民出版社1995年版，第32页。
③ 《马克思恩格斯全集》第3卷，人民出版社2002年版，第194页。
④ 《马克思恩格斯全集》第1卷，人民出版社1956年版，第461页。
⑤ 《马克思恩格斯全集》第3卷，人民出版社2002年版，第189页。

观点的批判，马克思、恩格斯完成了从异化观向实践观、从抽象人向现实人的观点的转变，使马克思主义伦理学发展具有了历史唯物主义的科学方向；《关于费尔巴哈的提纲》中马克思从唯物主义视角分析社会历史、从实践的角度解释人的本质，从而实现了伦理学说的历史观和认识论革命。而在《德意志意识形态》中，通过对费尔巴哈的人本主义、鲍威尔的有神论、斯蒂纳的利己主义以及当时德国流行的人道主义的批判，马克思、恩格斯最终完成了伦理学说的历史唯物主义方法变革。在此时期，马克思、恩格斯确立了实践作为认识论的首要和基本的观点，将"现实的人"和"现实的关系"作为人的解放的前提基础，从而确立了伦理学的唯物主义基本立场，实现了伦理学的历史唯物主义方法论变革；同时，还对伦理价值目标即"人的全面自由发展"作了经济学哲学论证，并且确立了实现这一伦理价值目标的重要伦理原则，即"只有在共同体中，个人才能获得全面发展其才能的手段"①，从而实现自由。此后，马克思主义伦理学不断与小资产错误伦理思想论战、与工人运动相结合，在革命实践中不断验证和发展，展现了对人类命运的道德关怀。

另一方面，马克思主义伦理学实现了道德认识的飞跃，这种飞跃基于马克思主义伦理思想的"深层结构"而呈现，并构成了中国特色社会主义伦理学建设的内在逻辑。因此，明晰马克思主义伦理思想深层结构及其在中国当代发展保持旺盛生命力的缘由，是承继马克思主义伦理学的基因和血脉、建设中国特色社会主义伦理学的重要理论前提。

从共时性结构而言，马克思主义伦理思想结构由三个部分组成：一是在与资产阶级和小资产阶级伦理道德思想观点论战过程中表现出来的具体的伦理观点、分析结论和实践总结等构成了其表层结构；二是以唯物史观为方法论指导形成的关于伦理道德发展规律的社会历史理论，这些理论构成了马克思主义伦理思想的中层结构；三是关于人的存在、人的发展、人的自由等伦理理论构成了马克思主义伦理思想的深层结构。而马克思主义伦理思想中关于人的异化生存状态的伦理批判，关于人的自由全面发展的伦理目标理想，正是中国特色社会主义伦理学建设的内

---

① 《马克思恩格斯选集》第1卷，人民出版社1995年版，第119页。

在逻辑和理论支撑，因为当代伦理学时代使命就是为人的发展和人类生活提供价值引导，为实现社会良性运行提供伦理规范和价值目标。

从历时性结构而言，关于人的发展主题的"深层结构"贯穿于马克思主义伦理思想发展的整个过程。从马克思的博士论文时期至1845年，马克思主义伦理思想的关注中心聚焦于人的生存、存在状态和人的解放；《德意志意识形态》（1845年）至《共产党宣言》（1848年），马克思、恩格斯逐渐创立和完善了科学的社会历史理论，即唯物史观，马克思主义伦理学由此获得了科学的方法论；19世纪50年代起，马克思主义伦理学说逐渐实现了向社会实践的转化，并订制了"人的自由全面发展"的伦理价值的终极关怀，由此马克思主义伦理学在实践中开辟了更广阔的人的发展场域。纵观马克思主义伦理学说的形成发展历程，人的主题始终贯穿其中，并逐渐积淀成为其伦理思想的深层结构和隐性理论。

马克思主义伦理思想的深层结构向我们揭示：伦理学应当把人的发展完善作为理论出发点和最高主旨；伦理学应当面向现实生活，致力于发现、思考和解决现实生活中的新问题，这正是中国特色社会主义伦理学建设的内在逻辑和活力之源。

二 马克思主义伦理学的"苏联式"演进是中国特色社会主义伦理学的"前车之鉴"

马克思主义伦理学经过40余年的发展，于19世纪80年代在俄国获得了新的发展，即列宁伦理思想。为了适应俄国社会革命和十月革命胜利之后政权的巩固，列宁的伦理思想主要表现在革命伦理、政党伦理和民主法治的制度伦理三个方面。推翻沙皇的专制统治是俄国民主主义革命的首要任务，列宁革命伦理适应时代发展的要求，切合革命发展的实际需要，其伦理标准就是要看它是否符合大多数人的根本利益。十月革命之后，加强政党伦理建设以应对苏维埃政权中出现的铺张浪费、贪污受贿、官僚主义等腐败现象成了主要任务。社会主义制度建立之后，列宁对民主法制问题进行了不懈探索。概而言之，列宁伦理思想继承、丰富和发展了马克思主义伦理思想。自20世纪30年代，马克思主义在政治干预下被绝对化、教条化，马克思主义观点被简单化为政治公式。这一时期伦理学的发展强调党性原则，强调为政治服务，其批判现实、改造现实的功能得不到应有的发挥。20世纪60年代至80年代中期是"苏联伦理学"独立发展时期，以施什金的《马克思主义伦理学》（1961年）为其诞生标志。"苏联伦理学"时期是马克思主义伦理学发展史上的一个特殊阶段，这一时期伦理学发展出现了新的变化，即改变了原来单纯为政治服务而转向对研究方法论、研究对象和研究内容等的探究，这种科学性转变推进了伦理学理论学科的积极发展。1988年苏共提出"人道的、民主的社会主义"路线，宣告了"苏联伦理学"的终结。苏联伦理学是一定程度上丰富和发展了马克思主义伦理学，并成为其发展史上的一种"独特风景"或特殊样式。但是其缺陷也是毋庸讳言的，一是学术研究理论脱离实际，如人道化、非理性化、新教条主义化等是苏联伦理学脱离自身国情的表现；二是伦理学现实功能乏力，如对如何解决苏联伦理学家公认的现实道德生活中两大问题——"干部官僚主义"和"劳动者懒惰、缺乏积极性和主人翁精神"等处于"失语"状态。苏联伦理学"要么完全束缚于哲学党性之中，要么抛弃任何道德标准，总是不能恰如其分地结合国情来进行真正科学意义上的研究；理论研究与道德实践不协调，要么滞后，要么超前；这是苏联解体伦理学层面上的症结所在"[1]。苏联伦理学的"前车之鉴"，为中国特色社会主义伦理学建设提供了可供借鉴的经验教训。

三 马克思主义伦理学中国化及其最初成果——毛泽东伦理思想是中国特色社会主义伦理学的直接理论来源

辛亥革命摧毁了专制枷锁，迎来了思想上前所未有的解放。在这样的社会状况下，马克思主义伦理思想传入中国，并通过先进知识分子对封建主义伦理思想和资产阶级伦理思想的双重批判实现了当代中国伦理面貌的焕然一新。以李大钊、陈独秀等人为代表的一大批革命民主主义者在论战和斗争中逐渐转变为马克思主义者，他们对封建主义伦理思想

---

[1] 武卉昕、王春林：《从苏联伦理学到新伦理学：苏联解体的伦理学批判》，《南京社会科学》2006年第6期。

和资产阶级伦理思想进行了猛烈批判。一方面，通过对复古派、国粹派及东方文化派守旧思想的批判，揭露了封建伦理的反动本质，认为它只不过是维护封建家族制度的政治工具，是束缚、驯服和戕害劳动人民的精神枷锁。李大钊尖锐地批判封建伦理"障蔽民彝"，造成"锢蔽其聪明，夭阏其思想，销沉其志气，桎梏其灵能，示以株守之途，绝其迈进之路"①的后果。陈独秀也高举反对旧道德、倡导新道德的旗帜，尖锐地抨击了封建伦理的纲常名教"皆非推己及人之主人道德，而为以己属人之奴隶道德也"②，并自觉地把对封建伦理道德的批判与推翻封建专制的政治斗争联系起来。另一方面，对资产阶级伦理思想进行了批判。李大钊指出，资产阶级的价值体系的核心是个人主义和利己主义伦理观，其核心就是对金钱和权力的崇拜，不可能给个人和人类带来幸福，相反只能带来痛苦和重压。陈独秀认为伦理觉悟是"吾人最后之觉悟""伦理思想，影响于政治，各国皆然，吾华尤甚。"③李大钊、陈独秀等人在对旧伦理思想的批判中开创了马克思主义伦理思想中国化的新气象。

马克思主义伦理思想的进一步中国化发展和新理论形态即毛泽东伦理思想，是以毛泽东同志为首并包括周恩来、刘少奇、朱德等无产阶级革命家经历新民主主义革命、社会主义革命、社会主义建设初步探索的实践共同创建的。毛泽东伦理思想作为"中国化的马克思主义伦理思想"和"马克思主义化的中国伦理思想"，实现了当代中国伦理思想的革命性变革：一方面将马克思主义伦理学说的基本原理与中国道德生活、道德实践有机结合，推动了马克思主义伦理学说由俄国到中国的转变和运用，创造了马克思主义伦理学说的中国形态，因而在马克思主义伦理思想史上实现了独特的创新和超越；另一方面实现了对中国传统伦理文化的批判性更新，既包孕了中国传统伦理文化的优秀基因，又促使中国传统伦理驶入"现代性"转型的轨道，重建中国社会秩序和心灵秩序。毛泽东伦理思想实现的革命性变革，为中国特色社会主义伦理学发

---

① 李大钊：《民彝与政治》，《李大钊文集》（上），人民出版社1984年版，第162页。
② 陈独秀：《道德之概念及其学说派别》，《陈独秀文章选编》（上），三联书店1984年版，第103页。
③ 陈独秀：《吾人最后之觉悟》，《陈独秀文章选编》（上），三联书店1984年版，第108页。

展指明了光明的道路。

马克思主义伦理思想中国化既是中国共产党领袖集体创造和探索的结果,也得益于一大批马克思主义理论工作者的理论努力。如张岱年坚持马克思主义观点和方法观照中国社会道德实际,从道德本质、道德的阶级性等方面发展了马克思主义伦理思想;周原冰阐释了马克思主义道德科学的党性并初步建构了共产主义道德学说理论体系;李奇作为马克思主义伦理学开拓者和中国伦理学会创始人之一,主持编写的《道德学说》建构了一个具有中国特色的马克思主义道德学说理论体系;罗国杰作为当代著名的马克思主义伦理学家,不仅对马克思主义伦理学基本理论、社会主义道德建设等进行深入研究,还建构了较为完整的马克思主义伦理学学科体系,"使中国马克思主义伦理学的研究告别了分散、孤立和不系统的研究状况,走上了体系化、理论化时代。"[1]

马克思主义伦理学中国化及其最初成果,实现了中国传统伦理的现代性转化和马克思主义伦理学的中国化创造,从而使中国伦理学主题和内容实现了"中国马克思主义伦理学"的转换,并从研究方法、基本问题、实践视野、学科体系、运思风格等方面,为中国特色社会主义伦理学建设提供直接的理论来源。

四 中国特色社会主义伦理学建设的历史使命是"继往开来"

1978 年改革开放之后,中国面临全新的问题、环境、任务和目标,中国特色社会主义伦理学建设必然要承担全新的历史使命,并展现出新特色、新风格和新气派。作为马克思主义伦理学中国化的新阶段和新形式,中国特色社会主义伦理学将随着改革开放和社会主义现代化建设的深入实现伦理理论和实践的不断创新。

以邓小平同志为核心的中央领导集体坚持解放思想、实事求是,开启了改革开放时代征程,并首次提出"建设有中国特色的社会主义"的重大命题。邓小平对社会主义初级阶段的伦理道德建设及其规律进行了积极探索,实现了新时期马克思主义伦理学原理与中国社会道德实践的

---

[1] 唐凯麟、王泽应:《中国现当代伦理思潮》,时代出版传媒股份有限公司、安徽文艺出版社2017年版,第378页。

有机结合、中华民族传统伦理精髓与时代发展的有机结合、革命的道义精神与社会主义功利主义的有机结合。邓小平伦理思想为建设中国特色社会主义伦理文化做出了杰出的贡献,具有强烈的时代性和创新性。十三届四中全会后,以江泽民为总书记的中央领导集体高举邓小平建设中国特色社会主义理论的伟大旗帜,立足于伦理道德建设的时代特征和严峻形势的基础上形成"三个代表"重要思想,其伦理内容和伦理目标体现了社会主义市场经济条件下伦理道德建设的时代要求。以胡锦涛为总书记的党中央顺应形势变化,提出了科学发展观重大战略思想。科学发展观坚持以人为本、强调价值需求与科学规律的统一,是指导深化社会改革的发展伦理思想,体现了科学性和发展性的有机结合。党的十八大以来,以习近平同志为总书记的党中央站在历史和时代的高度,确立了实现"两个一百年"奋斗目标和实现中华民族伟大复兴的中国梦的时代主题,提出了全面建成小康社会、全面深化改革、全面依法治国、全面从严治党的战略布局,中国特色社会主义伦理学建设迎来了新的挑战和机遇。

今后,中国特色社会主义伦理学将继续以马克思主义伦理思想和毛泽东伦理思想为源头,在理论渊源上坚持一脉相承;以实现中华民族伟大复兴为时代主题,在理论主题上坚持一脉相承;强调解放思想、实事求是、与时俱进以推进伦理道德建设和伦理理论发展,在理论品质上坚持一脉相承;以提高公民道德素质、维护和实现广大人民的根本利益、促进社会和谐发展为旨归,在理论目标上坚持一脉相承。当前,中国特色社会主义伦理学的主要任务就是立足国情、关注世界,推进改革开放以来伦理学理论的继往开来和开拓创新,为新时期实现中华民族伟大复兴注入伦理动力。

第三节 价值坚守:中国特色社会主义伦理学的价值关切

作为哲学理论科学的伦理学是一门社会价值科学,以阐释和探究道德价值规律为己任,以规导和创造优良的社会价值运行为目的。伦理学的价值科学属性决定了中国特色社会主义伦理学的价值功能、价值任务和价值目标,尤其在实现中国民族伟大复兴的时代要求下,中国特色社会主义伦理学作为探究人们自身利益需求以及如何满足这种需求的价值导向系统,毫无疑问,应该为人的发展和社会生活提供价值引导和精神支持。而其中关切要害的问题是:中国特色社会主义伦理学的价值关切何以必要?价值实现如何可能?

一 中国特色社会主义伦理学的价值实现之问

中国特色社会主义伦理学建设是构建中国特色哲学社会科学的重要主题。所谓中国特色社会主义伦理学,从理论形态而言是指继承马克思主义伦理学说和毛泽东伦理思想,以中国特色社会主义理论为指导、切合中国特色社会主义建设实践的伦理学新样态;从发展特征而言是指既区别于传统的马克思主义伦理学,也不是中国传统伦理学的当代延续,更不是西方伦理学的中国化,而是中国伦理学发展在新的历史条件下提出的全新的理论命题;从理论内涵而言是指具有"中国特色、问题导向和中国经验的当代伦理学新范式"。[①]

中国特色社会主义伦理学以社会主义建设实践中的道德现象和发展规律为研究对象,遵循功利价值和精神价值、外在社会价值和内在主体价值的有机统一,价值辨析贯穿于社会主义道德生活的一切领域,而价值不仅是为我的"一种本质力量的确证"[②],更是社会发展的共同追求。从应然性角度看,任何伦理学理论总是有价值指向的,中国特色社会主义伦理学的价值指向更是明确的。如何认识和评估价值、选择和追求价值、生产和创造价值、实现和消费价值,不仅构成了社会主义生活的全部内容,也决定了中国特色社会主义伦理学的理论旨趣。但是毋庸讳言,当前中国特色社会主义伦理学的价值实现尚存在一些问题,值得我们伦理学人共同省思。

基于"中国特色社会主义"主题价值而确立的价值自信有待凸显。

---

① 本文系 2016 年国家社科基金重大招标项目"中国政治伦理思想通史"(项目编号:16ZDA103)的阶段性研究成果。李建华:《中国伦理学:意义、内涵与构建》,载《中州学刊》2016 年第 3 期。
② 马克思:《1844 年经济学哲学手稿》,人民出版社 1985 年版,第 82 页。

中国特色社会主义发展阶段已经不同于新民主主义革命和社会主义革命的社会发展阶段，更不同于前苏联的马克思主义发展阶段，因此中国伦理学的社会条件、时代主题、理论目的已经呈现出了崭新的要求，但是苏式化的马克思主义伦理学以及中国化不彻底的中国马克思主义伦理学仍然影响着中国特色社会主义伦理学的新发展。

19世纪80年代，马克思主义伦理学说在俄国获得了新的发展，形成了列宁伦理思想。在马克思主义伦理思想史上，列宁为马克思主义伦理思想的继承、丰富和发展做出了积极的贡献。但是自20世纪30年代，出于政治的需要，马克思主义被绝对化、教条化，马克思主义观点被简单化为政治公式，伦理学的发展也因为强调为政治服务而被封闭，主要表现为四个方面的问题：从伦理学体系看，由于马克思主义伦理学说的世界观与方法论、辩证法与认识论、自然观与历史观的统一被割裂，理论体系的人道化、非理性化、新教条主义化明显；从伦理学致思方式看，由于束缚于党性原则，忽视了伦理学的主体性原则，造成现实的人的失落；从伦理学方法看，由于未能充分体现马克思主义伦理学说的革命性和实践性，造成了理论研究与实践的不协调；从伦理学话语体系看，马克思主义伦理学说极富创见和方法论意义的观念被公式化、教条化，伦理学话语变成了一种可以普遍套用的操作话语，话语体系的批判功能和价值功能被遮蔽。

中国马克思主义伦理学的发展是随着马克思主义伦理学的传入并结合中国革命、建设的历程而得到发展的，但是这种"传入"是经俄国中转，深受前苏联伦理学的影响，存在着明显的苏式化特征，由此造成了中国伦理学价值自信的"先天不足"。其一，政治价值被抬高而道德价值被压抑。在相当长的时期内，伦理学理论发展带有强烈的政治化意识和政治化倾向，一定程度上造成了伦理学建设政治色彩浓厚，造成价值取向的偏颇。其二，价值功能被扭曲，伦理道德教育的实践价值被销蚀。在道德教育上以政治教育取代健康人格培养；在道德评价上以政治立场评价取代道德品质评价；在道德社会效果上，道德目标脱离实际，道德陷入空泛无力。其三，道德价值的本土性和民族性没有彰显。由于马克思主义伦理学中国化的不彻底性，造成伦理学建设对中国传统伦理价值重视不够、对传统资源的利用不足、伦理文化的民族特色不强。如何坚持马克思主义伦理学说的价值观念、继承中国传统伦理文化价值精华，在社会主义建设和全面深化改革的进程中彰显时代价值，打造属于中国特色社会主义"主题价值"，在价值自觉基础之上建构价值自信，这是当前中国特色社会主义伦理学建设面临的紧迫问题。

基于现实价值关切的价值主导力有待增强。伦理学是探究人类道德需求以及如何满足这种需求的价值导向系统，为人的发展、社会进步提供价值引导，毫无疑问，伦理学应该着眼于生活实际、着眼于人的未来发展，凸显实践性。实践性即突显实践的观点、立足中国实际，并以此为基点去重新审视、理解、阐发伦理学理论，从而重新阐发被遮蔽了的实践精神。

毋庸讳言，当前中国特色社会主义伦理学对实践的契合性、适应性有待提升，存在的主要问题：一是现实观照有待进一步加强，视阈有待进一步拓展。直面当代中国的现实问题是中国特色社会主义伦理学建设与繁荣的关键，因为只有正确地捕捉、及时地回答中国当代社会发展中的新问题，尤其要对全面深化改革、从严治党、建设小康社会、依法治国、市场经济建设、国家治理现代化等问题倾注热情和关心，才能保持伦理学生命力以及对大众的吸引力，否则就背离了伦理学的现实向度。二是现实性与学术性的二元间距有待弥合。理论是为了指导实践的，学术研究是为了实践运用的。当前，一些伦理学研究者执迷于书斋问题，搞所谓的"纯学术"、自命清高、自成一隅，对现实问题漠不关心，或丧失"话语权力"，或"对可言说者言说，对不可言说者沉默"，造成了现实性与学术性背离，从而禁锢了伦理学的生命力。

展现实践精神是伦理学应有的特质，在"实践—精神"的互动中，中国特色社会主义伦理学的价值主导力既体现在对现有社会价值的规导，避免社会陷入价值狂热，还体现在倡导先进的价值观念、引领社会价值的进步，推动社会发展。正如 J. 弗莱彻在《境遇伦理学》指认的"境遇"意在说明伦理不能脱离特定、具体的价值存在或价值场域，中国伦理学如果脱离了自身发展的"境遇"，中国特色的价值关切将无从实现，中国特色社会主义伦理学的价值引导力将无从安放。

基于价值传播的价值影响力有待提升。现代性道德的危机暴露了以价值主题化和普遍规范化为特征的现代性道德话语霸权①；但是当代伦理话语是否应该或必然陷入利奥塔式"道德都将是'审美的快感'"②的后现代"诅咒"呢？这种判断当然是没有根据的。只有在此前提性预设中，我们对中国伦理话语体系及其价值传播力和引领力存在的问题的认识才能是客观理性，并且满怀未来期待的。

当前，存在的主要问题：一是对本土伦理话语资源重视不够而对西方伦理崇尚有加。伦理学研究中一些学者热衷于搬弄西方伦理理论、西方伦理术语，甚至有些学术文章喜欢套用西方学术话语体系，言语方式西化倾向严重，一定程度上患了"母语失语症"。此种情况造成了第二个方面的问题，即文风晦涩。一些研究论文的文风表现为字眼生僻、概念抽象、语言晦涩、难以读懂，甚至一些人把字句别扭、思想模糊、引证繁多、意见不明当作时尚。以上两个问题必然导致第三个问题，即伦理学话语的价值引导力未能有效实现的。一方面我们的伦理道德话语对于引领民众道德意识、达成伦理价值共契、淳化社会道德风尚的能力和效果有待增强；另一方面我们的伦理道德话语在国际交往中的道义宣扬、发展伦理彰显、价值引领等方面的效果不尽人意，我们的伦理价值认同、价值信赖度有待提升，而这不仅关系着文化道德的合法性即"道德正当"在国际伦理交往中的辨识度与共识度，还关系着中国道路的世界意义如何在更大范围内获得伦理认同和道义支持。鉴于此，如何构建中国特色社会主义伦理学的话语体系、通过话语传播价值、通过传播实现价值引领乃是一项紧迫而艰巨的任务。

二 价值坚守：中国伦理学的"自我镜像"辨识

"自我镜像"就是如何看待自己，是一种自我形象的认识。自我镜像模糊，就不可能自知，更谈不上自信。"如何清晰地看待自己，既消除狂妄的'赶超'心理，又避免文化的'自卑'情结，成为消除自我文

---

① 邓伯军、王岩：《后现代伦理话语和社会主义荣辱观》，载《伦理学研究》2008年第3期。
② [法]让—弗朗索瓦·利奥塔：《后现代道德》，莫伟民译，学林出版社2000年版，"引言"第1页。

化镜像焦虑的关键。"① 在实现"中华民族伟大复兴的中国梦"成为中国社会发展主题的今天,中国比过去任何时候都需要清晰地认清自我和传播价值,一方面向国人、向世界说明我们"从何处来""走什么路""向何处去",另一方面让世界更加全面、客观和理性地认识中国社会主义及其世界价值。价值自信和价值传播基于"价值坚守"。伦理学的"自我镜像"辨识,是对自身传统伦理文化价值的清晰认知、自觉继承、积极弘扬,也是对本国和本民族现阶段倡导的伦理价值的积极认同和自觉遵循。

价值独断主义批判。价值坚守不是价值独断主义!中国特色社会主义伦理学要想迈开现代性的步伐,就不能固步自封、价值固化,就必须对价值独断主义进行批判。什么是价值独断主义?有何危害?十九世纪德国著名的哲学家康德曾批判莱布尼茨、沃尔夫等人的哲学体系无视人的认识能力的条件和范围就断定人的理性能力是全能的、绝对可靠的、可以发现宇宙的真相。康德认为无视认识的条件和对象范围,在未能考察人们的认识究竟是如何可能的之前就狂妄地做出武断的、绝对的结论,这是理性的误用②,这种独断论注定是要破产的。独断论在价值判断和价值选择上的表现就是价值独断论。价值独断主义是"表现于价值理论和价值观念中的独断主义,指人们对自己价值判断的立场和限域缺少自省就断然下结论的习惯。它主要表现为价值观念上的知识主义、普遍主义和绝对主义"。"价值独断主义的根本弱点,是无法正视和包容多元化的社会现实。它总是要以排他的方式来坚守自己,因此经常置身互不相容的两极对立。"③

人们容易犯价值独断主义的错误,常常是因为每一个人都是生活在一定价值体系占主导的社会环境中,在自身的价值主体性尚未形成或觉醒之前就已经受到社会价值体系的影响,甚至控制。例如,在社会生活

---

① 王岳川:《发现东方:全球化中的学术新视野》,载纪宝成主编《与时俱进的中国人文社会科学》,中国人民大学出版社2002年版,第111页。
② 陈修斋、杨祖陶:《欧洲哲学史稿》,湖北人民出版社1983年版,第417页。
③ 李德顺:《价值独断主义的终结——从"电车难题"看桑德尔的公正论》,载《哲学研究》2017年第2期。

中，价值观念差异、争执、冲突是如此的剧烈，是因为一些人固执于价值己见，对自己的价值判断深信不疑，有些人甚至以价值主导者的身份高高在上地指责"未合时宜"的他人，更可悲的是，这些人从来没有设身处地地想过异己价值观念是否存在合理性。再如，在国际交往中，西方发达国家常常对其他国家颐指气使、指手画脚，自认为自己掌握着自由、民主、人权的价值真谛，以上帝的身份发言或指责，这同样是价值独断主义的表现。所以福山的"历史终结论"才会自信的认为资本主义制度是"人类社会形态进步的终点""人类统治的最后形态"。

价值独断主义不仅会导致社会生活中的思想专制和道德强迫，容易造成"同而不和"的道德状况，窒息道德之"善"的生机，还会加剧个体与个体、个体与群体、群体与群体之间的价值分裂、价值冲突，消解诸如"生活共同体""命运共同体"的向心力与凝聚力，甚至戕害"和平"与"发展"的最基本价值追求。如何有效地消除价值独断主义，依然是当今伦理道德建设需要解决的问题，由此也成为中国特色社会主义伦理学建设面临的重要研究主题。

中国优秀传统伦理价值的内蕴力转化。中国特色社会主义伦理学的时代创新需要运用现代性眼光批判、发掘、发扬中国传统伦理文化中积淀几千年的伦理价值，处理好"返本"与"开新"的关系，在继承中做到"价值坚守"。

马克思指出："人们自己创造自己的历史，但是他们并不是随心所欲地创造，并不是在他们自己选定的条件下创造，而是在直接碰到的、既定的、从过去继承下来的条件下创造。"[1] 这种"过去继承下来的条件"不仅仅指物质生产和生活条件，当然也指文化（包括伦理、价值、观念、意识等）条件。吉登斯认为："马克思的格言'人们创造历史'实际上表明的是一种特定文化动力，而不是对整个人类过去状况的描述。"[2] 五千多年的文化沉淀和价值结晶已然成为一个古老民族发展的"根"。从这个意义上说，伦理文化作为创造社会历史的文化动力，总是承继并延续着传统，并在此基础上实现新的创造。如此，我们才能理解

---

[1] 《马克思恩格斯文集》第2卷，人民出版社2009年版，第470—471页。
[2] ［英］安东尼·吉登斯：《现代性的后果》，田禾译，译林出版社2000年版，第44页。

美国诺贝尔经济奖得主道格拉斯·诺斯曾提出"路径依赖"的概念同样具有人类文化学的意义——他认为如果一个国家不知道自己过去从何而来，不知道已面临的现实制约、传统影响以及文化惯性，就不可能知道未来的发展方向。

中国伦理文化有着丰富的价值传统，这种价值传统在当今时代保持着理论与现实的张力。例如，其一，对人之存在价值和价值主体的肯认，如孔子云："天地之性人为贵"，"人者，其天地之德，阴阳之交，鬼神之会，五行之秀气也"①，《老子》云："道大、天大、地大、人亦大，城中有四大，而人居其一"②；其二，对人生价值的追求超越，如叔孙豹云："太上有立德，其次有立功，其次有立言。"③儒家倡导"君子""圣人"等；其三，对价值理性与工具理性的有机统合，如《左传》载曰："正德、利用、厚生，谓之三事"④，"正德"属于价值理性，"利用"则属于工具理性，然后达到"厚生"之目的，满足人的生存需要，再如《大学》"八纲目"中"格物、致知"的工具理性与"诚意、正心"的价值理性的统一，反映了对人生价值目标的追求；其四，"天人合一""中和为用""己所不欲勿施于人"的整体和谐、辩证思维伦理智慧，对于全球化时代国际交往伦理的建设具有重大的现实价值。概而言之，如何正确处置价值问题、做出科学的价值评价、获得合理的价值认识，纵观人类伦理文化思想史，中国传统伦理文化丰富的智慧值得发扬光大。

正是基于中国传统伦理价值的历史性和当代性考虑，传统伦理价值的现代转化才显得愈加重要，而这正是中国伦理学实现价值坚守的前提和根基。从文化人类学意义而言，任何一种文化的发展都是所有以前世代文化的累积、递进和创新，尤其对于中国传统文化血脉中流淌的伦理价值精神，不仅有转化的必要亦有转化的必然。总结、辨析中国传统伦理价值理念，并为现代所践行，无疑是伦理学建设的发展逻辑。中国特

---

① 《礼记·礼运》。
② 《老子》。
③ 《左传·襄公二十四年》。
④ 《左传》。

色社会主义伦理学的发展如果失去了共同的语言和珍贵的民族传统，也就失去了"根"，无"根"的伦理学难以塑造深入人心的社会价值观，也不可能言及理论自信，更谈不上走向世界。

中国特色社会主义"主题价值"的活力释放。中国特色社会主义伦理学的时代创新必须坚持马克思主义的价值立场和价值方法，切近当代社会生活，置身于中国特色社会主义的价值场域，在实践中打造、创新、引领、培育社会主义核心价值观，在践行中实现"价值坚守"。

随着社会主义市场经济建设的深化、社会生活领域的扩展、社会交往范围从"熟人社会"向"陌生人社会"的转变、社会流动性的日益增强，生活方式和观念的差异日渐显现，价值差异甚至价值冲突日渐明显，如何在公共生活中重建文化价值共识便显得愈加重要和紧迫。从党的十六届六中全会对社会主义核心价值体系的提出，到党的十八大对社会主义核心价值观的提炼，就是试图通过社会核心价值观的确立，实现公共社会生活的指导和引领。社会生活史已经说明，要想让人们过健康的道德生活、实现社会和谐发展、营造健康向上的社会道德氛围，就必须确立具有感召力的社会核心价值观并通过公民的价值认同而实现伦理秩序的建构。

改革开放40多年，中国经济社会发生了巨大的变化，物质财富有了极大增长。但是伴随市场经济建设而来的拜金主义、见利忘义、道德冷漠等行为比比皆是，现实生活中严重的道德危机表明人们对生活意义、伦理价值和道德目标等产生严重的、普遍的怀疑。伦理道德的颓废不仅会导致人们对其自身生存意义的茫然失措，也会导致现实生活的无所适从。培育和践行社会主义核心价值观，其目的就是通过伦理价值观的宣扬，实现民众的价值认同与价值自觉，进而和谐人际交往、纯化生活风尚、优化社会环境。费孝通先生曾经提出"文化自觉"观点，他认为生活在一定文化中的人对其文化有自知之明，并对其发展历程和未来有充分的认识。文化自觉既是文化的自我觉醒，也是价值的自我反省和自我创建。中国特色社会主义建设需要整个社会伦理文化的提升和全民道德素质的普遍提高，从此目的而言，中国特色社会主义伦理学建设的"价值坚守"，必须围绕社会主义核心价值观，打造中国特色社会主义"主题价值"并激发其价值活力,既要强调"富强、民主、文明、和谐"作为国家层面的价值目标,也要强化"自由、平等、公正、法治"作为社会层面的价值取向,还要突出"爱国、敬业、诚信、友善"作为公民个人层面的价值准则。实现中国特色社会主义伦理学建设的"价值坚守",要以能否促进社会进步发展作为主体需要的最高尺度和终极性标准,指引民众做出正确的价值选择,避免陷入价值相对主义、价值虚无主义、民族虚无主义,认清和认识社会主义的价值取向和价值优势,坚定走中国特色社会主义道路。一个民族要成其为伟大的民族,必须有共同的语言和共同语言背后的共同的价值取向和价值信仰,惟其如此,我们才能够对"自我镜像"的聚焦变得真实而清晰,这是"价值坚守"的真义。

三 价值解放:实现中国特色社会主义伦理学的价值自由

价值解放就是在价值坚守的基础上,在主导社会价值体系架构中实现各得其所、和而不同的价值自由。实现从价值坚守到价值解放的融通,这是中国特色社会主义伦理学价值实现的更高阶段和更重要的要求。

价值解放不是价值相对主义和价值自由主义的"幻象"。其一,价值解放与价值相对主义最根本的区别就是二者的内在根据不同。价值解放的内在根据是价值主体性的生成、提升和彰扬。尽管其主体是人,但价值解放不是主体多元化扩散,也不是同一主体在不同条件、不同阶段的多样变化和相对性呈现。价值相对主义的根据是认为价值具有属人性,主体不同因此价值就因人而异、因时而异、因地而异,甚至"怎样都行",从根本上而言价值相对主义是经验原则的作祟。

现代社会价值领域的最大挑战莫过于价值相对主义的盛行及由此导致的价值虚无主义。现代西方社会的价值变迁跌宕起伏、令人担忧。遭受了"上帝死了"之后的价值颠覆,西方社会并没有找到另一种安置心灵的方式,以至于现代后结构主义大师福柯通过人与社会文化的关系考察之后,惊世骇俗地宣告"人死了"——这种连价值主体也彻底颠覆引起的争论与恐慌甚至超过了20世纪的尼采宣告"上帝死了"。西方现代社会对价值信仰的对象和价值主体的摧毁,导致了比"怎样都行"更可怕的"怎样都不是"的价值虚无主义。现代道德生活面临危机,正如美国学者宾克莱指出,在被称为"相对主义的时代","使人想要找到他能够为之坚定地毫不含糊地献身的终极价值的希望大大破灭了"。[①] 中国现代社会的当代转型同样也遭受了价值相对主义导致的价值虚无主义侵扰。有人认为20世纪20年代前后的社会变革在一定程度上造成了传统价值的崩溃,80年代以来改革开放的最大变化导致了绝对价值的"祛魅",革命价值的社会引导力消退,新的社会主导价值尚未形成,人们在普遍的功利主义驱使下陷入价值选择的茫然,导致了"美德的去圣化"和"崇高的消解",以至于人们"正在精神深层中经受着来自于价值秩序混乱的道德困惑与道德不幸"[②]。

其二,价值解放也不是价值自由主义的"随意"和"漫不经心",不是打着自由旗号的价值"凌辱"和"侵犯",更不是以反对主流政治架构为能事的价值判断和价值选择的"随心所欲"。一方面,价值解放不是价值不定、价值摇摆或价值放纵,而是价值主体性的确立与获得,它意味着个体得到最大限度地理解和尊重的同时,实现个体自由与共同秩序融洽。马克思所言"任何一种解放都是使人的世界和人的关系回归于人自身"[③],正是从价值主体性维度对解放进行诠释。另一方面,价值解放不同于自由主义的"价值自由",因为自由主义的所谓价值自由是只强调"我的自由"而不顾"他的自由",对于"我",怎样都行,对于"他",则以我的价值为价值。自由主义在经历了古典自由主义、主张国家干预的自由主义之后,在20世纪初发展成为主张恢复古典自由主义的新自由主义,其实质和核心是宣扬资本主义私有制和市场自由的普遍性,反对社会主义。与古典自由主义对"自由"的理解稍有不同,新自由主义认识到自由应该是制度框架内的自由,而不是放任自流,但在价值观上则鼓吹所谓的"民主万能""民主和平""民主同盟"等,推行"价值外交"和"价值渗透",企图打造"自由和民主之弧"。自由

---

① [美] L. J. 宾克莱:《理想的冲突——西方社会中变化着的价值观念》,马元德等译,商务印书馆1994年版,第52页。

② 金生鈜:《德性与教化》,湖南大学出版社2003年版,第2页。

③ 《马克思恩格斯全集》第3卷,人民出版社2002年版,第189页。

主义对自由价值的理解和实践，只能造成价值争端和价值反抗，对于全球化的国际伦理秩序建构的危害是值得警惕的。中国特色社会主义伦理学必须把握时代特征，匡正价值相对主义和价值自由主义的随意性和模糊性，激发价值主体性，增强民众正确的价值选择能力。

价值解放的主体塑造。价值主体包括个人主体、社会主体和国家主体，其中个人主体的品格塑造了社会主体，影响并成就了国家主体的整体风貌，置而言之，个人主体是价值主体的基本和主要构成。价值解放通过公民价值主体性的生成壮大和在现实生活中心灵秩序的建构而实现。首先，建立在价值合理化认知基础之上培育价值主体性。人的主体性是道德活动的内在依据，"主体性是一切道德活动的原动力"，主体性原则应该成为时下道德建设的首要原则。[①] 所谓价值合理化就是对客体与主体关系的正确价值评价，即客体在何种程度上符合主体的真正需要，在何种程度上能够被主体真正确认并同时成就了主体。[②] 恩格斯指出："人只须认识自身，使自己成为衡量一切生活关系的尺度，按照自己的本质去评价这些关系，根据人的本性的要求，真正依照人的方式来安排世界，这样，他就会解开现代的谜语了。"[③] 恩格斯所指的"现代之谜"的谜底应该意指人如何在现代社会生活中实现一种健康、全面、自由的发展。而这归根到底乃在于人之需要的价值合理化定位。康德以对人的自觉性认识的卓见，使他在立志建立一种纯粹属于"人类学事件"的伦理学时就深刻地认识到了道德对于人类自身的目的意义——人要尊严地存在，就必须有理性地选择道德的生活方式和行为方式。当人能够理性地、自觉地、自愿地选择道德生活和道德行为，这就是价值合理化认知的价值主体性获得。其次，"回到现实生活中去"，在现实生活中锤炼主体的价值角色，建构主体的心灵秩序。现代社会生活纷繁芜杂、空间极大扩展，增强人的主体意识和选择能力，激励人们自觉地扬善抑恶、提高道德境界、趋向道德自由。"历史不过是追求着自己的目的的

[①] 肖雪慧：《人的主体性是一切道德活动的原动力》，载《光明日报》1986年2月3日。
[②] 肖祥：《淡泊论》，湖南教育出版社2011年版，第39页。
[③] 《马克思恩格斯全集》第3卷，人民出版社2002年版，第521页。

人的活动而已。"① 伦理道德的发展也应该是"追求着自己的目的的人的活动"。因为，人"是由于具有表现本身的真正个性的积极力量才是自由的"。② 因此，中国特色社会主义伦理学必须关注改革开放以来民众的生存、生活的变迁，通过对社会物质、精神现实的考察，实现从价值层面对人之幸福、社会和谐、民族进步、国家发展的肯定和引导，从而使主体自觉内化社会主义伦理道德规范、践行社会主义核心价值观，实现心灵秩序的和谐安顿，达到价值解放。

价值自由的张力释放。"自由"从来都是一个备受争议的概念。近代以来，康德重视自由的伦理价值，认为它"构成了纯粹的、甚至思辨的理性体系的整个建筑的拱顶石"③。康德强调自由是道德律存在的理由，同时强调自由在理性中的重要作用，但他对自由的最大误解就是将自由与必然绝对对立。黑格尔反对康德把自由和必然的对立，但对其关于自由是理性自己决定自己的思想赞赏有加，如此黑格尔确立了绝对精神世界里关于自由和必然的认识。但显然，在精神领域把握自由不可能真正认知自由和必然的关系。直到马克思、恩格斯通过实践观创立，才科学地解决了二者的关系。自由是通过必然的认识而获得的认识与改造自身和世界的能力。"自由不在于幻想中摆脱自然规律而独立，而在于认识这些规律，从而能够有计划地使自然规律为一定的目的服务。"④ 从自由的辩证唯物主义理解而言，基于价值坚守的价值自由是主体（不仅是个人主体，还包括社会主体、国家主体）的自由，但价值自由源于对价值客体特性及其规律的把握，价值自由必然是合规律性与合目的性的统一，是个人自由与社会自由的统一。

基于以上对价值自由特征的认识，中国特色社会主义伦理学建设的任务定制的内在根据乃在于个人和国家主体的价值自由。

其一，尊重"以人为本"的个人主体价值自由，深化对个人主体价值的重视以促进社会发展。近代以来，人的价值问题备受关注。康德以

---

① 《马克思恩格斯文集》第1卷，人民出版社2009年版，第295页。
② 同上书，第335页。
③ ［德］康德：《实践理性批判》，韩水法译，商务印书馆1999年版，第2页。
④ 《马克思恩格斯文集》第9卷，人民出版社2009年版，第120页。

对"人是目的"的价值目标自觉性认识的卓见，极大地肯定道德对人自身的价值。马克思则从资本主义的经济社会发展批判中阐明了自己的伦理价值主张，他在《共产党宣言》对社会主义的本质特征作了描绘，即"每个人的自由发展是一切人的自由发展的条件"[1]。我国对人的价值的重视并将其作为国家社会发展规划的重要目标，始于2003年党的十六届三中全会首次将"人的发展"作为科学发展的核心理念纳入国家发展战略，实现了社会主义发展的重大价值转向。"解放生产力、发展生产力、消灭剥削、消除两极分化，最终达到共同富裕"的社会主义本质与人的全面发展具有统一性，人的发展是社会发展的重要部分和最终目标。40多年改革开放实践，正是朝着人的全面发展的目标而努力，并取得了积极的进展。今后，中国特色社会主义伦理学如何通过价值辨析、价值选择、价值倡导，引领国家社会更加尊重人的权利、促进人的自由、释放人的尊严、抬升人的幸福，将仍然是一个重要的理论命题。

其二，弘扬"中国道路"的国家主体价值自由，抬升国家主体价值以塑造国家形象。社会主义市场经济的建设、中国国家实力的提升、"中国道路"影响日益扩大，极大地提高了中国的国际影响力。当前"中国道路"在经济实力获得了国际的认可，但是文化价值"软实力"的影响却有待提升。西方世界对中国发展的价值影响的疑虑主要表现在：一是否定中国发展的价值影响。如美国美中贸易委员会前主席柯白认为，中国崛起遭遇到价值观或曰意识形态的困境，中国软实力影响微乎其微，是一种不包含道德或规范意义的崛起。[2] 二是中国的发展是否构成对西方的挑战。埃及前驻华大使贾拉尔认为中国民主模式挑战西方，他指出："中国模式值得研究，值得关注，其经验与长处值得也能够学习"，尤值一提的是中国的发展价值，"中国政治、文化、哲学的发展演化始终离不开和谐、共识、共存这些概念，主导性原则始终是和谐、和解和共存"。[3] 三是中国发展将会造成价值威胁。英国学者斯蒂芬·哈尔珀曾认为，中国政府主导的市场经济发展模式正在取代西方的自

---

[1] 《马克思恩格斯选集》第1卷，人民出版社1995年版，第294页。
[2] 《激辩中国道路—世界中国学论坛观点集粹》，载《社会观察》2013年第4期。
[3] 同上。

由政治和自由经济，并扩大其世界影响。与美国等西方国家积极推行"价值观外交"不同的是，中国并没有充当一个布道者的角色，但正是这种"不作为"反而使其具有了吸引力，其承载了自身独特意识形态的发展模式正在被很多国家学习和效仿。马丁·雅克提出，中国崛起改变的将不仅是世界经济格局，还将彻底动摇西方国家的思维和生活方式。

基于以上价值的疑虑或误判，中国特色社会主义伦理学就应该以探究中西伦理体系价值影响力西强我弱的根源与原因、共同性和特殊性，以及提升价值影响力的可能与条件等作为当前的主要任务。具体而言，一要致力于用"中国伦理智慧"思考、破解中国特色社会主义建设面临的各种问题，为实现中华民族伟大复兴的中国梦提供伦理方案，为中国道路提供伦理诠释和价值佐证。"中国道路的自信，决不是一种现象的张扬或经验的自我夸张，更不是一种精神意志的自我满足，甚至自以为是。中国道路的自信，应是把中国道路中自在的潜在精神揭示出来，上升为自在自为的或自觉的价值理念。"[1] 二要致力于突破"西强我弱"的价值话语权格局，塑造中国的国家身份和大国形象。中国特色社会主义伦理学在理念上倡导和合平等、"和而不同"的价值理念，改变"以我为主"或"自毁形象"的文化价值交往，增强价值自信；在实践上既要倡导尊重价值差异、加强沟通了解、消除隔阂、减少错位，还要致力于打造交流平台，妥善解决国际矛盾分歧，维护相互合作安全与和平发展大局，以此形成影响区域和世界的中国核心价值观。三要增强前瞻性，寻求价值共识、占领价值高地，提升中国价值的国际影响力和引领力。英国学者马丁·雅克尽管对中国崛起持一种价值疑虑，但他也作了中肯的价值预判："19 世纪，英国教会世界如何生产；20 世纪，美国教会世界如何消费；如果中国要引领 21 世纪，就必须教会世界如何可持续发展。"[2] 当前的国际交往已经超越了"互利共赢"周边外交理念，从利益因素主导上升到价值认同和情感认同，因此基于价值选择的一致性和价值理念的契合性才能最大限度地彰显价值共识度。基于此，中国特色社

---

[1] 谭培文：《社会主义自由的张力与限制》，《中国社会科学》2014 年第 6 期。
[2] ［英］马丁·雅克：《如果 20 世纪止于 1989 年，那么 21 世纪则始于 1978 年》，伊文译，《卫报》2006 年 5 月 25 日。

会主义伦理学必须要有一种开放的国际视野，彰显中国对世界的发展价值关切与引领，为解决世界性难题探索创新途径。例如，中国特色社会主义伦理学是否能够或在多大程度能够为促进世界经济一体化、国际关系民主化、国际秩序公正化、文化交往平等化、生态发展共识化等给予价值关切、提供价值方案，关系着提升中国伦理价值的国际影响力并展现中国道路创新的伦理价值。

新时期，习近平总书记强调"要按照立足中国、借鉴国外，挖掘历史、把握当代，关怀人类、面向未来的思路，着力构建中国特色哲学社会科学"①。构建中国特色社会主义伦理学则是哲学社会科学的重要主题。价值坚守是中国特色社会主义伦理学发展的根基，价值解放则赋予其时代的使命和广阔的视界。就此而言，实现价值坚守与价值解放的融通，中国特色社会主义伦理学将焕发出春天般的生机与活力。

第四节 建设路径：中国特色社会主义伦理学构建的立体推进

中国特色社会主义伦理学建设必定是一个系统工程，需要从理论指导、资源整合、求解实践问题、"学术体系、学科体系和话语体系"建设等方面实现"立体推进。"

一 理论指导：坚持习近平新时代中国特色社会主义思想

中国特色社会主义作为马克思主义的当代形式，为中国伦理学提供基本的道德立场、分析方法和理论导向。

坚持马克思主义理论指导，订制中国特色社会主义伦理学的"出场风格"。"中国特色社会主义伦理学"的提出，正是基于对马克思主义伦理学精神实质的充分把握，凸显其实践性并继续保持着理论与现实之间的互动张力。一些人口口声声坚持马克思主义，却没有把握马克思主义之"实"，不明白到底坚持什么，无视或根本不理解马克思主义的理论

---

① 习近平：《在哲学社会科学工作座谈会上的讲话》，《人民日报》2016年5月19日第2版。

精髓的科学性和革命性，实际上是非马克思主义；另一些人则表现出对马克思主义的冷淡或冷漠甚至反感，把马克思主义当作政治说教；或者认为马克思主义经苏式封闭僵化、俄国中转之后，原理已经失真，难以适应当代中国社会发展的需要，因而要对马克思主义的"元叙事"、原理进行解构，甚至作抛弃式的"祛主义"或"后原理"转向。两者错误认识的根源在于不清楚"坚持马克思主义到底坚持什么"。

坚持马克思主义到底坚持什么？一是坚持马克思主义的立场、观点和方法。马克思主义的立场就是始终站在人民大众立场上，为广大民众服务；马克思主义观点是关于自然、社会和人类思维规律的科学认识和科学总结；马克思主义方法即正确认识和改造世界的思想方法和工作方法。二是坚持辩证唯物主义和历史唯物主义基本原理，如质量互变规律、否定之否定规律、对立统一规律、矛盾普遍性和特殊性辩证关系、内因和外因的辩证关系、因果关系、社会意识相对独立性等原理。马克思主义伦理学与以往伦理学最大的不同就在于辩证唯物主义和历史唯物主义基本原理的运用，从而将伦理学建立在科学基础之上。三是坚持和运用具有严格的科学性和意识形态先进性的马克思主义社会科学方法论。马克思主义社会科学方法论是社会实践和能动的辩证法，是通过实践对事物自身逻辑的认识，它的灵魂是社会理论批判，它的特点是社会历史实践。"马克思的整个世界观不是教义，而是方法。它提供的不是现成的教条，而是进一步研究的出发点和供这种研究使用的方法。"[①] 因此，中国特色社会主义伦理学建设要创新运用马克思主义社会科学方法论，坚持以辩证唯物主义和历史唯物主义为根本方法，同时有效运用以实践为基础的研究方法、社会矛盾分析法、社会主体研究法、社会认知与评价法、世界历史研究法等等，分析当今社会道德矛盾和社会道德发展规律，关注社会生活中"现实的人"，将事实与价值、科学认知与价值评价相结合。同时，马克思主义社会科学方法论具有开放性特征，中国特色社会主义伦理学建设也应该是开放的，要展现伦理研究的世界眼光和全球视野。

---

① 《马克思恩格斯选集》第 4 卷，人民出版社 1995 年版，第 742—743 页。

坚持中国特色社会主义理论的实践运用，打造中国特色社会主义伦理学的理论特质。

作为马克思主义中国化最新成果的中国特色社会主义理论，从方法、内容、发展要求等方面为中国特色社会主义伦理学发展与实践提供指导。从方法而言，中国特色社会主义理论经过长期实践和总结而形成的科学方法，如解放思想、实事求是、与时俱进的方法，辩证分析方法，在实践中检验和发展真理的方法；走群众路线方法等等，应该成为中国特色社会主义伦理学研究与运用的具体方法。从内容而言，党的建设、中国道路、民主制度，以及在政治、经济、文化、社会、生态等领域形成的丰富的伦理思想，应该成为中国特色社会主义伦理学的最大增量。从发展要求而言，中国特色社会主义理论集中体现了全党全国人民的意志，更重要的是集中体现了当代中国马克思主义的实践特色、民族特色和时代特色，也体现了新时期、新形势对中国未来发展的新要求。中国特色社会主义伦理学必然要展现这些特色和要求，从而具有不同于西方伦理学、传统马克思主义伦理学和中国传统伦理学的崭新的理论特质。

二 资源整合：中西伦理文化资源的"主辅兼修"

中国特色社会主义伦理学必须在继承马克思主义伦理学及其中国化成果的伦理资源基础上，对中西伦理文化资源进行有机整合，实现"主辅兼修"。

一是以传承中国伦理文化资源为"主"，体现中国特色社会主义伦理学建设的继承性、民族性。因此，充分挖掘和阐释积淀了几千年的中华文明丰厚的道德文化资源，推进传统道德的现代转型，从而消弭传统与现代的割裂。一方面，对中国传统伦理文化资源的历史性和当代性要有充分的自觉认识，即费孝通先生提出的"文化自觉"。文化自觉既要对文化的历史有所了解，还要对自身文化的价值有所肯认。中华文明在世界文明史上是唯一未曾断裂过的文明，而其中流砥柱就是伦理文化。在中华传统伦理文化中的伦理价值具有旺盛的生命力。"中国的价值系统是禁得起现代化以至'现代以后'（post-modern）的挑战而不致失去它的存在根据的。"① 依据梁漱溟先生的说法，中国文化过早地走上了以理性解决人与人问题的方向，并将"自为、调和、持中"的伦理观念概括为中国文化的根本精神"文化早熟"。如果说中国伦理文化在世界现代化的过程中尚未来得及展现伦理道德的风采，那么在现代性问题急剧增多，而西方伦理文化未能开出有效"药方"的当今时代，曾经显得"早熟"的中国伦理文化恰逢其时。另一方面，对具有当代价值的中国传统伦理文化资源进行梳理和总结，明晰"传承什么""为何传承""如何传承"等问题。对于一个民族和一个国家而言，毁掉传统价值，就是对文明的摧毁。中国几千年来积淀的独特道德传统影响着历史乃至当代的道德生活、政治生活和社会生活，例如中国传统美德中为国家、为民族、为社会的整体主义思想在维系中华民族的团结与统一起到深远的作用；中国传统伦理思想中以"人道"为重点的"天人合一"思想追求天人、群我、他我关系的和谐统一，构筑了中华民族的精神基础。这些伦理资源，不仅是中国特色社会主义伦理学"传承什么""为何传承"的根源所在，也是中国传统伦理展现世界当代价值的依据所在。由此，我才能理解：1988年全球诺贝尔奖学金获得者在巴黎集会并发表宣言，提出"人类要想在二十一世纪生存下去，就必须回到二千五百年前，到孔子那里寻找智慧"；1993年"世界宗教议会"发表宣言，将孔子的"己所不欲，勿施于人"确立为全球伦理的"金规则"。

二是以开放包容的姿态吸纳世界多元道德文化，为中国特色社会主义伦理学建设注入时代生机和新鲜营养。我们要积极吸纳西方伦理文化资源的先进之处、社会道德建设的先进经验和伦理学发展取得的积极成果，以西方伦理文化资源为"辅"，实现"主辅兼修"。尤其在当今时代，"各民族的精神产品成了公共财产。民族的片面性和局限性日益成为不可能"②，我们应该大胆吸收西方伦理文化资源的积极成果，补益现有中国伦理资源。例如，西方宗教伦理将"敬畏上帝"作为道德自律和实现终极关怀的心性力量，这种心性力量的塑造值得我们在道德实践中

---

① 《从价值系统看中国文化的现代意义》，载《内在超越之路》，中国广播电视出版社1992年版，第95页。

② 《马克思恩格斯选集》第1卷，人民出版社1995年版，第276页。

借鉴，因为缺乏作为心理力量的"敬畏之心"正是现实生活中许多人丧失道德的根本原因；西方伦理以个人为本位，重视个性和个人发展，虽然个人主义的极端化容易导向极端利己主义并造成一系列负面影响，但其反面的启示确是积极的——个人只有接受民族使命、履行国家义务才能实现自己的目的，"道德的人"才能促进"道德的社会"；西方伦理重视功利价值，其追求个人利益满足和在此基础上的"最大多数人的最大幸福"的理论旨趣，避免了空谈抽象道德之风；西方伦理偏外向、偏进取，重视理智美德在认识和改造世界的重要作用，与中国道德偏内向、偏保守、重和谐恰好相得益彰；西方伦理重公德，积极处理个人与社会、社会与社会之间的关系，为我们建设公共生活伦理提供了积极启示。

任何伦理文化的发展都不应该是封闭的，而应该是开放包容的，我们要坚持古为今用、洋为中用，融通各种资源，不断推进中国特色社会主义伦理学的知识创新、理论创新、方法创新。

三 直面实践：求解当代中国伦理道德建设的"问题集"

通过对实践问题的价值批判和伦理省思，实现行为选择的价值优化，这无疑是伦理学的神圣使命。伦理学既要对生活实践中的问题进行思考和纠偏，还要对实践过程施以价值性影响，通过价值批判和价值引导，尝试对问题给出答案。当前，中国特色社会主义伦理学最亟待解决的问题无疑与社会建设实践中最躁动的领域直接相关。

一是经济伦理问题。马克思曾指出："人们奋斗所争取的一切，都同他们的利益有关。"[①] 市场经济是利益经济，是讲功利的。但是功利的普遍化和极端化就会导致拜金主义，造成人们道德自律失范、道德问题增多。利益失衡还会造成社会心理失衡变态，导致"美德去圣化""躲避崇高""渴望堕落"，加剧社会道德沦丧、风气败坏、人际冷漠；还会导致个体对生存意义的茫然失措和现实生活的无所适从。鉴于此，经济伦理问题必然是当今中国特色社会主义伦理学关注的热点和重点问题，

---

① 《马克思恩格斯全集》第1卷，人民出版社1956年版，第82页。

例如，中国传统伦理的"义利之辨"及其当代价值、市场交往的诚信制度建设、经济发展可持续与协调问题、资本共享的道德包容等问题，值得我们持续深入地关注。

二是政治伦理问题。政治伦理建设以优化政治生态为旨归，通过彰扬政治道德理念、制约政府行为、优化运行机制、和谐政治参与等，实现国家和社会发展有序化、规范化。党的十八大以来，随着全面建成小康社会（2012年）、全面深化改革（2013年）、全面依法治国（2014年）、全面从严治党（2014年）的提出，中国特色社会主义政治伦理建设取得了积极进展。当前政治伦理存在的主要问题：其一，如何弘扬和实现作为最重要的政治伦理价值的公平正义，推进社会发展和全面深化改革。因为现在的社会矛盾、社会问题主要就是由社会不公造成的，而人们感受最深、最为深恶痛绝的就是公平正义被破坏和公平正义没有保障。其二，系统总结改革开放以来，尤其是党的十八大以来政治伦理建设的理论和实践创新，彰显中国特色社会主义政治伦理的理论自信。其三，推进国家治理现代化的伦理秩序建构，即从优化社会伦理运行机制、整合道德资源、建构伦理秩序方面为深入推进国家治理现代化提供政治伦理的理论支撑。

三是生态伦理问题。经济建设成绩斐然的同时，生态环境破坏问题却日趋严重，鉴于此，自党的十八大以来"生态文明建设"作为党中央"五位一体"总体布局的重要主题之一而备受重视，创新、协调、绿色、开放、共享的发展理念也逐渐深入人心。在此背景下，人们对生态伦理问题的认识高度、推进力度、实践深度也取得积极进展。当前，中国生态伦理建设仍面临诸多问题：如生态正义、生态文明共享、生态文化建设、生态权利问题等等。如何建构既融合马克思主义生态伦理思想、又继承中国传统生态伦理、同时批判吸收西方生态伦理，从而避免重蹈西方工业化生态危机"覆辙"的中国特色社会主义生态伦理学，是亟待解决的时代课题。

四是生命伦理问题。医学技术的发展以及生命观念、生育政策等的变化，使得生命伦理问题依然是应用伦理学的热点：其一，生殖技术的伦理诘难，如人工受精（尤其是异源人工授精）的伦理争论、试管婴儿

（尤其是商业性"代理母亲"）的伦理审视、克隆技术的伦理反思等。其二，安乐死的伦理思考。虽然支持者和反对者各有自己的伦理依据，但是中国安乐死能否合法化？何时能够合法化？依然是一个有待深入研究的伦理课题。其三，基因技术的伦理挑战。如转基因产品会不会危害人类？基因隐私如何保护？如何打破基因专利导致的基因垄断？基因治疗主要是为了治疗还是为了改进？显然，基因技术不可能独立于伦理规约之外，对人的尊严的肯定和维护永远是基因伦理的核心。

五是网络信息伦理问题。网络生活的虚拟性、自主性、开放性、多元性，决定了网络伦理道德有不同于现实社会的新特点与发展趋势。"完全被信息技术支配的危险，以及置身于社会学家韦伯（Max Weber）所谓的'铁笼'之中的担忧都是实际存在的。"[①] 这种"危险"的主要表现就是网络无政府主义泛滥及其危害、网络诈骗和偷窃、网络色情、侵犯个人隐私和知识产权等等。中国已经拥有世界最大的互联网群体，据中国互联网络信息中心（CNNIC）第39次《中国互联网络发展状况统计报告》，截至2016年12月中国网民达7.31亿，互联网普及率为52%。如何建构和完善网络信息伦理，建立人们在利用互联网工作和交流时的道德关系和行为规范，是我们面临的严峻问题。

六是公共生活伦理问题。公共生活伦理是全体社会成员所公认的，大家必须共同遵循的最基本、最起码的以维护公共生活秩序的道德规范和行为准则。改革开放和市场经济建设极大拓展了人们的公共生活领域，从熟人社会走向陌生人社会更需要公共生活伦理的维系。当前我们公共生活伦理建设的主要任务：一方面要培育以"公共善"为目标[②]的公民公共理性，确立公共生活中的公共的善和政治正义理性要求。另一方面，要培育公民在处理社会公共生活以及社会合作形式时相互沟通、平等交谈的最基本的共识和价值系统，培育正义、责任、诚信、宽容、奉献的公共伦理精神，推进实现社会和谐善治。

七是国际交往伦理问题。中国长期以来致力于维护世界和平、促进

---

① ［美］理查德·A.斯皮内洛：《世纪道德：信息技术的伦理方面》，刘钢译，中央编译出版社1999年版，第2页。

② ［美］约翰·罗尔斯：《政治自由主义》，万俊人译，译林出版社2000年版，第224—225页。

共同发展，致力于在国际事务中履行大国担当。随着综合国力的提升和中国道路的影响扩展，中国如何在世界交往的舞台上承担更多国际责任？如何在构建"人类命运共同体"过程中展现大国风采？如何成为负责任的国际秩序参与者、建设者和贡献者？这是新时期中国在建构国际交往伦理中亟待创新的问题。

一言蔽之，中国特色社会主义伦理学必须要对所有社会问题进行伦理思考，为"问题集"求解。如果伦理学不对发展问题进行思考和求解，中国特色社会主义伦理学的发展永远是方向不明的。

四 体系共建：以"学科体系、学术体系与话语体系"建设为抓手

习近平总书记强调指出：繁荣发展哲学社会科学，关键要增强理论自觉、理论自信和理论创新，摆脱"以西方之是非为是非"的思维定势和学术生态，自觉站在中国的立场上来看待中国，建立一套立足中国实践、体现中国智慧、反映中国精神的哲学社会科学学术体系和话语体系。[①] 任何一种思想理论体系都需要反映"学术规律"的学术体系、展示"叙述体系"的学科体系以及作为"表达体系"的话语体系的支撑。中国特色社会主义伦理学发展需要理论体系来实现和反映对社会道德现象及其规律的科学认识。一方面，任何形式的伦理学理论和体系都是密切联系的。体系是理论的载体，成熟的理论需要体系。伦理学是对人类道德现象的本质和规律的研究和反映，其理论本身必须有系统的逻辑体系，否则，理论就是零散的。另一方面，伦理学的哲学学科特点决定了中国特色社会主义伦理学必须要有体系。哲学必须借助范畴展开抽象思维从而揭示世界的本质和规律，范畴遵循逻辑性而实现有机统一，因此哲学必然以逻辑体系呈现出来，中国特色社会主义伦理学发展也不例外。

其一，加强学术体系建设，为中国特色社会主义伦理学建设提供学术发展和学术研究的基本支撑。

学术体系规定着学术研究对象、限定着学术研究领域、反映着学科

[①] 习近平：《在哲学社会科学工作座谈会上的讲话》，《人民日报》2016年5月19日第2版。

自身的学术逻辑与规律。如何创新理论、建设学术体系，这是中国特色社会主义伦理学建设的时代创新首先需要检视的问题。

从学术体系的形式而言，当前伦理学的学术体系建设必须优化学术研究范式。美国著名科学哲学家托马斯·库恩（Thomas S. Kuhn）在《科学革命的结构》中最早提出"范式"一词，其含义指特定的科学共同体从事某一类科学活动所必须遵循的公认的"模式"。学术研究范式是研究立场、观点和方法的综合体。伦理学是生活之学，中国特色社会主义伦理学是社会主义生活的价值哲学，其研究范式必定要直面波澜壮阔的社会生活。

从学术体系的内容而言，当前伦理学的学术体系建设必须以问题为导向，立足当代中国现实、聚焦改革开放和社会主义建设的重大理论和现实问题，在中国理论阐释中国实践、中国实践升华中国理论的"双向互动"中实现学术创新，增强学术理论的针对性、系统性和创新性。因此，中国特色社会主义伦理学的理论研究要坚持以"问题"为中心的整体性研究范式。以"问题为中心"的学术研究范式旨在强调伦理学研究应该致力于发现新问题、思考新问题、解决新问题。整体性研究范式就是要求我们在开展伦理学研究时必须站在整体、全局和宏观的高度上，用联系的观点和发展观点去全面认识、去研究当前伦理道德现象。一方面要运用整体性原则去把握和理解经济、社会、政治、文化和生态等各个领域中出现的伦理道德问题，从而全面地推进中国特色社会主义建设发展。另一方面要坚持以发展的眼光和科学的方法，既要反对教条主义又要反对片面的实用主义。从来没有任何一个时期的道德生活有如我们当今时代的如此复杂多变，也没有任何一个时期的伦理道德问题有如我们面临的如此纷繁芜杂，以至于任何一种现有的伦理学说或伦理体系都难以应对当今的伦理"窘境"和道德"困难"。因此，照搬、移植的教条主义方法，都是难以适应中国特色社会主义伦理建设的实际需要，唯有以发展的眼光汲取现有伦理理论的精髓、把握生活的伦理需求、诊断时代的道德症候，方能推进中国特色社会主义伦理学建设。同时，伦理学理论建设绝不应囿于政治统治的狭隘需求，或者沦为调解社会事件的"应景"工具，而应该以展现时代精神、引领社会价值风尚、确立时代伦理精神为目的，任何断章取义、刻意歪曲、随心所欲地解释或生搬硬套，也许会获得暂时的"实用"，但最终会损害伦理学的高洁。当然，中国特色社会主义伦理学建设需要一个富有时代性的理论研究范式，这样的范式也必定是开放发展、能够解决实际问题的，否则它就会因为不能适应社会变化而弱化，甚至范式转移（Paradigm Shift）而被淘汰。此外，加强学术体系建设当然还包括相应的学术保障制度建设，如组织、基金、评估、监察等。

其二，加强学科体系建设，为中国特色社会主义伦理学建设提供学科理论的基本架构。

构建与思想体系相一致的、具体多样化的、在理论研究和教育教学中起到积极推动作用的伦理学叙述体系，是当前中国特色社会主义伦理学学科体系建设的重要任务。展示"叙述体系"的学科体系就是在研究、教学、宣传中用以表现、阐释思想体系的概念、范畴、观点和方法系统，它在展现思想体系生命力的过程中不断获得发展和突破。为中国马克思主义伦理学理论体系建设做出杰出贡献的罗国杰先生，不仅对马克思主义伦理学的形成和发展，研究对象、方法与任务等问题进行了阐释，而且对马克思主义伦理学体系结构的特征作了论述，认为其具有"理论上的科学性""内容的规范性""彻底的实践性"[1]。罗先生强调说明这些特征"主要是针对马克思主义伦理学的教科书的体系结构而言"[2]。叙述体系会随着实践的发展而变化，但是它并不等于背离或抛弃思想体系，而是思想体系生命力的展开。具体而言，当前中国特色社会主义伦理学学科体系建设有两个方面的主要任务：

一是规范伦理学建设，探究中国社会发展的伦理规范秩序建构。规范伦理学侧重于研究道德规范体系，通过研究道德的基础、本质及发展规律等，形成和论证道德的基本原则、规范和要求，以约束和指导人们的道德实践，最终达到人类自身和社会的完善发展。规范伦理学通过讨论诸如善与恶、应当与不应当等规范及其界限和标准，进行批评或赞扬、谴责或鼓励，其关注点是"我们应当做什么""怎样做"。中国特色

---

[1] 罗国杰：《马克思主义伦理学的探索》，中国人民大学出版社2015年版，第95—98页。

[2] 同上书，第101页。

社会主义伦理学建设首先要继续加强规范伦理学建设，以伦理的价值或应然为研究的重点领域，用"应然"去统摄"实然"并给予实践生活以伦理指导。就规范伦理学的性质、特征和功能而言，伦理社会学因为关注"社会运行中的道德问题""社会交往中的道德问题""人在社会化中的道德问题""社会生活中的道德问题"①，重视伦理规范对于解决社会伦理道德问题的作用，应该成为当今规范伦理学的重要发展形式，需要进行深入的理论拓展。

二是美德伦理学建设，探究中国社会发展的心灵秩序建构。美德伦理在西方伦理思想史上源远流长。美德即为使个人实现特有的 telos（目的）的品质，这个传统从亚里士多德一直延续到当代美德伦理学家麦金泰尔。麦金泰尔认为"美德是一种获得性的人类品质，对它的拥有与践行使我们能够获得那些内在于实践的利益"②。中国儒家美德伦理资源丰富，在道德规范上建立了以"仁"为核心、体现"爱有差等"的道德规范体系；在价值观上重道义而轻功利，在道德功能上强调道德的社会作用，并提出了一套道德修养方法。儒家美德伦理中修身养性的德教传统对中华文化以及国人修养影响至深。今天，在培育和践行社会主义核心价值观过程中如何将国家、社会和个人层面的价值要求内化成公民的美德品质，儒家德性修养的教化理论依然具有现实的合理性。中西美德伦理的传统和美德伦理复兴的态势触发我们一种学理省思：无视德性，就不可能有实践的内在善，就不可能提升道德主体性，道德也就无法发挥道义的力量。当然，当前美德伦理学面临的新的理论挑战也是毋庸讳言的。当前人们的生存环境、心性结构、道德心态、生活样态正发生持续的不稳定的变化，"现代人正在精神深层中经受着来自于价值秩序混乱的道德困惑与道德不幸"③，心理失衡、心理病态正成为道德危机的罪魁祸首。美德伦理强调美德是内在的，是一种包含道德心理认知在内的稳定性的品质，美德的获得必然要寻找人的心理基点，探寻美德产生的心理状态、心理过程和心理特征。心理对美德的影响和作用之深毋庸置

---

① 曾钊新、吕耀怀等：《伦理社会学》，中南大学出版社2002年版，第6—7页。
② ［美］麦金太尔：《追寻美德》，宋继杰译，译林出版社2003年版，第242页。
③ 金生鈜：《德性与教化》，湖南大学出版社2003年版，第2页。

疑，而道德心理学"以道德和心理的关系为研究对象，揭示道德产生、发展的心理基地，道德知行的心理机制、心理过程和心理状态，以及心理失衡中的道德调节"[①]。正因为如此，深入开展道德心理学研究，探寻美德形成的心理机制和心理规律，应该成为中国特色社会主义美德伦理建设的重要方向。

其三，加强话语体系建设，提示中国特色社会主义道德话语的影响力和认同度。

学术体系和学科体系需要话语体系加以阐释、表达和传递。加强中国特色社会主义伦理学的话语体系建设的核心问题就是如何塑造道德话语权的问题，即用中国的伦理道德话语展现中国道路价值，提升中国伦理道德话语的国际认同和影响。所谓道德话语权"指的是人们在道德领域中的话语主张、话语资格及其话语影响力"[②]。当前中国特色社会主义伦理话语体系建设，以中国道德话语言说道德生活正成为伦理学理论研究面临的迫切问题。这种判断源于当前中国伦理价值话语体系在国际影响的现状，其突出的问题就是全球话语权"西强我弱"的格局还没有改变，甚至在解决了"挨打""挨饿"的问题之后"挨骂"问题仍然没有解决。主要表现在：一是道德话语权与国际地位不相匹配。中国有丰韵的伦理道德文化资源，随着中国综合国力的提升，中国特有的价值理念的国际认同却有待随之提升。二是寻求世界的理解和认同面临巨大的现实挑战。例如，尽管中国长期以来在国际社会中勇于担负大国责任和肩负国际义务，但是在建设"人类命运共同体""责任共同体""利益共同体"以及"一带一路"的发展战略过程中，中国仍然面临如何寻求相互理解、达成国际共识、争取更大认同等亟待解决的问题。三是中国伦理话语体系还未承担起为中国崛起所应该赢得的价值合法性、正当性。尽管儒家思想"己所不欲，勿施于人"的道德观念被奉为全球伦理的"金规则"，道家思想的"无为而治"被一些国家和企业奉为管理的名典，但是类似的这种辉煌在当代却难以再现，当代中国未能或者未完全能对国际社会贡献核心的伦理话语和核心价值概念，未能承担起中国崛

[①] 曾钊新：《曾钊新文集》第1卷，湖南人民出版社2003年版，第254页。
[②] 李兰芬：《中国道德话语权的现状及其对策建议》，《哲学研究》2008年第9期。

起所应该赢得的价值合法性、正当性。四是伦理价值对外话语传播能力亟待提升。毋庸讳言，当前发达西方国家主导着国际价值领域话语体系，成为诸如"自由、民主、平等、人权"等价值话语的主产地和传播渠道的主控者。相比较而言，中国尚未形成世界承认的独立伦理价值话语体系，对外道德话语传播的能力较弱。

如何加强中国特色社会主义伦理话语体系建设？有两个基本的努力方向：首先，要依托中国道德文化、立足当代中国特色社会主义伦理建设实践，打造中国特色的伦理道德话语系统。"虽然现代性的道德问题具有某种普遍性，但这些问题在不同的社会和文化环境中通常具有独特的表现方式。在社会全面转型中，由于道德语境的差别，这些道德难题的诱因和解决方法也必然存在差异。我们不能期待完全照搬其他文明的道德模式，只有将中国问题置于自己的道德文化谱系之中，才能找到破解的方法。"[1] 为此，我们要打破对西方现代性伦理话语的崇拜心态，实现对中国传统伦理话语的传承创新和马克思主义伦理学话语表述的时代化创造，以解读中国特色社会主义的伦理实践经验和理论成果。"社会主义核心价值观"的凝练与传播，就是用我们的语言、我们的方式对新时期伦理价值观念的概括表述，类似的以打造"新概念、新范畴、新表述"为形式的伦理话语创新需要我们继续大胆尝试和深化。其次，彰显中国对世界发展的价值关切，提升中国伦理话语体系的国际价值共识度与引领力。中国伦理话语体系引领力最重要的体现在"创新、和平、合作、包容"的理念指导下，实现对世界的经济、政治、文化、社会、生态等的发展价值关切和价值引领。20世纪50年代周恩来总理倡导的和平共处五项原则既是政治交往原则，但从国际交往伦理角度而言也是伦理原则，并得到了国际社会的高度价值认同。当前，中国道路为破解自身后发展难题展现了风采，实现了政治、经济、文化、社会、生态等全方位推进；在世界发展面临诸多问题的情境下，中国道路应该为解决世界性难题、推动世界发展做出应有的贡献。但是仅有对发展问题的推动和贡献是不够的，中国要不断提升国际话语权，必须要超越"互利共

---

[1] 李建华：《社会全面转型期道德建设思路的三大转变》，《马克思主义与现实》2017年第1期。

赢"外交理念，从利益因素主导上升到价值认同和情感认同，最大限度地彰显发展的价值共识度，并通过价值选择一致和价值理念共契的努力，实现道义、伦理、道德的引领。在多大程度上获得引领时代的发展伦理话语权，决定了中国将在多深层次和多大范围内获得意识形态斗争的胜利，并直接关系到中华民族的伟大复兴。

学术体系、学科体系和话语体系共同支撑作为体系或系统存在的思想理论体系。思想理论体系是以有序结构将思想内容的各种要素、成份、因素及其相互联系组合起来的整体，它既表现思想的整体状态和层次属性，也反映不同思想内容、性质及发展机制。从此角度而言，我们应该把中国特色社会主义伦理学看作是具有实践性、开放性、科学性、富有生命力的伦理思想系统，它必将在中国特色社会主义建设的实践场域中得到贯彻、展开、丰富和发展。置而言之，中国特色社会主义伦理学对马克思主义伦理学的时代创新的意义就不在于完满体系的追求，而在于实践精神和实践效果的不断展现。

中国特色社会主义伦理学建设不是一个纯粹的理论问题，而是一个重要的实践问题。我们正处于大变革的时代，社会伦理道德面临前所未有的机遇和挑战，如何坚持中国特色社会主义伦理学研究的批判性和开放性，在社会主义建设实践中铸造中国特色社会主义伦理学的精、气、神，这是时代的重任，也是每一个伦理学人不能推卸的责任。从此意义而言，中国特色社会主义伦理学建设任重而道远。

后　记

近些年，在中国伦理学界，"再写中国伦理学""做伦理学""建构中国伦理学""构建中国特色社会主义伦理学"等呼声此起彼伏，不绝于耳。环顾左右，确有不少文章出现，也有不少专题学术讨论会，但终未见"本子"，于是我们产生写一本"当代中国伦理学"的念头。这项工作，一是为了回应新时代对中国伦理学理论的特殊要求；二是回应"构建具有中国特色的哲学社会科学体系"的时代使命；三是尝试种当代中国伦理学的新体系。于是，我们三人经过认真思考，反复讨论，由我先拿出提纲，根据各自的学术专长，分头写作。

关于本书的结构和内容，还要做几点简要的说明。第一，本书还是按照规范伦理学的学术范式写作的，既体现了传统的"马克思主义伦理学"和中央"马工程"教材《伦理学》的风格，同时也尽可能体现"新时代"的特点，坚持以习近平新时代中国特色社会主义思想为指导，对"中国道路""中国经验"等在伦理学上有所体现。第二，本书在内容安排上是按照"专著"的写法，但又有"教材"体例的痕迹，并在规范体系建设上提出了"两个伦理原则""三大伦理理念""四个伦理道德规范""六大伦理建设"，最后以"建设中国特色社会主义伦理学"作为"落脚点"。第三，在本书完成之前，《新时代公民道德建设实施纲要》还没有出台，许多内容已经无法吸收了，敬请理解。特别是在社会主义核心价值观、社会主义道德规范体系与公民道德规范体系之间如何统一，确实需要认真研究。我们用社会主义核心价值观的"个体要求"作为新时代伦理道德规范，也是加强这种统一的一种尝试，与公民道德建设的"五爱"要求并不矛盾。同时，我们把"一切以人民为中心"作为一条道德原则，其实是就

"全心全意为人民服务"的具体表达。第四，由于是合作性成果，每个人的知识结构、行文风格存在一定的差异，甚至可能在某些内容上还存在重复，尽管我在统稿时进行了修改与调整，但这些"毛病"还是存在，如果有机会重版，我们再进行修改。本书虽然有现实"应景"之嫌，但追求学理是我们的主要目标，至于理是否说通说透，深知还需努力，如能为"构建当代中国伦理学"提供一个"耙子"，也就心满意足了。

本书各章的分工如下：李建华负责导论、第一章、第五章、第九章、第十五章的写作；周谨平负责第三章、第四章、第六章、第八章、第十章、第十二章的写作；袁超负责第二章、第七章、第十一章、第十三章、第十四章的写作。李建华负责统稿并对全书的学术观点负责。特别感谢责任编辑喻苗同志为本书付出的艰辛劳动！

李建华

2019. 10. 18